职业教育机电类
系列教材

PLC 技术应用

S7-1200 | 微课版

向晓汉 / 主编
商进 / 副主编
陆彬 / 主审

ELECTROMECHANICAL

人民邮电出版社
北京

图书在版编目（CIP）数据

PLC技术应用 : S7-1200 : 微课版 / 向晓汉主编
. -- 北京 : 人民邮电出版社, 2022.6
职业教育机电类系列教材
ISBN 978-7-115-57521-0

Ⅰ. ①P… Ⅱ. ①向… Ⅲ. ①PLC技术－高等职业教育
－教材 Ⅳ. ①TM571.6

中国版本图书馆CIP数据核字(2021)第200789号

内容提要

本书共有 8 个项目，26 个工作任务，以实际的工程项目作为“教学载体”，内容涵盖 PLC、伺服驱动器和现场总线。本书具体内容包括学习编程软件 TIA Portal、学习 S7-1200 PLC 的硬件系统、S7-1200 PLC 的指令应用、S7-1200 PLC 的程序结构与编程方法应用、S7-1200 PLC 的工艺功能及其应用、S7-1200 PLC 的通信应用、S7-1200 PLC 的运动控制应用和 S7-1200 PLC 的工程应用。

本书是立体化教材，读者可扫二维码观看微课视频；内容丰富，重点突出，强调知识的实用性，重视培养学生的实践技能和激发学生的学习兴趣；每个项目配有典型、实用的例题和习题，供读者训练使用。

本书既可以作为高等职业院校机械类、电气类专业的教材，也可以作为职业大学、国家开放大学等有关专业的教材，还可以作为工程技术人员的参考用书。

◆ 主　　编　向晓汉
副 主 编　商　进
主　　审　陆　彬
责任编辑　刘晓东
责任印制　王　郁　焦志炜

◆ 人民邮电出版社出版发行　　北京市丰台区成寿寺路 11 号
邮编　100164　　电子邮件　315@ptpress.com.cn
网址　https://www.ptpress.com.cn
山东百润本色印刷有限公司印刷

◆ 开本：787×1092　1/16
印张：17.25　　2022 年 6 月第 1 版
字数：463 千字　　2022 年 6 月山东第 1 次印刷

定价：59.80 元

读者服务热线：(010) 81055256　印装质量热线：(010) 81055316
反盗版热线：(010) 81055315
广告经营许可证：京东市监广登字 20170147 号

前言

随着计算机技术的发展，以可编程序控制器、变频器调速、计算机通信和组态软件等技术为主体的新型电气控制系统已经逐渐取代传统的继电器电气控制系统，并广泛应用于各行业。西门子 PLC 具有卓越的性能，在工业自动化控制（工控）市场占有非常大的份额，应用十分广泛。S7-1200 PLC 是西门子公司 2009 年推出的一款功能较强的小型 PLC，除了包含许多创新技术外，还设定了新标准，极大地提高了工程效率。

S7-1200 PLC 技术相对比较复杂，要想入门并熟练掌握 PLC 应用技术，对学生来说相对比较困难。为帮助学生系统掌握 S7-1200 PLC 编程及实际应用，编者在总结长期的教学经验和工程实践的基础上，联合相关企业人员（特意邀请西门子的技术工程师），共同编写了本书。

本书共 8 个项目，26 个工作任务，以实际的工程项目作为“教学载体”，让学生在“学中做、做中学”，以提高学生的学习兴趣。本书与其他相关教材相比，具有以下特点。

（1）本书是立体化教材，配有 60 多个微课视频，读者扫二维码可以观看。

（2）本书是“理实一体”的教材。编者精选了 8 个项目，26 个工作任务。这些工作任务部分是实际工程项目，学生通过完成工作任务可以达到学习知识、掌握技能的目的。

（3）针对高职高专院校培养“应用型人才”的特点，本书在编写时，弱化理论知识，注重实践，以期让学生在“工作过程”中完成项目。

（4）体现前沿技术。本书在技术上紧跟当前技术发展，如伺服驱动器、PLC 的品牌均为目前主流品牌。

（5）体系完整。本书共 8 个项目，每个项目由若干个任务组成，任务后面配置的阅读材料具有完整、严谨和有机的体系，并没有因为“项目”式教材，而打散知识点，完整保留了知识体系的有机结构。

（6）立德树人，融入思政。本书精心设计，因势利导，依据专业课程的特点采取了恰当方式自然融入科学精神、爱国情怀等元素，注重挖掘其中的思政教育要素，弘扬精益求精的专业精神、职业精神和工匠精神，培养学生的创新意识，将“为学”和“为人”相结合。

本书由无锡职业技术学院的向晓汉任主编，无锡职业技术学院的商进任副主编，无锡市雷华科技有限公司的陆彬任主审，参与编写的人员还有无锡职业技术学院的郑贞平、黎雪芬，无锡雪浪环境科技股份有限公司的刘摇摇。其中，项目 1 由郑贞平编写，项目 2 由商进编写，项目 3 由黎雪芬编写，项目 4 由刘摇摇编写，项目 5～项目 8 由向晓汉编写。

由于编者水平有限，书中不足之处在所难免，敬请广大读者批评指正。

编　者

2022 年 2 月

前言

[illegible]

2022年2月

目录

本项目从一个简单的任务入手，介绍可编程序控制器（Programmable Logic Controller，PLC）的功能、特点、应用范围、在我国的使用情况、结构和工作原理等知识。学习 S7-1200 PLC 的软件工具 TIA Portal 和 S7-PLCSIM 的安装及创建一个完整的项目，这是学习后续项目的基础。

学习提纲

知识目标	了解 PLC 的应用范围，了解 PLC 的结构和组成，了解 PLC 的工作原理
技能目标	掌握 TIA Portal 软件的安装和使用，掌握 S7-PLCSIM 仿真软件的使用
素质目标	理解使用自主可控的自动化技术的重要性；通过国产品牌的介绍，增强名族自豪感，激发创新精神和爱国情怀
学习方法	先学习必备知识 1.1 节、1.2 节、1.3 节，然后用 TIA Portal 和 S7-PLCSIM 软件完成任务 1-1，掌握一个简单项目的在线和离线组态的全过程
建议课时	4 课时

任务 1-1 TIA Portal 软件的使用

1. 目的与要求

TIA Portal（博途）软件是西门子推出的面向工业自动化领域的新一代工程软件平台，主要包括 3 个部分：SIMATIC STEP 7、SIMATIC WinCC 和 SINAMICS StartDrive，其中 SIMATIC STEP 7 主要用于组态西门子 PLC。

要求用 TIA Portal 软件创建一个完整的项目（MyFirstProject），梯形图如图 1-1 所示，分别将项目下载到仿真器和真实的 PLC 中，并进行监控。

通过学习本任务，了解一个简单项目，用 TIA Portal 软件的组态过程，初步掌握 TIA Portal 软件的使用。

图 1-1 梯形图

2. 操作步骤

有两个方案，具体说明如下。

方案 1：用离线的方法组态硬件，并将项目下载到仿真器中仿真，验证程序的正确性。没有硬件设备的读者适合用此方案。

方案 2：用在线的方法，将硬件组态“检测”到 TIA Portal 软件，并将项目下载到真实的 PLC 中运行，验证程序的正确性。有硬件设备的读者适合用此方案。

（1）方案 1——离线组态

① 启动 TIA Portal 软件。从桌面上直接双击图标，启动 TIA Portal 软件，首先打开的是 Portal 视图，其窗体视图结构如图 1-2 所示。窗体的各部分含义说明如下：

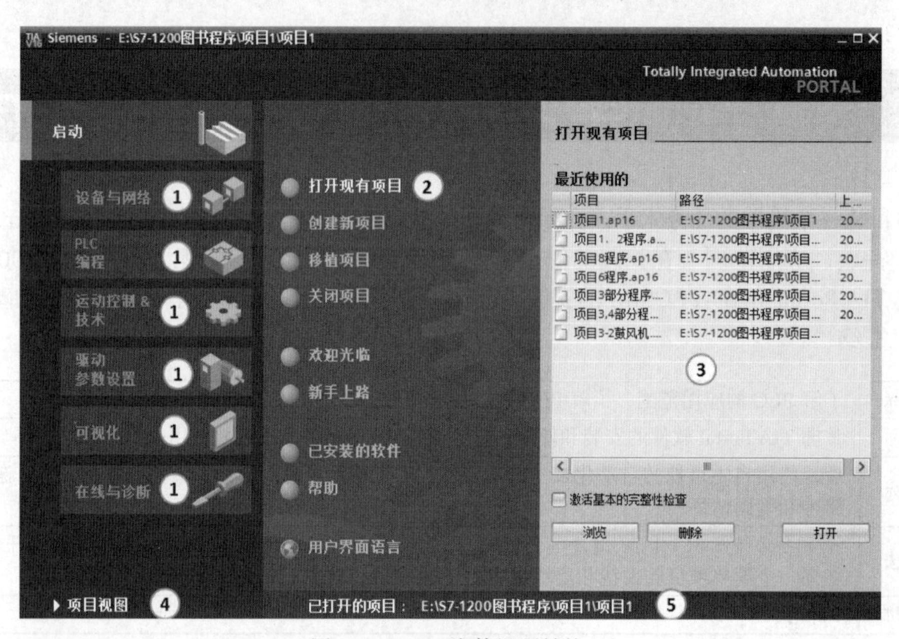

图 1-2　Portal 窗体视图结构

a. 登录选项。如图 1-2 所示的序号“1”，登录选项为各个任务区提供了基本功能。在 Portal 视图中提供的登录选项取决于所安装的产品。

b. 所选登录选项对应的操作。如图 1-2 所示的序号“2”，此处提供了在所选登录选项中可使用的操作，可在每个登录选项中调用上下文相关的帮助功能。

c. 所选操作的选择面板。如图 1-2 所示的序号“3”，所有登录选项中都提供了选择面板，该面板的内容取决于操作者的当前选择。

d. 切换到项目视图。如图 1-2 所示的序号“4”，可以使用“项目视图”链接切换到项目视图。

e. 当前打开的项目的显示区域。如图 1-2 所示的序号“5”，在此处可了解当前打开的是哪个项目。

② 新建项目。在 Portal 视图中有多项功能，如创建新项目、打开现有项目、移植项目等，选中“启动”→“创建新项目”选项，输入项目名称（本例为 MyFirstProject），单击“创建”按钮，如图 1-3 所示。单击“项目视图”按钮切换到项目视图，如图 1-4 所示。项目视图中可以完成 Portal 视图中所有的功能，而且更多软件使用者习惯使用项目视图。

项目视图界面中包含如下区域。

a. 标题栏。项目名称显示在标题栏中，如图 1-4 所示的“1”处的“MyFirstProject”。

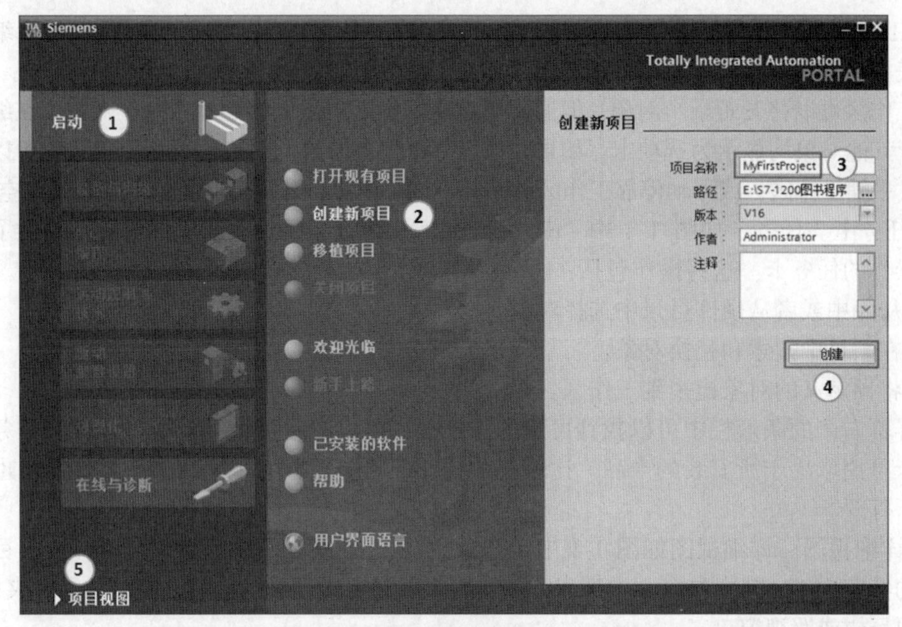

图1-3　创建新项目

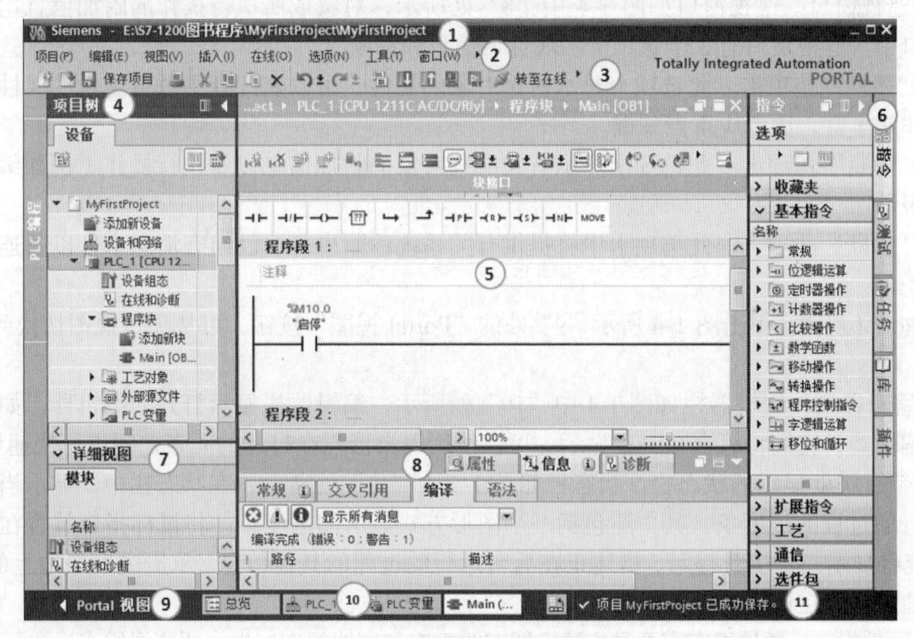

图1-4　项目视图的组件

b. 菜单栏。菜单栏如图1-4所示的“2”处所示，包含工作所需的全部命令。

c. 工具栏。工具栏如图1-4所示的“3”处所示，工具栏提供了常用命令的按钮，可以快捷地访问“复制”“粘贴”“上传”和“下载”等命令。

d. 项目树。项目树如图1-4所示的“4”处所示，使用项目树功能，可以访问所有组件和项目数据。可在项目树中执行以下任务：

- 添加新组件。
- 编辑现有组件。
- 扫描和修改现有组件的属性。

e. 工作区。工作区如图 1-4 中“5”处所示，在工作区内显示打开的对象，包括编辑器、视图和表格等。

在工作区可以打开若干个对象。但通常每次在工作区中只能看到其中一个对象。在编辑器栏中，所有其他对象均显示为选项卡。如果在执行某些任务时要同时查看两个对象，则可以水平或垂直方式平铺工作区，或浮动停靠工作区的元素。如果没有打开任何对象，则工作区是空的。

f. 任务卡。任务卡如图 1-4 中“6”处所示，根据所编辑对象或所选对象，提供了用于执行附加操作的任务卡。这些操作包括：

- 从库中或者从硬件目录中选择对象。
- 在项目中搜索和替换对象。
- 将预定义的对象拖拽到工作区。

在屏幕右侧的条形栏中可以找到可用的任务卡，可以随时折叠和重新打开这些任务卡。哪些任务卡可用取决于所安装的产品。比较复杂的任务卡会划分为多个窗格，这些窗格也可以折叠和重新打开。

g. 详细视图。详细视图如图 1-4 中“7”处所示，详细视图中显示总览窗口或项目树中所选对象的特定内容，其中包含文本列表或变量，但不显示文件夹的内容。要显示文件夹的内容，可使用项目树或巡视窗口。

h. 巡视窗口。巡视窗口如图 1-4 中“8”处所示，对象或所执行操作的附加信息均显示在巡视窗口中。巡视窗口有 3 个选项卡：属性、信息和诊断。

- “属性”选项卡。此选项卡显示所选对象的属性，可以在此处更改可编辑的属性。属性的内容非常丰富，读者应重点掌握。
- “信息”选项卡。此选项卡显示有关所选对象的附加信息以及执行操作（例如编译）时发出的报警。
- “诊断”选项卡。此选项卡中将提供有关系统诊断事件、已组态消息事件以及连接诊断的信息。

i. Portal 视图。单击图 1-4 所示“9”处的“Portal 视图”按钮，可从项目视图切换到 Portal 视图。

j. 编辑器栏。编辑器栏如图 1-4 中“10”处所示，编辑器栏显示打开的编辑器。如果已打开多个编辑器，它们将组合在一起显示。可以使用编辑器栏在打开的元素之间进行快速切换。

k. 带有进度显示的状态栏。状态栏如图 1-4 中“11”处所示，在状态栏中，显示当前正在后台运行的过程的进度条，其中还包括一个图形方式显示的进度条。将鼠标指针放置在进度条上，系统将显示一个工具提示，描述正在后台运行的过程的其他信息。单击进度条边上的按钮，可以取消后台正在运行的过程。

③ 硬件组态。硬件组态有两种方法，即在线组态和离线组态。先介绍离线组态。在图 1-5 中，双击“添加新设备”选项，弹出“添加新设备”对话框，选中“控制器”→“SIMATIC S7-1200”→“6ES7 211-1BE40-0XB0”（项目中使用的 CPU 模块的序列号）→“V4.4”（项目中使用的 CPU 模块的版本号），单击“确定”按钮。

④ 添加新变量表。新建变量表如图 1-6 所示。如不添加新变量表，程序中出现新的变量，就会在变量表自动生成。变量表可以下载到 CPU 中，也可以从 CPU 中上传到计算机。

⑤ 输入程序。打开程序编辑器，将收藏夹中的常开触点和线圈拖拽到图 1-7 所示的位置。在触点上输入“M10.0”，在线圈上输入“Q0.0”，如图 1-8 所示，再单击“编译”按钮，编译项目，最后单击“保存”按钮，保存项目。至此整个项目完成。

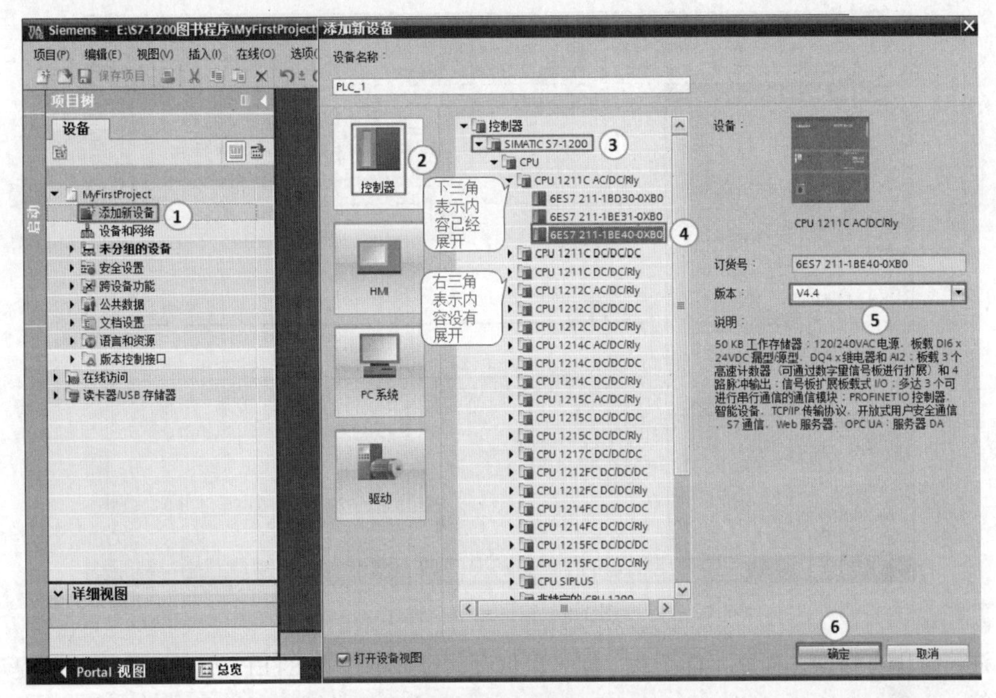

图 1-5　硬件组态

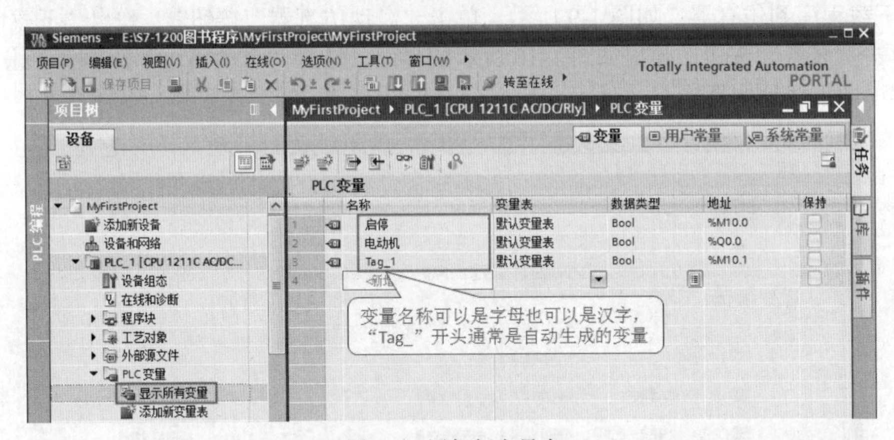

图 1-6　添加新变量表

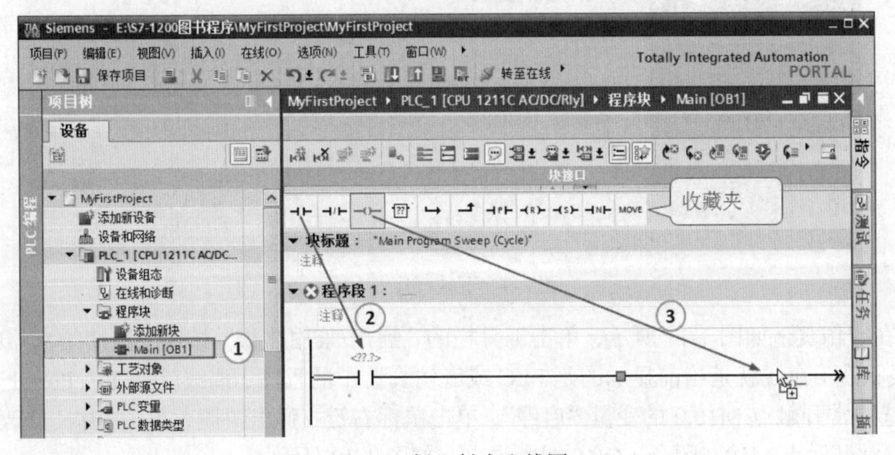

图 1-7　插入触点和线圈

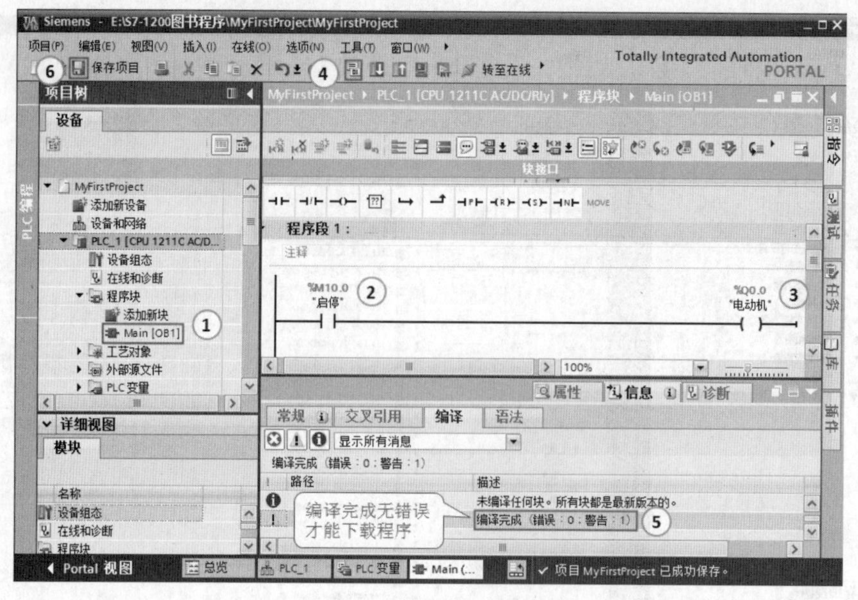

图 1-8　编译和保存程序

注：编译有错误，程序不能下载，但可以保存，过去的经典 STEP7 中的程序有错误是不能保存的。

⑥ 下载程序到仿真器。如图 1-9 所示，单击“启动仿真器”按钮，弹出“下载预览”对话框，单击“装载”按钮，弹出如图 1-10 所示的界面，选择“启动模块”选项，单击“完成”按钮，程序即下载到仿真器。

图 1-9　下载程序（1）

⑦ 在线仿真。如图 1-11 所示，单击工具栏的“启用/禁用监视”按钮，使仿真器中的程序处于在线状态（在线就是当前显示的是 PLC 或者仿真器中的程序，离线就是 TIA Portal 软件中的程序）。选中常开触点 M10.0 的变量“启停”，单击鼠标右键，弹出快捷菜单，选中“修改”→“修改为 1”。常开触点 M10.0 闭合，Q0.0 线圈得电，如图 1-12 所示。

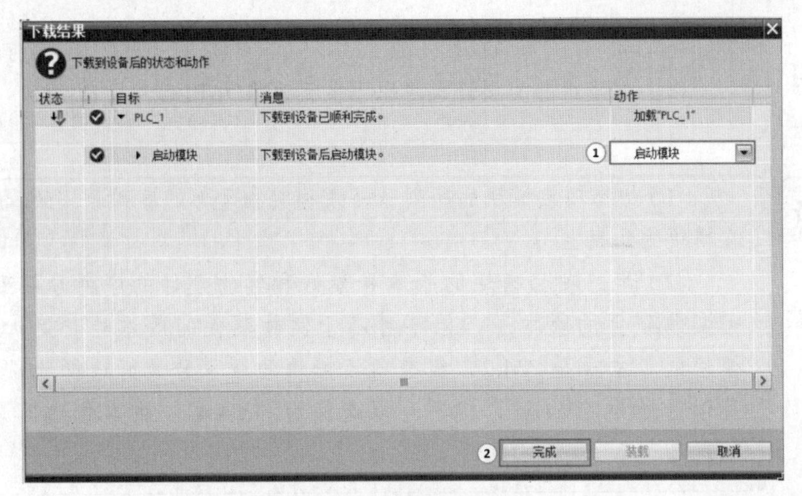

图 1-10　下载程序（2）

图 1-11　在线仿真（1）

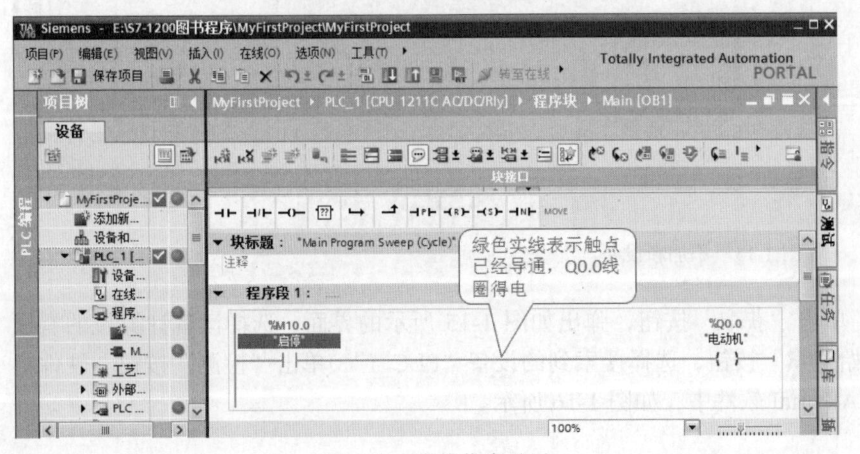

图 1-12　在线仿真（2）

说明

以上方案组态的项目也可以下载到真实的 PLC 中。

任务小结

（1）组态项目模块的序列号必须和实物硬件的序列号一致，序列号印刷在模块的外壳上。

（2）组态项目模块的版本号最好和实物硬件的序列号一致，可以低于实物硬件的版本号，但不可高于实物硬件的版本号。例如实物 CPU 模块的版本号是 V4.2，组态项目模块的版本号最好选择为“V4.2”，也可以选择为“V4.1”，但不可以选择为“V4.4”。版本号选择原则“就低不就高”。

（2）方案 2——在线组态

① 打开 TIA Portal 软件，创建新项目“MyFirstProject”，如图 1-3 所示，切换到项目视图。

② 硬件组态。在项目视图的项目树中，双击“添加新设备”，弹出“添加新设备”界面，如图 1-13 所示，单击“控制器”→“SIMATIC S7-1200”→“CPU”→“Unspecified CPU 1200”（非特定的 CPU 1200）→“6ES7 2XX-XXXXX-XXXXX”，单击“确定”按钮。

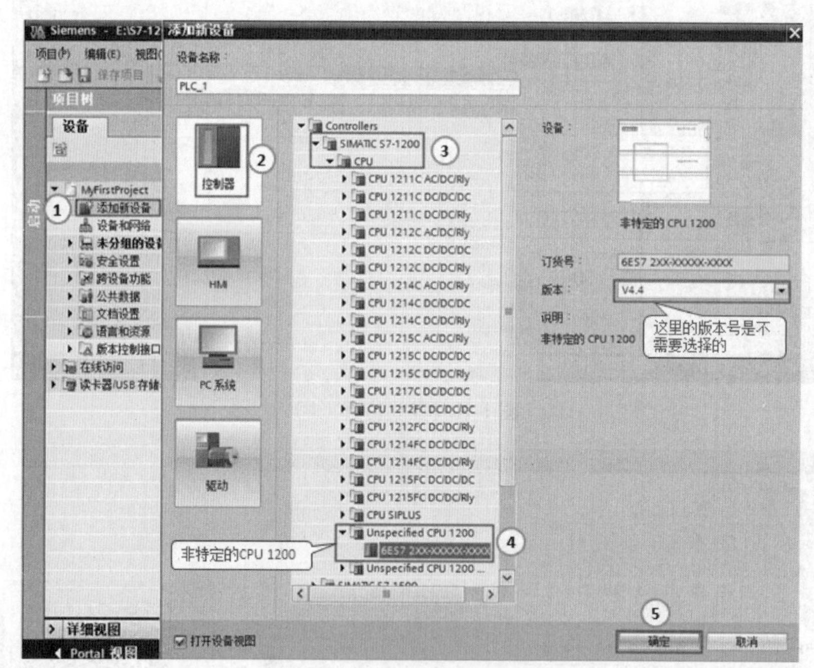

图 1-13　添加新设备

如图 1-14 所示，单击“获取”按钮，弹出如图 1-15 所示的界面。选择读者计算机的有线以太网卡，单击“开始搜索”按钮，选择搜索到的设备“PLC_1”，单击“检测”按钮。硬件组态全部“检测”到 TIA Portal 软件中，如图 1-16 所示。

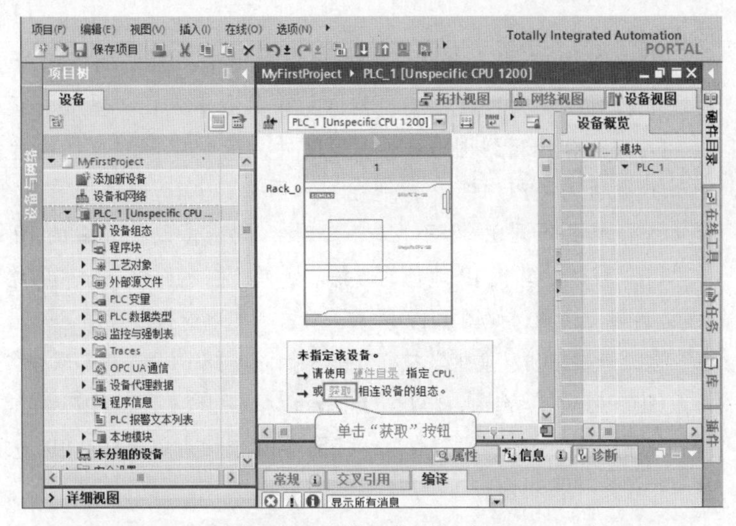

图 1-14　硬件“检测”（1）

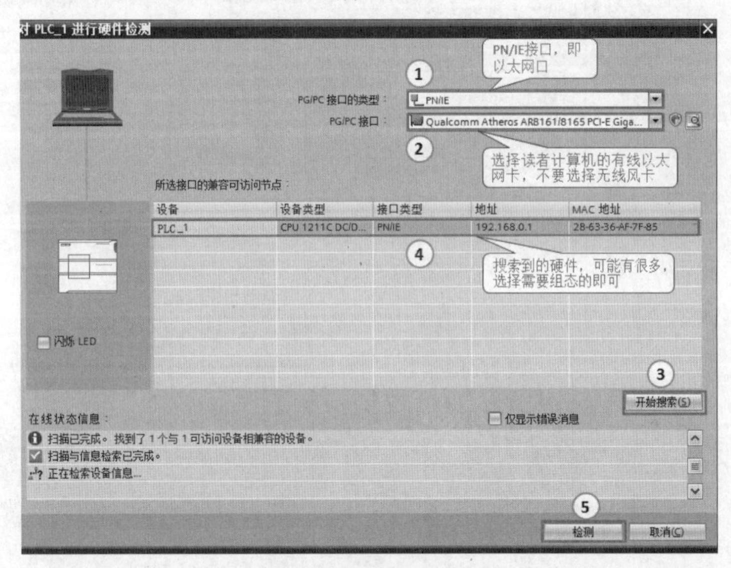

图 1-15　硬件“检测”（2）

图 1-16　硬件“检测”完成

任务小结

（1）图1-15中，如找不到有线以太网卡，可能的原因为：CPU模块没有通电、网线没有可靠连接或网卡的硬件版本太低（需要升级）。

（2）没有检测到图1-15中的硬件，读者应检测自己的计算机的网卡的IP地址是否与CPU的IP地址在同一网段（即IP地址的前3个字节要相同，第4个字节要不同），如不在同一网段，则需修改计算机的IP地址。

（3）修改计算机IP地址的方法。选择“控制面板”→“网络和Internet”→“网络连接”选项，如图1-17所示，双击“本地连接”选项，弹出“本地连接 状态”选项卡，单击“属性”按钮，弹出如图1-18所示界面。双击“Internet协议版本4（TCP/IPv4）”选项，弹出“Internet协议版本4（TCP/IPv4）属性”界面，选择“使用下面的IP地址”选项，按图1-18或读者需要修改IP地址和子网掩码，单击“确定”按钮即可。

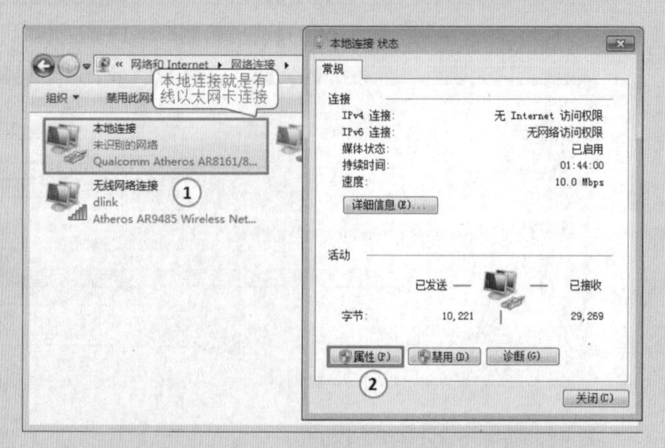

图1-17　打开“本地连接”

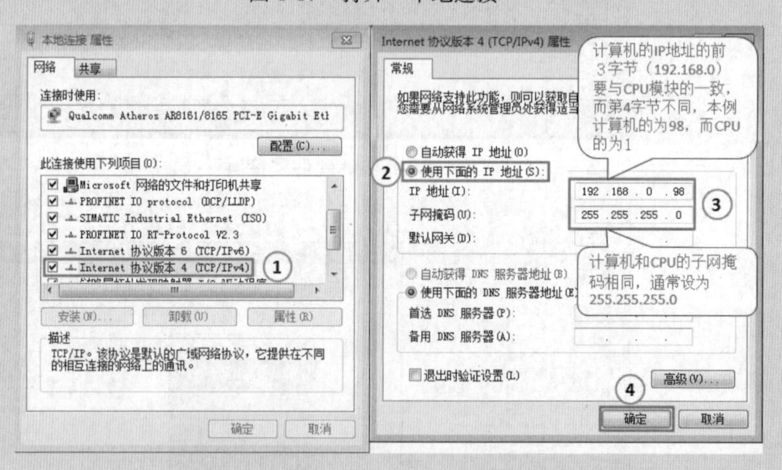

图1-18　修改计算机的IP地址和子网掩码

③ 输入程序、编译和保存程序如图1-7和图1-8所示。

④ 下载程序到CPU模块。单击工具栏上的“下载到设备”按钮，弹出“扩展下载到设备”界面，如图1-19所示，先选择读者的有线以太网卡，再单击“开始搜索”按钮，选择搜索到的设备“PLC_1”，单击“下载”按钮，弹出如图1-20所示的界面，选择“全部停止”选项，单击“装载”按钮，弹出如图1-21所示的界面，选择“启动模块”选项，单击“完成”按钮，程序即下载到CPU模块中。

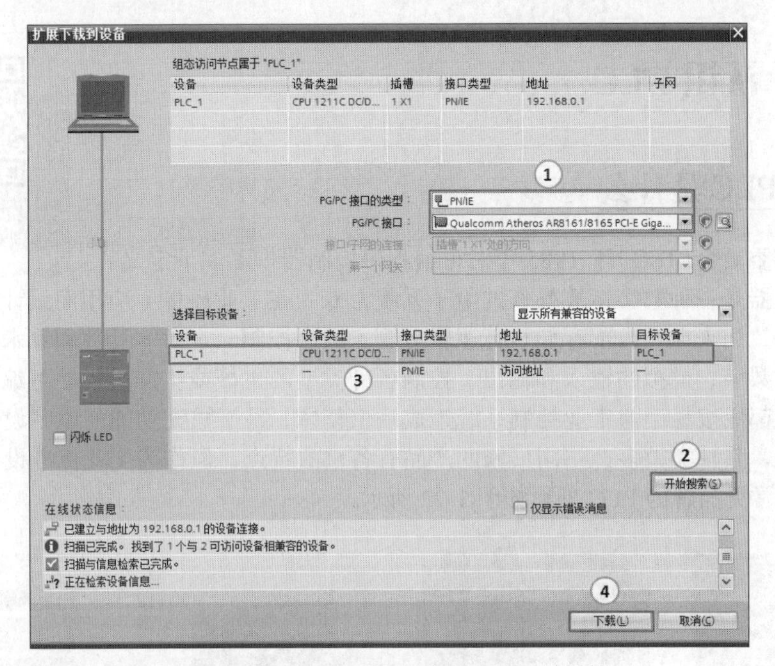

图 1-19　扩展下载到设备

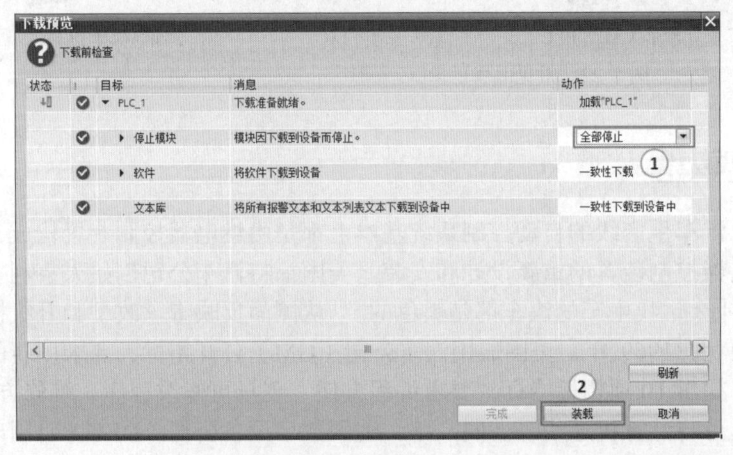

图 1-20　下载预览（1）

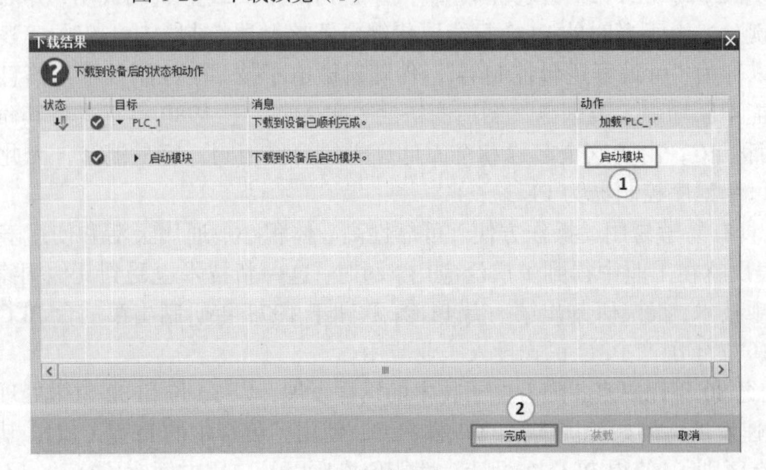

图 1-21　下载预览（2）

1.1 认识 PLC

认识 PLC（可程序控制器）

1.1.1 PLC 是什么

国际电工委员会（IEC）于 1985 年对可编程序控制器作了如下定义：可编程序控制器是一种数字运算操作的电子系统，专为在工业环境下应用而设计。它采用可编程序的存储器，用来在其内部存储执行逻辑运算、顺序控制、定时、计数和算术运算等操作的指令，并通过数字、模拟的输入和输出，控制各种类型的机械或生产过程。可编程序控制器及其有关设备，都应按易于与工业控制系统连成一个整体，易于扩充功能的原则设计。PLC 是一种工业计算机，其种类繁多，不同厂家的产品有各自的特点，但作为工业标准设备，PLC 又有一定的共性。常见品牌的 PLC 外形如图 1-22 所示。

（a）西门子 PLC

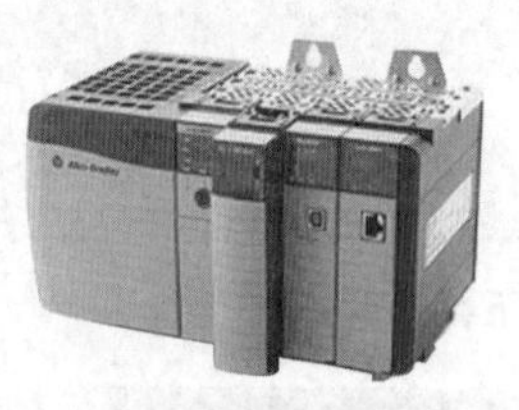

（b）罗克韦尔（AB）PLC

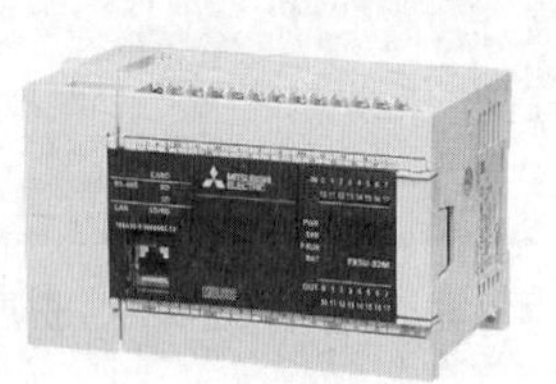

（c）三菱 PLC

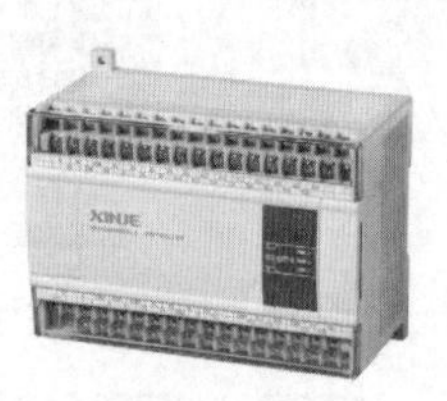

（d）信捷 PLC

图 1-22　常见品牌的 PLC 外形

1.1.2 PLC 的发展历史

20 世纪 60 年代以前，汽车生产线的自动控制系统基本上都是由继电器控制装置构成，当时每次改型都直接导致继电器控制装置的重新设计和安装。美国福特汽车公司创始人亨利·福特曾说过："不管顾客需要什么，我生产的汽车都是黑色的。"从侧面反映汽车改型和升级换代比较困难。为了改变这一现状，1969 年，美国通用汽车公司（GM）公开招标，要求用新的装置取代继电器控制装置，并提出 10 项招标指标，要求编程方便、现场可修改程序、维修方便、采用模块化设计、体积小及可与计算机通信等。同一年，美国数字设备公司（DEC）研制出了世界上第一台 PLC，即 PDP-14，在美国通用汽车公司的生产线上试用成功，并取得了满意的效果，PLC 从此诞生。由于当时的 PLC 只能取代继电器接触器控制，功能仅限于逻辑运算、计时及计数等，所以称为"可编程逻辑控制器"。伴随着微电子技术、控制技术与信息技术的不断发展，PLC 的功能不断增强。美国电气制造商协会（NEMA）于 1980 年正式将其命名为"可编程序控制器"，简称 PC，由于这个名称和个人计算机的简称相同，容易混淆，因此在我国，很多人仍然习惯称可编程序控制器为 PLC。

由于 PLC 具有易学易用、操作方便、可靠性高、体积小、通用灵活和使用寿命长等一系列优点，因此，很快就在工业中得到了广泛应用。同时，这一新技术也受到其他国家的重视。1971 年日本引进这项技术，很快研制出第一台 PLC；欧洲于 1973 年研制出第一台 PLC；我国从 1974 年开始研制，1977 年国产 PLC 正式投入工业应用。

进入 20 世纪 80 年代以来，随着电子技术的迅猛发展，以 16 位和 32 位微处理器构成的微机化 PLC 得到快速发展（例如德国倍福的高端 PLC，使用了英特尔的 iq 型 CPU，其信息处理能力和个人电脑没有区别），使得 PLC 在设计、性能价格比以及应用方面有了突破，不仅控制功能增

强、功耗和体积减小、成本下降、可靠性提高及编程和故障检测更为灵活方便，而且随着远程 I/O 和通信网络、数据处理和图像显示的发展，PLC 已经普遍用于控制复杂的生产过程。PLC 已经成为工厂自动化的三大支柱（PLC、机器人、CAD/CAM）之一。

1.1.3　PLC 的应用范围

目前，PLC 在国内外已广泛应用于专用机床、机床、控制系统、自动化楼宇、钢铁、石油、化工、电力、建材、汽车、纺织机械、交通运输、环保以及文化娱乐等各行各业。随着 PLC 性能价格比的不断提高，其应用范围还将不断扩大，其应用场合可以说是无处不在，具体应用大致可归纳为如下几类。

1. 顺序控制

顺序控制是 PLC 最基本、最广泛应用的领域，它取代了传统的继电器顺序控制。PLC 用于单机控制、多机群控制和自动化生产线的控制，例如数控机床、注塑机、印刷机械、电梯控制和纺织机械等。

2. 计数和定时控制

PLC 为用户提供了足够多的定时器和计数器，并设置相关的定时和计数指令，PLC 的计数器和定时器精度高、使用方便，可以取代继电器系统中的时间继电器和计数器。

3. 位置控制

目前大多数的 PLC 制造商都提供拖动步进电动机或伺服电动机的单轴或多轴位置控制模块，这一功能可广泛用于各种机械，如金属切削机床和装配机械等。

4. 模拟量处理

PLC 通过模拟量的输入/输出模块，实现模拟量与数字量的转换，并对模拟量进行控制，有的还具有 PID 控制功能，例如用于锅炉的水位、压力和温度控制。

5. 数据处理

现代的 PLC 具有数学运算、数据传递、转换、排序和查表等功能，也能完成数据的采集、分析和处理。

6. 通信联网

PLC 的通信包括 PLC 相互之间、PLC 与上位计算机以及 PLC 和其他智能设备之间的通信。PLC 系统与通用计算机可以直接或通过通信处理单元、通信转接器相连构成网络，以实现信息的交换，并可构成“集中管理、分散控制”的分布式控制系统，满足工厂自动化系统的需要。

1.1.4　PLC 的分类与性能指标

1. PLC 的分类

（1）从组成结构形式分类

从组成结构形式来分，可以将 PLC 分为两类：一类是整体式 PLC（也称为单元式），其特点是电源、中央处理单元和 I/O 接口都集成在一个机壳内；另一类是标准模板式结构化的 PLC（也称为组合式），其特点是电源模板、中央处理单元模板和 I/O 模板等在结构上是相互独立的，可根据具体的应用要求，选择合适的模块，安装在固定的机架或导轨上，构成一个完整的 PLC 应用系统。

（2）按 I/O 点容量分类

① 小型 PLC。小型 PLC 的 I/O 点数一般在 128 点以下。

② 中型 PLC。中型 PLC 采用模块化结构，其 I/O 点数一般为 256～1 024 点。

③ 大型 PLC。一般 I/O 点数在 1 024 点以上的 PLC 称为大型 PLC。

2. PLC 的性能指标

各厂家的 PLC 虽然各有特色，但其主要性能指标是相同的。

（1）输入/输出（I/O）点数

输入/输出（I/O）点数是最重要的一项技术指标，是指 PLC 面板上连接外部输入、输出的端子数，常称为“点数”，用输入与输出点数的和表示。点数越多表示 PLC 可接入的输入器件和输出器件越多，控制规模越大。

（2）扫描速度

扫描速度是指 PLC 执行程序的速度，以 ms/K 为单位，即执行 1K 步指令所需的时间。1 步占 1 个地址单元。

（3）存储容量

存储容量通常用 K 字（KW）或 K 字节（KB）、K 位来表示。这里 1K=1 024。有的 PLC 用“步”来衡量，一步占用一个地址单元。存储容量表示 PLC 能存放多少用户程序。例如，三菱型号为 FX2N-48MR 的 PLC 存储容量为 8 000 步。有的 PLC 的存储容量可以根据需要配置，有的 PLC 的存储器可以扩展。

（4）指令系统

指令系统表示该 PLC 软件功能的强弱。指令越多，编程功能就越强。

（5）内部寄存器（继电器）

PLC 内部有许多寄存器用来存放变量、中间结果、数据等，还有许多辅助寄存器可供用户使用。因此寄存器的配置也是衡量 PLC 功能的一项指标。

（6）扩展能力

扩展能力是反映 PLC 性能的重要指标之一。PLC 除了主控模块外，还可配置实现各种特殊功能的功能模块，例如 AD 模块、DA 模块、高速计数模块和远程通信模块等。

1.1.5 国内知名 PLC 介绍

1. 国外 PLC 品牌

目前 PLC 在我国得到了广泛的应用，很多知名厂家的 PLC 在我国都有应用。

（1）美国是 PLC 生产大国，有 100 多家 PLC 生产厂家。其中 AB 公司（罗克韦尔）的 PLC 产品规格比较齐全，主推大中型 PLC，如 PLC-5 系列。通用电气公司也是知名 PLC 生产厂商，大中型 PLC 产品系列有 RX3i 和 RX7i 等。德州仪器也生产大、中、小全系列 PLC 产品。

（2）欧洲的 PLC 产品也久负盛名。德国的西门子公司、AEG 公司和法国的 TE 公司都是欧洲著名的 PLC 制造商。其中西门子公司的 PLC 产品与美国 AB 公司的 PLC 产品齐名。

（3）日本的小型 PLC 具有一定的特色，性价比较高，比较有名的品牌有三菱、欧姆龙、松下、富士、日立和东芝等。在小型机市场，日系 PLC 的市场份额曾经高达 70%。

2. 国产 PLC 品牌

我国自主品牌的 PLC 生产厂家有 30 余家。在目前已经上市的众多 PLC 产品中，从技术角度来看，国产小型 PLC 与国际知名品牌小型 PLC 差距很小。有的国产 PLC 开发了很多适合亚洲人使用的方便指令，其使用越来越广泛。例如，深圳汇川、无锡信捷、北京和利时和深圳合信等公司生产的小型 PLC 已经非常成熟，其可靠性在许多应用中得到了验证，已经被用户广泛认可。这些技术自主可控的 PLC 品牌打破了国外的技术垄断和价格霸凌，是名族品牌的骄傲。

国产大中型 PLC 的用户接受程度虽然不如国产小型 PLC 高，但可喜的是一些优秀品牌（如

深圳汇川的中型机 AM600），凭借自身实力，其市场份额逐年增加。

1.2 PLC 的结构和工作原理

1.2.1 PLC 的硬件组成

PLC 种类繁多，但其基本结构和工作原理相同。PLC 的功能结构区由 CPU（中央处理器）、存储器和输入接口/输出接口三部分组成，如图 1-23 所示。

1. CPU

CPU 的功能是完成 PLC 内所有的控制和监视操作。中央处理器一般由控制器、运算器和寄存器组成。CPU 通过数据总线、地址总线和控制总线与存储器、输入接口/输出接口电路连接。

2. 存储器

在 PLC 中使用两种类型的存储器：一种是只读存储器（Read-Only Memory，ROM），如可擦除存储器（EPROM）和电擦除存储器（EEPROM），另一种是可读/写的随机存储器（Random Access Memory，RAM）。PLC 的存储器分为 5 个区域，如图 1-24 所示。

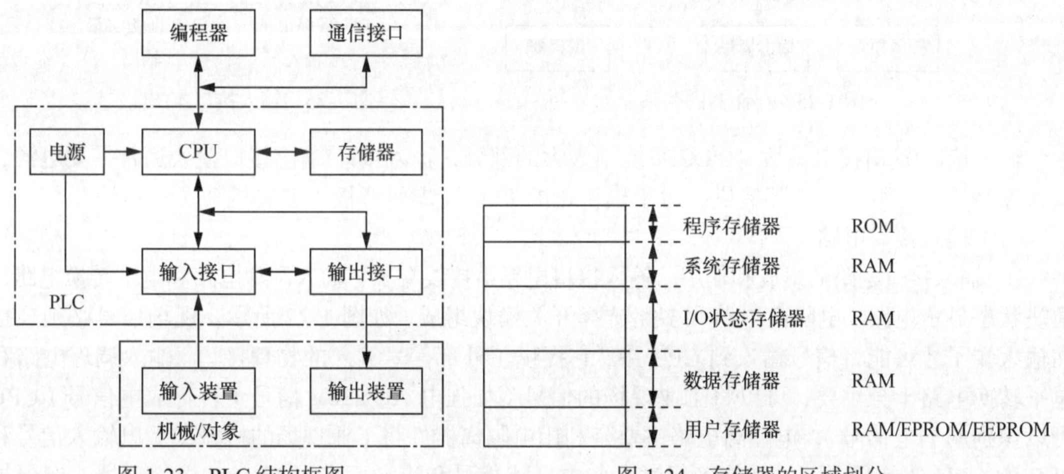

图 1-23　PLC 结构框图　　图 1-24　存储器的区域划分

程序存储器的类型是只读存储器，PLC 的操作系统存放在这里，操作系统的程序由制造商固化，通常不能修改。存储器中的程序负责解释和编译用户编写的程序、监控 I/O 口的状态、对 PLC 进行自诊断以及扫描 PLC 中的程序等。系统存储器属于随机存储器，主要用于存储中间计算结果、数据和系统管理，有的 PLC 厂家用系统存储器存储一些系统信息如错误代码等，系统存储器不对用户开放。I/O 状态存储器属于随机存储器，用于存储 I/O 装置的状态信息，每个输入模块和输出模块都在 I/O 映像表中分配一个地址，而且这个地址是唯一的。数据存储器属于随机存储器，主要用于数据处理功能，为计数器、定时器、算术计算和过程参数提供数据存储。有的厂家将数据存储器细分为固定数据存储器和可变数据存储器。用户存储器，其类型可以是随机存储器、EPROM 和 EEPROM，高档的 PLC 还可以用 Flash。用户存储器主要用于放用户编写的程序。存储器的关系如图 1-25 所示。

只读存储器可以用来存放系统程序，PLC 断电后再上电，系统内容不变且重新执行。只读存储器也可用来固化用户程序和一些重要参数，以免因偶然操作失误而造成程序和数据的破坏或丢失。随机存储器中一般存放用户程序和系统参数。当 PLC 处于编程工作时，CPU 从 RAM 中取指令并

执行。用户程序执行过程中产生的中间结果也在 RAM 中暂时存放。RAM 通常由互补金属氧化物半导体（Complementary Metal Oxide Semiconductor，CMOS）型集成电路组成，功耗小，但断电时内容消失，因此一般使用大电容或后备锂电池保证掉电后 PLC 的内容在一定时间内不丢失。

3. 输入接口/输出接口

PLC 的输入和输出信号可以是开关量或模拟量。输入接口/输出接口是 PLC 内部弱电（Low Power）信号和工业现场强电（High Power）信号联系的桥梁。输入接口/输出接口主要有两个作用，一是利用内部的电隔离电路将工业现场和 PLC 内部进行隔离，起保护作用；二是调理信号，可以把不同的信号（如强电、弱电信号）调理成 CPU 可以处理的信号（5V、3.3V 或 2.7V 等），如图 1-26 所示。

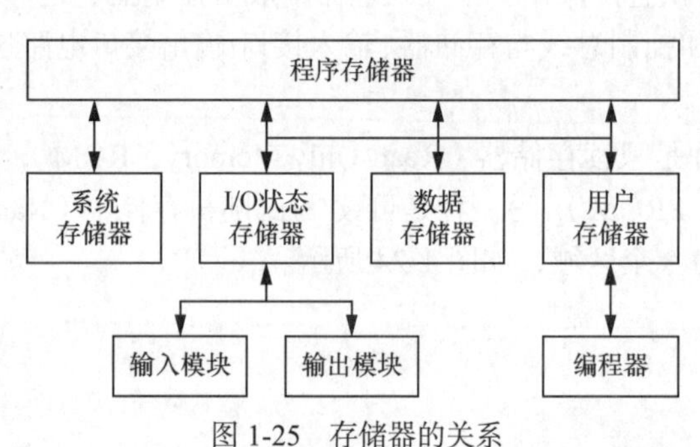

图 1-25 存储器的关系

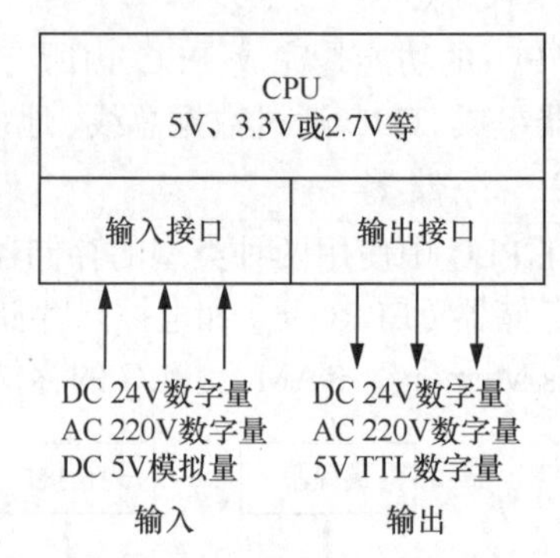

图 1-26 输入接口/输出接口

输入接口/输出接口模块是 PLC 系统中最大的部分，输入接口/输出接口模块通常需要电源，输入电路的电源可以由外部提供，对于模块化的 PLC 还需要背板（安装机架）。

（1）输入接口电路

① 输入接口电路的组成和作用。输入接口电路由接线端子、输入调理电路和电平转换电路、模块状态显示电路、电隔离电路和多路选择开关模块组成，如图 1-27 所示。现场信号必须连接在输入端子才可能将信号输入到 CPU 中，它提供了外部信号输入的物理接口。输入调理电路和电平转换电路十分重要，可以将工业现场的信号（如强电 AC 220V 信号）转化成电信号（CPU 可以识别的弱电信号）；电隔离电路主要是利用电隔离器件将工业现场的机械或者电输入信号和 PLC 的 CPU 的信号隔开，它能确保过高的电干扰信号和浪涌不串入 PLC 的微处理器，起保护作用。通常有 3 种隔离方式，用得最多的是光电隔离，其次是变压器隔离和干簧继电器隔离。当外部有信号输入时，输入模块上有指示灯显示，这个电路比较简单，当线路中有故障时，它帮助用户查找故障，由于氖灯或 LED 灯的寿命比较长，所以这个灯通常是氖灯或 LED 灯。多路选择开关接收调理完成的输入信号，并存储在多路选择开关模块中，当输入循环扫描时，多路选择开关模块中的信号输送到 I/O 状态寄存器中。

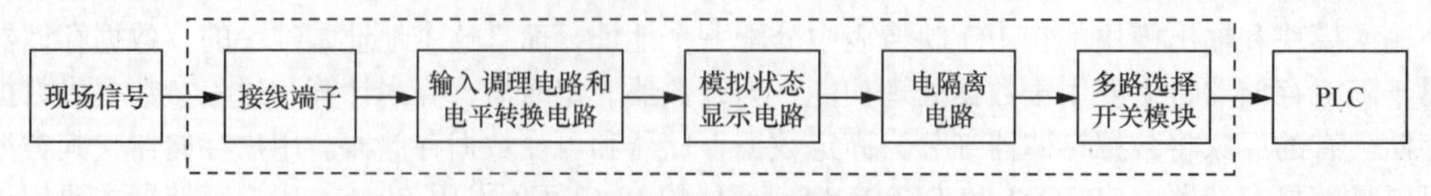

图 1-27 输入接口电路的结构

② 输入信号的设备种类。输入信号可以是离散信号和模拟信号。当输入端是离散信号时，输入端的设备类型可以是按钮、转换开关、继电器（触点）、行程开关、接近开关以及压力继电器等，如图 1-28 所示（具体接线在项目 2 讲解）。当输入为模拟量输入时，输入设备的类型可

以是力传感器、温度传感器、流量传感器、电压传感器、电流传感器以及压力传感器等。

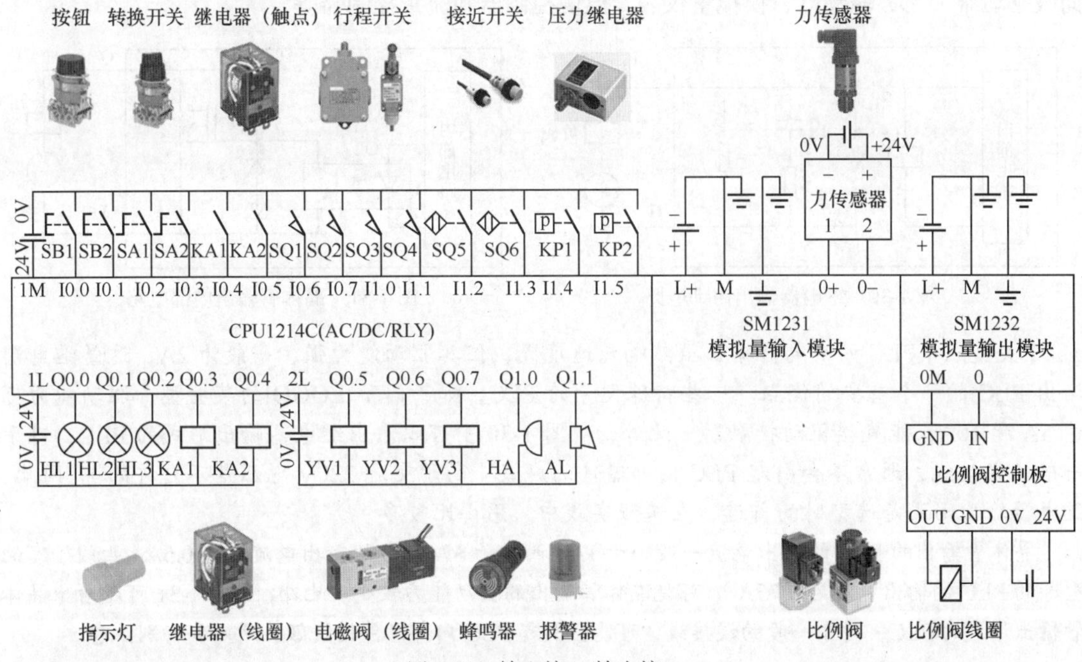

图 1-28　输入接口/输出接口

（2）输出接口电路

① 输出接口电路的组成和作用。输出接口电路由多路选择开关模块、信号锁存器、电隔离电路、模块状态显示电路、输出电平转换电路和接线端子组成，如图 1-29 所示。在输出扫描期间，多路选择开关模块接收来自映像表中的输出信号，并对这个信号的状态和目标地址进行译码，最后将信息送给信号锁存器。信号锁存器是将多路选择开关模块的信号保存起来，直到下一次更新。输出接口的电隔离电路的作用和输入模块一样，但是由于输出模块输出的信号比输入信号强得多，因此要求隔离电磁干扰和浪涌的能力更高，PLC 的电磁兼容性（EMC）较好，适用于绝大多数的工业场合。输出电平转换电路将隔离电路送来的信号放大为可以足够驱动现场设备的信号，放大器件可以是双向晶闸管、三极管和干簧继电器等。输出的接线端子用于将输出模块与现场设备相连接。

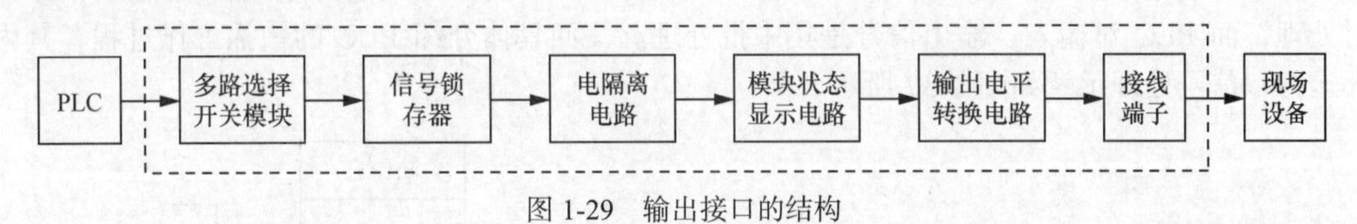

图 1-29　输出接口的结构

PLC 有 3 种输出接口形式，即继电器输出、晶体管输出和晶闸管输出形式。继电器输出形式的 PLC 的负载电源可以是直流电源或交流电源，但其输出响应频率较慢，其内部电路如图 1-30 所示。晶体管输出的 PLC 负载电源是直流电源，其输出响应频率较快，其内部电路如图 1-31 所示。晶闸管输出形式的 PLC 的负载电源是交流电源，西门子 S7-1200 PLC 的 CPU 模块暂时还没有晶闸管输出形式的产品出售，但三菱 FX 系列有这种产品。选型时要特别注意 PLC 的输出形式。

② 输出信号的设备种类。输出信号可以是离散信号和模拟信号。当输出端是离散信号时，输出端的设备类型可以是各类指示灯、继电器（线圈）、电磁阀（线圈）、蜂鸣器和报警器等，

如图 1-28 所示。当输出为模拟量输出时，输出设备的类型可以是比例阀、AC 驱动器（如交流伺服驱动器）、DC 驱动器、模拟量仪表、温度控制器和流量控制器等。

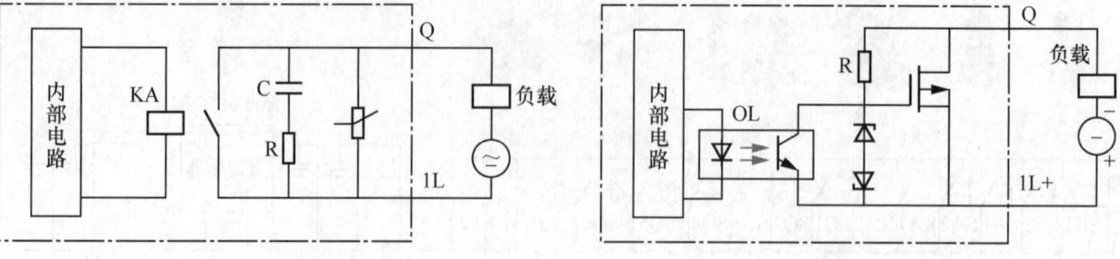

图 1-30　继电器输出内部电路　　　　图 1-31　晶体管输出内部电路

【关键点】PLC 的继电器输出虽然响应速度慢，但其驱动能力强，一般为 2A，这是继电器输出 PLC 的一个重要的优点。一些特殊型号的 PLC，如西门子 LOGO!的某些型号驱动能力可达 5A 和 10A，能直接驱动接触器。此外，从图 1-30 中可以看出继电器输出形式的 PLC，对于一般的误接线，通常不会引起 PLC 内部器件的烧毁（高于交流 220V 电压是不允许的）。因此，继电器输出形式是选型时的首选，在工程实践中，用得比较多。

晶体管输出的 PLC 的输出电流一般小于 1A，西门子 S7-1200 的输出电流源是 0.5A（西门子有的型号的 PLC 的输出电流为 0.75A），可见晶体管输出的驱动能力较小。此外，由图 1-31 可以看出晶体管输出形式的 PLC，对于一般的误接线，可能会引起 PLC 内部器件的烧毁，所以要特别注意。

1.2.2　PLC 的工作原理

PLC 是一种存储程序的控制器。用户根据某一对象的具体控制要求，编制好控制程序后，用编程器将程序输入到 PLC（或用计算机下载到 PLC）的用户程序存储器中寄存。PLC 的控制功能就是通过运行用户程序来实现的。

PLC 运行程序的方式与微型计算机相比有较大的不同。微型计算机运行程序时，一旦执行到 END 指令，程序运行便结束；而 PLC 从 0 号存储地址所存放的第一条用户程序开始，在无中断或无跳转的情况下，按存储地址号递增的方向顺序逐条执行用户程序，直到 END 指令结束，然后再从头开始执行，并周而复始地重复，直到停机或从运行（RUN）切换到停止（STOP）工作状态。PLC 这种执行程序的方式称为扫描工作方式。每扫描完一次程序就构成一个扫描周期。另外，PLC 对输入、输出信号的处理与微型计算机不同，微型计算机对输入、输出信号实时处理，而 PLC 对输入、输出信号是集中批处理。下面具体介绍 PLC 的扫描工作过程，其内部运行和信号处理示意如图 1-32 所示。

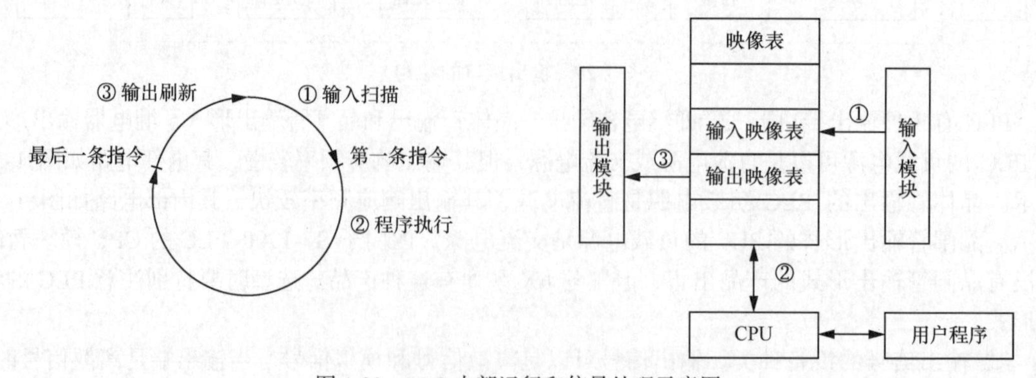

图 1-32　PLC 内部运行和信号处理示意图

PLC 扫描工作方式主要分为 3 个阶段：输入扫描、程序执行和输出刷新。

1. 输入扫描

PLC 在开始执行程序之前，首先扫描输入端子，按顺序将所有输入信号，读入到寄存器-输入状态的输入映像寄存器中，这个过程称为输入扫描。PLC 在运行程序时，所需的输入信号不是现时取输入端子上的信息，而是取输入映像寄存器中的信息。在本工作周期内这个采样结果的内容不会改变，只有到下一个扫描周期输入扫描阶段才被刷新。PLC 的扫描速度取决于 CPU 的时钟速度。

2. 程序执行

PLC 完成了输入扫描工作后，按顺序从 0 号地址开始的程序进行逐条扫描执行，并分别从输入映像寄存器、输出映像寄存器以及辅助继电器中获得所需的数据进行运算处理，再将程序执行的结果写入输出映像寄存器中保存。但这个结果在全部程序未被执行完毕之前不会被送到输出端子上，也就是物理输出是不会改变的。扫描时间取决于程序的长度、复杂程度和 CPU 的功能。

3. 输出刷新

在执行到 END 指令，即执行完用户所有程序后，PLC 将输出映像寄存器中的内容送到输出锁存器中进行输出，驱动用户设备。扫描时间取决于输出模块的数量。

从以上的介绍可以知道，PLC 程序扫描特性决定了 PLC 的输入和输出状态并不能在扫描的同时改变，例如一个按钮开关的输入信号的输入刚好在输入扫描之后，那么这个信号只有在下一个扫描周期才能被读入。

上述 3 个步骤是 PLC 的软件处理过程，可以认为是程序扫描时间。扫描时间通常由 3 个因素决定：一是 CPU 的时钟速度，越高档的 CPU，时钟速度越高，扫描时间越短；二是输入/输出模块的数量，模块数量越少，扫描时间越短；三是程序的长度，程序长度越短，扫描时间越短。一般的 PLC 执行容量为 1K 的程序需要的扫描时间是 1～10ms。

图 1-33 所示为 PLC 循环扫描工作过程。

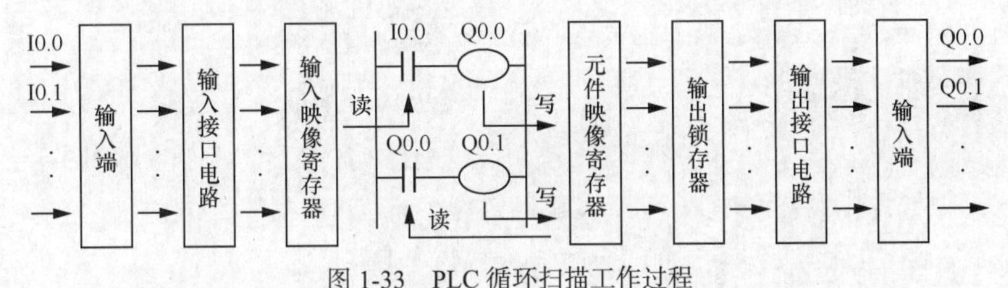

图 1-33 PLC 循环扫描工作过程

1.2.3 PLC 的立即输入、输出功能

一般的 PLC 都有立即输出和立即输入功能。

1. 立即输出功能

立即输出功能就是输出模块在处理用户程序时，能立即被刷新。PLC 临时挂起（中断）正常运行的程序，将输出映像表中的信息输送到输出模块，立即进行输出刷新，然后再回到程序中继续运行。立即输出过程如图 1-34 所示。注意，立即输出功能并不能立即刷新所有的输出模块。

2. 立即输入功能

立即输入功能适用于要求对反应速度很严格的场合，例如几毫秒的时间对于控制来说十分关键的情况下。立即输入时，PLC 立即挂起正在执行的程序，扫描输入模块，然后更新特定的输入状态到输入映像表，最后继续执行剩余的程序。立即输入过程如图 1-35 所示。

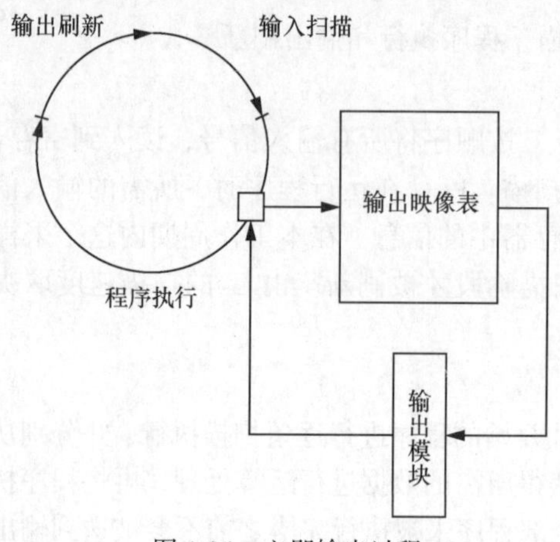

图 1-34　立即输出过程

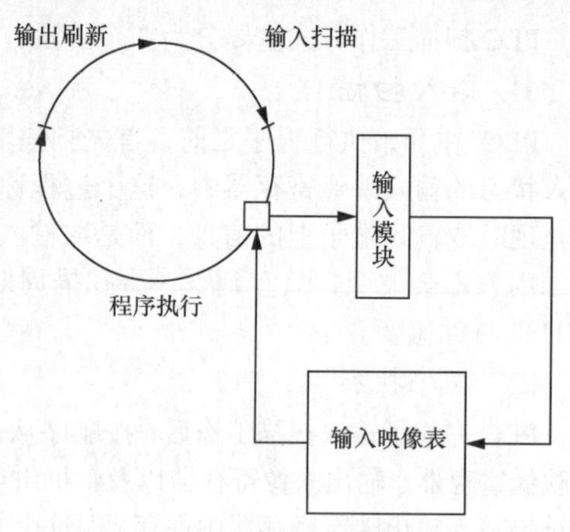

图 1-35　立即输入过程

1.3 TIA Portal 软件简介

TIA Portal（博途）软件简介

1.3.1 初识 TIA Portal 软件

TIA Portal 软件是西门子推出的，面向工业自动化领域的新一代工程软件平台，主要包括 5 个部分：SIMATIC STEP 7、SIMATIC WinCC、SINAMICS StartDrive、SIMOTION Scout TIA 和 SIRIUS SIMOCODE。TIA Portal 软件的体系结构如图 1-36 所示。

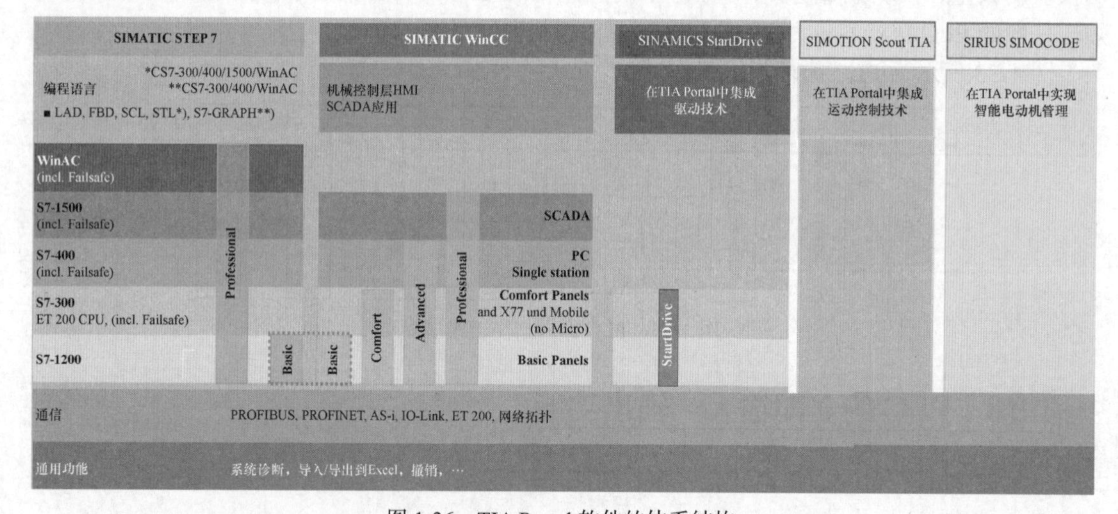

图 1-36　TIA Portal 软件的体系结构

1. SIMATIC STEP 7（TIA Portal）

SIMATIC STEP 7（TIA Portal）是用于组态 SIMATIC S7-1200、S7-1500、S7-300/400 和 WinAC 控制器系列的工程组态软件。SIMATIC STEP 7（TIA Portal）有两个版本，具体使用取决于可组态的控制器系列，分别介绍如下。

（1）SIMATIC STEP 7 Basic 主要用于组态 S7-1200，并且自带 WinCC Basic，用于 Basic 面板的组态。

（2）SIMATIC STEP 7 Professional 用于组态 S7-1200、S7-1500、S7-300/400 和 WinAC，且

自带 WinCC Basic，用于 Basic 面板的组态。

2. SIMATIC WinCC（TIA Portal）

SIMATIC WinCC（TIA Portal）是使用 WinCC Runtime Advanced 或 SCADA 系统 WinCC Runtime Professional 可视化软件，可组态 SIMATIC 面板、SIMATIC 工业个人计算机（Personal Computer，PC）以及标准 PC 的工程组态软件。

SIMATIC WinCC（TIA Portal）有 4 个版本，具体使用取决于可组态的操作员控制系统，分别介绍如下。

（1）WinCC Basic 用于组态精简系列面板，WinCC Basic 包含在每款 STEP 7 Basic 和 STEP 7 Professional 产品中。

（2）WinCC Comfort 用于组态包括精智面板和移动面板的所有面板。

（3）WinCC Advanced 用于通过 WinCC Runtime Advanced 可视化软件，组态所有面板和 PC。WinCC Runtime Advanced 是基于 PC 单站系统的可视化软件。WinCC Runtime Advanced 外部变量许可根据个数购买，有 128、512、2k、4k 以及 8k 个外部变量许可出售。

（4）WinCC Professional 用于使用 WinCC Runtime Advanced 或 SCADA 系统 WinCC Runtime Professional 组态面板和 PC。WinCC Professional 有以下版本：带有 512 和 4 096 个外部变量的 WinCC Professional 以及 WinCC Professional（最大外部变量）。

WinCC Runtime Professional 是一种用于构建组态范围从单站系统到多站系统（包括标准客户端或 Web 客户端）的 SCADA 系统。可以购买带有 128、512、2k、4k、8k 和 64k 个外部变量许可的 WinCC Runtime Professional。

通过 SIMATIC WinCC（TIA Portal）还可以使用 WinCC Runtime Advanced 或 WinCC Runtime Professional 组态 SINUMERIK PC 以及使用 SINUMERIK HMI Pro sl RT 或 SINUMERIK Operate WinCC RT Basic 组态 HMI 设备。

3. SINAMICS StartDrive（TIA Portal）

SINAMICS StartDrive 能够直观地将 SINAMICS 变频器集成到自动化环境中。由于具有相同操作概念，消除了接口瓶颈，并且具有较高的用户友好性，因此可将 SINAMICS 变频器快速集成到自动化环境中，并使用 TIA Portal 对其进行调试。

（1）SINAMICS StartDrive 的用户友好性

a. 直观的参数设置，可借助于用户友好的向导和屏幕画面进行最佳设置。

b. 可根据具体任务，实现结构化变频器组态。

c. 可对配套 SIMOTICS 电动机进行简便组态。

（2）SINAMICS StartDrive 具有的出色特点

a. 所有强大的 TIA Portal 软件功能都可支持变频器的工程组态。

b. 不需附加工具即可实现高性能跟踪。

c. 可通过变频器消息进行集成系统诊断。

（3）支持 SINAMICS 变频器

a. SINAMICS G120，模块化单机传动系统，适用于中低端应用。

b. SINAMICS G120C，紧凑型单机传动系统，额定功率较低，具有相关功能。

c. SINAMICS G120D，分布式变频器，采用无机柜式设计。

d. SINAMICS G120P，适用于泵、风机和压缩机的专用变频器。

4. SIMOTION Scout TIA

在 TIA 博途统一的工程平台上实现 SIMOTION 运动控制器的工艺对象配置、用户编程、调试和诊断。

5. SIRIUS SIMOCODE

SIRIUS SIMOCODE 是智能电机管理系统，量身打造电机保护、监控、诊断及可编程控制功能，支持 Profinet、Profibus 和 Modbus-RTU 等通信协议。

1.3.2 安装 TIA Portal 软件的软硬件条件

1. 硬件要求

TIA Portal 软件对计算机系统硬件的要求比较高，计算机最好配置固态硬盘（SSD）。

安装“SIMATIC STEP 7 Professional”软件包对硬件的最低要求和推荐配置要求见表 1-1。

表 1-1　安装“SIMATIC STEP 7 Professional”对硬件的最低配置要求和推荐配置要求

项　目	最低配置要求	推荐配置要求
RAM	8GB	16GB 或更大
硬盘	20GB	固态硬盘（大于 50GB）
CPU	Intel® Core™ i3-6100U，2.30GHz	Intel® Core™i5-6440EQ（最高 3.4GHz）
屏幕分辨率	1 024 × 768	15.6" 宽屏显示器（1 920 × 1 080）

2. 操作系统要求

西门子 TIA Portal V16 软件（专业版）对计算机系统的操作系统的要求比较高。专业版、企业版或者旗舰版的操作系统是必备的条件，不兼容家庭版操作系统，Windows 7（64 位）的专业版、企业版或者旗舰版都可以安装 TIA Portal 软件，不再支持 32 位的操作系统。安装“SIMATIC STEP 7 Professional”软件包对计算机系统的操作系统的要求见表 1-2。

表 1-2　安装“SIMATIC STEP 7 Professional”对计算机系统的操作系统要求

序　号	操作系统要求
1	Windows 7（64 位） ● Windows 7 Professional SP1 ● Windows 7 Enterprise SP1 ● Windows 7 Ultimate SP1
2	Windows 10（64 位） ● Windows 10 Professional Version 1809 ● Windows 10 Professional Version 1903 ● Windows 10 Enterprise Version 1809 ● Windows 10 Enterprise Version 1903 ● Windows 10 IoT Enterprise 2015 LTSB ● Windows 10 IoT Enterprise 2016 LTSB ● Windows 10 IoT Enterprise 2019 LTSC
3	Windows Server（64 位） ● Windows Server 2012 R2 StdE（完全安装） ● Windows Server 2016 Standard（完全安装） ● Windows Server 2019 Standard（完全安装）

可在虚拟机上安装“SIMATIC STEP 7 Professional”软件包。推荐选择使用下面指定版本或较新版本的虚拟平台。

- VMware vSphere Hypervisor (ESXi) 6.5 或更高版本。
- VMware Workstation 15.0.2 或更高版本。
- VMware Player 15.0.2 或更高版本。

- Microsoft Hyper-V Server 2016 或更高版本。

3. 支持的防病毒软件

- Symantec Endpoint Protection 14。
- Trend Micro Office Scan 12.0。
- McAfee Endpoint Security (ENS) 10.5。
- Kaspersky Endpoint Security 11.1。
- Windows Defender。
- Qihoo 360 “Safe Guard 11.5” + “Virus Scanner”。

1.3.3 安装 TIA Portal 软件的注意事项

（1）Window 7、Windows Server 和 Window 10 操作系统的家庭（HOME）版和教育版都与 TIA Portal 软件（专业版）不兼容。32 位操作系统的专业版与 TIA Portal V14 及以后的软件不兼容，TIA Portal V13 及之前的版本与 32 位操作系统兼容。

（2）安装 TIA Portal 软件时，最好关闭监控和杀毒软件。

（3）安装软件时，软件的存放目录中不能有汉字，否则会弹出错误信息，表明目录中有不能识别的字符。例如将软件存放在“C:/软件/STEP 7”目录中就不能安装。建议放在根目录下安装。这一点初学者最易忽略。

（4）在安装 TIA Portal 软件的过程中出现“You must restart your computer before you can run setup. Do you reboot your computer now?”提示字样。重启计算机有时是可行的方案，有时计算机会重复提示重启计算机，在这种情况下解决方案如下。

单击键盘上的“Win”+“R”键，弹出“运行”对话框，在运行对话框中输入“regedit”，打开注册表编辑器。选中注册表中的 HKEY_LOCAL_MACHINE\Sysytem \CurrentControlset\Control”中的“Session manager”，删除右侧窗口的“PendingFileRenameOperations”选项。重新安装，就不会出现重启计算机的提示了。

这个解决方案也适合安装其他的软件。

（5）允许在同一台计算机的同一个操作系统中安装 STEP7 V5.5、STEP7 V15 和 STEP7 V16，经典版的 STEP7 V5.5 和 STEP7 V5.6 不能安装在同一个操作系统中。

（6）应安装新版本的 IE 浏览器，老版本的 IE 浏览器会造成帮助文档中的文字乱码。

（1）Window 7 和 Window 10 家庭版与 TIA Portal（专业版）不兼容，可以理解为这个操作系统不能安装 TIA Portal。有时即使能安装，但很多功能都不能使用。

（2）目前推荐安装 TIA Portal V16 的操作系统是专业版、旗舰版或企业版的 Window 10。

1.3.4 安装和卸载 TIA Portal 软件

1. 安装 TIA Portal 软件

安装 TIA Portal 软件的前提是计算机的操作系统和硬件符合安装 TIA Portal 软件的条件，当满足安装条件时，首先要关闭正在运行的其他程序，如 Word 等软件，然后将 TIA Portal 软件安装光盘插入计算机的光驱中，安装程序会自动启动。如安装程序没有自动启动，则双击安装盘中的可执行文件“Start.exe”，手动启动。具体安装顺序如下。

（1）初始化。当安装开始进行时，首先初始化，如图 1-37 所示，这需要一段时间。

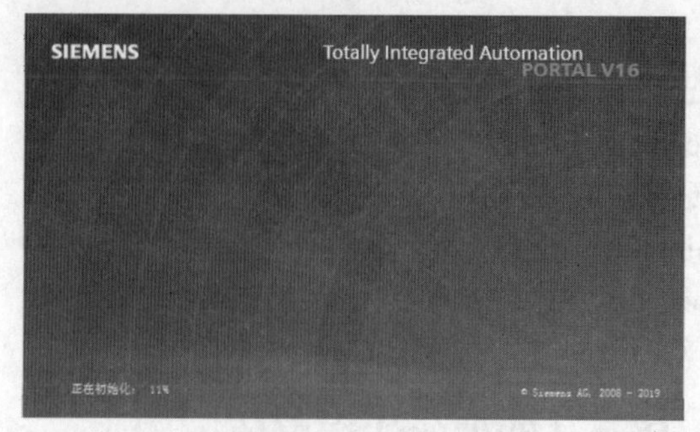

图 1-37　安装和卸载 TIA Portal 软件的初始化界面

（2）选择安装语言。TIA Portal 软件提供了英语、德语、中文、法语、西班牙语和意大利语，供选择安装，本例选择“安装语言：中文”，如图 1-38 所示，单击“下一步”按钮，弹出需要安装的软件的界面。

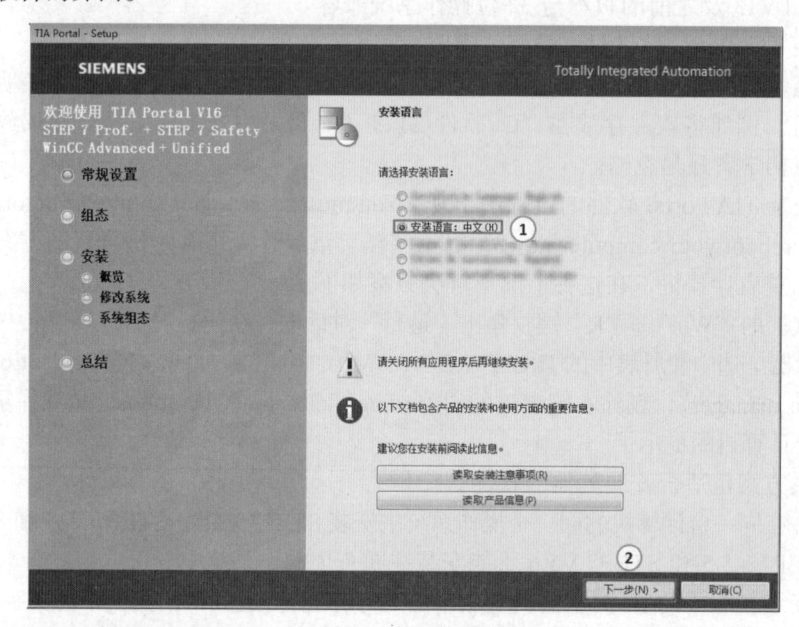

图 1-38　选择安装语言

（3）选择需要安装的软件。如图 1-39 所示，有 3 个选项卡可供选择，本例选择“用户自定义”选项卡，选择需要安装的软件，这需要根据购买的授权确定，本例选择前两项。

（4）选择许可条款。如图 1-40 所示，勾选两个选项，同意许可条款，单击“下一步”按钮。

（5）预览安装和安装。图 1-41 所示为预览界面，显示要安装产品的具体位置。如确认需要安装 TIA Portal 软件，单击“安装”按钮，TIA Portal 软件开始安装，安装界面如图 1-42 所示。安装完成后，选择“重新启动计算机”选项。重新启动计算机后，TIA Portal 软件安装完成。

2. 卸载 TIA Portal 软件

卸载 TIA Portal 软件和卸载其他软件比较类似，具体操作过程如下。

（1）打开控制面板的“程序和功能”界面。先打开控制面板，再在控制面板中，双击并打开“程序和功能”界面，如图 1-43 所示，单击“卸载”按钮，弹出初始化界面。

（2）卸载 TIA Portal 软件的初始化界面。如图 1-37，显示的是卸载的初始化界面，需要一定的时间完成。

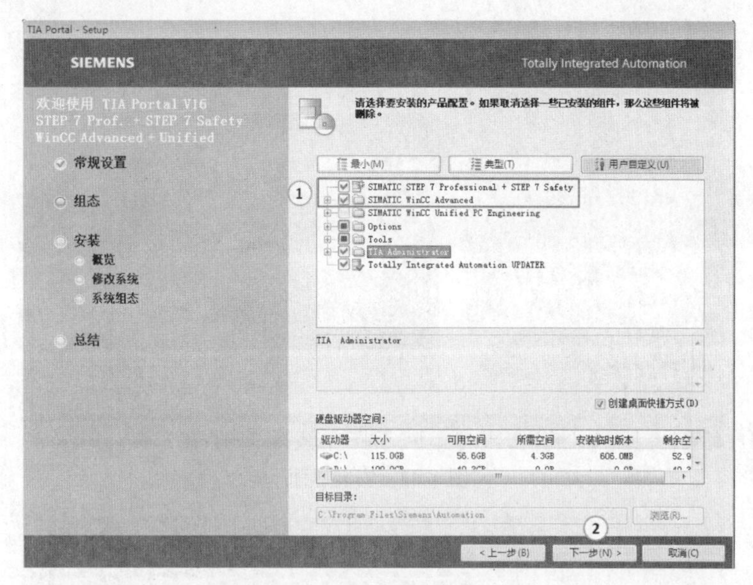

图 1-39　选择需要安装的软件

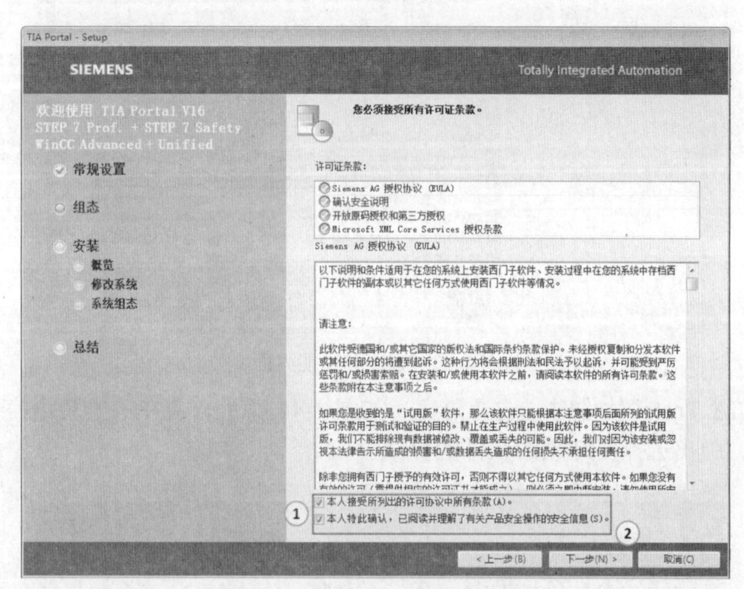

图 1-40　选择许可条款

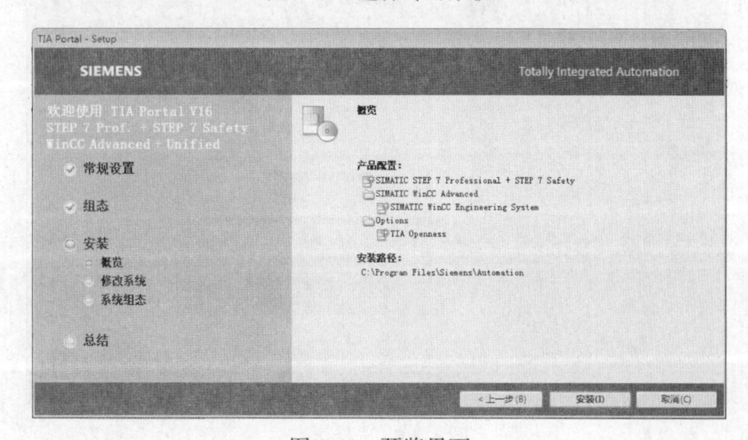

图 1-41　预览界面

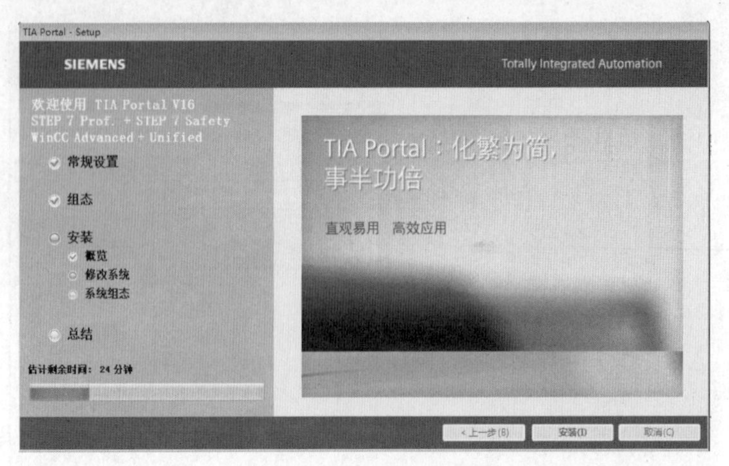

图 1-42　安装界面

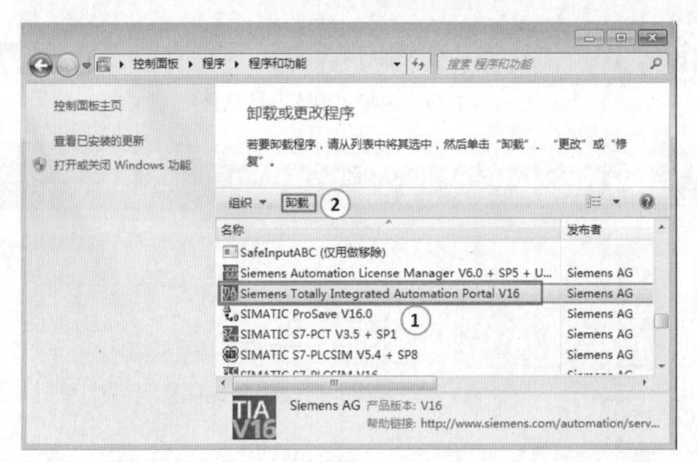

图 1-43　程序和功能界面

（3）卸载 TIA Portal 软件时，选择语言。如图 1-44 所示，选择“安装语言：中文”，单击“下一步”按钮，弹出选择要卸载的软件的界面。

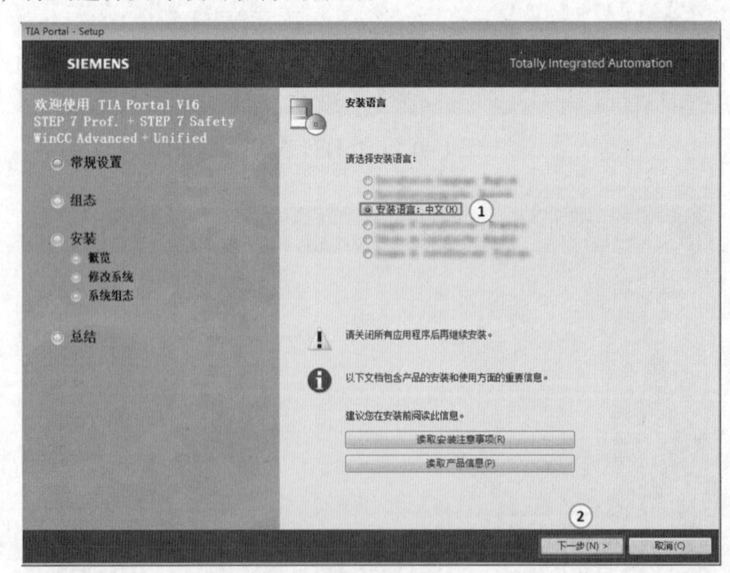

图 1-44　选择语言

（4）选择要卸载的软件。如图 1-45 所示，选择要卸载的软件，本例全部选择，单击“下一步”按钮，弹出卸载预览界面，如图 1-46 所示，单击“卸载”按钮，卸载开始进行，直到完成后，重新启动计算机即可。

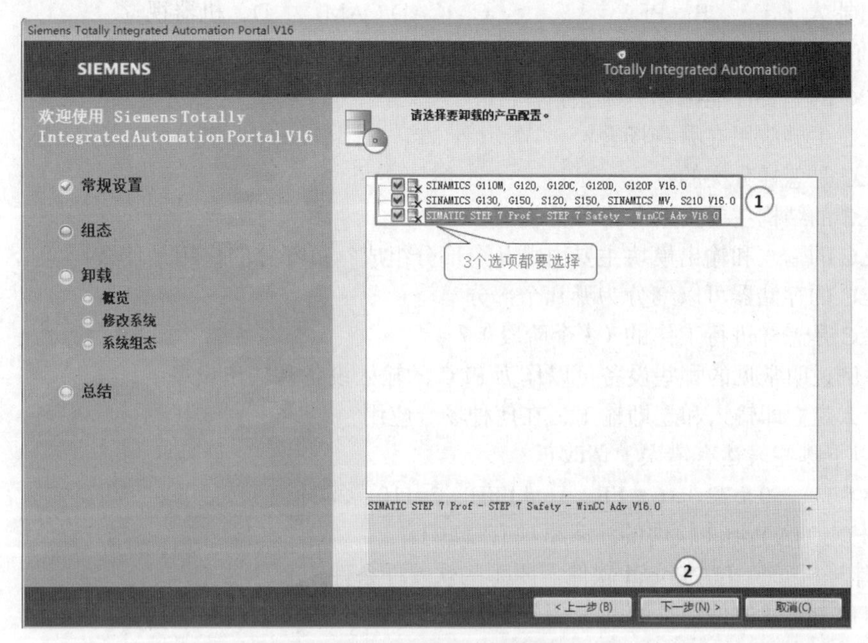

图 1-45　选择要卸载的软件

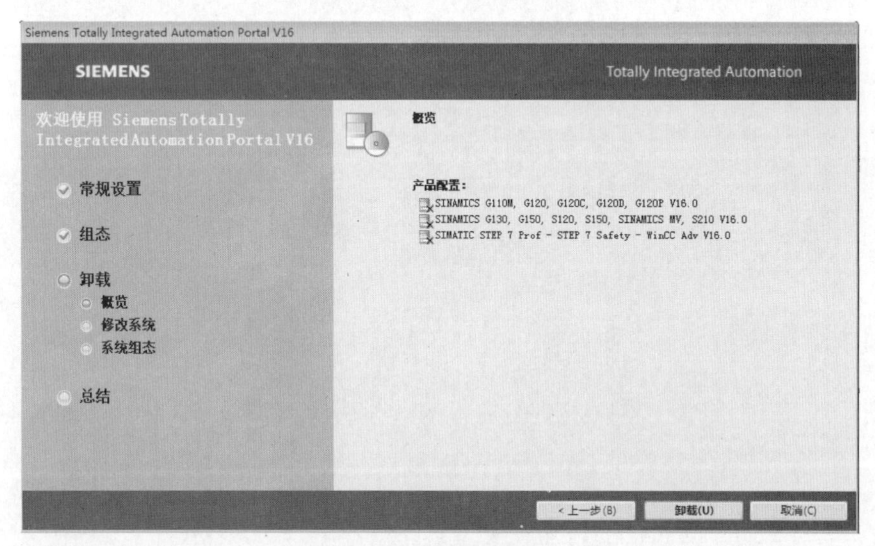

图 1-46　卸载预览界面

习题

一．单项选择题

1. PLC 是在什么控制系统基础上发展起来的（　　）。

A. 继电控制系统　　B. 单片机　　C. 工业计算机　　D. 机器人

2. 电磁兼容性英文缩写是（　　）。

A. MAC　　B. EMC　　C. CME　　D. AMC

3. 以下哪个不是工厂自动化的三大支柱之一（　　）。

A. 机器人　　B. PLC　　C. CAD/CAM　　D. 机器视觉

二. 问答题

1. PLC 的主要性能指标有哪些？
2. PLC 主要应用在哪些场合？
3. PLC 是怎样分类的？
4. PLC 的结构主要由哪几个部分组成？
5. PLC 的输入和输出模块主要由哪几个部分组成？每部分的作用是什么？
6. PLC 的存储器可以细分为哪几个部分？
7. PLC 是怎样进行工作的（3 个阶段）？
8. 举例说明常见的哪些设备可以作为 PLC 的输入设备和输出设备。
9. 什么是立即输入和立即输出，在何种场合应用？
10. 以下哪些表达有错误，请改正？

    8 # 11、10 # 22、16 # FF、16 # FFH、2#110、2#21
11. 安装 TIA Portal 软件的注意事项有哪些？
12. 计算机安装 TIA Portal 软件需要哪些软硬件条件？
13. TIA Portal 软件包括哪几个部分？
14. 在线和离线组态硬件的特点是什么？

项目2

学习 S7-1200 PLC 的硬件系统

本项目从完成“三相异步电动机启停控制”任务入手，使读者对 S7-1200 PLC 的 CPU 模块的接线和数据存储区有一个初步的了解；通过完成“离心机控制系统电路设计”任务，使读者掌握 S7-1200 PLC 的接线。

学习提纲

知识目标	了解西门子 PLC 产品系列和特点，了解 S7-1200 PLC 的体系，掌握 S7-1200 PLC 的存储区
技能目标	掌握 S7-1200 CPU 模块和扩展模块的接线，掌握一个简单项目实施的完整过程
素质目标	通过小组内合作培养团队合作精神；通过实训设备整理和环境清扫培养绿色环保和节能意识；通过优化接线和优化设计，培养精益求精的工匠精神；通过项目中安全环节强调和训练，树立安全意识，并逐步形成工程思维
学习方法	先学习必备知识；然后完成 3 个任务，掌握一个简单项目从选型、设计电气原理图、接线到编写控制程序和调试、实施的完整过程
建议课时	4 课时

任务 2-1 三相异步电动机启停控制

三相异步电动机启停控制

1. 目的与要求

用 S7-1200 PLC 控制一台三相异步电动机，实现对电动机进行启停控制。

通过学习本任务，了解一个 PLC 控制项目实施的基本步骤，初步掌握 S7-1200 CPU 模块的接线方法。

2. 设计电气原理图

设计电气原理图如图 2-1 所示，图 2-1（a）所示的是主回路，QF1～QF4 是断路器，起通断电路、短路保护和过载保护作用；TC 是控制变压器，将交流 380V 变成交流 220V，V1 和 W1 端子上就是 220V 交流电；VC 是开关电源将 220V 交流电转换成 24V 直流电，供 PLC 使用。

图 2-1（b）所示的是控制回路，KA1 是中间继电器，起隔离和信号放大的作用；KM1 是接触器，KA1 触点的通断控制 KM1 线圈的得电和断电，从而驱动电动机的启停。

注：初学者或实训条件有限，可以先忽略图 2-1（a），按照图 2-1（b）学习和训练。

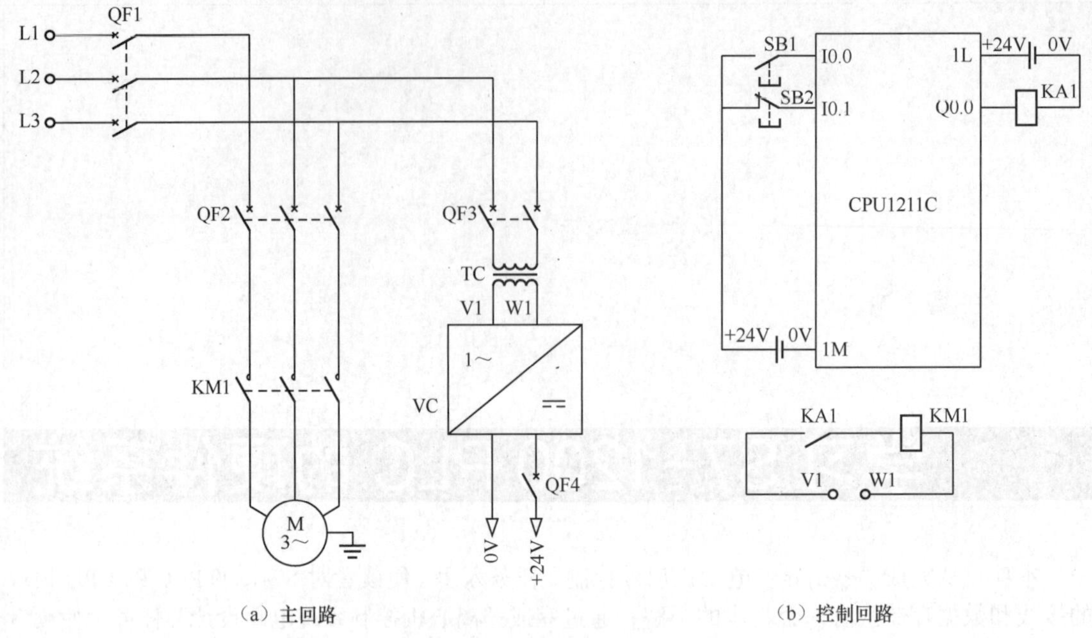

（a）主回路　　（b）控制回路

图 2-1　电气原理图

3. 编写控制程序

三相异步电动机启停控制的程序设计有很多方法，以下仅介绍最常用的“启保停”方法。梯形图程序如图 2-2 所示。程序的具体说明如下。

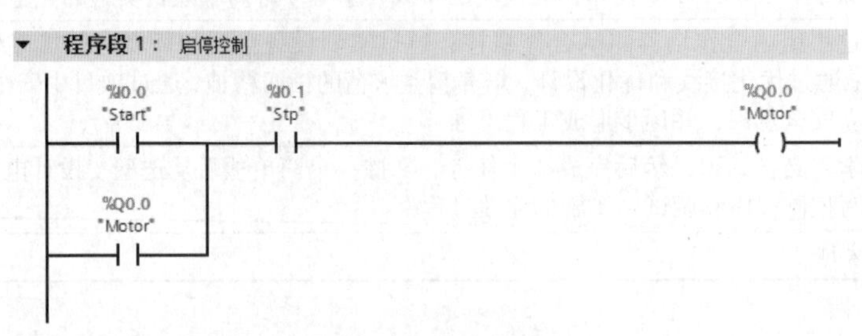

图 2-2　梯形图程序

由于图 2-1 的电气原理图中 SB2 接常闭触点，所以当 SB2 按钮不压下时，梯形图中 I0.1 与之对应的常开触点是闭合的，因此压下 SB1 按钮，梯形图中 I0.0 与之对应的常开触点闭合，线圈 Q0.0 得电，常开触点 Q0.0 闭合自锁，电动机启动。当压下 SB2 按钮时，梯形图中 I0.1 与之对应的常开触点是断开的，线圈 Q0.0 断电，常开触点 Q0.0 断开，电动机停机。

（1）在图 2-1 中，停止按钮 SB2 接常闭触点，主要基于安全因素。在正常情况下，尽管 SB2 接常开触点也能起停止作用，但如 SB2 断线时，则不能起到停止作用，存在安全风险。

（2）KA1 触点的通断控制 KM1 线圈的得电和断电，驱动电动机的启停。不能直接将接触器的线圈连接在 CPU1211C 的输出端，因为直接将 KM1 线圈连接在 S7-1200 PLC 上，容易造成 PLC 内部的器件损坏。PLC 控制电路中，用中间继电器驱动接触器是实际工程中常见且必要的设计方法。

以上两点是读者必须建立的工程思维。

任务 2-2　微型直流电动机的正反转控制

微型直流电动机的正反转控制

1. 目的与要求

用 S7-1200 PLC 控制一台微型永磁直流电动机，实现直流电动机的正反转控制。

通过学习本任务，了解一个 PLC 控制项目实施的基本步骤，掌握 S7-1200 CPU 模块的接线方法。

2. 设计电气原理图

设计电气原理图如图 2-3 所示，图 2-3（a）所示的是主回路，QF1～QF3 是断路器，起通断电路、短路保护和过载保护作用；VC 是开关电源将 220V 交流电转换成 24V 直流电，供 PLC 使用。

图 2-3（b）所示的是 PLC 控制回路，KA1 和 KA2 是中间继电器，驱动电动机的启停。当 KA1 线圈得电时，KA1 的常开触点闭合，电流从电动机的正极流入，所以电动机正转。当 KA2 线圈得电时，KA2 的常开触点闭合，电流从电动机的负极流入，所以电动机反转。

注： 初学者或实训条件有限，可以先忽略图 2-3（a），按照图 2-3（b）学习和训练。

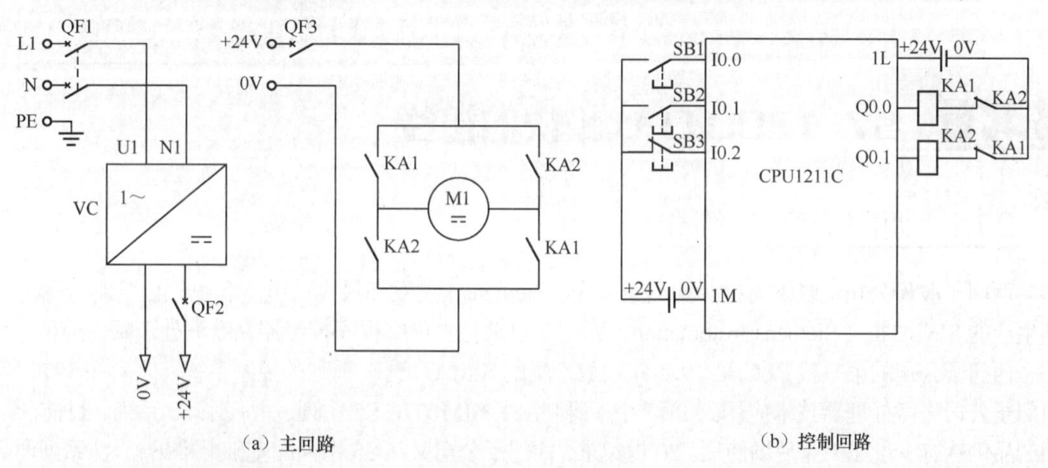

（a）主回路　　（b）控制回路

图 2-3　电气原理图

3. 编写控制程序

直流电动机正反转控制的程序设计有很多方法，以下仅介绍最常用的“启保停”方法。梯形图程序如图 2-4 所示。程序的具体说明如下。

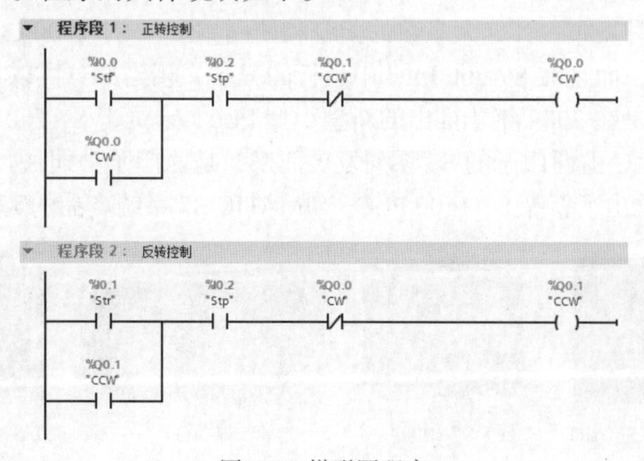

图 2-4　梯形图程序

（1）当压下 SB1 按钮，常开触点 I0.0 闭合，Q0.0 线圈得电自锁，电动机正转。正转时，Q0.0 常闭触点断开，反转线圈不能得电。若要电动机反转，Q0.0 线圈必须处于断电状态。

（2）当压下 SB2 按钮，常开触点 I0.1 闭合，Q0.1 线圈得电自锁，电动机反转。反转时，Q0.1 常闭触点断开，正转线圈不能得电。若要电动机正转，Q0.1 线圈必须处于断电状态。

（1）直流或交流电动机的正反转控制，程序中需要互锁（Q0.0 和 Q0.1 的常闭触点），同时硬件线路中也需要互锁（KA1 和 KA2 的常闭触点），以防止继电器的触点没有及时弹起，而造成短路。

（2）直流电动机启动电流较大，工程中，一般采用降压启动（如串电阻）。而本任务选用的微型直流电动机，所以采用了全压启动。

（3）另外，如电流较大，主回路中的继电器应由接触器取代。

（4）接线要美观，走线做到强弱分开，符合国家标准，设计的原理图也要符合国家标准，做到精益求精，逐步培养“工匠精神”。

（5）安全包括人身和设备安全，要从技术的角度尽量避免安全事故的发生，例如停止按钮接常闭触点，PLC 不直接驱动接触器等。初学者应重视这细节，逐步培养“工程思维”而不能满足于电动机“动起来”就可以了。

2.1 S7-1200 CPU 模块的接线

2.1.1 西门子 PLC 简介

西门子股份公司（以下简称为西门子公司，Siemens）是欧洲最大的电子和电气设备制造商之一，其生产的 SIMATIC（Siemens Automation，西门子自动化）可编程序控制器在欧洲处于领先地位。

西门子公司的第一代 PLC 是 1975 年投放市场的 SIMATIC S3 系列的控制系统。之后在 1979 年，西门子公司将微处理器技术应用到 PLC 中，研制出了 SIMATIC S5 系列，取代了 S3 系列，目前 S5 系列产品仍然有少量在工业现场使用。20 世纪末，西门子公司又在 S5 系列的基础上推出了 S7 系列产品。

SIMATIC S7 系列产品分为 S7-200、S7-200 SMART、S7-1200、S7-300、S7-400 和 S7-1500 等产品系列，其外形如图 2-5 所示。S7-200 PLC 是在西门子公司收购的小型 PLC 的基础上发展而来，因此其指令系统、程序结构及编程软件和 S7-300/400 PLC 有较大的区别，在西门子 PLC 产品系列中是一个特殊的产品。S7-200 SMART PLC 是 S7-200 PLC 的升级版本，是西门子家族的新成员，于 2012 年 7 月发布，其绝大多数的指令和使用方法与 S7-200 PLC 类似，其编程软件也和 S7-200 PLC 的类似，而且在 S7-200 PLC 中运行的程序，相当部分可以在 S7-200 SMART PLC 中运行。S7-1200 PLC 是在 2009 年才推出的新型小型 PLC，定位于 S7-200 PLC 和 S7-300 PLC 产品之间。S7-300/400 PLC 由西门子的 S5 系列发展而来，是西门子公司最具竞争力的 PLC 产品。2013 年西门子公司又推出了新品 S7-1500 PLC。SIMATIC S7 系统产品的定位见表 2-1。

（a）S7-200

（b）S7-200 SMART

（c）S7-1200

（d）S7-300

（e）S7-400

（f）S7-1500

图 2-5 SIMATIC S7 系列产品的外形

表 2-1　SIMATIC S7 系列产品的定位

序　号	控制器	定　位
1	S7-200	低端的离散自动化系统和独立自动化系统中使用的紧凑型逻辑控制器模块
2	S7-200 SMART	低端的离散自动化系统和独立自动化系统中使用的紧凑型逻辑控制器模块，是 S7-200 的升级版本
3	S7-1200	低端的离散自动化系统和独立自动化系统中使用的小型控制器模块
4	S7-300	中端的离散自动化系统中使用的控制器模块
5	S7-400	高端的离散和过程自动化系统中使用的控制器模块
6	S7-1500	中高端系统

SIMATIC 产品除了 SIMATIC S7 系列外，还有 SIMATIC M7、SIMATIC C7 和 SIMATIC WinAC 系列等。

SIMATIC C7 系列是基于 S7-300 系列 PLC 性能，同时集成了 HMI，具有节省空间的特点。

SIMATIC M7-300/400 采用了与 S7-300/400 相同的结构，又具有兼容计算机的功能，可以用 C、C++等高级语言编程，SIMATIC M7-300/400 适用于需要大数量处理和实时性要求高的场合。

SIMATIC WinAC 系列是在个人计算机上实现 PLC 功能，突破了传统 PLC 开放性差、硬件昂贵等缺点，SIMATIC WinAC 系列具有良好的开放性和灵活性，可以很方便集成第三方的软件和硬件。

S7-1200 PLC 的体系与安装

2.1.2　S7-1200 PLC 的模块体系

S7-1200 PLC 的硬件主要包括电源模块（PM）、CPU 模块、信号模块（SM）、通信模块（CM）和电池板/信号板（BB/SB），BB 的安装位置与 SB 相同，即一个 CPU 模块，BB 和 SB 二者只能选其一。S7-1200 PLC 本机的体系如图 2-6 所示，通信模块安装在 CPU 模块的左侧，信号模块安装在 CPU 模块的右侧，西门子早期的 PLC 产品，扩展模块只能安装在 CPU 模块的右侧。

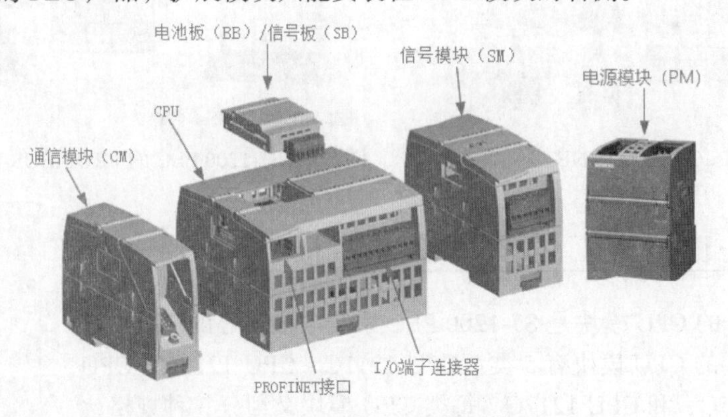

图 2-6　S7-1200 PLC 本机的体系

1. S7-1200 PLC 本机扩展

S7-1200 PLC 本机最多可以扩展 8 个信号模块、3 个通信模块和 1 个信号板，最大本地数字 I/O 点数为 284 个，其中 CPU 模块最多为 24 点，8 个信号模块最多为 256 点，信号板最多为 4 点，不计算通信模块的数字量点数。

S7-1200 PLC 最大本地模拟 I/O 点数为 37 个，其中 CPU 模块最多为 4 点（CPU 1214C 为 2 点，CPU 1215C、CPU 1217C 为 4 点），8 个信号模块最多为 32 点，信号板最多为 1 点，不计算通信模块的模拟量点数。S7-1200PLC 本机的扩展如图 2-7 所示。

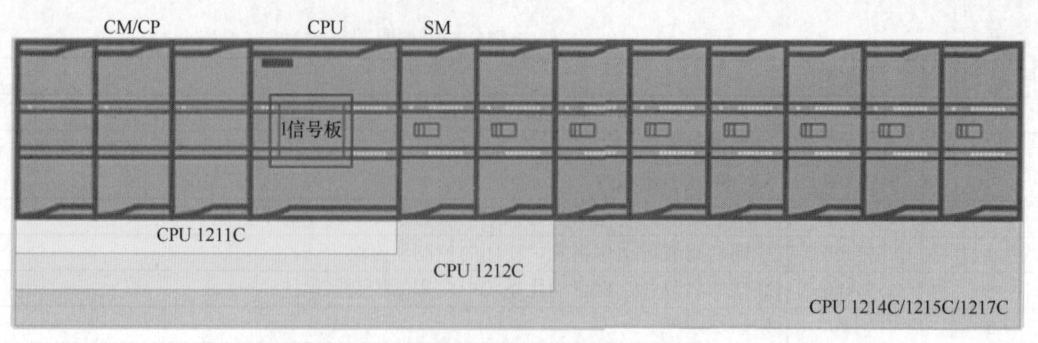

图 2-7　S7-1200 PLC 本机的扩展

2. S7-1200 PLC 总线扩展

S7-1200 PLC 可以进行 PROFIBUS-DP 和 PROFINET 通信，即可以进行总线扩展。

S7-1200 PLC 的 PROFINET 通信，使用 CPU 模块集成的 PN 接口即可，S7-1200 PROFINET 通信最多扩展 16 个 IO 设备站，256 个模块，如图 2-8 所示。PROFINET 控制器站数据区的大小为输入区最大 1 024B（8 192 点），输出区最大 1 024B（8 192 点）。

S7-1200 PLC 的 PROFIBUS-DP 通信，要配置 PROFIBUS-DP 通信模块，主站模块是 CM1243-5，S7-1200 PROFIBUS-DP 通信最多扩展 32 个从站，512 个模块，如图 2-9 所示。PROFIBUS-DP 主站数据区的大小为输入区最大 1 024B（8 192 点），输出区最大 1 024B（8 192 点）。

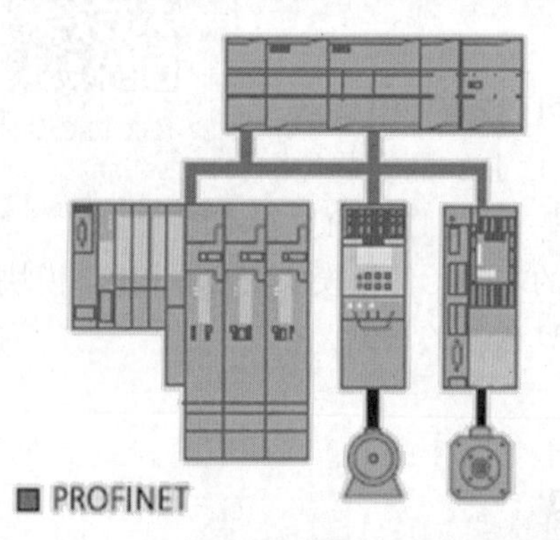

图 2-8　S7-1200 PLC 的 PROFINET 通信扩展

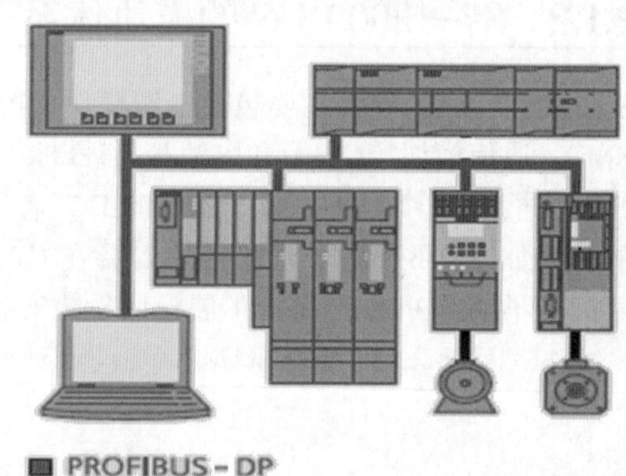

图 2-9　S7-1200 PLC 的 PROFIBUS-DP 通信扩展

2.1.3　S7-1200 PLC 的 CPU 模块及接线

S7-1200 PLC 的 CPU 模块及接线

S7-1200 PLC 的 CPU 模块是 S7-1200 PLC 系统中最核心的成员。目前，S7-1200 PLC 的 CPU 模块有 5 类：CPU 1211C、CPU 1212C、CPU 1214C、CPU 1215C、和 CPU 1217C。每类 CPU 模块又细分 3 种规格：DC/DC/DC、DC/DC/RLY 和 AC/DC/RLY，印刷在 CPU 模块的外壳上。其含义如图 2-10 所示。

AC/DC/RLY 的含义是：CPU 模块的供电电压是交流电，范围为 120～240V AC；输入电源是直流电源，范围为 20.4～28.8V DC；输出形式是继电器输出。

1. CPU 模块的外部介绍

S7-1200 PLC 的 CPU 模块将微处理器、集成电源、模拟量 I/O 点和多个数字量 I/O 点集成在一个紧凑的盒子中，形成功能比较强大的 S7-1200 系列微型 PLC。S7-1200 PLC 的 CPU 模块外形如图 2-11 所示。以下按照图 2-11 中序号为顺序介绍其外部的各部分的功能。

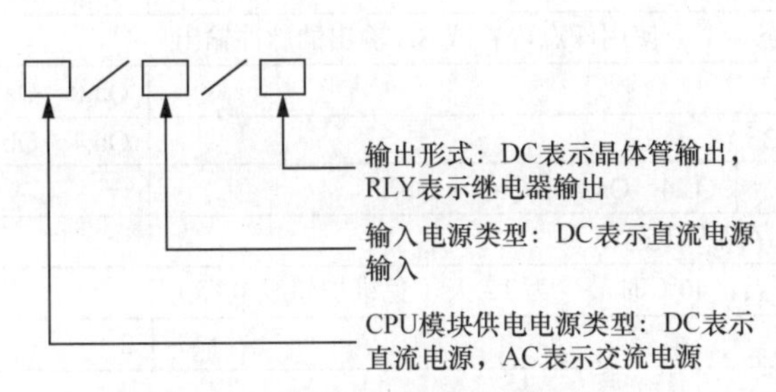

图 2-10　CPU 模块细分规格的含义

图 2-11　S7-1200 PLC 的 CPU 模块外形

（1）电源接口。用于向 CPU 模块供电的接口，有交流和直流两种供电方式。

（2）存储卡插槽。位于上部保护盖下面，用于安装 SIAMTIC 存储卡。

（3）接线连接器。也称为接线端子，位于保护盖下面。接线连接器具有可拆卸的优点，便于 CPU 模块的安装和维护。

（4）板载 I/O 的状态 LED。通过板载 I/O 的状态 LED 指示灯（绿色）的点亮或熄灭，指示各输入或输出的状态。

（5）集成以太网口（PROFINET 连接器）。位于 CPU 的底部，用于程序下载、设备组网。这使得程序下载更加方便快捷，节省了购买专用通信电缆的费用。

（6）运行状态 LED。用于显示 CPU 的工作状态，如运行状态、停止状态和强制状态等，详见下文介绍。

2. CPU 模块的常规规范

要掌握 S7-1200 PLC 的 CPU 模块的具体的技术性能，必须要查看其常规规范，见表 2-2，这个表是 CPU 模块选型的主要依据。

表 2-2　S7-1200 PLC 的 CPU 模块常规规范

特　征		CPU 1211C	CPU 1212C	CPU 1214C	CPU 1215C	CPU 1217C
物理尺寸/mm		90×100×75		110×100×75	130×100×75	150×100×75
用户存储器	工作/KB	50	75	100	125	150
	负载/MB	1		4		
	保持性/KB	10				
本地板载 I/O	数字量	6 点输入/4 点输出	8 点输入/6 点输出	14 点输入/10 点输出		
	模拟量	2 路输入			2 点输入/2 点输出	
过程映像存储区大小	输入（I）	1 024B				
	输出（Q）	1 024B				
位存储器（M）		4 096B		8 192B		
信号模块（SM）扩展		无	2	8		
信号板（SB）、电池板（BB）或通信板（CB）		1				
通信模块（CM），左侧扩展		3				
高速计数器	总计	最多可组态 6 个，使用任意内置或 SB 输入的高速计数器				
	1MHz	—				Ib.2～Ib.5
	100/80kHz	Ia.0～Ia.5				
	30/20kHz	—	Ia.6～Ia.7	Ia.6～Ib.5		Ia.6～Ib.1

续表

特　征		CPU 1211C	CPU 1212C	CPU 1214C	CPU 1215C	CPU 1217C
脉冲输出	总计	最多可组态 4 个，使用任意内置或 SB 输出的脉冲输出				
	1MHz	—				Qa.0～Qa.3
	100kHz	Qa.0～Qa.3				Qa.4～Qb.1
	20kHz	—	Qa.4～Qa.5	Qa.4～Qb.1		—
存储卡		SIMATIC 存储卡（选件）				
实时时钟保持时间		通常为 20 天，40℃时最少为 12 天（免维护超级电容）				
PROFINET 以太网通信端口		1				2

3. S7-1200 PLC 的指示灯

（1）S7-1200 PLC 的 CPU 状态 LED 指示灯

S7-1200 PLC 的 CPU 上有 3 盏状态 LED，分别是 RUN /STOP、ERROR 和 MAINT，用于指示 CPU 的工作状态，其亮灭状态代表一定的含义，具体含义见表 2-3。

表 2-3　　S7-1200 PLC 的 CPU 状态 LED 指示灯含义

说　明	RUN /STOP（绿色/黄色）	ERROR（红色）	MAINT（黄色）
断电	灭	灭	灭
启动、自检或固件更新	闪烁（黄色和绿色交替）	—	灭
停止模式	亮（黄色）	—	—
运行模式	亮（绿色）	—	—
取出存储卡	亮（黄色）	—	闪烁
错误	亮（黄色或绿色）	闪烁	—
请求维护 ● 强制 I/O ● 需要更换电池（如果安装了电池板）	亮（黄色或绿色）	—	亮
硬件出现故障	亮（黄色）	亮	灭
LED 测试或 CPU 固件出现故障	闪烁（黄色和绿色交替）	闪烁	闪烁
CPU 组态版本未知或不兼容	亮（黄色）	闪烁	闪烁

（2）通信状态的 LED 指示灯

S7-1200 PLC 的 CPU 还配备了两个可指示 PROFINET 通信状态的 LED 指示灯。打开底部端子块的盖子可以看到这两个 LED 指示灯，分别是 Link 和 R×/T×，其点亮的含义如下。

- Link（绿色）点亮，表示通信连接成功。
- R×/T×（黄色）点亮，表示通信传输正在进行。

（3）通道 LED 指示灯

S7-1200 PLC 的 CPU 和各数字量信号模块为每个数字量输入和输出配备了 I/O 通道 LED 指示灯。通过 I/O 通道 LED 指示灯（绿色）的点亮或熄灭，指示各输入或输出的状态。例如 Q0.0 通道 LED 指示灯点亮，表示 Q0.0 线圈得电。

4. CPU 的工作模式

CPU 有以下 3 种工作模式：STOP 模式、STARTUP 模式和 RUN 模式。CPU 前面的状态 LED 指示当前的工作模式。

（1）在 STOP 模式下，CPU 不执行程序，但可以下载项目。

（2）在 STARTUP 模式下，执行一次启动 OB（如果存在）。在启动模式下，CPU 不会处理中断事件。

（3）在 RUN 模式下，程序循环 OB 重复执行。可能发生中断事件，并在 RUN 模式中的任意点执行相应的中断事件 OB。可在 RUN 模式下下载项目的某些部分。

CPU 支持通过暖启动进入 RUN 模式。暖启动不包括存储器复位。执行暖启动时，CPU 会初始化所有的非保持性系统和用户数据，并保留所有保持性用户数据值。

存储器复位将清除所有工作存储器、保持性及非保持性存储区，将装载存储器复制到工作存储器中并将输出设置为组态的“对 CPU STOP 的响应”（Reaction to CPU STOP）。

存储器复位不会清除诊断缓冲区，也不会清除永久保存的 IP 地址值。

目前 S7-1200/1500 CPU 仅有暖启动模式，而部分 S7-400 CPU 有热启动和冷启动。

5. CPU 模块的接线

S7-1200 PLC 的 CPU 规格虽然较多，但接线方式类似，因此本书仅以 CPU 1215C 为例进行介绍，其余规格产品请读者参考相关手册。

（1）CPU 1215C（AC/DC/RLY）的数字量输入端子的接线

S7-1200 PLC 的 CPU 数字量输入端接线与三菱的 FX 系列的 PLC 的数字量输入端接线不同，后者不必接入直流电源，其电源可以由系统内部提供，而 S7-1200 PLC 的 CPU 输入端则必须接入直流电源。

下面以 CPU 1215C（AC/DC/RLY）为例介绍数字量输入端的接线。“1M”是输入端的公共端子，与 24V DC 电源相连，电源有两种连接方法对应 PLC 的 NPN 型和 PNP 型接法。当电源的负极与公共端子相连时，为 PNP 型接法（高电平有效，电流流入 CPU 模块），如图 2-12 所示，“N”和“L1”端子为交流电的电源接入端子，输入电压范围为 120～240V AC，为 CPU 模块提供电源。“M”和“L+”端子为 24V DC 的电源输出端子，可向外围传感器提供电源（有向外的箭头）。

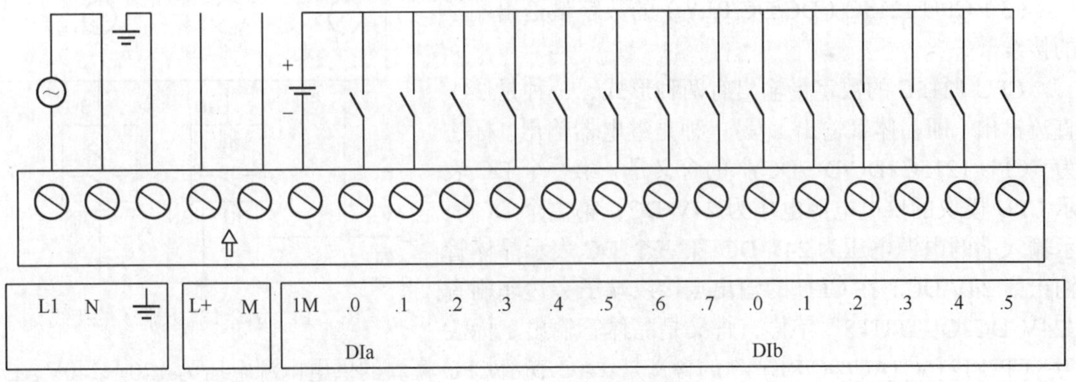

图 2-12　CPU 1215C 输入端子的接线（PNP 型）

（2）CPU 1215C（DC/DC/RLY）的数字量输入端子的接线

而当电源的正极与公共端子 1M 相连时，为 NPN 型接法，其输入端子的接线如图 2-13 所示。

在图 2-13 中，有两个“L+”和两个“M”端子，有箭头向 CPU 模块内部指向的“L+”和“M”端子是向 CPU 供电的电源接线端子，有箭头向 CPU 模块外部指向的“L+”和“M”端子是 CPU 向外部供电的接线端子（这个输出电源较少使用），切记两个“L+”不要短接，否则容易烧毁 CPU 模块内部的电源。

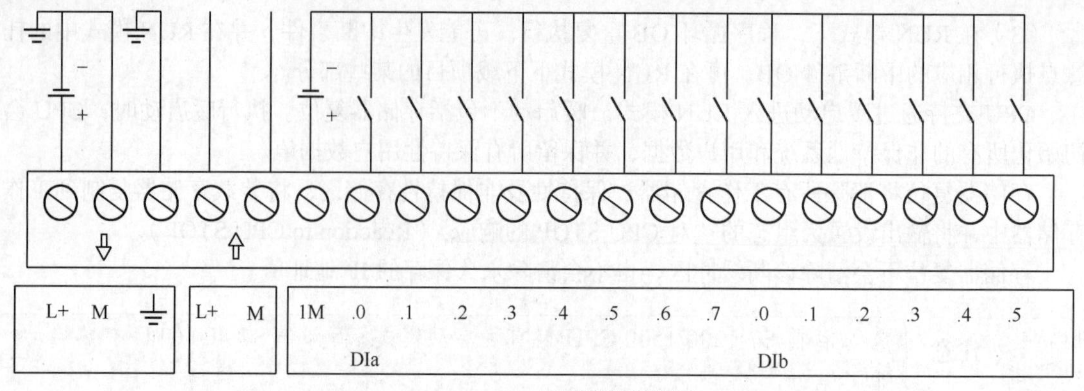

图 2-13 CPU 1215C 输入端子的接线（NPN 型）

初学者往往不容易区分 PNP 型和 NPN 型的接法，经常混淆，若读者掌握以下的方法，就不会出错。把 PLC 作为负载，以输入开关（通常为接近开关）为对象，若信号从开关流出，向 PLC 流入，则 PLC 的输入为 PNP 型接法；若信号从 PLC 流出，向开关流入，则 PLC 的输入为 NPN 型接法。三菱的 FX2 系列 PLC 只支持 NPN 型接法。

【例 2-1】 有一台 CPU 1215C（AC/DC/RLY），输入端有一只三线 PNP 接近开关和一只二线 PNP 接近开关，应如何接线？

解：

对于 CPU 1215C（AC/DC/RLY），公共端接电源的负极。而对于三线 PNP 接近开关，只要将其正、负极分别与电源的正、负极相连，将信号线与 PLC 的“.0”相连即可；而对于二线 PNP 接近开关，只要将电源的正极分别与其正极相连，将信号线与 PLC 的“.1”相连即可，如图 2-14 所示。

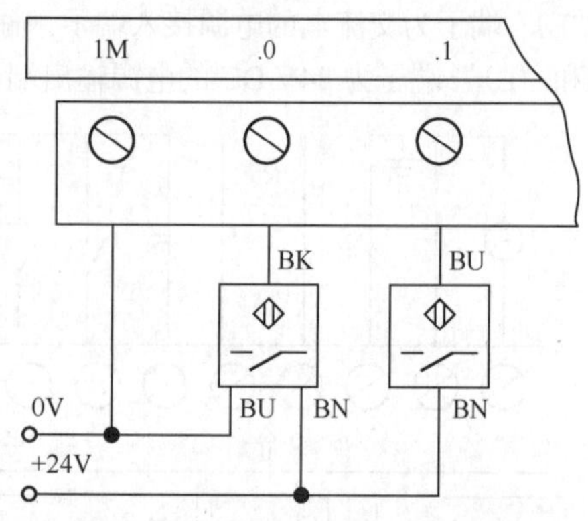

图 2-14 例 2-1 输入端子的接线

（3）CPU 1215C（DC/DC/RLY）的数字量输出端子的接线

CPU 1215C 的数字量输出有两种形式，一种是 24V 直流输出（即晶体管输出），另一种是继电器输出。标注为“CPU 1215C (DC/DC/DC)”的含义是：第一个 DC 表示 CPU 模块的供电电源电压为 24V DC，第二个 DC 表示输入端的电源电压为 24V DC，第三个 DC 表示晶体管输出为 24V DC。在 CPU 的输出点接线端子旁边印刷有“24V DC OUTPUTS”字样，含义是晶体管输出。标注为“CPU 1215C (AC/DC/RLY)”的含义是：AC 表示 CPU 模块的供电电源电压为 120～240V AC，通常用 220V AC，DC 表示输入端的电源电压为 24V DC，“RLY”表示输出为继电器输出。在 CPU 的输出点接线端子旁边印刷有“RELAY OUTPUTS”字样，含义是继电器输出。

CPU 1215C 输出端子的接线（继电器输出）如图 2-15 所示。由图 2-15 可以看出，输出是分组安排的，每组既可以是直流电源，也可以是交流电源，而且每组电源的电压大小可以不同，接直流电源时，CPU 模块没有方向性要求。

在给 CPU 进行供电接线时，一定要特别小心分清是哪一种供电方式，如果把 220V AC 接到 24V DC 供电的 CPU 上，或者不小心接到 24V DC 传感器的输出电源上，都会造成 CPU 的损坏。

（4）CPU 1215C（DC/DC/DC）的数字量输出端子的接线

目前 24V 直流输出只有一种形式，即 PNP 型输出，也就是常说的高电平输出，这点与三

菱 FX 系列 PLC 不同，三菱 FX 系列 PLC（FX3U 除外，FX3U 有 PNP 型和 NPN 型两种可选择的输出形式）为 NPN 型输出，也就是低电平输出，理解这一点十分重要，特别是利用 PLC 进行运动控制（如控制步进电动机时）时，必须考虑这一点。

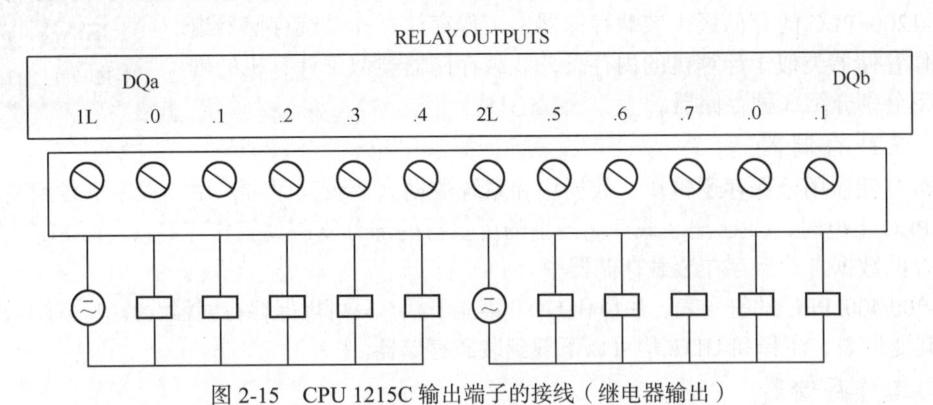

图 2-15　CPU 1215C 输出端子的接线（继电器输出）

CPU 1215C 输出端子的接线（晶体管输出）如图 2-16 所示，负载电源只能是直流电源，且输出高电平信号有效，因此是 PNP 型输出。

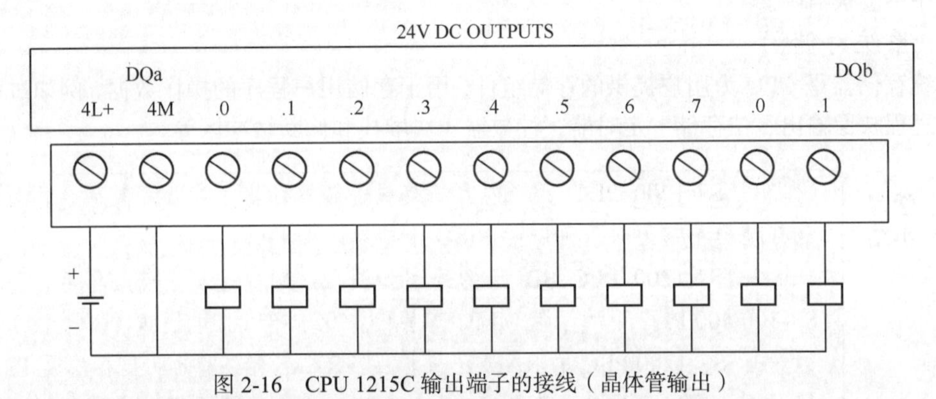

图 2-16　CPU 1215C 输出端子的接线（晶体管输出）

（5）CPU 1215C 的模拟量输入/输出端子的接线

CPU 1215C 模块集成了两个模拟量输入通道和两个模拟量输出通道。模拟量输入通道的量程范围是 0～10V，模拟量输出通道的量程范围是 0～20mA。

CPU 1215C 的模拟量输入/输出端子的接线，如图 2-17 所示。左侧的方框□代表模拟量输出的负载，常见的负载是变频器或者各种阀门。右侧的圆框⊖代表模拟量输入，一般与各类模拟量的传感器或者变送器相连接，圆框中的“+”和“−”代表传感器的正信号端子和负信号端子。

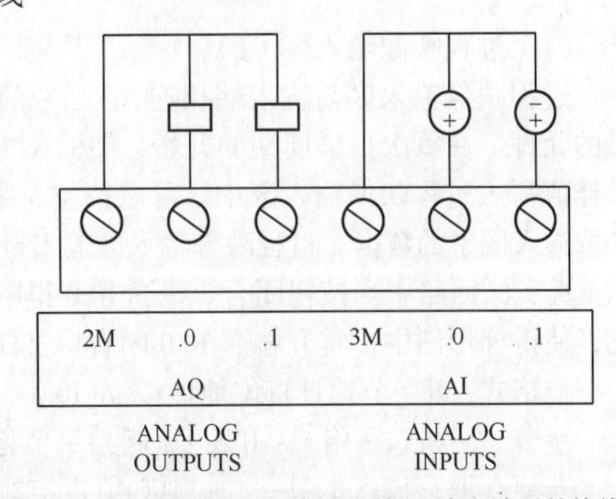

图 2-17　CPU 1215C 的模拟量输入/输出端子的接线

注意

应将未使用的模拟量输入通道短路。

2.2 S7-1200 PLC 的存储区

S7-1200PLC 的存储区

S7-1200 PLC 的存储区由装载存储器、工作存储器和系统存储器组成。工作存储器类似于计算机的内存条，装载存储器类似于计算机的硬盘。以下分别介绍 3 种存储器。

1. 装载存储器

装载存储器用于保存逻辑块、数据块和系统数据。下载程序时，用户程序下载到装载存储器。在 PLC 上电时，CPU 把装载存储器中的可执行的部分复制到工作存储器。而 PLC 断电时，需要保存的数据自动保存在装载存储器中。

S7-300/400 PLC 的符号表、注释和 UDT 不能下载，只可以保存在编程设备中。对于 S7-1200 PLC，其变量表、注释和 UDT 均可以下载到装载存储器。

2. 工作存储器

工作存储器集成在 CPU 中的高速存取的 RAM，用于存储 CPU 运行时的用户程序和数据，如组织块、功能块等。用模式选择开关复位 CPU 的存储器时，RAM 中程序被清除，但 EEPROM 中的程序不会被清除。

3. 系统存储器

系统存储器是 CPU 为用户提供的存储组件，用于存储用户程序的操作数据，例如过程映像输入、过程映像输出、位存储、定时器、计数器、块堆栈和诊断缓冲区等。

学习小结

1. S7-1200 PLC 已经内置了装载存储器，当用户程序较大，内置的装载存储器不够用时，可以使用 SD 卡扩展。

2. S7-1200 PLC SD 卡的外形如图 2-18 所示，此卡为黑色，不能用 S7-300/400 PLC 用的绿色 MMC 卡替代。此卡不可带电插拔（热插拔）。

3. S7-1200 PLC 的 RAM 不可扩展。RAM 不够用的明显标志是 PLC 频繁死机，解决办法是更换 RAM 更加大的 PLC（通常是更加高端的 PLC）。

（1）过程映像输入区（I）

过程映像输入区与输入端相连，它是专门用来接收 PLC 外部开关信号的元件。在每次扫描周期的开始，CPU 对物理输入点进行采样，并将采样值写入过程映像输入区中，可以按位、字节、字或双字来存取过程映像输入区中的数据。过程映像输入区输入寄存器等效电路如图 2-19 所示。真实的回路中当按钮闭合，线圈 I0.0 得电，经过 PLC 内部电路的转化，使得梯形图中，常开触点 I0.0 闭合，常闭触点 I0.1 断开。

图 2-18　S7-1200/1500 PLC SD 卡的外形

位格式：I[字节地址].[位地址]，如 I0.0。

字节、字和双字格式：I[长度][起始字节地址]，如 IB0、IW0 和 ID0。

若要存取存储区的某一位，则必须指定地址，包括存储器标识符、字节地址和位号。图 2-20 所示的是一个位表示法的例子。其中，存储器区、字节地址（I 代表输入，2 代表字节 2）和位地址之间用点号（.）隔开。

（2）过程映像输出区（Q）

过程映像输出区是用来将 PLC 内部信号输出传送给外部负载（用户输出设备）。过程映像

输出区线圈是由 PLC 内部程序的指令驱动，其线圈状态传送给输出单元，再由输出单元对应的硬触点驱动外部负载。

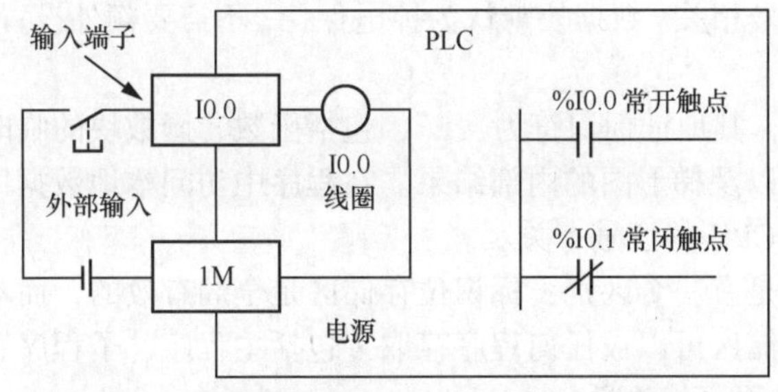

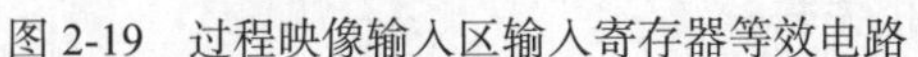
图 2-19　过程映像输入区输入寄存器等效电路

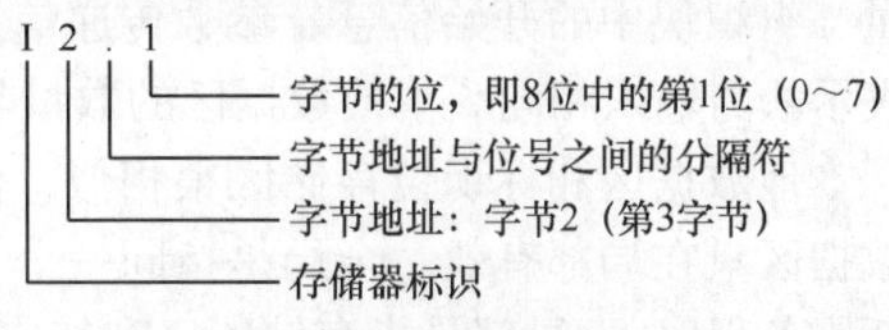

图 2-20　位表示方法

过程映像输出区输入和输出寄存器等效电路如图 2-21 所示。当输入端的 SB1 按钮闭合（输入端硬件线路组成回路）→经过 PLC 内部电路的转化，I0.0 线圈得电→梯形图中的线圈 I0.0 常开触点闭合→梯形图的 Q0.0 得电自锁→经过 PLC 内部电路的转化，使得真实回路中的常开触点 Q0.0 闭合→从而使得外部设备线圈得电（输出端硬件线路组成回路）。当输入端的 SB2 按钮闭合（输入端硬件线路组成回路）→经过 PLC 内部电路的转化，I0.1 线圈得电→梯形图中的线圈 I0.1 常闭触点断开→梯形图的 Q0.0 断电→经过 PLC 内部电路的转化，使得真实回路中的常开触点 Q0.0 断开→从而使得外部设备线圈断电。

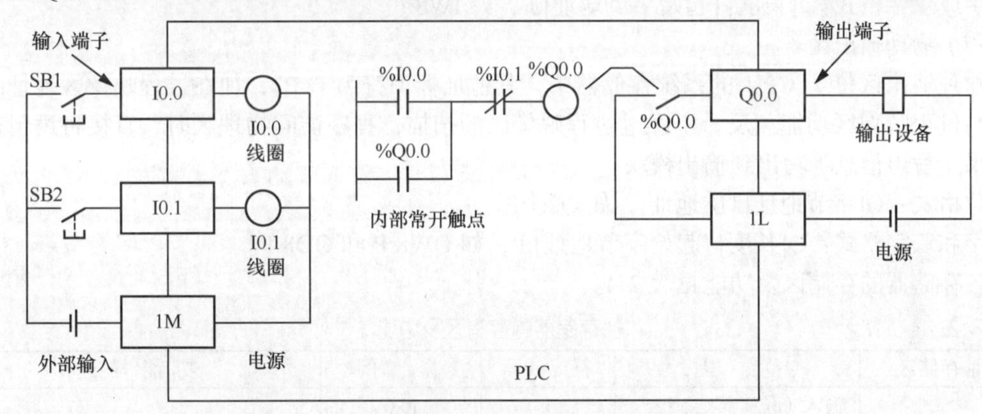

图 2-21　过程映像输出区输入和输出寄存器等效电路

每次扫描周期的结尾时，CPU 将过程映像输出区中的数值输出到物理输出点上，即可驱动输出设备。可以按位、字节、字或双字来存取过程映像输出区的数据。

PLC 工作原理

位格式：Q[字节地址].[位地址]，如 Q1.1。

字节、字和双字格式：Q[长度][起始字节地址]，如 QB8、QW8 和 QD8。

（3）标识位存储区（M）

标识位存储区是 PLC 中数量较多的一种存储区，一般的标识位存储区与继电器控制系统中的中间继电器相似。标识位存储区不能直接驱动外部负载，负载只能由过程映像输出区的外部触点驱动。标识位存储区的常开与常闭触点在 PLC 内部编程时，可无限次使用。M 的数量根据不同型号的 PLC 而不同。可以用位存储区来存储中间操作状态和控制信息，并且可以按位、字节、字或双字来存取位存储区。

位格式：M[字节地址].[位地址]，如 M2.7。

字节、字和双字格式：M[长度][起始字节地址]，如 MB10、MW10 和 MD10。

（4）数据块存储区（DB）

数据块可以存储在装载存储器、工作存储器以及系统存储器（块堆栈）中，共享数据块的标识符为“DB”。数据块的大小与 CPU 的型号相关。数据块默认为掉电保持，不需要额外设置。

（5）本地数据区（L）

本地数据区位于 CPU 的系统存储器中，其地址标识符为“L”，包括函数、函数块的临时变量、组织块中的开始信息、参数传递信息以及梯形图的内部结果。在程序中访问本地数据区的表示法与输入相同。本地数据区的数量与 CPU 的型号有关。

本地数据区和标识位存储区很相似，但是有一个区别：标识位存储区是全局有效的，而本地数据区只在局部有效。全局是指同一个存储区可以被任何程序存取（包括主程序、子程序和中断服务程序），局部是指存储器区和特定的程序相关联。

位格式：L[字节地址].[位地址]，如 L0.0。

字节、字和双字格式：L[长度] [起始字节地址]，如 LB0。

（6）物理输入区

物理输入区位于 CPU 的系统存储器中，其地址标识符为“:P”，加在过程映像区地址的后面。与过程映像区功能相反，不经过过程映像区的扫描，程序访问物理区时，直接将输入模块的信息读入，并作为逻辑运算的条件。

位格式：I[字节地址].[位地址]，如 I2.7:P。

字或双字格式：I[长度] [起始字节地址]:P，如 IW8:P。

（7）物理输出区

物理输出区位于 CPU 的系统存储器中，其地址标识符为“:P”，加在过程映像区地址的后面。与过程映像区功能相反，不经过过程映像区的扫描，程序访问物理区时，直接将逻辑运算的结果（写出信息）写出到输出模块。

位格式：Q[字节地址].[位地址]，如 Q2.7:P。

字和双字格式：Q[长度] [起始字节地址]:P，如 QW8:P 和 QD8:P。

各存储器的存储区及功能见表 2-4。

表 2-4　各存储器的存储区及功能

地址存储区	范　围	符　号	举　例	功 能 描 述
过程映像输入区	输入（位）	I	I0.0	扫描周期期间，CPU 从模块读取输入，并记录该区域中的值
	输入（字节）	IB	IB0	
	输入（字）	IW	IW0	
	输入（双字）	ID	ID0	
过程映像输出区	输出（位）	Q	Q0.0	扫描周期期间，程序计算输出值并将它放入此区域，扫描结束时，CPU 发送计算输出值到输出模块
	输出（字节）	QB	QB0	
	输出（字）	QW	QW0	
	输出（双字）	QD	QD0	
标识位存储区	标识位存储区（位）	M	M0.0	用于存储程序的中间计算结果
	标识位存储区（字节）	MB	MB0	
	标识位存储区（字）	MW	MW0	
	标识位存储区（双字）	MD	MD0	
数据块存储区	数据（位）	DBX	DBX 0.0	可以被所有的逻辑块使用
	数据（字节）	DBB	DBB0	
	数据（字）	DBW	DBW0	
	数据（双字）	DBD	DBD0	

续表

地址存储区	范　围	符　号	举　例	功 能 描 述
本地数据区	本地数据（位）	L	L0.0	当块被执行时，此区域包含块的临时数据
	本地数据（字节）	LB	LB0	
	本地数据（字）	LW	LW0	
	本地数据（双字）	LD	LD0	
物理输入区	物理输入位	I:P	I0.0:P	外围设备输入区允许直接访问中央和分布式的输入模块，不受扫描周期限制
	物理输入字节	IB:P	IB0:P	
	物理输入字	IW:P	IW0:P	
	物理输入双字	ID:P	ID0:P	
物理输出区	物理输出位	Q:P	Q0.0:P	外围设备输出区允许直接访问中央和分布式的输入模块，不受扫描周期限制
	物理输出字节	QB:P	QB0:P	
	物理输出字	QW:P	QW0:P	
	物理输出双字	QD:P	QD0:P	

【例 2-2】 如果 MD0=16#1F，那么 MB0、MB1、MB2、MB3、M0.0 和 M3.0 的数值是多少？

解：

MD0=16#1F=16#0000001F=2#0000_0000_0000_0000_0000_0000_0001_1111，根据图 2-22，MB0 = 0；MB1 = 0；MB2 = 0；MB3 = 16#1F=2#0001_1111。由于 MB0 = 0，所以 M0.7～M0.0=0；又由于 MB3 = 16#1F=2#0001_1111，将之与 M3.7～M3.0 对应，所以 M3.0=1。

这点不同于三菱 PLC，读者要注意区分。如不理解此知识点，在编写通信程序时，如 DCS 与 S7-1200 PLC 交换数据，容易出错。

在 MD0 中，由 MB0、MB1、MB2 和 MB3（共 4 个字节）组成，MB0 是高字节，而 MB3 是低字节，字节、字和双字的起始地址如图 2-22 所示。

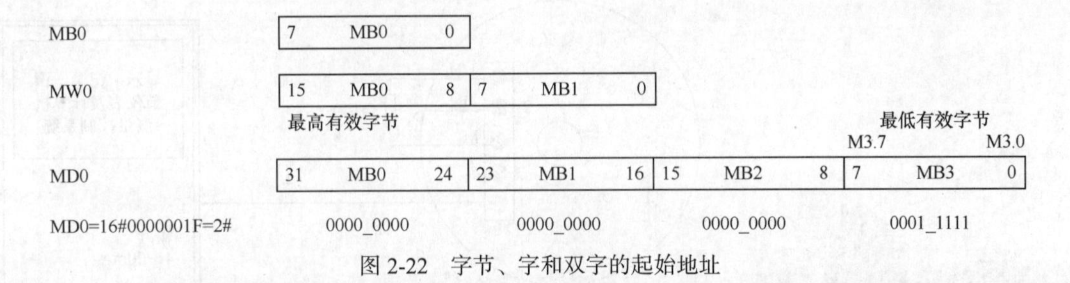

图 2-22　字节、字和双字的起始地址

（1）过程映像输入和输出区的等效电路很重要，必须要理解。

（2）二进制和十六进制的相互转换，位、字、节字和双字的对应与包含关系，必须理解，否则在编程时容易出错。

任务 2-3　离心机控制系统电路设计

1. 目的与要求

某药厂有 3 台离心机，每台离心机用 S7-1200 PLC 控制，已知离心机有 20 个数字量输入，其中按钮 10 个（1 个急停按钮，1 个停止按钮，1 个手自转换按钮，其余为常开按钮）和接近开关 10

个；16 个数字量输出（指示灯 3 个，其余为中间继电器）；模拟量输入 3 路（1 路热电偶，1 路热电阻，1 路测力的电压信号），2 路模拟量输出控制比例阀的开度。S7-1200 PLC 通过 PROFINET 现场总线控制 G120 变频器。此外，DCS（分布式控制系统）通过以太网监控 S7-1200 PLC。

通过学习本任务，掌握 S7-1200 PLC 的选型和接线方法。

2. 设计电气原理图

（1）模块的选型

① CPU 模块的选型。CPU 模块的选型与数字量 I/O 点数和模拟量的点数都有关。CPU 1211C 的右侧不能扩展模块，CPU 1212C 的右侧仅能扩展 2 块模块，因此均不能选用，所以选用 CPU 1214C（AC/DC/RLY）模块。

② 数字量 I/O 模块的选型。因为数字量输入 20 点，数字量输出 16 点；而 CPU 1214C 自带数字量输入 14 点，数字量输出 10 点，所以，需要一个大于等于 6 点数字量输入扩展模块和一个大于等于 6 点数字量输出扩展模块。最后选定数字量输入模块为 SM1221（DI×8），数字量输出模块为 SM1222（DO×8，继电器输出）。

③ 模拟量 I/O 模块的选型。有 3 路模拟量输入，所以选择 SM1231（4 通道）模块，有 2 路模拟量输出，所以选择 SM1232 模块（2 通道）。

④ 通信模块的选型。CPU 1214C 的 X1P1 接口（RJ45 物理接口），本接口内置 PROFINET 和 ETHERNET 功能。本任务需要和 G120 进行 PROFINET 通信，可以使用此接口。DCS 要用以太网监控 CPU 1214C，则需要扩展以太网 CP1243-1 模块。

（2）温度变送器和温度传感器介绍

图 2-23 所示的是 MIK-ST500 万能变送器的外形，此变送器可以与热电偶和热电阻连接，输出 4～20mA 的电流信号。在图 2-24 所示的变送器接线图中，1、2、3 号端子和 Pt100 传感器连接，+和−端子是温度的输出信号。这个变送器是二线式的，所以 24V 电源、变送器和模拟量输入模块是串联在一起的。

本例采用 Pt100 测量温度，其测量量程是 0～100℃。

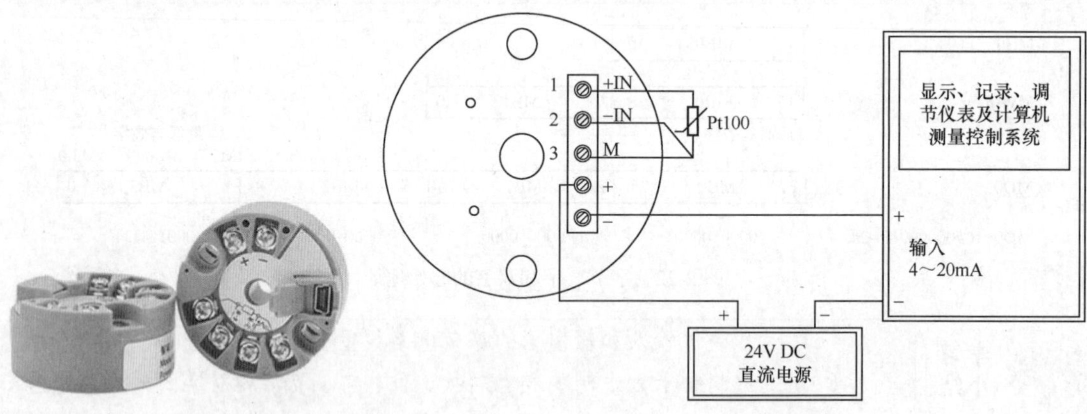

图 2-23　MIK-ST500 万能变送器的外形　　　图 2-24　变送器接线图

（3）设计电气原理图和网络拓扑图

设计电气原理图如图 2-25 所示（3 台离心机的电气原理图都相同，故仅设计 1 台的电气原理图），网络拓扑图如图 2-26（包含 3 台离心机）所示，以下详细说明。

① 数字量输入的介绍。CPU 1214C 和 SM1221 模块均可以连接成 PNP 型输入或 NPN 型输入，具体采用哪一种输入方式，主要根据任务选用的接近开关的类型来确定，如接近开关为 NPN 型，输入端设计为 NPN 型输入。本任务为 PNP 型输入。一般情况欧美 PNP 型输入较为常见，

而我国和日本 NPN 型输入较为常见。

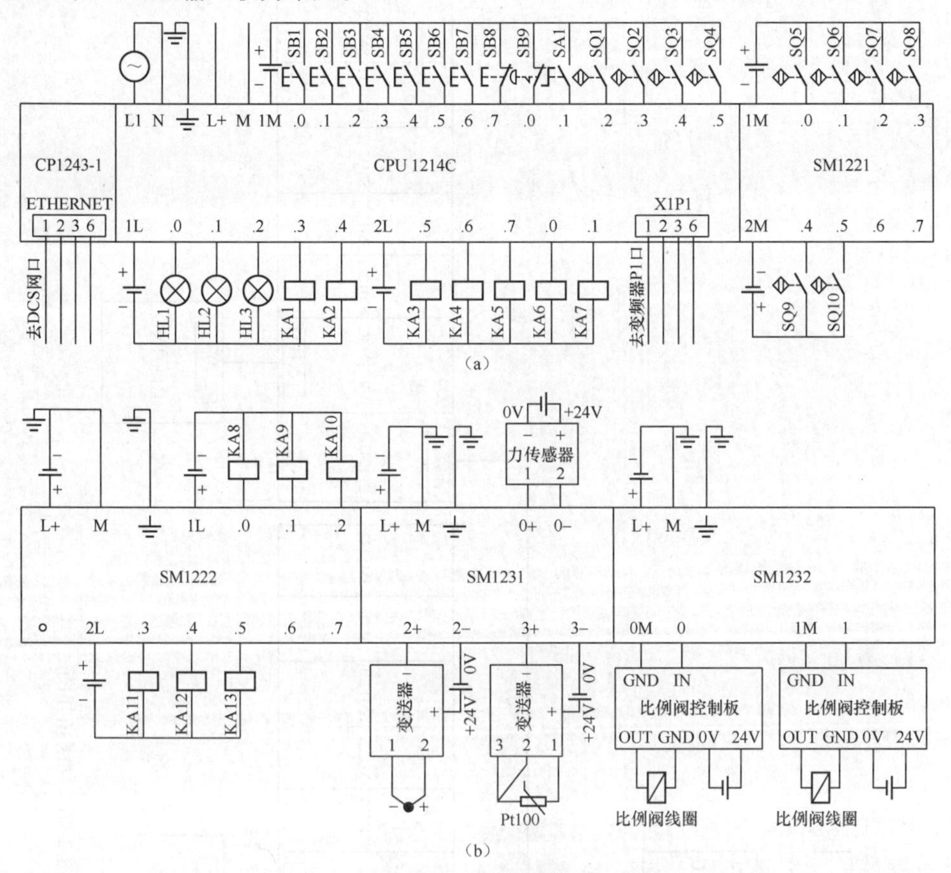

图 2-25　电气原理图

② 数字量输出的介绍。CPU 1214C 和 SM1222 模块的数字量为继电器输出，输出电源为 24V DC，接线时要注意指示灯和继电器线圈是否有极性要求。有的指示灯（HL）有正负的要求，有的继电器上的指示灯也有正负的要求。

③ 模拟量输入的介绍。SM1231 模块有 4 通道模拟量输入。0 和 1 通道是关联的，组态为电压信号输入。2 和 3 通道是关联的，组态为电流信号输入（4～20mA）。力传感器可以连接在 SM1231 模块上，但热电偶和热电阻需要连接在变送器上，然后连接在 SM1231 模块上。本任务的变送器为两线制电流变送器，24V 连接到变送器的信号“+”上，变送器的信号“−”连接到 SM1231 的“2+或 3+”上，SM1231 的“2−、3−”连接到电源 0V 上。实际上是变送器、SM1231 和 24V 电源串联在一起，所有二线式变送器都是这样连接的。

④ 模拟量输出的介绍。SM1232 模块有 2 通道模拟量输出。本任务组态为电压输出，比例阀接受 SM1232 送出的模拟量，经过信号放大后，送到比例阀的比例电磁铁的线圈，控制比例阀的开度大小。

⑤ 图 2-26 中，这个网络一共三层，说明如下。

a. CPU1214C（控制器站，有的资料称之为主站）与 G120（设备站，有的资料称之为从站）进行 PROFINET 通信，CPU1214C 监控 G120。

b. CPU1211C 的 CP1243-1（客户端），通过 S7 通信与 3 台 CPU1214C 的 CP1243-1（服务器端）进行通信，CPU1211C 监控 3 台 CPU1214C。

c. DCS（控制器站）与 CPU1211C（设备站）进行 PROFINET 通信，DCS 监控 CPU1211C，从而监控所有的 PLC 和 G120。

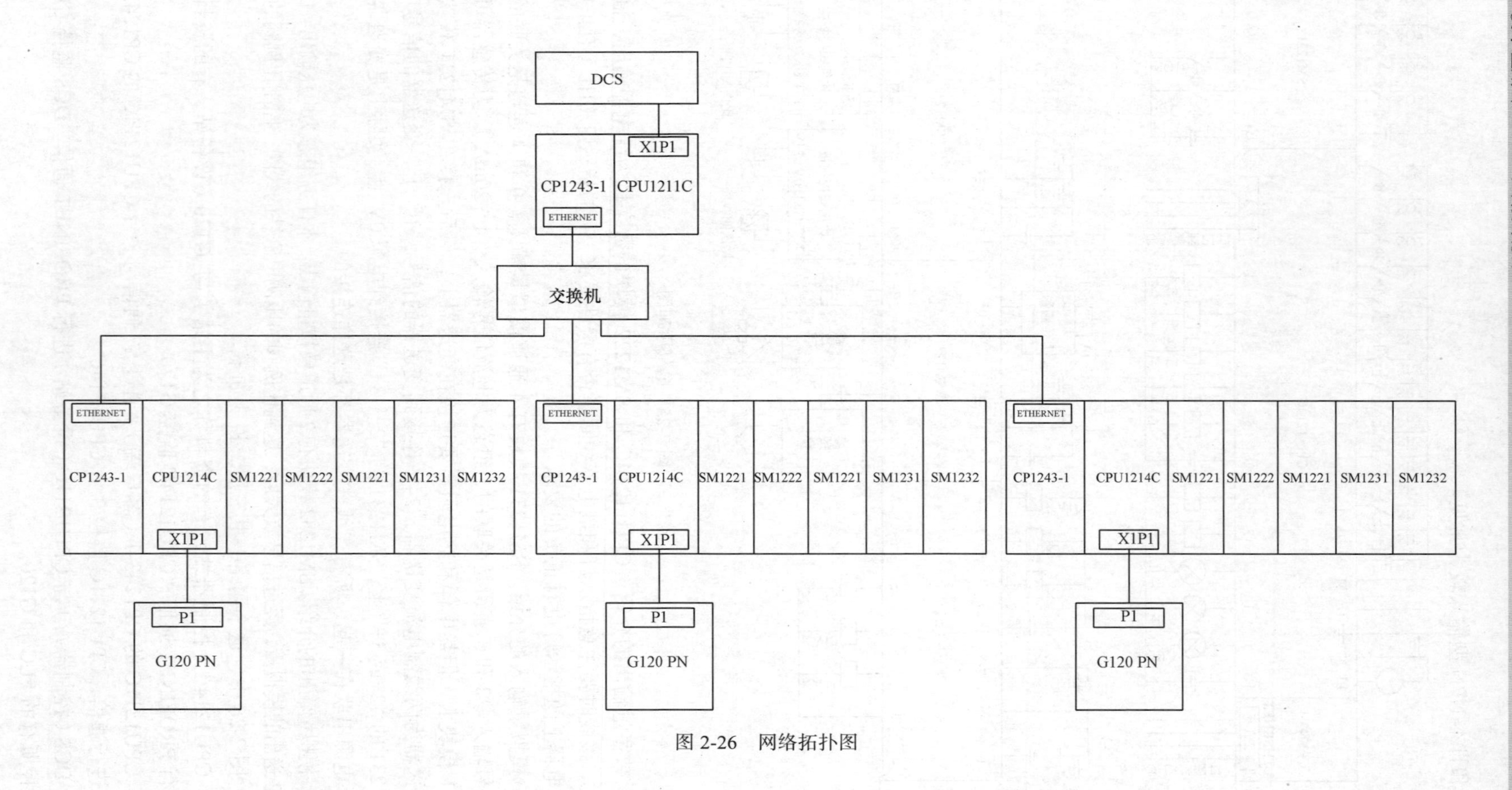
DCS
X1P1
CP1243-1
CPU1211C
ETHERNET
交换机
ETHERNET
CP1243-1
CPU1214C
SM1221
SM1222
SM1221
SM1231
SM1232
X1P1
P1
G120 PN
ETHERNET
CP1243-1
CPU1214C
SM1221
SM1222
SM1221
SM1231
SM1232
X1P1
P1
G120 PN
ETHERNET
CP1243-1
CPU1214C
SM1221
SM1222
SM1221
SM1231
SM1232
X1P1
P1
G120 PN

图 2-26　网络拓扑图

任务小结

（1）一般的工程规范是急停和停止按钮接常闭触点，主要基于安全因素。

（2）PLC 的输出有继电器、晶体管和晶闸管输出，继电器输出用得最多，高速输出和需要无触点输出（如有防爆要求）时才会选用晶体管输出，晶闸管输出较少使用。

（3）本任务如果选用热电阻和热电偶模拟量模块，则不需要配置变送器。显然，本任务选用变送器，设计上更灵活，费用也更低。

（4）变送器有二线式、三线式和四线式接法，由于抗干扰能力强，故二线式接法较为常见，要重点掌握。

如能顺利完成此任务标志着读者基本掌握了 S7-1200 PLC 的接线。

S7-1200 PLC 数字量扩展模块及其接线

2.3 S7-1200 PLC 的扩展模块及其接线

2.3.1 S7-1200 PLC 数字量扩展模块及其接线

S7-1200 PLC 的数字量扩展模块比较丰富，包括数字量输入模块（SM1221）、数字量输出模块（SM1222）、数字量输入/直流输出模块（SM1223）等。以下将介绍几个典型的数字量扩展模块。

1. 数字量输入模块（SM1221）

（1）数字量输入模块（SM1221）的技术规范

目前 S7-1200 PLC 的数字量输入模块有多个规格，其部分典型规格模块的技术规范见表 2-5。

表 2-5　数字量输入模块（SM1221）部分典型规格模块的技术规范

型　号	SM 1221 DI 8×24V DC	SM 1221 DI 16×24V DC
订货号（MLFB）	6ES7 221-1BF32-0XB0	6ES7 221-1BH32-0XB0
常规参数		
尺寸 $W×H×D$/mm	45×100×75	
质量/g	170	210
功耗/W	1.5	2.5
电流消耗（SM 总线）/ mA	105	130
所用的每点输入电流消耗（24V DC）/mA	4	4
数字输入		
输入点数	8	16
类型	漏型/源型	
额定电压	4mA 时，24V DC	

（2）数字量输入模块（SM1221）的接线

数字量输入模块有专用的插针与 CPU 通信，并通过此插针由 CPU 向扩展输入模块提供 5V DC 的电源。数字量输入模块（SM1221）的接线如图 2-27 所示，可以为 PNP 型输入，也可以为 NPN 型输入。

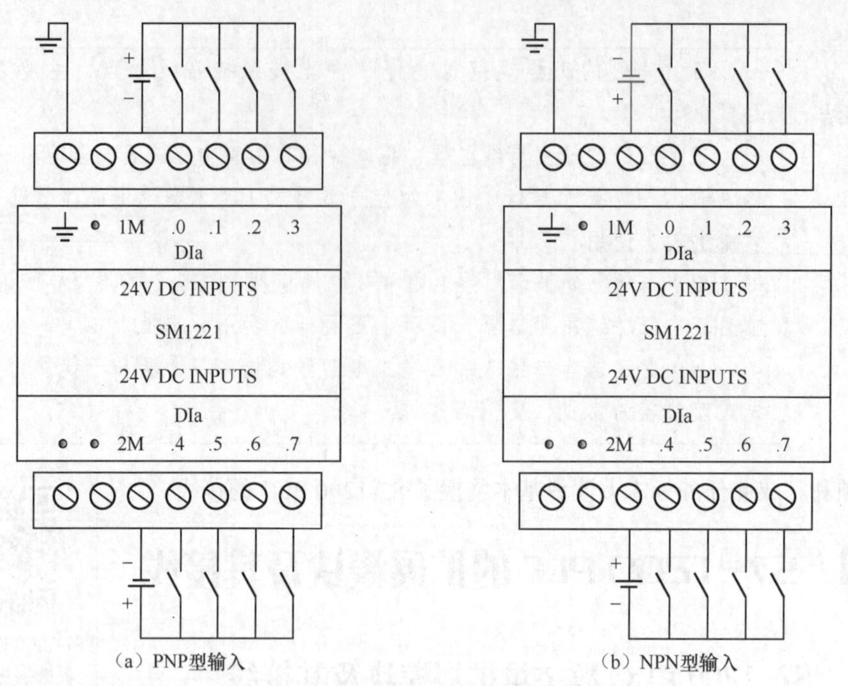

（a）PNP型输入　　（b）NPN型输入

图 2-27　数字量输入模块（SM1221）的接线

2. 数字量输出模块（SM1222）

（1）数字量输出模块（SM1222）的技术规范

目前 S7-1200 PLC 的数字量输出模块有多种规格，把 PLC 运算的布尔结果送到外部设备，最常见的是与中间继电器的线圈和指示灯相连接。其典型规格模块的技术规范见表 2-6。

表 2-6　数字量输出模块（SM1222）典型规格模块的技术规范

型　号	SM 1222 DQ × RLY 8×RLY	SM 1222 DQ 8×RLY（双态）	SM1222 DQ 16×RLY	SM1222 DQ 8×24V DC	SM1222 DQ 16×24V DC
订货号（MLFB）	6ES7 222-1HF32-0XB0	6ES7 222-1XF32-0XB0	6ES7 222-1HH32-0XB0	6ES7 222-1BF32-0XB0	6ES7 222-1BH32-0XB0
常规参数					
尺寸 *W*×*H*×*D*/mm	45×100×75	70×100×75	45×100×75	45×100×75	45×100×75
质量/g	190	310	260	180	220
功耗/W	4.5	5	8.5	1.5	2.5
电流消耗（SM 总线）/ mA	120	140	135	120	140
每个继电器线圈电流消耗（24V DC）/mA	11	16.7	11	—	
数字输出					
输出点数	8	8	16	8	16
类型	继电器，干触点	继电器切换触点	继电器，干触点	固态−MOSFET	
电压范围	5～30V DC 或 5～250V AC			20.4～28.8V DC	

（2）数字量输出模块（SM1222）的接线

数字量继电器输出模块（SM1222）的接线如图 2-28（a）所示，L+和 M 端子是模块的 24V

DC 供电接入端子，而 1L 和 2L 可以接入直流和交流电源，给负载供电，这点要特别注意。可以发现，数字量输入/输出扩展模块的接线与 CPU 的数字量输入/输出端子的接线是类似的。

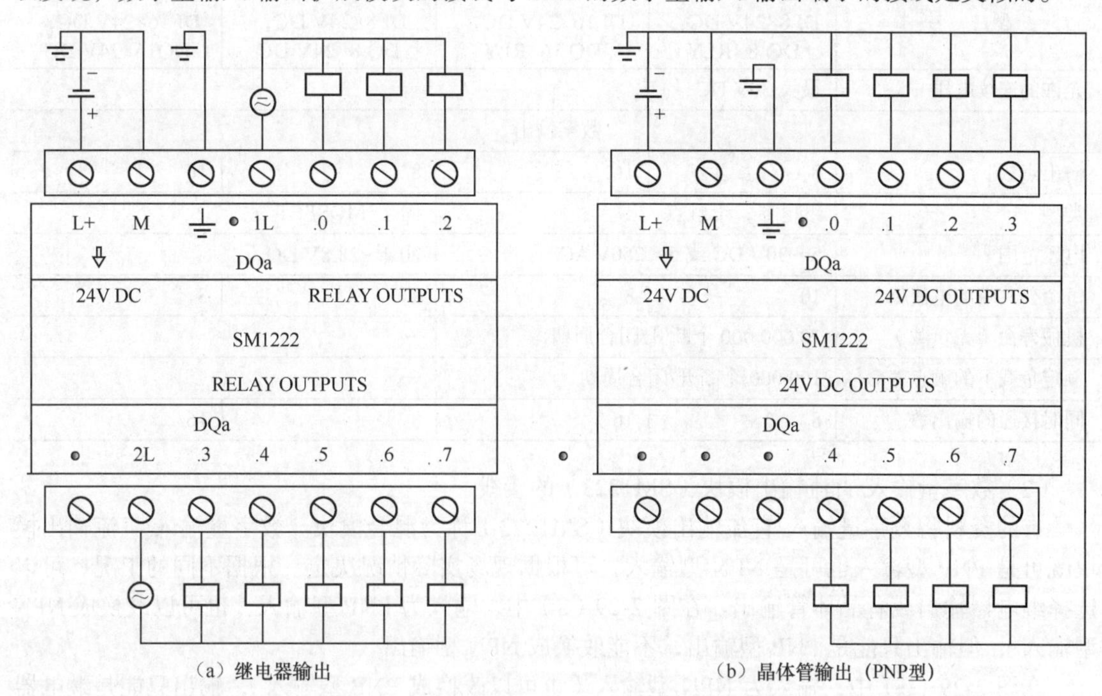

图 2-28　数字量输出模块（SM1222）的接线

数字量晶体管输出模块（SM1222）的接线如图 2-28（b）所示，只能为 PNP 型输出，不能为 NPN 型输出。

3. 数字量输入/直流输出模块（SM1223）

（1）数字量输入/直流输出模块（SM1223）的技术规范

目前 S7-1200 PLC 的数字量输入/直流输出模块有多种规格，其典型规格模块的技术规范见表 2-7。

表 2-7　　数字量输出模块（SM1223）典型规格模块的技术规范

型　号	SM1223 DI 8×24V DC，DQ 8×RLY	SM1223 DI 16×24V DC，DQ 16×RLY	SM1223 DI 8×24V DC，DQ 8×24V DC	SM1223 DI 16×24V DC，DQ16×24V DC
订货号（MLFB）	6ES7 223-1PH32-0XB0	6ES7 223-1PL32-0XB0	6ES7 223-1BH32-0XB0	6ES7 223-1BL32-0XB0
尺寸 W×H×D/mm	45×100×75	70×100×75	45×100×75	70×100×75
质量/g	230	350	210	310
功耗/W	5.5	10	2.5	4.5
电流消耗（SM 总线）/mA	145	180	145	185
电流消耗（24V DC）	所用的每点输入 4mA 所用的每个继电器线圈 11mA		所用的每点输入 4mA	
数字输入				
输入点数	8	16	8	16
类型	漏型/源型			
额定电压	4mA 时，24V DC			

续表

型　　号	SM1223 DI 8×24V DC，DQ 8×RLY	SM1223 DI 16×24V DC，DQ 16×RLY	SM1223 DI 8×24V DC，DQ 8×24V DC	SM1223 DI 16×24V DC，DQ16×24V DC
允许的连续电压	最大 30V DC			
	数字输出			
输出点数	8	16	8	16
类型	继电器，干触点		固态-MOSFET	
电压范围	5～30V DC 或 5～250V AC		20.4～28.8V DC	
每个公共端的电流/A	10	8	4	8
机械寿命（无负载）	10 000 000 个断开/闭合周期		—	
额定负载下的触点寿命	100 000 个断开/闭合周期		—	
同时接通的输出数	8	16	8	16

（2）数字量输入/直流输出模块（SM1223）的接线

有的资料将数字量输入/直流输出模块（SM1223）称为混合模块。数字量输入/直流输出模块既可是 PNP 型输入也可是 NPN 型输入，可根据现场实际情况决定。根据不同的工况，可以选择继电器输出或者晶体管输出。在图 2-29（a）中，输入为 PNP 型输入（也可以改换成 NPN 型输入），但输出只能是 PNP 型输出，不能改换成 NPN 型输出。

在图 2-29（b）中，输入为 NPN 型输入（也可以改换成 PNP 型输入），输出只能是继电器输出，输出的负载电源可以是直流或者交流电源。

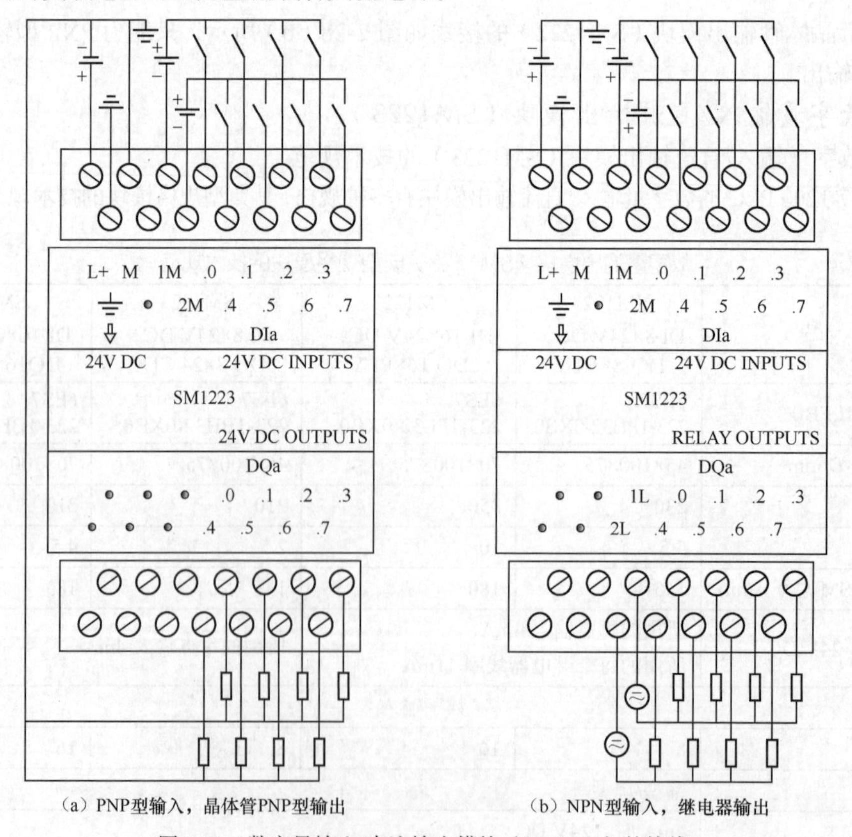

（a）PNP型输入，晶体管PNP型输出　　（b）NPN型输入，继电器输出

图 2-29　数字量输入/直流输出模块（SM1223）的接线

2.3.2　S7-1200 PLC 模拟量模块

S7-1200 PLC 模拟量模块

S7-1200 PLC 模拟量模块包括模拟量输入模块（SM1231）、模拟量输出模块（SM1232）、热电偶和热电阻模拟量输入模块（SM1231）等。S7-1200 PLC 的模拟量输入模块主要用于把外部的电流或者电压信号转换成 CPU 可以识别的数字量。

1. 模拟量输入模块（SM1231）

（1）模拟量输入模块（SM1231）的技术规范

目前 S7-1200 PLC 的模拟量输入模块（SM1231）有多种规格，其典型规格模块的技术规范见表 2-8。

表 2-8　模拟量输入模块（SM1231）典型规格模块的技术规范

型　号	SM1231 AI 4×13 位	SM1231 AI 8×13 位	SM1231 AI 4×16 位
订货号（MLFB）	6ES7 231-4HD32-0XB0	6ES7 231-4HF32-0XB0	6ES7 231-5ND32-0XB0
常规参数			
尺寸 *W*×*H*×*D*/mm	45×100×75	45×100×75	45×100×75
质量/g	180	180	180
功耗/W	2.2	2.3	2.0
电流消耗（SM 总线）/mA	80	90	80
电流消耗（24V DC）/mA	45	45	65
模拟输入			
输入路数	4	8	4
类型	电压或电流（差动）：可 2 个选为一组		电压或电流（差动）
范围	±10V、± 5V、± 2.5V 或 0～20mA		±10V 、±5V 、±2.5V 、±1.25V 、0～20mA 或 4～20mA
满量程范围（数据字）	−27 648 − 27 648		
过冲/下冲范围（数据字）	电压：27 649～32 511/−32 512～−27 649 电流：27 649～32 511/0～−4 864		电压：27 649～32 511/−27 649～−32 512 电流：（0~20mA）：27 649～32 511/0～−4 864； 4~20mA：27 649～32 511/−1～−4 864
上溢/下溢（数据字）	电压：32 512～32 767/−32 513～−32 768 电流：32 512～32 767/−4 865～−32 768		电压：32 512～32 767/−32 513～−32 768 电流：0~20mA：32 512～32 767/−4 865～−32 768 4～20mA：32 512～32 767/−4 865～−32 768
精度	12 位+符号位		15 位+符号位
精度（25℃/0～55℃）	满量程的±0.1%/±0.2%		满量程的±0.1%/±0.3%
工作信号范围	信号加共模电压必须小于+12V 且大于−12V		
诊断			
上溢/下溢	/	/	/
对地短路（仅限电压模式）	不适用	不适用	不适用
断路（仅限电流模式）	不适用	不适用	仅限 4～20mA 范围
24V DC 低压	√	√	√

（2）模拟量输入模块（SM1231）的接线

模拟量输入模块（SM1231）的接线如图 2-30 所示，通常与各类模拟量传感器和变送器相连接，通道 0 和 1 不能同时测量电流和电压信号，只能二选其一；通道 2 和 3 也是如此。信号范围：±10 V、±5 V、±2.5 V 和 0～20mA；满量程数据范围：−27 648～+27 648，这点与 S7-300/400 PLC 相同，但不同于 S7-200 SMART PLC。

模拟量输入模块有两个参数容易混淆，即模拟量转换分辨率和模拟量转换精度（误差）。分辨率是 AD 模拟量转换芯片的转换精度，即用多少位的数值来表示模拟量。若模拟量转换分辨率是 12 位，能够反映模拟量变化的最小单位是满量程的 1/4 096。模拟量转换精度除了取决于 AD 转换的分辨率，还受到转换芯片的外围电路的影响。在实际应用中，输入模拟量信号会有波动、噪声和干扰，内部模拟电路也会产生噪声、漂移，这些都会对转换的最后精度造成影响。这些因素造成的误差要大于 AD 芯片的转换误差。

当模拟量的扩展模块为正常状态时，LED 指示灯为绿色显示，当供电时，为红色闪烁。

图 2-30　模拟量输入模块（SM1231）的接线

使用模拟量模块时，要注意以下问题。

① 模拟量模块有专用的插针接头与 CPU 通信，并通过电缆由 CPU 向模拟量模块提供 5V DC 的电源。此外，模拟量模块必须外接 24V DC 电源。

② 每个模块能同时输入/输出电流或者电压信号，模拟量输入的电压或者电流信号的选择和量程的选择都是通过软件进行选择，如图 2-31 所示，模拟量输入模块（SM1231）的通道 0 设定为电压信号，量程为±2.5 V。S7-200 PLC 的信号类型和量程由 DIP 开关设定。

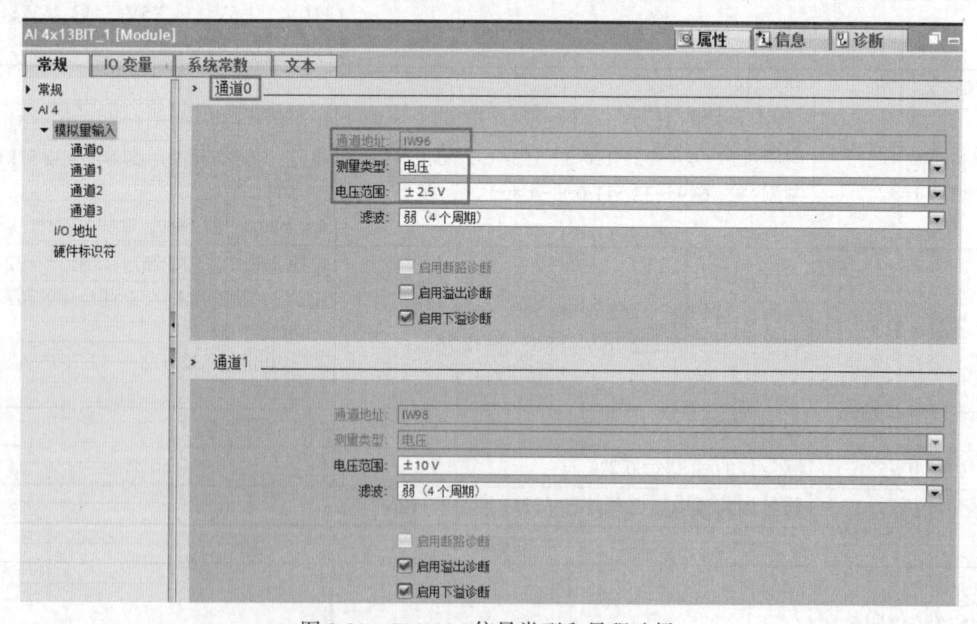

图 2-31　SM1231 信号类型和量程选择

双极性就是信号在变化的过程中要经过“零”，单极性不过“零”。由于模拟量转换为数字量是有符号整数，所以双极性信号对应的数值会有负数。在 S7-1200 PLC 中，单极性模拟量输

入/输出信号的数值范围是 0～27 648；双极性模拟量信号的数值范围是−27 648+27 648。

③ 对于模拟量输入模块，传感器电缆线应尽可能短，而且应使用屏蔽双绞线，导线应避免弯成锐角。靠近信号源屏蔽线的屏蔽层应单端接地。

④ 一般电压信号比电流信号更容易受干扰，应优先选用电流信号。电压型的模拟量信号由于输入端的内阻很高，极易引入干扰。一般电压信号用于控制设备柜内电位器设置，或者距离非常近、电磁环境好的场合，电流型信号不容易受到传输线沿途的电磁干扰，因而在工业现场广泛应用。电流信号可以传输比电压信号远得多的距离。

⑤ 前述的 CPU 和扩展模块的数字量的输入点和输出点都有隔离保护，但模拟量的输入和输出则没有隔离。如果用户的系统中需要隔离，请另行购买信号隔离器件。

⑥ 模拟量输入模块的电源地和传感器的信号地必须连接（工作接地），否则将会产生一个很高的上下振动的共模电压，影响模拟量输入值，测量结果可能是一个变动很大的不稳定的值。

⑦ 西门子的模拟量模块的端子排是上下两排分布，容易混淆。在接线时要特别注意，先接下面的端子的线，再接上面端子的线，而且不要弄错端子号。

2. 模拟量输出模块（SM1232）

（1）模拟量输出模块（SM1232）的技术规范

目前 S7-1200 PLC 的模拟量输出模块（SM1232）有多种规格，其典型规格模块的技术规范见表 2-9。模拟量输出模块主要把 CPU 的数字量转换成模拟量（电流或者电压）信号输出，一般与变频器或者阀门相连接。

表 2-9　模拟量输出模块（SM1232）典型规格模块的技术规范

型　　号	SM1232 AQ 2×14 位	SM1232 AQ 4×14 位
订货号（MLFB）	6ES7 232-4HB32-0XB0	6ES7 232-4HD32-0XB0
常规参数		
尺寸 *W*×*H*×*D*/mm	45×100×75	45×100×75
质量/g	180	180
功耗/W	1.5	1.5
电流消耗（SM 总线）/ mA	80	80
电流消耗（24V DC），无负载/mA	45	45
模拟输出		
输出路数	2	4
类型	电压或电流	
范围	±10 V 或 0～20 mA	
精度	电压：14 位；电流：13 位	
满量程范围（数据字）	电压：−27 648～27 648；电流：0～27 648	
精度（25℃/0～55℃）	满量程的±0.3 %/±0.6 %	
稳定时间（新值的 95%）	电压：300μs（R）、750μs（1uF）；电流：600μs（1mH）、2 ms（10mH）	
隔离（现场侧与逻辑侧）	无	
电缆长度（m）	100m（屏蔽双绞线）	
诊断		
上溢/下溢	√	√
对地短路（仅限电压模式）	√	√
断路（仅限电流模式）	√	√
24V DC 低压	√	√

（2）模拟量输出模块（SM1232）的接线

模拟量输出模块（SM1232）的接线如图 2-32 所示，两个通道的模拟输出电流或电压信号，可以按需要选择。信号范围：±10 V、0～20 mA 和 4～20 mA；满量程数据范围：−27 648～+27 648，这点与 S7-300/400 PLC 相同，但不同于 S7-200 PLC。

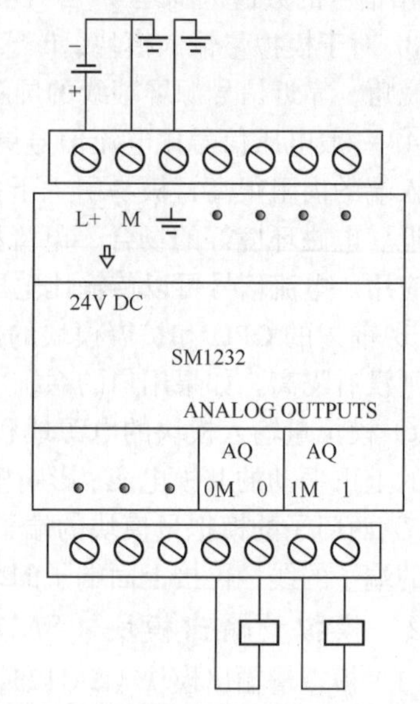

图 2-32 模拟量输出模块（SM1232）的接线

3．热电偶和热电阻模拟量输入模块（SM1231）

（1）热电偶和热电阻模拟量输入模块（SM1231）的技术规范

如果没有热电偶和热电阻模拟量输入模块，那么也可以使用前述介绍的模拟量输入模块测量温度，工程上通常需要在模拟量输入模块和热电阻或者热电偶之间加专用变送器。目前 S7-1200 PLC 的热电偶和热电阻模拟量输入模块有多种规格，其典型规格模块的技术规范见表 2-10。

表 2-10 热电偶和热电阻模拟量输入模块典型规格模块的技术规范

型 号	SM1231 AI4×16 位 热电偶	SM1231 AI8×16 位 热电偶	SM1231 AI4×16 位 热电阻	SM1231 AI8×16 位 热电阻
订货号（MLFB）	6ES7 231-5QD32-0XB0	6ES7 231-5QF32-0XB0	6ES7 231-5PD32-0XB0	6ES7 231-5PF32-0XB0
常规参数				
尺寸 W×H×D/mm	45×100×75	45×100×75	45×100×75	70×100×75
质量/g	180	190	220	270
功耗/W	1.5	1.5	1.5	1.5
电流消耗（SM 总线）/ mA	80	80	80	90
电流消耗（24V DC）/ mA	40	40	40	40
模拟输入				
输入路数	4	8	4	8
类型	热电偶	热电偶	模块参考接地的热电阻	模块参考接地的热电阻
范围	J、K、T、E、R、S、N、C 和 TXK/XK（L），电压范围：±80 mV	J、K、T、E、R、S、N、C 和 TXK/XK（L），电压范围：±80 mV	铂（Pt）、铜（Cu）、镍（Ni）、LG-Ni（Ni 电阻的一种）或电阻	铂（Pt）、铜（Cu）、镍（Ni）、LG-Ni（Ni 电阻的一种）或电阻
精度 温度 电阻	0.1ºC/0.1ºF 15 位+符号位	0.1ºC/0.1ºF 15 位+符号位	0.1ºC/0.1ºF 15 位+符号位	0.1ºC/0.1ºF 15 位+符号位
最大耐压	±35 V	±35 V	±35 V	±35 V
噪声抑制（10Hz/50Hz /60Hz/400Hz 时）/dB	85	85	85	85
隔离/V AC				

续表

型　号	SM1231 AI4×16 位 热电偶	SM1231 AI8×16 位 热电偶	SM1231 AI4×16 位 热电阻	SM1231 AI8×16 位 热电阻
现场侧与逻辑侧	500	500	500	500
现场侧与 24V DC 侧	500	500	500	500
24V DC 侧与逻辑侧	500	500	500	500
通道间隔离/V AC	120	120	无	无
重复性	±0.05% FS	±0.05% FS	±0.05% FS	±0.0 % FS
测量原理	积分	积分	积分	积分
冷端误差	±1.5ºC	±1.5ºC	—	—
电缆长度/m	到传感器的最大长度为 100m	到传感器的最大长度为 100m	到传感器的最大长度为 100m	到传感器的最大长度为 100m
电缆电阻	最大 100Ω	最大 100Ω	20Ω，最大为 2.7Ω（对 10Ω RTD）	20Ω，最大为 2.7Ω（对 10Ω RTD）
诊断				
上溢/下溢	√	√	√	√
断路（仅电流模式）	√	√	√	√
24V DC 低压	√	√	√	√

（2）热电偶模拟量输入模块（SM1231）的接线

限于篇幅，本书只介绍热电偶模拟量输入模块（SM1231）的接线，如图 2-33 所示。

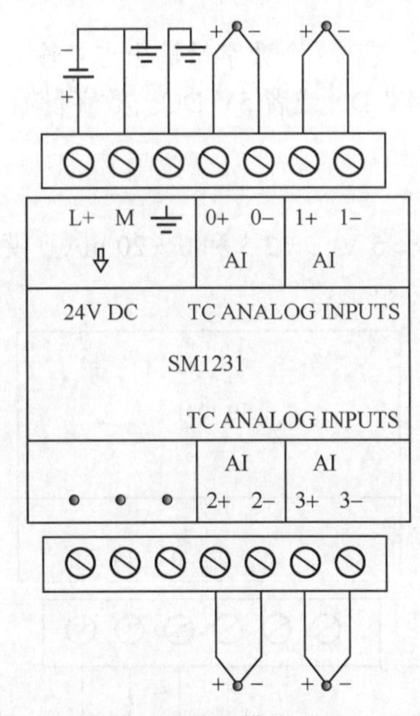

图 2-33　热电偶模拟量输入模块（SM1231）的接线

S7-1200 PLC 数字量信号板及接线

S7-1200 PLC 模拟量信号板及接线

2.3.3　S7-1200 PLC 信号板及其接线

S7-1200 的 CPU 上可安装信号板，S7-200/300/400 PLC 没有这种信号板。目前可安装信号的有数字量输入板、数字输出板、数字量输入/输出板、模拟量输入板、模拟量输出板和通信板，以下分别介绍。

1. 数字量输入板（SB 1221）

数字量输入板安装在 CPU 模块面板的上方，节省了安装空间，其接线如图 2-34 所示，目前只能采用 NPN 型输入接线，其电源可以是 24V DC 或者 5V DC。HSC 时钟输入最大频率，单相时为 200kHz，正交相位时为 160kHz。

2. 数字量输出板（SB 1222）

数字量输出板安装在 CPU 模块面板的上方，节省了安装空间，其接线如图 2-35 所示，目前只能采用 PNP 型输出方式，其电源可以是 24V DC 或者 5V DC。脉冲串输出频率最大为 200kHz，最小为 2Hz。

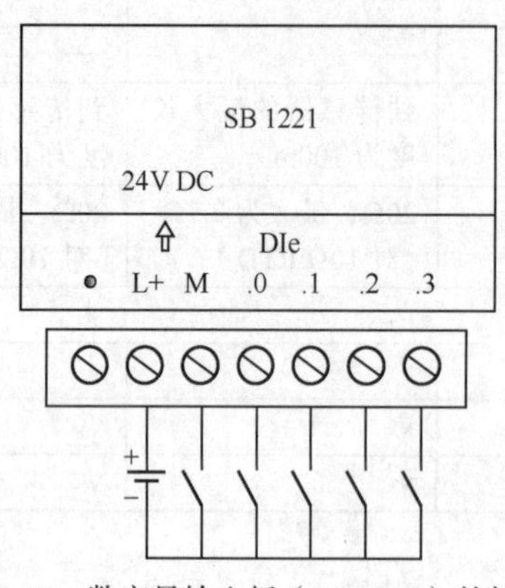

图 2-34 数字量输入板（SB 1221）的接线

图 2-35 数字量输出板（SB 1222）的接线

3. 数字量输入/输出板（SB 1223）

数字量输入/输出板（SB 1223）是 2 个数字量输入点和 2 个数字量输出点，输入点只能是 NPN 输入，其输出点是 PNP 型输出，其电源可以是 24V DC 或者 5V DC。数字量输入/输出板的接线如图 2-36 所示。

4. 模拟量输入板（SB 1231）

模拟量输入板（SB 1231）的量程范围为 ± 10 V、± 5 V、± 2.5 和 0～20 mA。模拟量输入板的接线如图 2-37 所示。

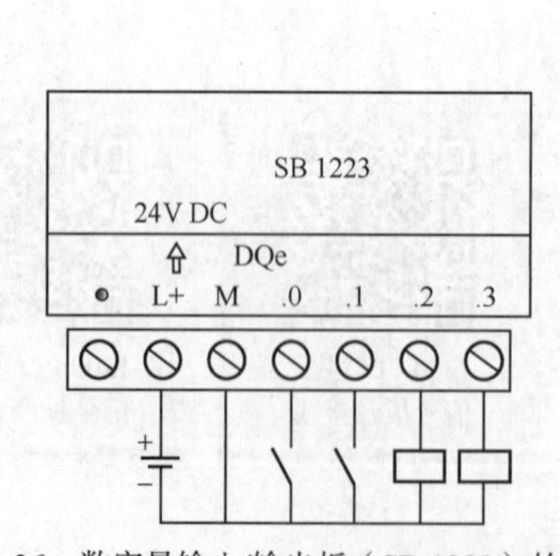

图 2-36 数字量输入/输出板（SB 1223）的接线

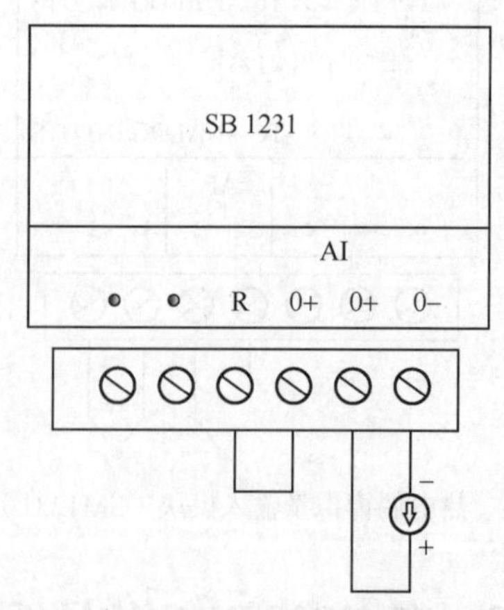

图 2-37 模拟量输入板（SB 1231）的接线

5. 模拟量输出板（SB 1232）

模拟量输出板（SB 1232）只有一个输出点，由 CPU 供电，不需要外接电源。输出电压或者电流，其范围是电流 0～20mA，对应满量程为 0～27 648，电压范围是 ± 10V，对应满量程为

−27 648～27 648。模拟量输出板（SB 1232）的接线如图 2-38 所示。

6. 通信板（CB1241）

通信板（CB1241）可以作为 RS-485 模块使用，它集成的协议有自由端口、ASCII、Modbus 和 USS。通信板（CB1241）接线如图 2-39 所示。自由端口通信一般与第三方设备通信时采用，而 USS 通信则是西门子 PLC 与西门子变频器专用的通信协议。

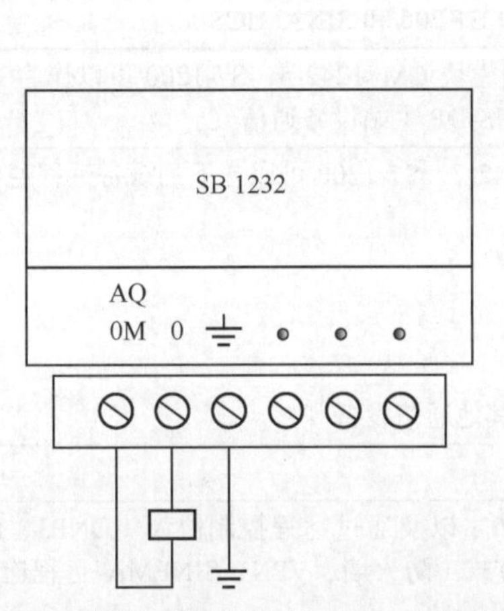

图 2-38　模拟量输出板（SB 1232）的接线

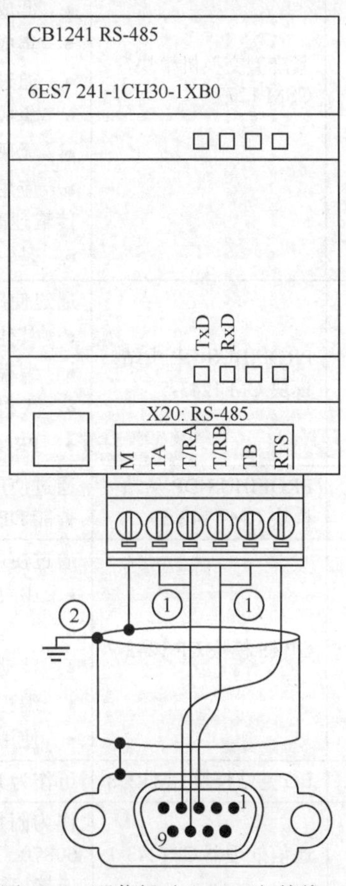

图 2-39　通信板（CB1241）接线

2.3.4　S7-1200 PLC 通信模块

S7-1200 PLC 通信模块安装在 CPU 模块的左侧，而一般扩展模块安装在 CPU 模块的右侧。

S7-1200 PLC 通信模块规格较为齐全，主要有串行通信模块 CM1241、紧凑型交换机模块 CSM 1277、PROFIBUS-DP 主站模块 CM 1243-5、PROFIBUS-DP 从站模块 CM 1242-5、GPRS 模块 CP 1242-7、I/O 主站模块 CM1278 和通信处理器 CP 1243-1。S7-1200 PLC 通信模块的基本功能见表 2-11。

表 2-11　S7-1200 PLC 通信模块的基本功能

序号	名　称	功 能 描 述
1	串行通信模块 CM1241	• 用于执行强大的点对点高速串行通信，支持 RS-485/422 • 执行协议：ASCII、USS 和 Modbus • 可装载其他协议 • 通过 STEP 7 Basic 可简化参数设定

续表

序号	名　称	功 能 描 述
2	紧凑型交换机模块 CSM 1277	● 能够以线型、树型或星型拓扑结构，将 S7-1200 PLC 连接到工业以太网 ● 增加了 3 个用于连接的节点 ● 节省空间，可便捷安装到 S7-1200 导轨上 ● 低成本的解决方案，实现小的、本地以太网连接 ● 集成了坚固耐用、工业标准的 RJ45 连接器 ● 通过设备上 LED 灯实现简单、快速的状态显示 ● 集成的 autocrossover 功能，允许使用交叉连接电缆和直通电缆 ● 无风扇的设计，维护方便 ● 应用自检测（autosensing）和交叉自适应（autocrossover）功能实现数据传输速率的自动检测 ● 是一个非托管交换机，不需要进行组态配置
3	PROFIBUS-DP 主站模块 CM 1243-5	通过使用 PROFIBUS-DP 主站模块，S7-1200 可以和下列设备通信： ● 其他 CPU ● 编程设备 ● 人机界面 ● PROFIBUS DP 从站设备（例如 ET 200 和 SINAMICS）
4	PROFIBUS-DP 从站模块 CM 1242-5	通过使用 PROFIBUS-DP 从站通信模块 CM 1242-5，S7-1200 可以作为一个智能 DP 从站设备与任何 PROFIBUS-DP 主站设备通信
5	GPRS 模块 CP 1242-7	通过使用 GPRS 通信处理器 CP 1242-7，S7-1200 可以与下列设备远程通信： ● 中央控制站 ● 其他的远程站 ● 移动设备（SMS 短消息） ● 编程设备（远程服务） ● 使用开放用户通信（UDP）的其他通信设备
6	I/O 主站模块 CM1278	可作为 PROFINET IO 设备的主站
7	通信处理器 CP1243-1	作为附加以太网接口连接 S7-1200，以及通过远程控制协议（DNP3、IEC 60870、TeleControl Basic）、安全方式（防火墙、VPN、SINEMA 远程连接）连接控制中心

注：本节介绍的通信模块不包含上节的通信板。

2.3.5　其他模块

1. 电源模块（PM1207）

S7-1200 PLC 电源模块是 S7-1200 PLC 系统中的一员，为 SIMATIC S7-1200 提供稳定电源，其输入为 120/230 V AC（自动调整输入电压范围），输出为 24V DC/2.5 A。

2. 存储卡

存储卡可以组态为以下多种形式。

- 程序卡。将存储卡作为 CPU 的外部装载存储器，可以提供一个更大的装载存储区。
- 传送卡。复制一个程序到一个或多个 CPU 的内部装载存储区而不必使用 STEP 7 Basic 编程软件。
- 固件更新卡。更新 S7-1200 CPU 固件版本（对 V3.0 及之后的版本不适用）。

此外，还有 TS 模块和仿真模块，限于篇幅，在此不再赘述。

（1）当CPU模块是AC输入电源时，AC输入电源与DC输出电源距离很近，不要接错，否则容易烧毁模块。当CPU模块是DC输入电源时，输入电源与输出电源的24V不要短接在一起。

（2）DC输出电源一般不使用。

（3）CPU模块和数字量输入模块（SM1221），支持PNP型和NPN型两种输入接法，通常根据项目选用接近开关的种类，确定是PNP型还是NPN型输入接法。

（4）本书介绍输入方式（PNP型或NPN型）是以输入器件（如接近开关）为对象的，所以如接近开关是NPN型就是NPN型输入，比较容易理解。而有的资料以PLC为对象讲解，那么接近开关是NPN型，PLC为PNP型输入。

习题

一．单项选择题

1．不是S7-1200 PLC的存储区的是（　　）。

A．装载存储器　B．工作存储器　C．系统存储器　D．SM1231

2．对于S7-1200 PLC，以下哪个表达方式是不合法的？（　　）

A．V0.0　B．I0.0:P　C．q0.0　D．DB1.DBX0.0

3．以下哪个不是S7-1200 PLC的字节寻址？（　　）

A．VB0　B．DB1.DB0　C．IB0:P　D．MB0

4．下载S7-1200 PLC的程序到哪个区域？（　　）

A．装载存储器　B．工作存储器　C．系统存储器　D．RAM

5．如QW0=1，则以下哪个正确？（　　）

A．Q0.0=1　B．QB0=1　C．QB1=1　D．Q1.0=0

6．下列哪个CPU模块不能向右侧扩展？（　　）

A．CPU1217C　B．CPU1215C　C．CPU1212C　D．CPU1211C

二．问答题

1．S7系列的PLC有哪几类？

2．S7-1200系列PLC有什么特色？

3．S7-1200 PLC的存储区有哪几种？

4．S7-1200的CPU模块的输出有哪几种？

5．CPU1211C、CPU1212C、CPU1214C的左侧分别最多能扩展几个模块？

通过完成 7 个任务，掌握数制和 S7-1200 PLC 的数据类型、S7-1200 PLC 的常用指令在工程中的应用，并掌握一个工程项目从选型、设计电气原理图、接线、编写程序到调试、实施的完整过程。

置位和复位指令、上升沿和下降沿指令、定时器和计数器指令、比较指令和数学函数指令等，这些指令在工程项目中几乎是必用的，掌握这些指令是 PLC 入门的标志。本项目是 PLC 入门的关键。

学习提纲

知识目标	掌握数制和 S7-1200 PLC 的数据类型，了解 S7-1200 PLC 的编程语言
技能目标	掌握 S7-1200 PLC 的常用指令在工程中的应用，掌握电气原理图的设计和硬件接线，掌握程序调试
素质目标	通过小组内合作培养团队合作精神；通过优化接线、实训设备整理和环境清扫，培养绿色环保和节能意识；通过项目中安全环节强调和训练，树立安全意识，并逐步形成工程思维；通过程序“一题多解”，培养学生逻辑思维和创新能力；通过优化程序、优化原理图设计，培养精益求精的“工匠精神”
学习方法	通过完成 7 个工作任务，掌握常用指令和工程项目从选型、设计电气原理图、接线、编写程序到调试、实施的完整过程。完成任务前（如任务 3-1），应先学习必备知识（如 3.1 节）
建议课时	16 课时

任务 3-1 三相异步电动机单键启停控制

三相异步电动机单键启停控制

1. 目的与要求

用 S7-1200 PLC 控制一台三相异步电动机，实现用一个按钮对电动机进行启停控制，即单键启停控制（也称乒乓控制）。

通过完成此任务，了解一个 PLC 控制项目实施的基本步骤，掌握常用的位逻辑指令。

2. 设计电气原理图

设计的电气原理图如图 3-1 所示，图 3-1（a）所示的是主回路，QF1～QF4 是断路器，起通断电路、短路保护和过载保护作用；TC 是控制变压器，将 380V 变成 220V，V1 和 W1 端子上是交流 220V；VC 是开关电源将 220V 交流电转换成 24V 直流电，主要供 PLC 使用。

图 3-1（b）所示的是控制回路，KA1 是中间继电器，起隔离和信号放大作用；KM1 是接

触器，KA1 触点的通断控制 KM1 线圈的得电和断电，从而驱动电动机的启停。

注：初学者或实训条件有限，可以先忽略图 3-1（a），按照图 3-1（b）进行学习和训练。

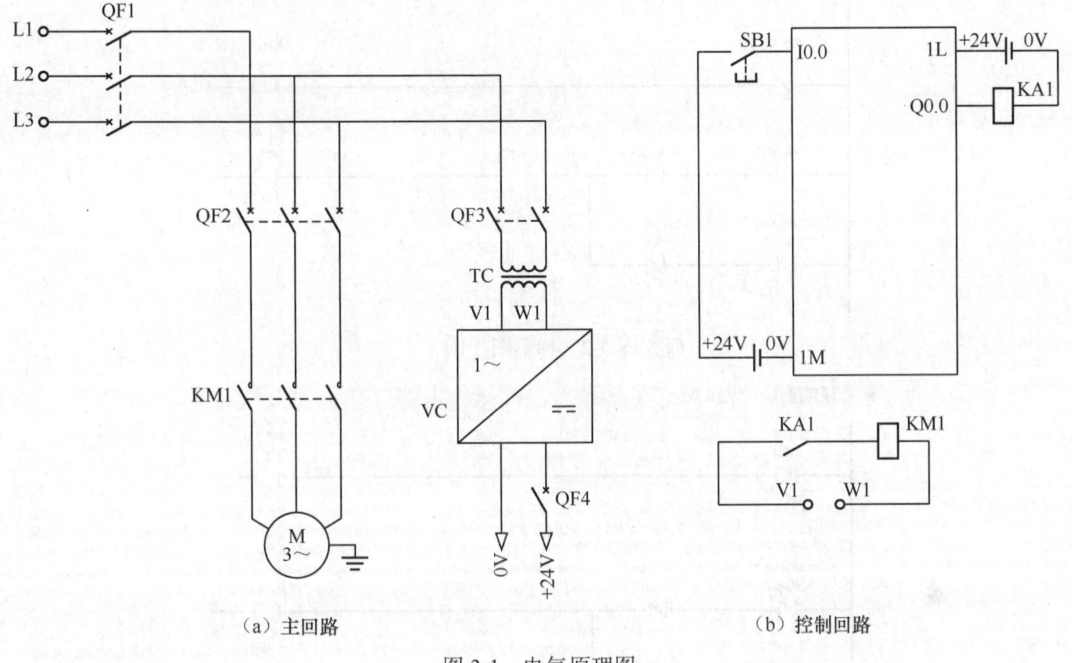

图 3-1 电气原理图

3. 编写控制程序

三相异步电动机单键启停控制的程序设计有很多方法，以下介绍几种常用的方法。

（1）方法 1

梯形图如图 3-2 所示。这个梯形图没用到上升沿指令。

① 当按钮 SB1 不压下时，I0.0 的常闭触点闭合，M10.1 线圈得电，M10.1 常开触点闭合。

② 当按钮 SB1 第一次压下时，第一个扫描周期里，I0.0 的常开触点闭合，M10.0 线圈得电，M10.0 常开触点闭合，Q0.0 线圈得电，电动机启动。第二个扫描周期之后，M10.1 线圈断电，M10.1 常开触点断开，M10.0 线圈断电，M10.0 常闭触点闭合，Q0.0 线圈自锁，电动机持续运行。

按钮弹起后，SB1 的常开触点断开，I0.0 的常闭触点闭合，M10.1 线圈得电，M10.1 常开触点闭合。

③ 当按钮 SB1 第二次压下时，I0.0 的常开触点闭合，M10.0 线圈得电，M10.0 常闭触点断开，Q0.0 线圈断电，电动机停机。

注：在经典 STEP7 中，图 3-2 所示的梯形图需要编写在 3 个程序段中。

（2）方法 2

梯形图如图 3-3 所示。

① 当按钮 SB1 第一次压下时，M10.0 接通一个扫描周期，使得 Q0.0 线圈得电一个扫描周期，电动机启动运行。当下一次扫描周期到达，M10.0 常闭触点闭合，Q0.0 常开触点闭合自锁，Q0.0 线圈得电，电动机持续运行。

② 当按钮 SB1 第二次压下时，M10.0 线圈得电一个扫描周期，使得 M10.0 常闭触点断开，Q0.0 线圈断电，电动机停机。

（3）方法 3

梯形图如图 3-4 所示，可见使用 SR 触发器指令后，不需要用自锁功能，程序变得十分简洁。

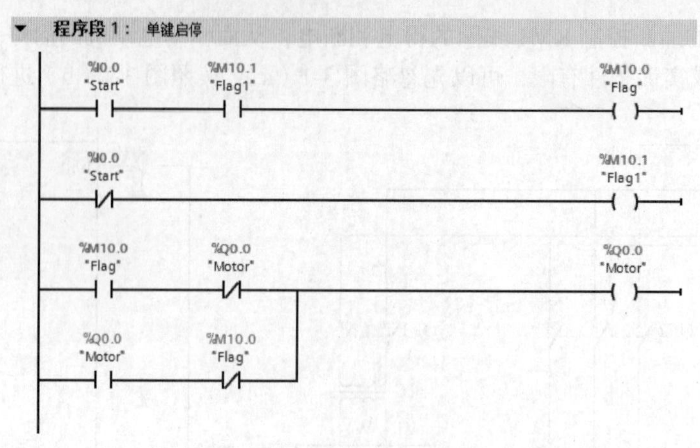

图 3-2　梯形图（1）

图 3-3　梯形图（2）

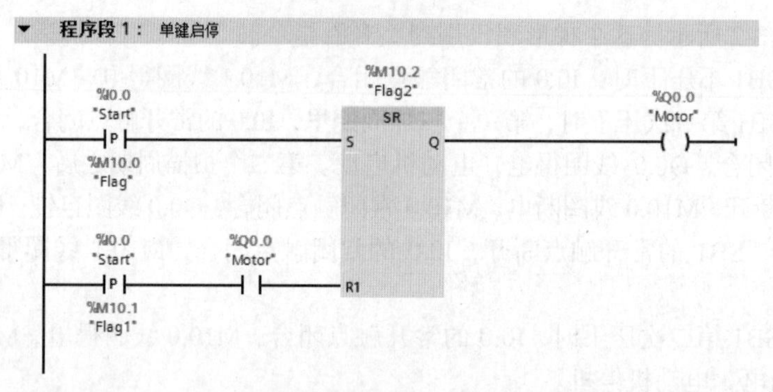

图 3-4　梯形图（3）

① 当未压下按钮 SB1 时，Q0.0 常开触点断开，当第一次压下按钮 SB1 时，S 端子高电平，R1 端子低电平，Q0.0 线圈得电，电动机启动运行，Q0.0 常开触点闭合。

② 当第二次压下按钮 SB1 时，S 和 R1 端子同时高电平，由于复位优先，所以 Q0.0 线圈断电，电动机停机。

这个题目还有另一种类似解法，就是用 RS 触发器指令，梯形图如图 3-5 所示，

① 当第一次压下按钮 SB1 时，S1 和 R 端子同时高电平，由于置位优先 Q0.0 线圈得电，电动机启动运行，Q0.0 常闭触点断开。

② 当第二次压下按钮 SB1 时，R 端子高电平，S1 端子低电平，所以 Q0.0 线圈断电，电动机停机。

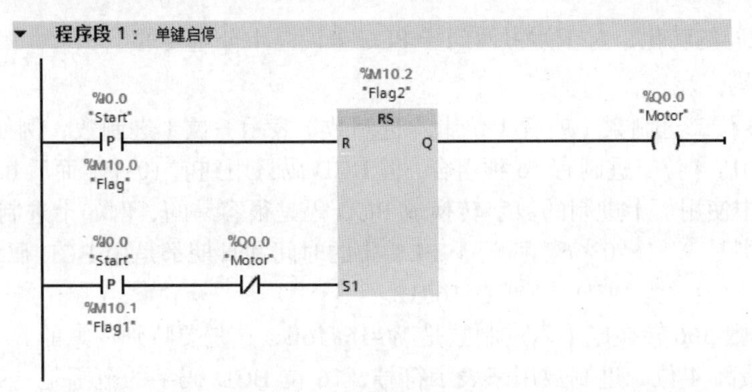

图 3-5　梯形图（4）

（1）在图 3-1 中，KA1 触点的通断控制 KM1 线圈的得电和断电，从而驱动电动机的启停。不能直接将接触器的线圈连接在 CPU 模块的输出端，因为直接将 KM1 线圈连接在 S7-1200 PLC 上，容易造成 PLC 内部的器件烧毁。PLC 控制电路中，用中间继电器驱动接触器是实际工程中常见且必要的设计方法。这是读者必须建立的工程思维。

（2）单键启停的方法还有很多，读者可以试着自己编写。

3.1　编程基础知识介绍

3.1.1　数制

PLC 是一种特殊的工业控制计算机，学习计算机必须掌握数制，对于西门子 PLC 也是如此。

1．二进制

二进制数的 1 位（bit）只能取 0 和 1 两个不同的值，用来表示开关量的两种不同的状态，例如触点的断开和接通、线圈的通电和断电、灯的亮和灭等。如图 3-6 所示，4 盏灯对应的二进制是 2#0101（十进制为 5，十六进制为 16#5），如点亮 4 盏灯则为 2#1111（十进制为 15，十六进制为 16#F）。

在梯形图中，如果该位是 1 可以表示常开触点的闭合和线圈的得电，如图 3-7 所示，4 个常开触点对应的二进制是 2#1010（十进制表示为 10）。反之，该位是 0 可以表示常开触点的断开和线圈的断电。西门子的二进制用 2#表示，例如 2#1001 1101 1001 1101 就是 16 位二进制常数。十进制的运算规则是逢 10 进 1，二进制的运算规则是逢 2 进 1。

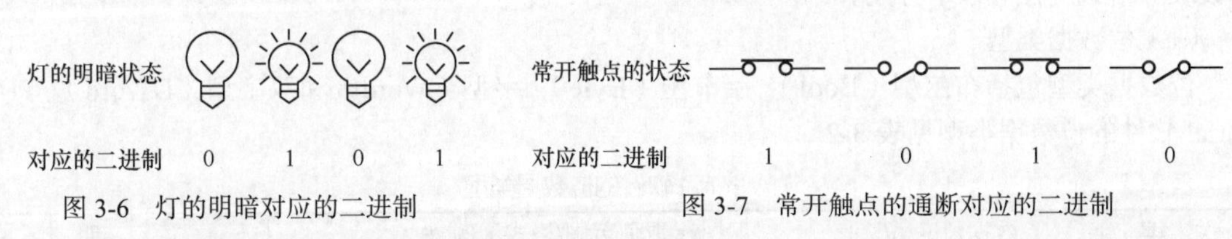

图 3-6　灯的明暗对应的二进制　　　　图 3-7　常开触点的通断对应的二进制

2．十六进制

十六进制的 16 个数字是 0～9 和 A～F（对应于十进制中的 10～15，字母不区分大小写），每个十六进制数字可用 4 位二进制表示，例如 16#A 用二进制表示为 2#1010。B#16#、W#16#和 DW#16#分别表示十六进制的字节、字和双字。十六进制的运算规则是逢 16 进 1。掌握二进制和十六进制之间的转化，对于学习西门子 PLC 来说是十分重要的。

3. BCD 码

BCD 码用 4 位二进制数（或者 1 位十六进制数）表示一位十进制数，例如一位十进制数 9 的 BCD 码是 1001。4 位二进制有 16 种组合，但 BCD 码只用到前 10 个，而后 6 个（1010～1111）没有在 BCD 码中使用。十进制的数字转换成 BCD 码是很容易的，例如十进制数 366 转换成十六进制 BCD 码则是 W#16#0366。西门子 PLC 中的时间和日期都是用 BCD 码表示的，例如 12 月的 12 用 BCD 码表示为 BCD#12 或者 16#12。

注：十进制数 366 转换成十六进制数是 W#16#16E，这是要特别注意的。

BCD 码的最高 4 位二进制数用来表示符号，16 位 BCD 码字的范围是-999～+999。32 位 BCD 码双字的范围是-9 999 999～+9 999 999。不同数制的数的表示方法见表 3-1。

表 3-1　不同数制的数的表示方法

十进制	十六进制	二进制	BCD 码	十进制	十六进制	二进制	BCD 码
0	0	0000	00000000	8	8	1000	00001000
1	1	0001	00000001	9	9	1001	00001001
2	2	0010	00000010	10	A	1010	00010000
3	3	0011	00000011	11	B	1011	00010001
4	4	0100	00000100	12	C	1100	00010010
5	5	0101	00000101	13	D	1101	00010011
6	6	0110	00000110	14	E	1110	00010100
7	7	0111	00000111	15	F	1111	00010101

3.1.2 数据类型

数据类型

数据是程序处理和控制的对象，在程序运行过程中，数据是通过变量来存储和传递的。变量有两个要素：名称和数据类型。程序块或者数据块的变量声明都要包括这两个要素。

数据的类型决定了数据的属性，例如数据长度和取值范围等。TIA Portal 软件中的数据类型包括基本数据类型、复合数据类型等。

1. 基本数据类型

基本数据类型是根据 IEC61131-3（国际电工委员会指定的 PLC 编程语言标准）来定义的，每个基本数据类型具有固定的长度且不超过 64 位。

基本数据类型最为常用，细分为位数据类型、整数和浮点数数据类型、字符数据类型、定时器数据类型及日期和时间数据类型。每一种数据类型都具备关键字、数据长度、取值范围和常数表等格式属性。以下分别介绍。

（1）位数据类型

位数据类型包括布尔型（Bool）、字节型（Byte）、字型（Word）和双字型（DWord）。TIA Portal 软件的位数据类型见表 3-2。

表 3-2　TIA Portal 软件的位数据类型

关　键　字	数据长度/位	取值范围/格式示例	说　　明
Bool	1	True 或 False（1 或 0）	布尔变量
Byte	8	B#16#0～B#16#FF	字节
Word	16	十六进制：W#16#0～W#16#FFFF	字（双字节）
DWord	32	十六进制：DW#16#0～DW#16#FFFF_FFFF	双字（四字节）

在 TIA Portal 软件中，关键字不区分大小写，如 Bool、bool 和 BOOL 都是合法的，不必严格区分。变量也不区分大小写，变量 A 和 a 是等价的。但引号中的字符区分大小写，例如“A”和“a”是不同的字符。

本书的数据类型都是针对 S7-1200 PLC 的部分数据类型，针对 S7-300/400、S7-1500 PLC 和不常用的数据类型没有介绍，例如 LWord、LInt 和 Timer 等。

（2）整数和浮点数数据类型

整数数据类型包括有符号整数和无符号整数。有符号整数包括短整数型（SInt）、整数型（Int）和双整数型（DInt）。无符号整数包括无符号短整数型（USInt）、无符号整数型（UInt）和无符号双整数型（UDInt）。整数没有小数点。

在 TIA Portal 软件中浮点数必须带小数点，例如 8.0 就是浮点数，整数 8 无小数点，不是浮点数。浮点数有 32 位和 64 位之分，32 位浮点数数据类型是 Real，应用比较常见，而 64 位浮点数数据类型是 LReal，主要用于高精度场合。

TIA Portal 软件的整数和浮点数数据类型见表 3-3。

表 3-3　TIA Portal 软件的整数和浮点数数据类型

关键字	数据长度/位	取值范围/格式示例	说明
SInt	8	−128～127	8 位有符号整数
Int	16	−32 768～32 767	16 位有符号整数
DInt	32	−L#2 147 483 648～L#2 147 483 647	32 位有符号整数
USInt	8	0～255	8 位无符号整数
UInt	16	0～65 535	16 位无符号整数
UDInt	32	0～4 294 967 295	32 位无符号整数
Real	32	$-3.402\ 823\times10^{38}$～$-1.175\ 495\times10^{-38}$ $+1.175\ 495\times10^{-38}$～$+3.402\ 823\times10^{38}$	32 位 IEEE754 标准浮点数
LReal	64	$-1.797\ 693\ 134\ 862\ 315\ 8\times10^{308}$ ～$-2.225\ 073\ 858\ 507\ 201\ 4\times10^{-308}$ $+2.225\ 073\ 858\ 507\ 201\ 4\times10^{-308}$ ～$+1.797\ 693\ 134\ 862\ 315\ 8\times10^{308}$	64 位 IEEE754 标准浮点数

（3）字符数据类型

字符数据类型有 Char（字符）和 Wchar（宽字符），数据类型 Char 的操作数长度为 8 位，在存储器中占用 1 个 Byte。Char 数据类型以 ASCII 格式存储单个字符。

数据类型 WChar 的操作数长度为 16 位，在存储器中占用 2 个 Byte。WChar 数据类型存储以 Unicode 格式存储的扩展字符集中的单个字符，只涉及整个 Unicode 范围的一部分。控制字符输入时，以美元符号表示。TIA Portal 软件的字符数据类型见表 3-4。

表 3-4　TIA Portal 软件的字符数据类型

关键字	数据长度/位	取值范围/格式示例	说明
Char	8	ASCII 字符集	字符
WChar	16	Unicode 字符集，$0000～$D7FF	宽字符

（4）定时器数据类型

定时器数据类型主要包括时间（Time）和长时间（LTime）数据类型。S7-1200 仅支持时间参数类型，S7-1500 支持以上两种数据类型。

时间数据类型的操作数内容以毫秒（ms）表示，用于数据长度为 32 位的国际电工委员会（IEC）定时器，表示信息包括天（d）、小时（h）、分钟（m）、秒（s）和毫秒（ms）。

TIA Portal 软件的定时器数据类型见表 3-5。

表 3-5　定时器数据类型

关　键　字	数据长度/位	取值范围/格式示例	说　明
Time	32	T#-24d20h31m23s648ms～T#+24d20h31m23s647ms	时间

（5）日期和时间数据类型

日期和时间数据类型包括日期（Date）、日时间（TOD）和日期时间（Date_And_Time），以下分别介绍如下。

① 日期。Date 数据类型将日期作为无符号整数保存。表示法中包括年、月和日。数据类型 Date 的操作数为十六进制形式，对应于自 1990 年 1 月 1 日以后的日期值。

② 日时间。TOD (Time_Of_Day) 数据类型占用一个双字，存储从当天 0:00 h 开始的毫秒数，为无符号整数。

③ 日期时间。数据类型 DT (Date_And_Time) 存储日期和时间信息，格式为 BCD。

TIA Portal 软件的日期和时间数据类型见表 3-6。

表 3-6　TIA Portal 软件的日期和时间数据类型

关　键　字	数据长度/字节	取值范围/格式示例	说　明
Date	2	D#1990-01-01～D#2168-12-31	日期
Time_Of_Day	4	TOD#00:00:00.000～TOD#23:59:59.999	日时间
Date_And_Time	8	最小值：DT#1990-01-01-00:00:00.000 最大值：DT#2089-12-31-23:59:59.999	日期时间

2. 复合数据类型

复合数据类型是一种由其他数据类型组合而成的，或者长度超过 32 位的数据类型，TIA Portal 软件中的复合数据类型包含 String（字符串）、WString（宽字符串）、Array（数组类型）、Struct（结构类型）和 UDT（PLC 数据类型）。复合数据类型相对较难理解和掌握，以下分别介绍。

（1）字符串和宽字符串

① String。其长度最多有 254 个字符的组（数据类型为 Char）。为字符串保留的标准区域是 256 个字节长，这是保存 254 个字符和 2 个字节的标题所需要的空间，可以通过定义即将存储在字符串中的字符数目来减少字符串所需要的存储空间，例如：String[10]占用 10 个字符空间。

② WString。数据类型为 WString 的操作数存储一个字符串中多个数据类型为 WChar 的 Unicode 字符。如果不指定长度，则字符串的长度为预置的 254 个字符。在字符串中，可使用所有 Unicode 格式的字符，这意味着也可在字符串中使用中文字符。

（2）Array

Array 表示一个由固定数目的同一种数据类型元素组成的数据结构，允许使用除了 Array 之外的所有数据类型。

数组元素通过下标进行寻址。在数组声明中，下标限值定义在 Array 关键字之后的方括号中。下限值必须小于或等于上限值。一个数组最多可以包含 6 维，并使用逗号隔开维度限值。

例如：数组 Array[1..20] of Real 的含义是包括 20 个元素的一维数组，元素数据类型为 Real；数组 Array[1..2, 3..4] of Char 含义是包括 4 个元素的二维数组，元素数据类型为 Char。

创建数组的方法。在项目视图的项目树中，双击“添加新块”选项，弹出新建块界面，新建“数据块_1”，在“名称”栏中输入“A1”，在“数据类型”栏中输入“Array[1..20] of Real”，如图 3-8 所示，数组创建完成。单击 A1 左侧的三角符号▸，可以查看到数组的所有元素，还可以修改每个元素的“启动值”（初始值），如图 3-9 所示。

数据块_1

	名称	数据类型	启动值	保持性	可从 HMI ...	在 HMI ...
1	▾ Static			☐	☐	☐
2	▸ A1	Array[1..20] of Real		☐	☑	☑
3	<新增>			☐	☐	☐

图 3-8　创建数组

数据块_1

	名称	数据类型	启动值	保持性	可从 HMI ...	在 HMI ...
1	▾ Static			☐	☐	☐
2	▾ A1	Array[1..20] of Real		☐	☑	☑
3	A1[1]	Real	0.0	☐	☑	☑
4	A1[2]	Real	0.0	☐	☑	☑
5	A1[3]	Real	0.0	☐	☑	☑
6	A1[4]	Real	0.0	☐	☑	☑
7	A1[5]	Real	0.0	☐	☑	☑
8	A1[6]	Real	0.0	☐	☑	☑
9	A1[7]	Real	0.0	☐	☑	☑
10	A1[8]	Real	0.0	☐	☑	☑
11	A1[9]	Real	0.0	☐	☑	☑
12	A1[10]	Real	0.0	☐	☑	☑

图 3-9　查看数组元素

（3）Struct

该类型是由不同数据类型组成的复合型数据，通常用来定义一组相关数据。例如电动机的一组数据可以按照图 3-10 所示的方式定义，在“数据块_1”的“名称”栏中输入“Motor”，在“数据类型”栏中输入“Struct”（也可以单击下拉三角选取），之后可创建结构的其他元素，如本例的“Speed”。

数据块_1

	名称	数据类型	启动值	保持性	可从 HMI ...	在 HMI ...
1	▾ Static			☐	☐	☐
2	▸ A1	Array[1..20] of Real		☐	☑	☑
3	▾ Motor	Struct		☐	☑	☑
4	Speed	Real	30.0	☐	☑	☑
5	Fren	Real	5.0	☐	☑	☑
6	Start	Bool	false	☐	☑	☑
7	Stop1	Bool	false	☐	☑	☑
8	<新增>			☐	☐	☐

图 3-10　创建结构

（4）UDT

UDT 是由不同数据类型组成的复合型数据。与 Struct 不同的是，UDT 是一个模版，可以用来定义其他的变量，UDT 在经典 STEP 7 中称为自定义数据类型。PLC 数据类型的创建方法如下。

① 在项目视图的项目树中，双击“添加新数据类型”选项，弹出图 3-11 所示界面，创建一个名称为“MotorA”的结构，并将新建的 PLC 数据类型名称重命名为“MotorA”。

MotorA

	名称	数据类型	默认值	可从 HMI ...	在 H...
1	▼ MotorA	Struct		☑	☑
2	■ Speed	Real	0.0	☑	☑
3	■ Start	Bool	false	☑	☑
4	■ Stop1	Bool	false	☑	☑
5	■ <新增>			☐	☐
6	<新增>			☐	☐

图 3-11 创建 PLC 数据类型（1）

② 在“数据块_1”的“名称”栏中输入“MotorA1”和“MotorA2”，在“数据类型”栏中输入“MotorA”，这样操作后，“MotorA1”和“MotorA2”的数据类型变成了“MotorA”，如图 3-12 所示。

数据块_1

	名称	数据类型	启动值	保持性	可从 HMI ...	在 H...
1	▼ Static			☐	☐	☐
2	■ ▶ A1	Array[1..20] of Real		☐	☑	☑
3	■ ▶ Motor	Struct		☐	☑	☑
4	■ ▶ MotorA1	"MotorA"		☐	☑	☑
5	■ ▶ MotorA2	"MotorA"		☐	☑	☑

图 3-12 创建 PLC 数据类型（2）

使用 PLC 数据类型给编程带来较大的便利性，较为重要。

【例 3-1】 请指出以下数据的含义，DINT #58、58、58.0、t#58、P#M0.0 Byte 10。

解：

① DINT#58：表示双整数 58。

② 58：表示整数 58。

③ 58.0：表示实数（浮点数）58.0。

④ t#58s：表示 IEC 定时器中定时时间 58s。

⑤ P#M0.0 Byte 10：表示从 MB0 开始的 10 个字节，主要在通信时使用。

（1）理解例 3-1 中的数据表示方法至关重要，无论对于编写程序还是阅读程序都是必须要掌握的。

（2）数制和数据类型是 PLC 入门的基础。

3.1.3 全局变量与区域变量

1. 全局变量

全局变量可以在 CPU 内被所有的程序块调用，例如可以在 OB（组织块）、FC（函数）和 FB（函数块）中使用。全局变量在某一个程序块中赋值后，可以在其他的程序块中读出，没有使用限制。全局变量包括 I、Q、M、T、C、DB、I:P 和 Q:P 等数据区。

例如“Start”的地址是 I0.0，“Start”在同一台 S7-1200 的组织块 OB1、函数 FC1 等中，“Start”

都代表同一地址 I0.0。全局变量用双引号引用。

2. 区域变量

区域变量也称为局部变量。区域变量只能在所属块（OB、FC 和 FB）范围内调用，在程序块调用时有效，程序块调用完成后被释放，所以不能被其他程序块调用，本地数据区（L）中的变量为区域变量，例如每个程序块中的临时变量都属于区域变量。这个概念和计算机高级语言 VB、C 语言中的局部变量概念相同。

例如#Start 的地址是 L10.0，#Start 在同一台 S7-1200 的组织块 OB1 和函数 FC1 中不是同一地址。区域变量前面加井号#。

3.1.4 编程语言

1. PLC 编程语言的国际标准

IEC 61131 是 PLC 的国际标准，1992—1995 年发布了 IEC 61131 标准中的 1～4 部分，我国在 1995 年 11 月发布了 GB/T 15969-1/2/3/4（等同于 IEC 61131-1/2/3/4）。

IEC 61131-3 广泛地应用于 PLC、DCS、工控机、“软件 PLC”、数控系统和 RTU 等产品。其定义了 5 种编程语言，分别是指令表（Instruction List，IL）、结构文本（Structured Text，ST）、梯形图（Ladder Diagram，LD）、功能块图（Function Block Diagram，FBD）和顺序功能图（Sequential Function Chart，SFC）。

2. TIA Portal 软件中的编程语言

TIA Portal 软件中有梯形图（LAD）、语句表（STL）、功能块图（FBD）、结构化控制语言（SCL）和顺序功能图 5 种基本编程语言。以下简要介绍。

（1）梯形图

梯形图直观易懂，适合于数字量逻辑控制。梯形图适合于熟悉继电器电路的人员使用。设计复杂的触点电路时适合用梯形图，其应用广泛，在小型 PLC 中应用最常见。西门子自动化全系列 PLC 均支持梯形图。

（2）语句表

语句表的功能比梯形图或功能块图的功能强。语句表可供擅长用汇编语言编程的用户使用。语句表输入快，可以在每条语句后面加上注释，但是有被淘汰的趋势。

S7-1200 PLC 不支持语句表，但 S7-200/300/400/1500 PLC 支持语句表。

（3）功能块图

“LOGO!”系列微型 PLC 使用功能块图编程。功能块图适合于熟悉数字电路的人员使用。西门子自动化全系列 PLC 均支持功能块图。

（4）顺序功能图

TIA Portal 软件中的顺序功能图为 S7-Graph，S7-Graph 是针对顺序控制系统进行编程的图形编程语言，特别适合顺序控制程序编写。S7-1200 PLC 不支持顺序功能图，但 S7-300/400/1500 PLC 支持顺序功能图。

（5）结构化控制语言

在 TIA Portal 软件中结构化控制语言称为 SCL，它符合 EN61131-3 标准。SCL 适合于复杂的公式计算、复杂的计算任务和最优化算法或管理大量的数据等。SCL 编程语言适合于熟悉高级编程语言（例如 PASCAL 或 C 语言）的人员使用。SCL 编程语言的使用将越来越广泛。SCL 是被推荐的编程语言。

S7-300/400/1200/1500 PLC 均支持 SCL。

3.2 变量表、监控表和强制表的应用

3.2.1 变量表

1. 变量表简介

PLC 的变量表包含 CPU 内有效的变量和符号常量的定义。系统会为项目中使用的每个 CPU 创建一个变量表，用户也可以创建其他的变量表用于常量和变量的归类和分组。

在 TIA Portal 软件中添加了 CPU 设备后，会在项目树中 CPU 设备下产生一个“PLC 变量”文件夹，在此文件夹中有 3 个选项：显示所有变量、添加新变量表和默认变量表，如图 3-13 所示。

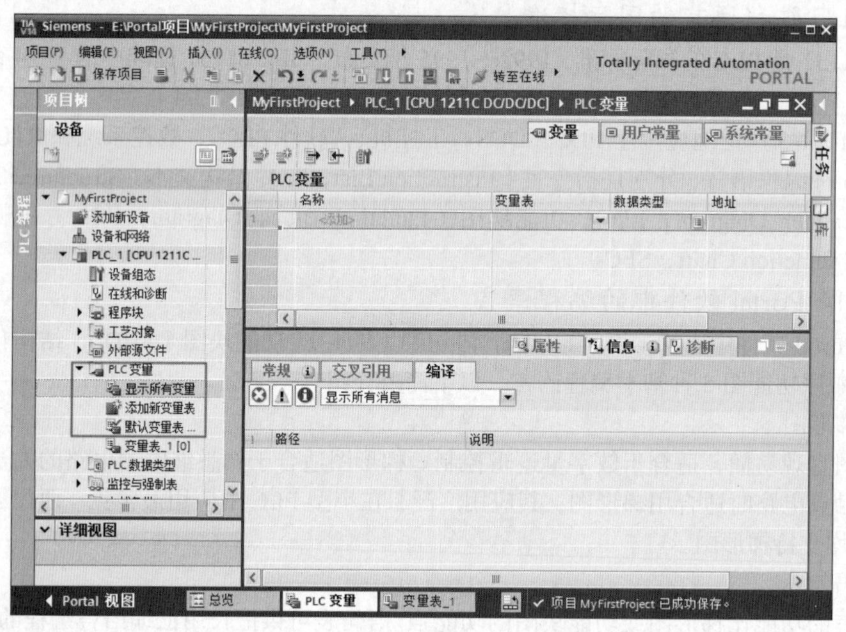

图 3-13　变量表

“显示所有变量”包含有全部的 PLC 变量、用户常量和 CPU 系统常量 3 个选项。该表不能删除或移动。

双击“添加新变量表”，可以创建用户定义变量表，可以根据要求为每个 CPU 创建多个针对组变量的用户定义变量表。可以对用户定义的变量表重命名、整理合并为组或删除。用户定义变量表包含 PLC 变量和用户常量。

“默认变量表”是由系统创建的，项目的每个 CPU 均有一个标准变量表。该表不能被删除、重命名或移动。默认变量表包含 PLC 变量、用户常量和系统常量 3 个选项。可以在默认变量表中声明所有的 PLC 变量，或根据需要创建其他的用户定义变量表。

（1）变量表的工具栏

变量表的工具栏如图 3-14 所示，从左到右含义分别为：插入行、新建行、导出、导入、全部监视和保持。

图 3-14　变量表的工具栏

（2）变量的结构

每个 PLC 变量表包含变量选项卡和用户常量选项卡。默认变量表和“显示所有变量”均包括“系统常量”选项卡。表 3-7 列出了变量表中“系统常量”选项卡各列的含义，所显示的列

编号可能有所不同，可以根据需要显示或隐藏列。

表 3-7 变量表中“系统常量”选项卡的各列含义

序号	列	说明
1		通过单击符号并将变量拖动到程序中作为操作数
2	名称	常量在 CPU 范围内的唯一名称
3	数据类型	变量的数据类型
4	地址	变量地址
5	保持	将变量标记为具有保持性 保持性变量的值将被保留，即使在电源关闭后也是如此
6	可从 HMI 访问	显示运行期间 HMI 是否可访问此变量
7	HMI 中可见	显示默认情况下，在选择 HMI 的操作数时变量是否显示
8	监视值	CPU 中的当前数据值 只有建立了在线连接并选择“监视所有”按钮时，才会显示该列
9	变量表	显示包含有变量声明的变量表 该列仅存在于“所有变量”表中
10	注释	用于说明变量的注释信息

2. 定义全局变量

在 TIA Portal 软件项目视图的项目树中，双击“添加新变量表”，即可生成新的变量表“变量表_1[0]”，如图 3-15 所示。选中新生成的变量表，单击鼠标的右键弹出快捷菜单，选中“重命名”命令，将此变量表重命名为“MyTable[0]”。单击变量表中的“添加行”按钮 2 次，添加 2 行

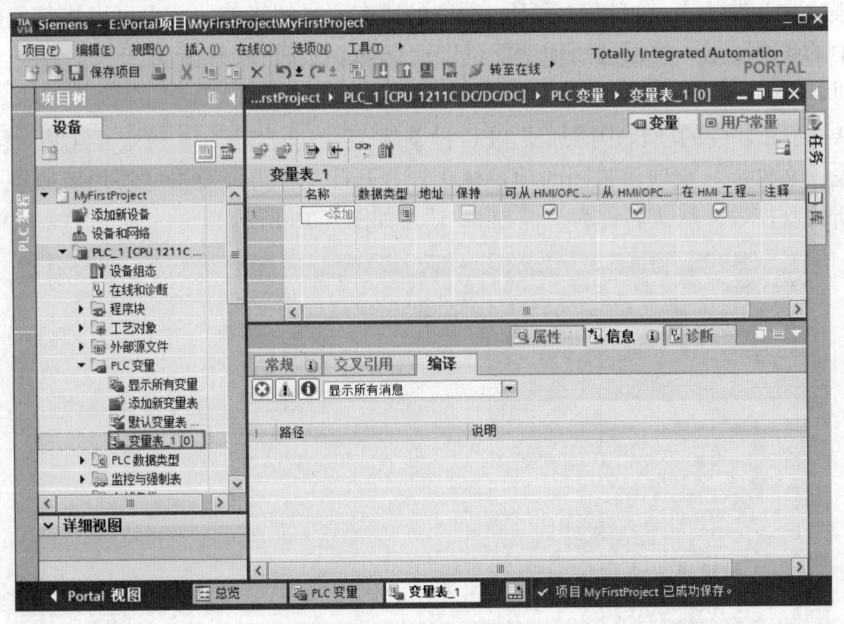

图 3-15 添加新变量表

在变量表的“名称”栏中，分别输入 3 个变量“Start”“Stop1”和“Motor”。在“地址”栏中输入 3 个地址“%M0.0”“%M0.1”和“%Q0.0”。3 个变量的数据类型均选为“Bool”，如图 3-16 所示。至此，全局符号定义完成，因为这些符号关联的变量是全局变量，所以这些符号在所有的程序中均可使用。

打开程序块 OB1，可以看到梯形图中的符号和地址关联在一起，且一一对应，如图 3-17 所示。

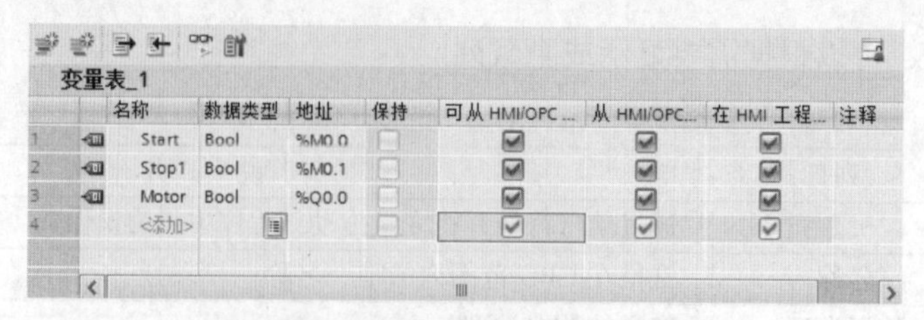

变量表_1

	名称	数据类型	地址	保持	可从 HMI/OPC ...	从 HMI/OPC...	在 HMI 工程...	注释
1	Start	Bool	%M0.0	☐	☑	☑	☑	
2	Stop1	Bool	%M0.1	☐	☑	☑	☑	
3	Motor	Bool	%Q0.0	☐	☑	☑	☑	
4	<添加>			☐	☑	☑	☑	

图 3-16　在变量表中，定义全局符号

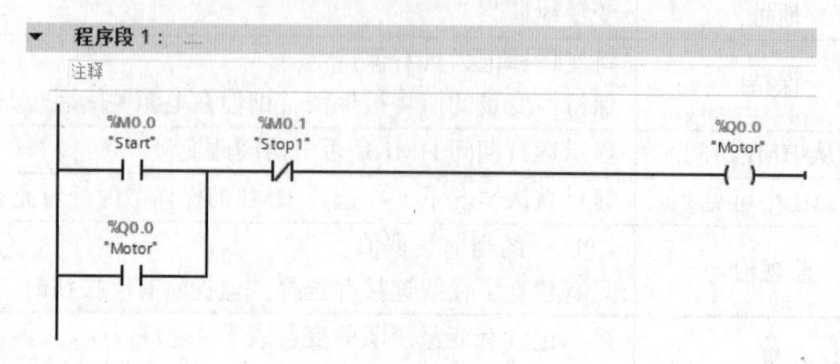

图 3-17　梯形图

3.2.2　监控表

1．监控表（Watch Table）简介

接线完成后需要对所接线和输出设备进行测试，即 I/O 设备测试。I/O 设备测试可以使用 TIA Portal 软件提供的监控表实现，TIA Portal 软件的监控表相当于经典 STEP 7 软件中的变量表的功能。

监控表也称为监视表，可以显示用户程序的所有变量的当前值，也可以将特定的值分配给用户程序中的各个变量。使用这两项功能可以检查 I/O 设备的接线情况。

2．创建监控表

当 TIA Portal 软件的项目中添加了 PLC 设备后，系统会自动为该 PLC 的 CPU 生成一个“监控和强制表”文件夹。在项目视图的项目树中，打开此文件夹，双击“添加新监控表”选项，即可创建新的监控表，默认名称为“监控表_1”，如图 3-18 所示。

图 3-18　创建监控表

在监控表中定义要监控的变量，如图 3-19 所示，创建监控表完成。

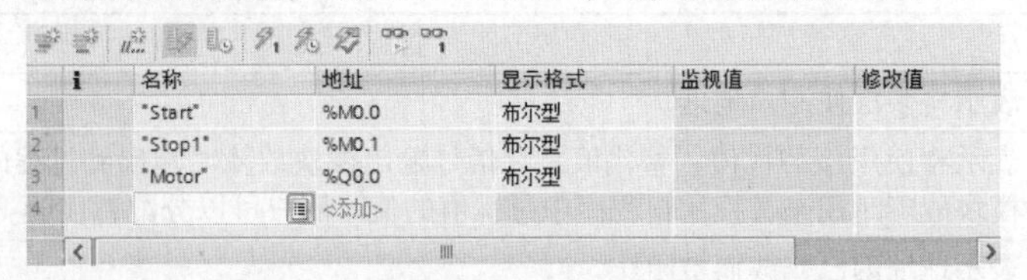

	i	名称	地址	显示格式	监视值	修改值
1		"Start"	%M0.0	布尔型		
2		"Stop1"	%M0.1	布尔型		
3		"Motor"	%Q0.0	布尔型		
4			<添加>			

图 3-19　在监控表中定义要监控的变量

3. 监控表的布局

监控表中显示的列与所用的模式有关，即基本模式或扩展模式。扩展模式比基本模式的列数多，扩展模式下会显示两个附加列，即使用触发器监视和使用触发器修改。

监控表中的工具条中各个按钮的含义见表 3-8。

表 3-8　监控表中的工具条中各个按钮的含义

序号	按钮	说　明
1		在所选行之前插入一行
2		在所选行之后插入一行
3		立即修改所有选定变量的地址一次。该命令将立即执行一次，而不参考用户程序中已定义的触发点
4		参考用户程序中定义的触发点，修改所有选定变量的地址
5		禁用外设输出的输出禁用命令。用户因此可以在 CPU 处于 STOP 模式时修改外设输出
6		显示扩展模式的所有列。如果再次单击该图标，将隐藏扩展模式的列
7		显示所有修改列。如果再次单击该图标，将隐藏修改列
8		开始对激活监控表中的可见变量进行监视。在基本模式下，监视模式的默认设置是“永久”。在扩展模式下，可以为变量监视设置定义的触发点
9		开始对激活监控表中的可见变量进行监视。该命令将立即执行并监视变量一次

监控表中各列的含义见表 3-9。

表 3-9　监控表中各列的含义

模　式	列	含　义
基本模式	i	标识符列
	名称	插入变量的名称
	地址	插入变量的地址
	显示格式	所选的显示格式
	监视值	变量值，取决于所选的显示格式
	修改数值	修改变量时所用的值
		单击相应的复选框可选择要修改的变量
	注释	描述变量的注释
扩展模式显示附加列	使用触发器监视	显示所选的监视模式
	使用触发器修改	显示所选的修改模式

此外，在监控表中还会出现一些其他图标，含义见表 3-10。

表 3-10　监控表中出现的一些其他图标的含义

序号	图标	含　义
1		表示所选变量的值已被修改为“1”
2		表示所选变量的值已被修改为“0”

续表

序号	图标	含　义
3	=	表示将多次使用该地址
4		表示将使用该替代值。替代值是在信号输出模块故障时输出到过程的值，或在信号输入模块故障时用来替换用户程序中过程值的值。用户可以分配替代值（例如，保留旧值）
5		表示地址因已修改而被阻止
6		表示无法修改该地址
7		表示无法监视该地址
8		表示该地址正在被强制
9		表示该地址正在被部分强制
10		表示相关的 I/O 地址正在被完全/部分强制
11		表示该地址不能被完全强制。示例：只能强制地址 QB0:P，但不能强制地址 QD0:P，这是由于该地址区域始终不在 CPU 上
12		表示发生语法错误
13		表示选择了该地址但该地址尚未更改

4. 监控表的 I/O 测试

如图 3-20 所示，单击监控表中工具条的“监视变量”按钮，可以看到 3 个变量的监视值。

如图 3-21 所示，选中“%M0.1”后面的“修改值”栏的“False”，单击鼠标右键，弹出快捷菜单，选中“修改”→“修改为 1”命令，变量“%M0.1”变成“TRUE”，如图 3-22 所示。

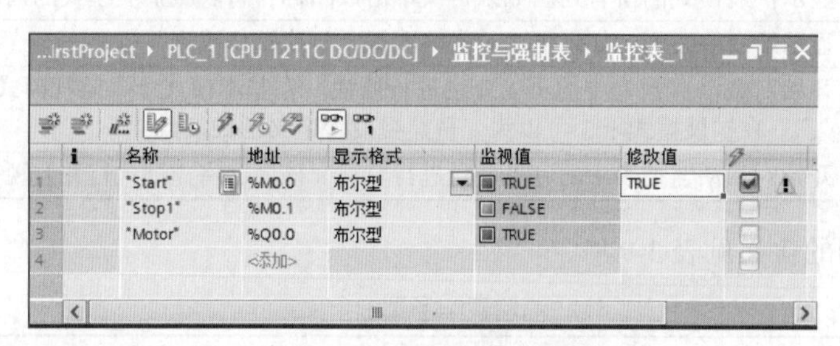

图 3-20　监控表的监控

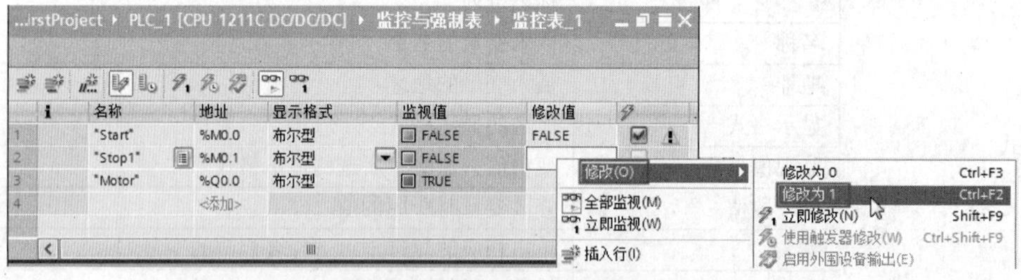

图 3-21　修改监控表中的值（1）

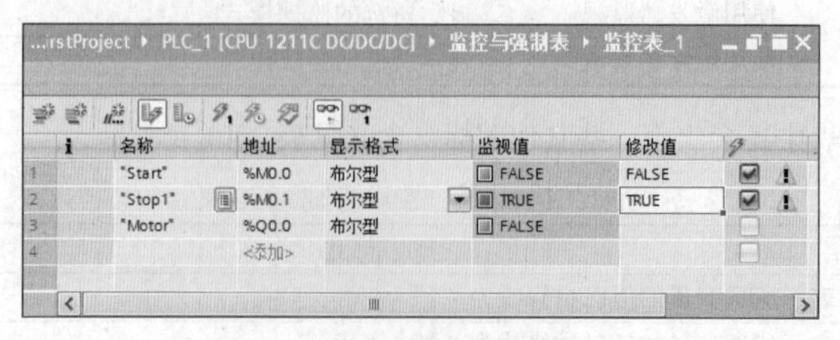

图 3-22　修改监控表中的值（2）

监控表的编辑与编辑 Excel 类似，因此，监控表的输入可以使用复制、粘贴和拖拽等功能，变量可以从其他项目复制和拖拽到本项目。拖拽功能的合理使用可以明显提高工程效率，读者应习惯使用。

3.2.3　强制表

1. 强制表简介

使用强制表给用户程序中的各个变量分配固定值，该操作称为“强制”。强制表功能如下。

（1）监视变量

通过该功能可以在 PG/PC 上显示用户程序或 CPU 中各变量的当前值，可以使用或不使用触发条件来监视变量。

强制表可监视的变量有输入、输出、标识位存储器、数据块的内容和外设输入。

（2）强制变量

通过该功能可以为用户程序的各个 I/O 变量分配固定值。

变量表可强制的变量有外设输入和外设输出。

2. 打开监控表

当 TIA Portal 软件的项目中添加了 PLC 设备后，系统会自动为该 PLC 的 CPU 生成一个“监控与强制表”文件夹。在项目视图的项目树中，打开此文件夹，双击“强制表”选项，即可打开，不需要创建，输入要强制的变量，如图 3-23 所示。

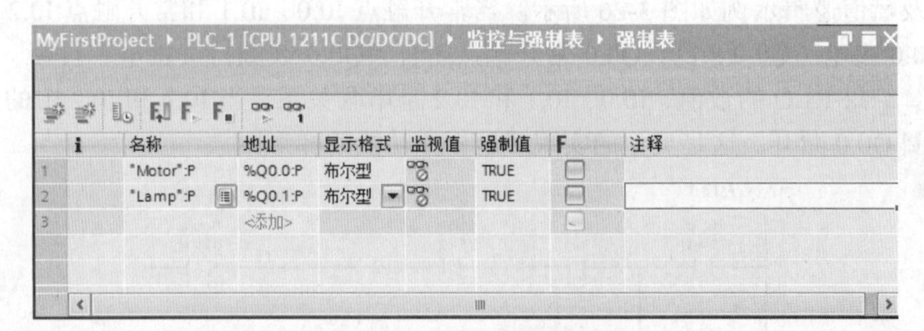

图 3-23　强制表

如图 3-24 所示，选中“强制值”栏中的“TRUE”，单击鼠标的右键，弹出快捷菜单，单击“强制”→“强制为 1”命令，强制表如图 3-25 所示，在第一列出现 F 标识，模块的 Q0.0 指示灯点亮，且 CPU 模块的“MAINT”指示灯变为黄色。

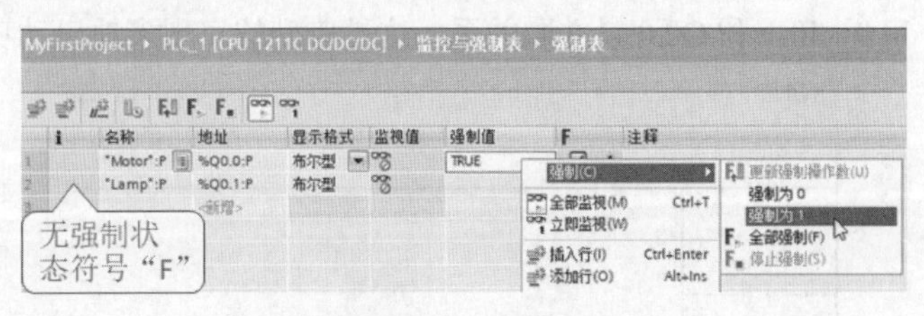

图 3-24　强制表的强制操作（1）

单击工具栏中的“停止强制”按钮 F▪，停止所有的强制输出，“MAINT”指示灯变为绿色。PLC 正常运行时，一般不允许 PLC 处于“强制”状态。

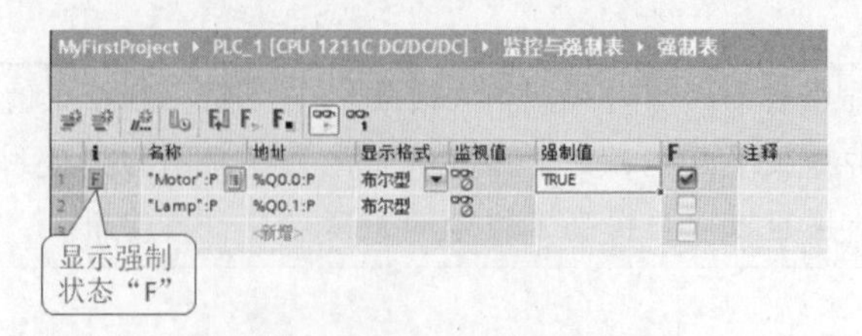

图 3-25　强制表的强制操作（2）

3.3 位逻辑运算指令

位逻辑指令用于二进制数的逻辑运算。位逻辑运算的结果简称为 RLO。

位逻辑指令是最常用的指令之一，主要有置位运算指令、复位运算指令和线圈指令等。

3.3.1 触点、线圈与取反逻辑

1. 触点与线圈逻辑

（1）与逻辑：与逻辑表示常开触点的串联。

（2）或逻辑：或逻辑运算表示常开触点的并联。

（3）与逻辑取反：与逻辑运算取反表示常闭触点的串联。

（4）或逻辑取反：或逻辑运算取反表示常闭触点的并联。

（5）赋值：将 CPU 中保存的逻辑运算结果（RLO）的信号状态分配给指定操作数。

（6）赋值取反：可将逻辑运算的结果进行取反，然后将其赋值给指定操作数。

与运算及赋值逻辑示例如图 3-26 所示。当常开触点 I0.0、I0.1 和常开触点 I0.2 都闭合时，输出线圈 Q0.0 得电（Q0.0 = 1），Q0.0 常开触点闭合，Q0.0 线圈持续得电、自锁，Q0.0 = 1 实际上就是运算结果 RLO 的数值，I0.0、I0.1 和 I0.2 是串联关系。当 I0.1 和 I0.2 中的 1 个或 2 个断开时，线圈 Q0.0 断开。这是典型的实现多地停止功能的梯形图。

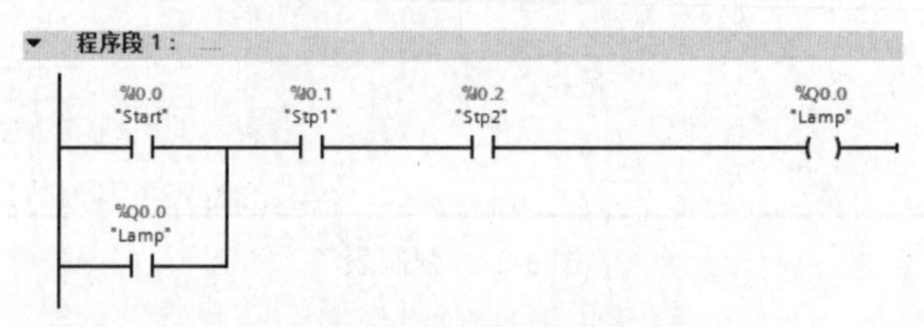

图 3-26　与运算及赋值逻辑示例

或逻辑及赋值逻辑示例如图 3-27 所示，当常开触点 I0.0、常开触点 I0.1 和常开触点 Q0.0 有一个或多个闭合时，同时 I0.2 闭合时，输出线圈 Q0.0 得电（Q0.0 = 1），Q0.0 常开触点闭合，Q0.0 线圈持续得电自锁，I0.0、I0.1 和 Q0.0 是并联关系。这是典型的实现多地启动功能的梯形图。

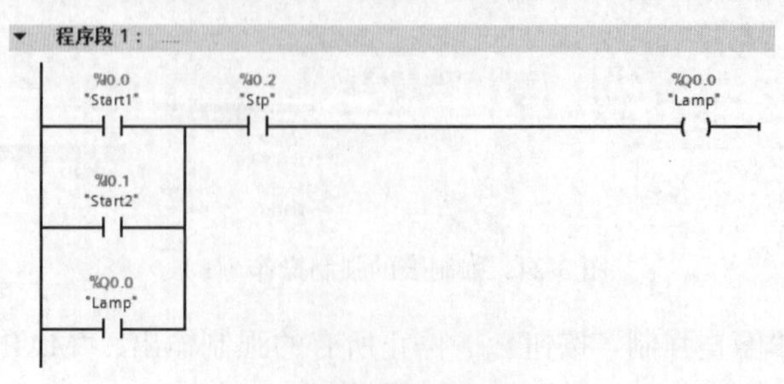

图 3-27　或逻辑及赋值逻辑示例

触点和赋值逻辑的 LAD 指令对应关系见表 3-11。

表 3-11 触点和赋值逻辑的 LAD 指令对应关系

LAD	功能说明	说明
"IN" ┤├	常开触点	可将触点相互连接并创建用户自己的组合逻辑
"IN" ┤/├	常闭触点	
"OUT" –( )–	赋值	将 CPU 中保存的逻辑运算结果的信号状态，分配给指定操作数
"OUT" –(/)–	赋值取反	将 CPU 中保存的逻辑运算结果的信号状态取反后，分配给指定操作数

【例 3-2】 CPU 上电运行后，对 MB0～MB3 清零复位，设计此程序。

解：

S7-1200 PLC 虽然可以设置上电闭合一个扫描周期的特殊寄存器（FirstScan），但可以用图 3-28 所示梯形图取代此特殊寄存器。另一种解法要用到启动组织块 OB100，将在后续章节介绍。

① 第一个扫描周期时，M10.0 的常闭触点闭合，0 传送到 MD0 中，实际就是对 MB0～MB3 清零复位，之后 M10.0 线圈得电自锁。

② 第二个及之后的扫描周期，M10.0 常闭触点一直断开，所以 M10.0 的常闭只接通了一个扫描周期。

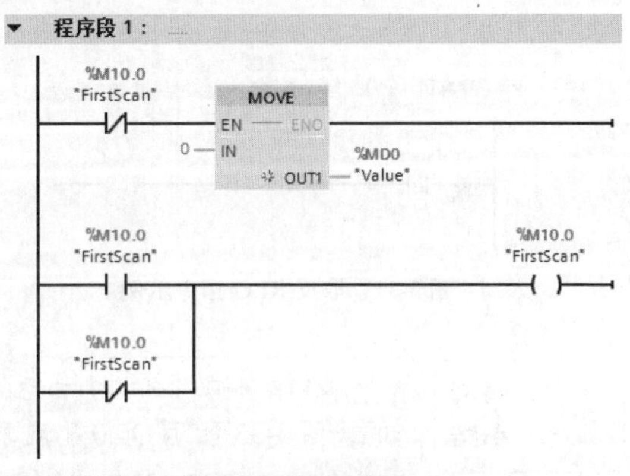

图 3-28 梯形图程序

【例 3-3】 CPU 上电运行后，对 M10.2 置位，并一直保持为 1，设计梯形图。

解：

S7-1200 PLC 虽然可以设置上电运行后，一直闭合特殊寄存器位（Always TRUE），但设计程序如图 3-29 和图 3-30 所示，可替代此特殊寄存器位。

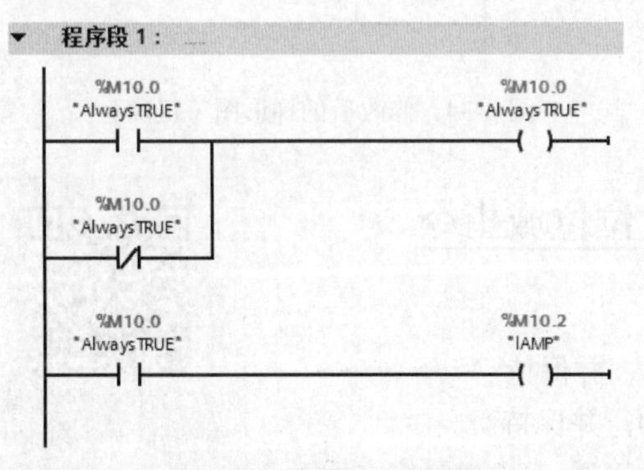

图 3-29 方法 1：梯形图

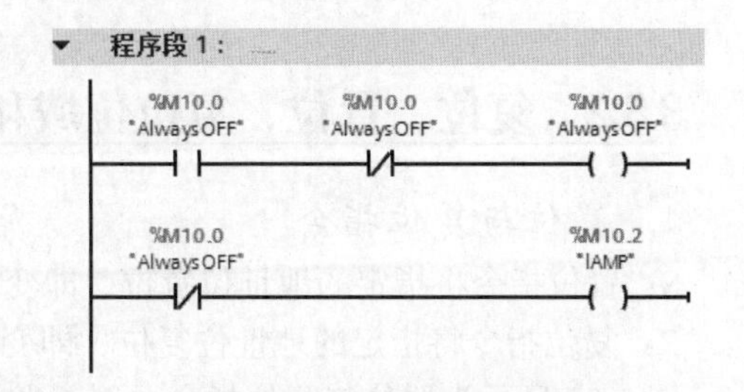

图 3-30 方法 2：梯形图

如图 3-29 所示，第一个扫描周期，M10.0 的常闭触点闭合，M10.0 线圈得电自锁，M10.0 常开触点闭合，之后 M10.0 常开触点一直闭合，所以 M10.2 线圈一直得电。

如图 3-30 所示，M10.0 常开触点和 M10.0 的常闭触点串联，所以 M10.0 线圈不会得电，M10.0 常闭触点一直处于闭合状态，所以 M10.2 线圈一直得电。

2．取反 RLO 指令

这类指令可直接对逻辑操作结果 RLO 进行操作，改变状态字中 RLO 的状态。取反 RLO 指令见表 3-12。

表 3-12　　取反 RLO 指令

梯形图指令	功 能 说 明	说　明
---|NOT|---	取反 RLO	在逻辑串中，对当前 RLO 取反

取反 RLO 指令示例如图 3-31 所示，当 I0.0 为 1 时 Q0.0 为 0，反之当 I0.0 为 0 时 Q0.0 为 1。

【例 3-4】 某设备上有“就地/远程”转换开关，当其设为“就地”挡时，就地灯亮，设为“远程”挡时，远程灯亮，请设计此程序。

解：

梯形图如图 3-32 所示。

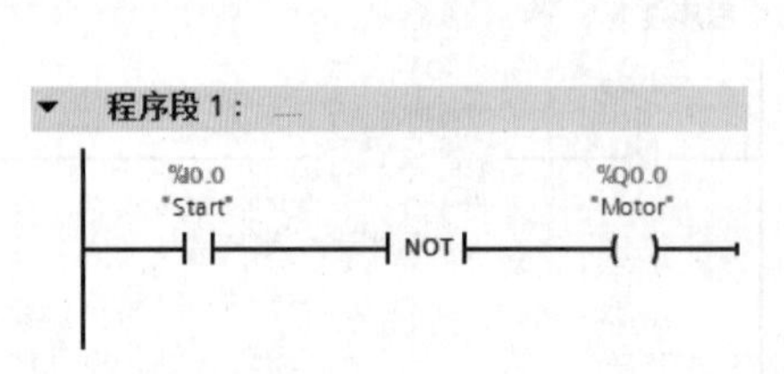

图 3-31　取反 RLO 指令示例

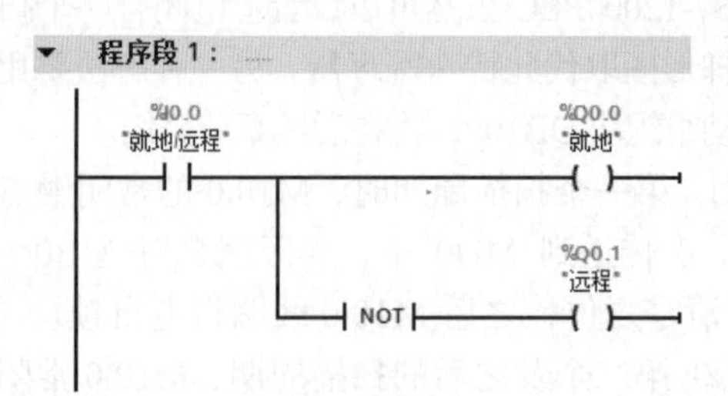

图 3-32　梯形图

双线圈输出就是同一线圈在梯形图中超过 2 处，双线圈输出是不允许的，图 3-33 所示 Q0.0 出现了 2 次，是不对的，修改成图 3-34 才正确。

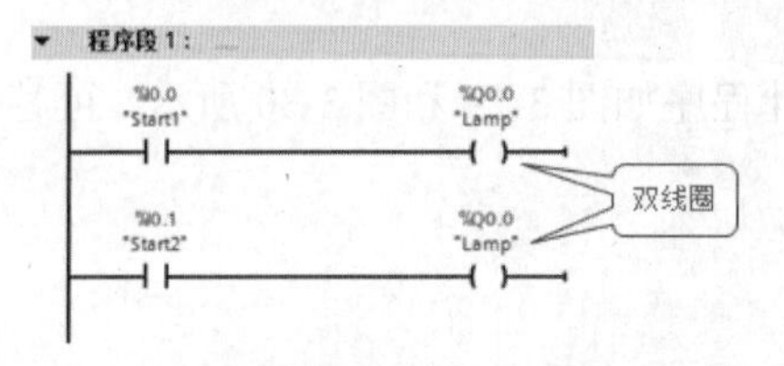

图 3-33　双线圈输出的梯形图（错误）

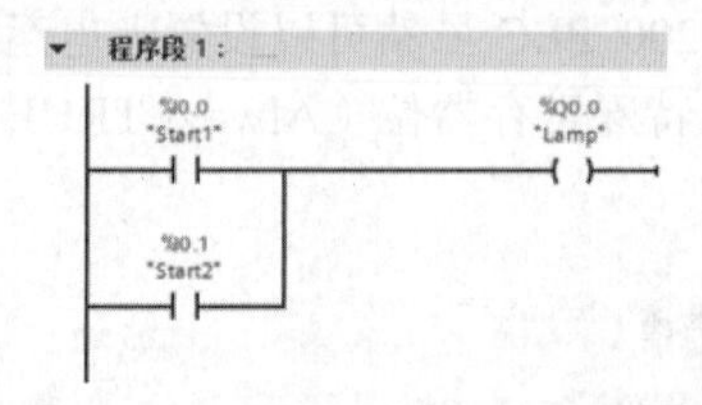

图 3-34　修改后的梯形图（正确）

3.3.2　复位、置位、复位位域和置位位域指令

1．置位与复位指令

S：置位指令将指定的地址位置位，即变为 1，并保持。

R：复位指令将指定的地址位复位，即变为 0，并保持。

图 3-35 所示为置位与复位指令示例，当 I0.0 接通，Q0.0 置位之后，即使 I0.0 断开，Q0.0 仍保持为 1，直到 I0.1 接通时，Q0.0 才复位。这两条指令非常有用。

注：置位与复位指令不一定要成对使用。

2．SET_BF 位域和 RESET_BF 位域

（1）SET_BF：“置位位域”指令，对从某个特定地址开始的多个位进行置位。

（2）RESET_BF：“复位位域”指令，对从某个特定地址开始的多个位进行复位。

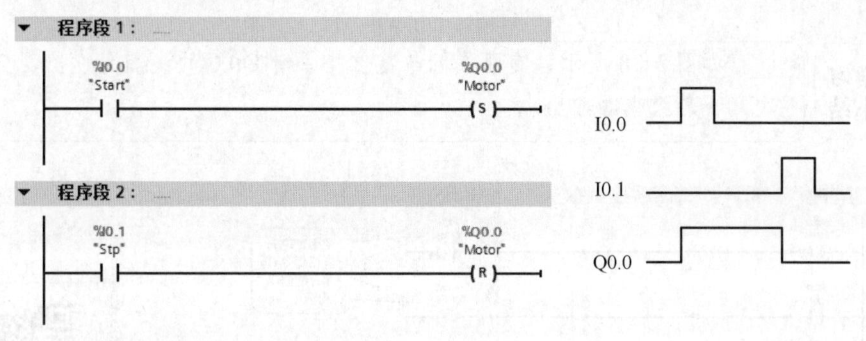

图 3-35　置位与复位指令示例

置位位域和复位位域应用如图 3-36 所示，当常开触点 I0.0 接通时，从 Q0.0 开始的 3 个位（即 Q0.0～Q0.2）置位，而当常开触点 I0.1 接通时，从 Q0.0 开始的 3 个位（即 Q0.0～Q0.2）复位。这两条指令很有用。

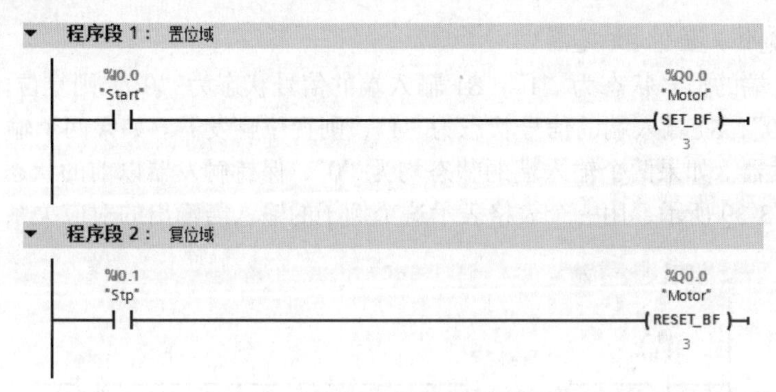

图 3-36　置位位域和复位位域应用

【例 3-5】　用置位与复位指令编写“正转—停—反转”的梯形图，其中 I0.0 与正转按钮关联，I0.1 与反转按钮关联，I0.2 与停止按钮（硬件接线接常闭触点）关联，Q0.0 是正转输出，Q0.1 是反转输出。

解：

“正转—停—反转”梯形图如图 3-37 所示，可见使用置位与复位指令后，不需要用自锁，程序变得更加简洁。

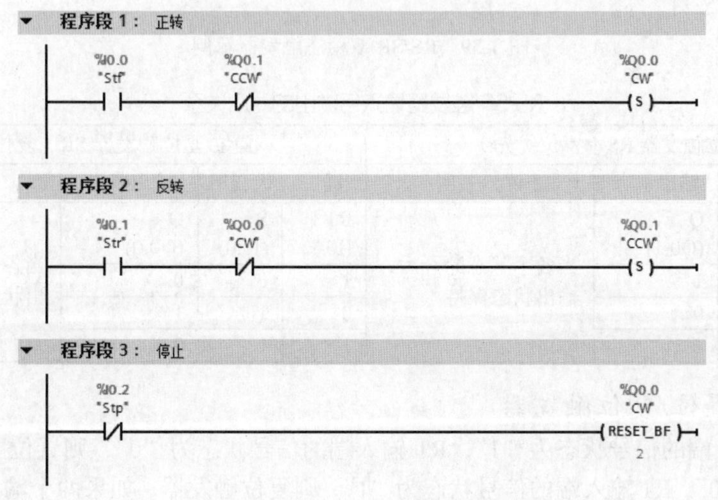

图 3-37　“正转—停—反转”梯形图

学习小结

如图 3-38 所示，使用置位与复位指令时 Q0.0 的线圈允许出现 2 次或多次，不是双线圈输出。

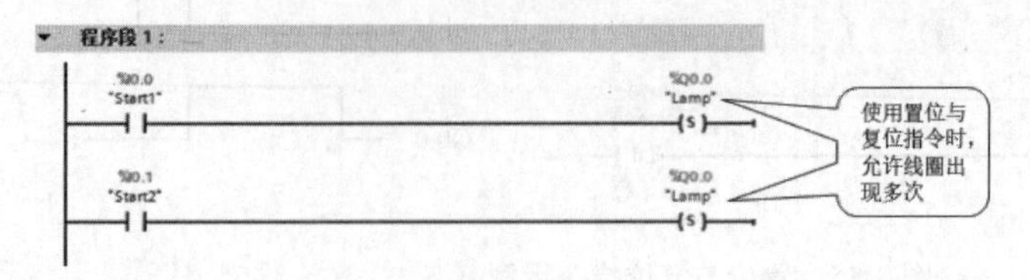

图 3-38 梯形图

RS/SR触发器指令及其应用

3.3.3 RS/SR 触发器指令

1．RS：复位/置位触发器

如果 R 输入端的信号状态为“1”，S1 输入端的信号状态为“0”，则复位。如果 R 输入端的信号状态为“0”，S1 输入端的信号状态为“1”，则置位触发器。如果两个输入端的状态均为“1”，则置位触发器。如果两个输入端的状态均为“0”，保持触发器以前的状态。RS/SR 双稳态触发器示例如图 3-39 所示，用一个表格表示这个例子的输入与输出的对应关系，见表 3-13。

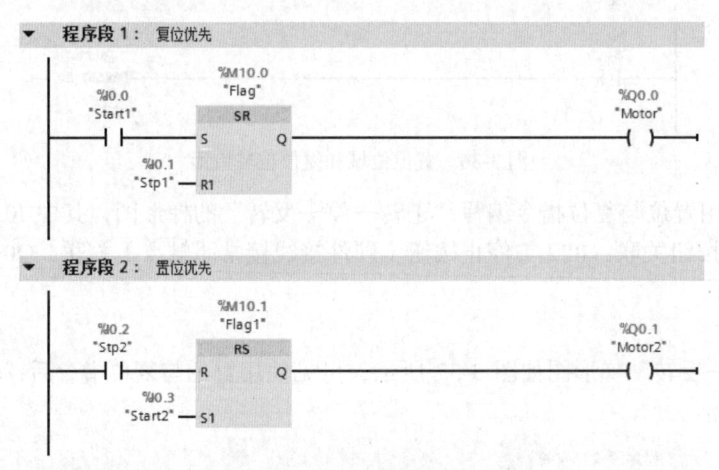

图 3-39 RS/SR 双稳态触发器示例

表 3-13 RS/SR 触发器输入与输出的对应关系

复位/置位触发器 RS（置位优先）				置位/复位触发器 SR（复位优先）			
输入状态		输出状态	说明	输入状态		输出状态	说明
S1 (I0.3)	R (I0.2)	Q (Q0.1)	当各个状态断开后，输出状态保持	R1 (I0.1)	S (I0.0)	Q (Q0.0)	当各个状态断开后，输出状态保持
1	0	1		1	0	0	
0	1	0		0	1	1	
1	1	1		1	1	0	

2．SR：置位/复位触发器

如果 S 输入端的信号状态为“1”，R1 输入端的信号状态为“0”，则置位。如果 S 输入端的信号状态为“0”，R1 输入端的信号状态为“1”，则复位触发器。如果两个输入端的状态均为

“1”，则复位触发器。如果两个输入端的状态均为“0”，保持触发器以前的状态。

3.3.4　上升沿和下降沿指令

上升沿和下降沿指令及其应用

上升沿和下降沿指令有扫描操作数的信号下降沿和扫描操作数的信号上升沿的作用。

1. 下降沿指令

“操作数 1”的信号状态如从“1”变为“0”，则 RLO=1 保持一个扫描周期。该指令将比较“操作数 1”的当前信号状态与上一次扫描的信号状态“操作数 2”中。如果该指令检测到逻辑运算结果（RLO）从“1”变为“0”，则说明出现了一个下降沿。

下降沿示例的梯形图和时序图如图 3-40 所示，当与 I0.0 关联的按钮压下时，产生一个上升沿，输出 Q0.0 得电一个扫描周期，无论按钮闭合多长的时间，输出 Q0.0 只得电一个扫描周期。

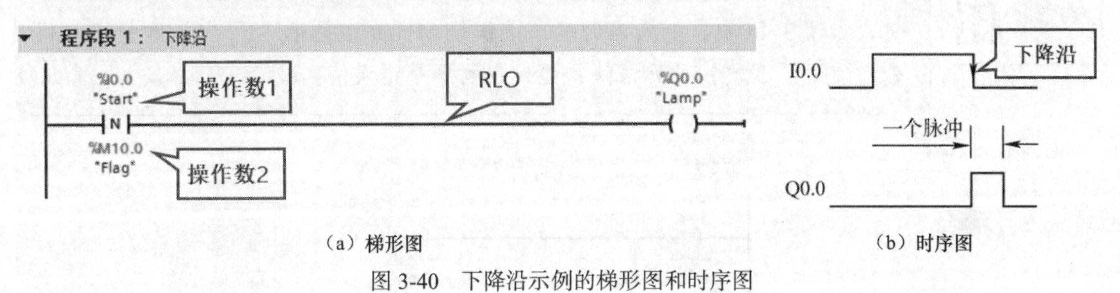

（a）梯形图　（b）时序图

图 3-40　下降沿示例的梯形图和时序图

2. 上升沿指令

“操作数 1”的信号状态如从“0”变为“1”，则 RLO=1 保持一个扫描周期。该指令将比较“操作数 1”的当前信号状态与上一次扫描的信号状态“操作数 2”中。如果该指令检测到逻辑运算结果（RLO）从“0”变为“1”，则说明出现了一个上升沿。

上升沿示例的梯形图和时序图如图 3-41 所示，当与 I0.0 关联的按钮压下时，产生一个上升沿，输出 Q0.0 得电一个扫描周期，无论按钮闭合多长的时间，输出 Q0.0 只得电一个扫描周期。

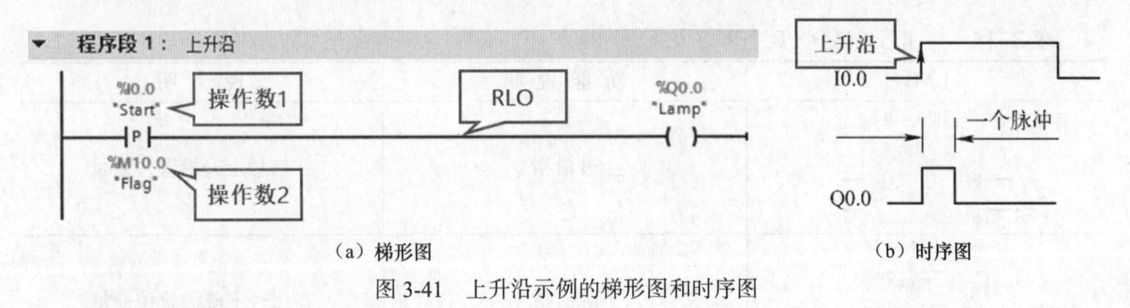

（a）梯形图　（b）时序图

图 3-41　上升沿示例的梯形图和时序图

【例 3-6】 边沿检测指令示例的梯形图如图 3-42 所示，如果当与 I0.0 关联的按钮，闭合 1s 钟后弹起，请分析程序运行结果。

解：

边沿检测指令示例的时序图如图 3-43 所示，当与 I0.0 关联的按钮按下时，产生上升沿，触点产生一个扫描周期的时钟脉冲，驱动输出线圈 Q0.1 通电一个扫描周期，Q0.0 也通电，使输出线圈 Q0.0 置位，并保持。

当与 I0.0 关联的按钮弹起时，产生下降沿，触点产生一个扫描周期的时钟脉冲，驱动输出线圈 Q0.2 通电一个扫描周期，使输出线圈 Q0.0 复位，并保持，Q0.0 得电共 1s。

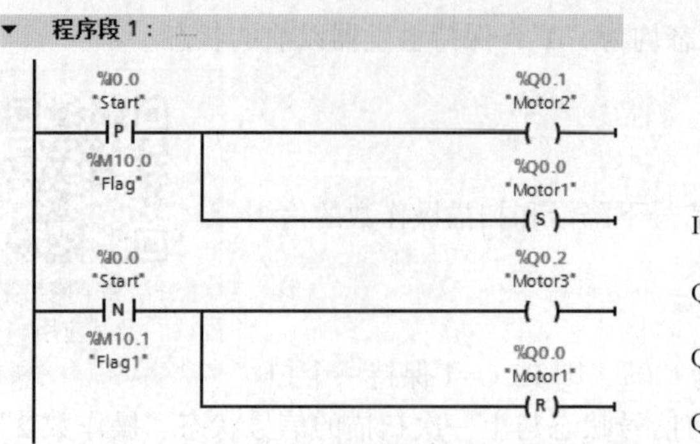

图 3-42　边沿检测指令示例的梯形图

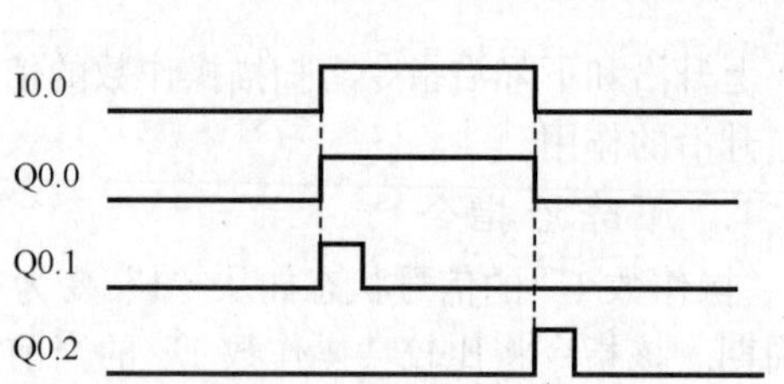

图 3-43　边沿检测指令示例的时序图

上升沿和下降沿指令的第二操作数，在程序中不可重复使用，否则会出错。如图 3-44 中，上升沿的第二操作数 M10.0 在标记“1”“2”和标记“3”处，使用了 3 次，虽无语法错误，但程序是错误的。

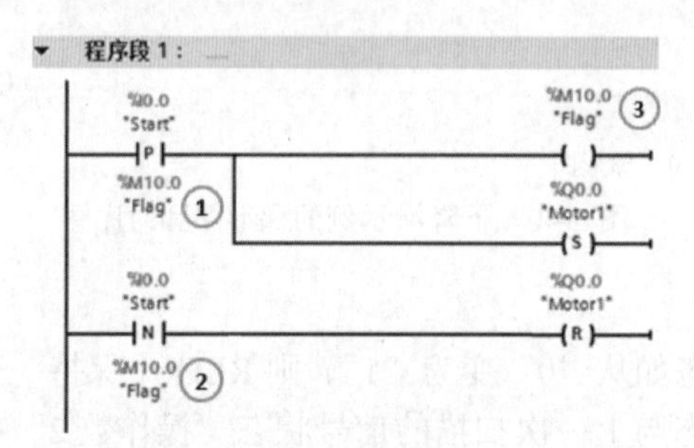

图 3-44　第二操作数重复使用

前述的上升沿指令和下降沿指令没有对应的 SCL 指令。以下介绍的上升沿指令（R_TRIG）和下降沿指令（F_TRIG），其梯形图指令对应关系见表 3-14。

表 3-14　　上升沿指令（R_TRIG）和下降沿指令（F_TRIG）的梯形图指令对应关系

LAD	功 能 说 明	说　明
"R_TRIG_DB" R_TRIG EN　ENO CLK　Q	上升沿指令	在信号上升沿置位变量
"F_TRIG_DB_1" F_TRIG EN　ENO CLK　Q	下降沿指令	在信号下降沿置位变量

【例 3-7】 设计一个程序，实现点动功能。

解：

编写点动程序有多种方法，本例使用上升沿指令（R_TRIG）和下降沿指令（F_TRIG），梯形图如图 3-45 所示。

① 当 I0.0 闭合时，产生上升沿，M10.0 得电一个扫描周期，M10.0 常开触点闭合，Q0.0 得电自锁。

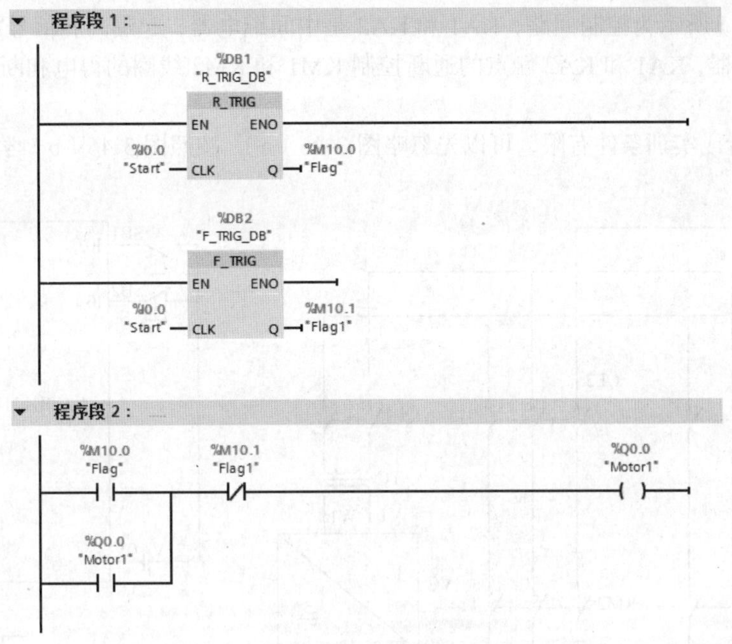

图 3-45　梯形图

② 当 I0.0 断开时，产生下降沿，M10.1 得电一个扫描周期，M10.1 常闭触点断开，Q0.0 断电。

任务 3-2　鼓风机的启停控制

1. 目的与要求

用 S7-1200 PLC 控制一台鼓风机，鼓风机系统一般有引风机和鼓风机两级构成。当按下启动按钮之后，引风机先工作，工作 5s 后，鼓风机再工作。按下停止按钮之后，鼓风机先停止工作，5s 之后，引风机再停止工作。

通过完成此任务，了解一个 PLC 控制项目的实施的基本步骤，初步掌握 IEC 定时器指令。

2. 设计电气原理图

（1）PLC 的 I/O 分配见表 3-15。

表 3-15　PLC 的 I/O 分配

输　入			输　出		
名　称	符　号	输　入　点	名　称	符　号	输　出　点
开始按钮	SB1	I0.0	鼓风机	KA1	Q0.0
停止按钮	SB2	I0.1	引风机	KA2	Q0.1

（2）设计控制系统的原理图

电气原理图如图 3-46 所示，图 3-46（a）所示为主回路，QF1～QF5 是断路器，起通断电路、短路保护和过载保护作用，由于使用了 QF2 和 QF3，所以不需要使用热继电器；TC 是控制变压器，将 380V 变成 220V，V1 和 W1 端子上就是 220V 交流电；VC 是开关电源将 220V 交流电转换成 24V 直流电，主要供 PLC 使用。

图 3-46（b）所示为控制回路，KA1 和 KA2 是中间继电器，起隔离和信号放大作用；KM1 和 KM2 是接触器，KA1 和 KA2 触点的通断控制 KM1 和 KM2 线圈的得电和断电，从而驱动电动机的启停。

注：初学者或实训条件有限，可以先忽略图 3-46（a），按照图 3-46（b）学习和训练。

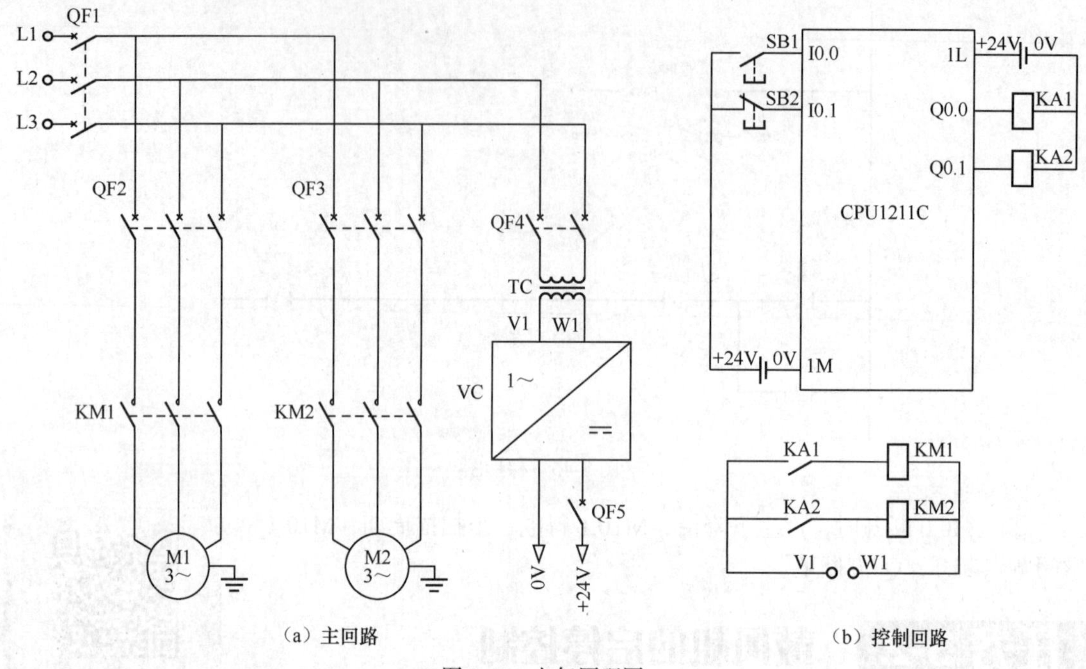

（a）主回路　　（b）控制回路

图 3-46　电气原理图

3. 编写控制程序

引风机在按下停止按钮后还要运行 5s，容易想到要使用断电延时定时器（TOF）；鼓风机在引风机工作 5s 后才开始工作，因而用通电延时定时器（TON）。

（1）首先创建数据块 DB_Timer，即定时器的背景数据块，如图 3-47 所示，然后在此数据块中，创建两个变量 T0 和 T1，特别要注意变量的数据类型为“IEC_TIMER”，最后要编译数据块，否则容易出错。

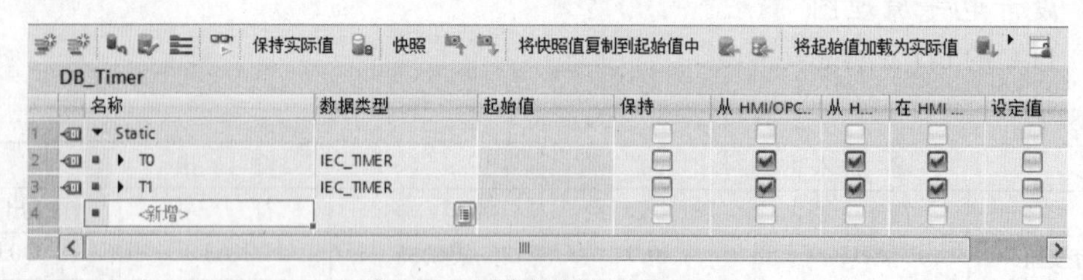

	名称	数据类型	起始值	保持	从 HMI/OPC...	从 H...	在 HMI ...	设定值
1	▼ Static							
2	▶ T0	IEC_TIMER		☐	☑	☑	☑	☐
3	▶ T1	IEC_TIMER		☐	☑	☑	☑	☐
4	<新增>							

图 3-47　创建数据块 DB_Timer

（2）编写梯形图，梯形图如图 3-48 所示。当按下启动按钮 SB1，M10.0 线圈得电自锁。定时器 TON 和 TOF 同时得电，Q0.1 线圈得电，引风机立即启动。5s 后，Q0.0 线圈得电，鼓风机启动。

当按下停止按钮 SB2，M10.0 线圈断电。定时器 TON 和 TOF 同时断电，Q0.0 线圈立即断开，鼓风机立即停止。5s 后，Q0.1 线圈断电，引风机停机。

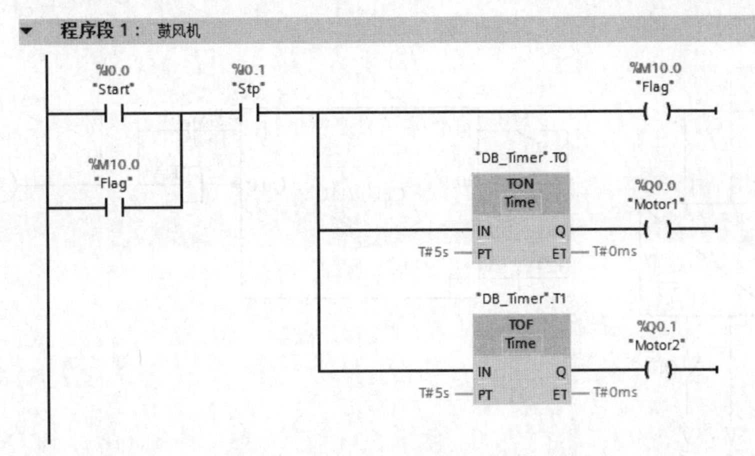

图3-48　梯形图

（1）在图3-46中，SB2为常闭触点，所以图3-48中的I0.1对应为常开触点。停止按钮采用常开触点，尽管可以实现停机功能，但断线的情况时，不能正常停机，可能会造成安全事故，因此停止按钮采用常闭触点才是规范的做法。这是读者必须建立的工程思维。

（2）数据块创建完成后应进行编译，而不要等到整个程序完成后再编译，否则会出错。

（3）一个项目中，如果用到多个定时器，用图3-47的方法创建背景数据块，比每个定时器各自创建自己的数据块要好，可以减少数据块的使用量。

任务3-3　“气炮”的控制

“气炮”的控制

1．目的与要求

用S7-1200 PLC控制“气炮”。“气炮”是一种形象叫法，在工程中，混合粉末状物料（例如水泥厂的生料、熟料和水泥等），通常使用压缩空气循环和间歇供气，将粉状物料混合均匀，也可用“气炮”冲击力清理人不容易到达的灌体的内壁。要求设计“气炮”，实现通气3s，停2s，如此循环。

通过完成此任务，了解一个PLC控制项目的实施的基本步骤，完全掌握定时器指令。

2．设计电气原理图

PLC采用CPU1211C，电气原理图如图3-49所示。VC是开关电源将220V交流电转换成24V直流电，主要供PLC使用。

3．编写控制程序

梯形图如图3-50所示。控制过程是：当SB1合上，M10.0线圈得电自锁，定时器T0低电平输出，经过“NOT”取反，Q0.0线圈得电，阀门打开供气。定时器T0定时3s后高电平输出，经过“NOT”取反，Q0.0断电，控制的阀门关闭供气，与此同时定时器T1启动定时，2s后，"DB_Timer".T1.Q的常闭触点断开，造成T0和T1的线圈断电，逻辑取反后，Q0.0阀门打开供气；下一个扫描周期"DB_Timer".T1.Q的常闭触点又闭合，T0又开始定时，如此周而复始，Q0.0控制阀门开关，产生“气炮”功能。

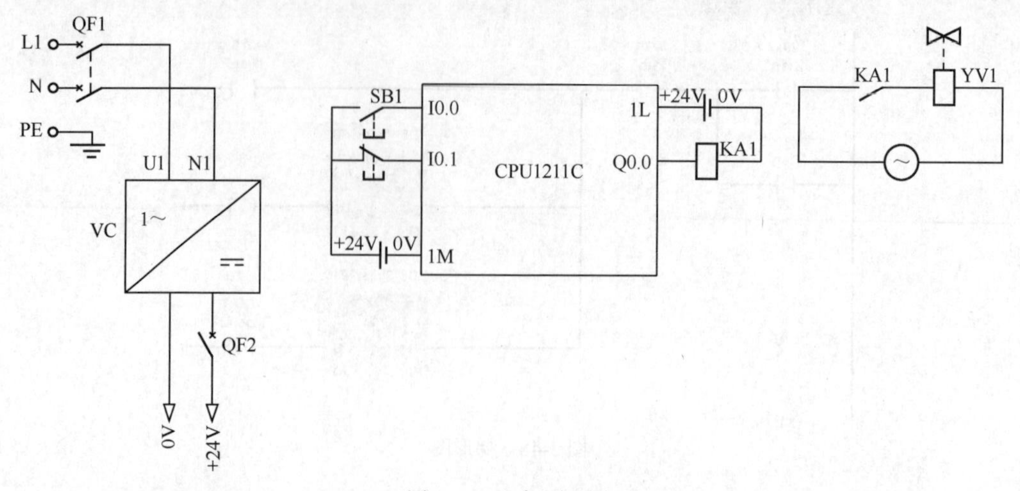

图 3-49　电气原理图

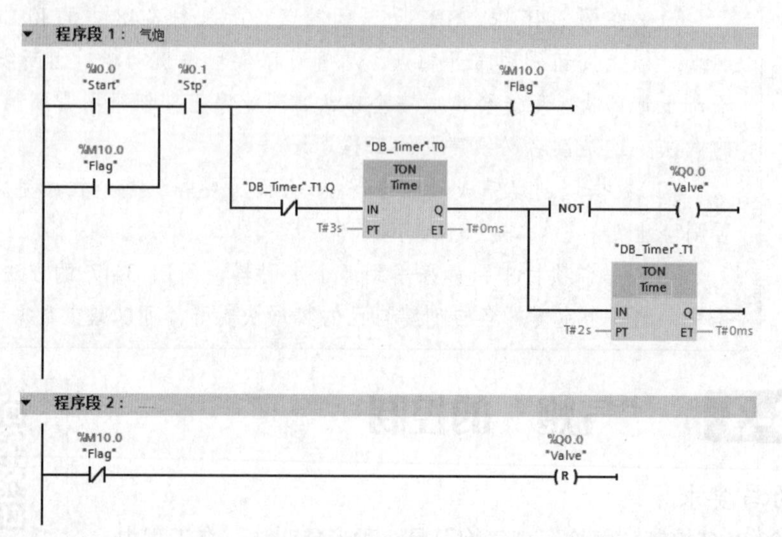

图 3-50　梯形图

（1）实际工程中，要均匀混合物料，一般需要数十个电磁阀，本例简化成一个。

（2）本例的解题方法很多，请读者思考（例如使用线圈定时器解题，利用计数器解题等）。“一题多解”有助于培养读者的逻辑思维和创新能力。

3.4 定时器指令

S7-1200 PLC 不支持 S7 定时器，只支持 IEC 定时器。IEC 定时器集成在 CPU 的操作系统中，有以下定时器：通电延时定时器（TON）、断电延时定时器（TOF）和时间累加器（TONR）。

3.4.1 通电延时定时器

通电延时定时器有线框指令和线圈指令，以下分别介绍。

1. 通电延时定时器线框指令

通电延时定时器的参数见表 3-16。

表 3-16　　通电延时定时器的参数

LAD	参　数	数据类型	说　明
TON Time IN Q PT ET	IN	BOOL	启动定时器
	Q	BOOL	超过时间 PT 后，置位的输出
	PT	Time	定时时间
	ET	Time	当前时间值

以下用一个例子介绍通电延时定时器的应用。

【例 3-8】 按下按钮 I0.0，3s 后电动机启动，请设计控制程序。

解：

先插入 IEC 定时器 TON，弹出图 3-51 所示界面，单击"确定"按钮，分配数据块，这是自动生成数据块的方法，是创建数据块的第一种方法，相对比较简单。再编写程序，梯形图如图 3-52 所示。当 I0.0 闭合时，启动定时器，T#3s 是定时时间，3s 后 Q0.0 为 1，MD10 中是定时器定时的当前时间。

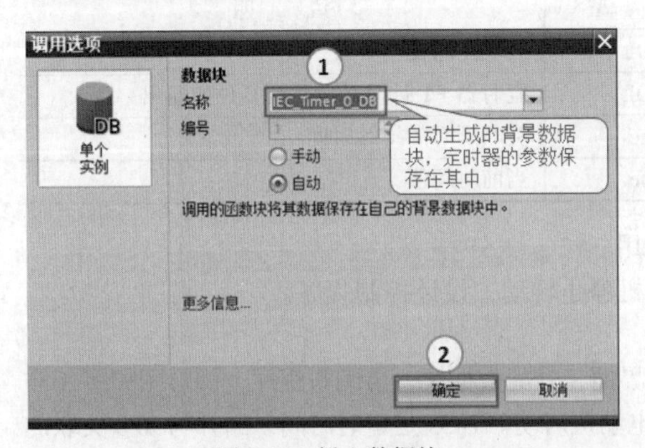

图 3-51　插入数据块

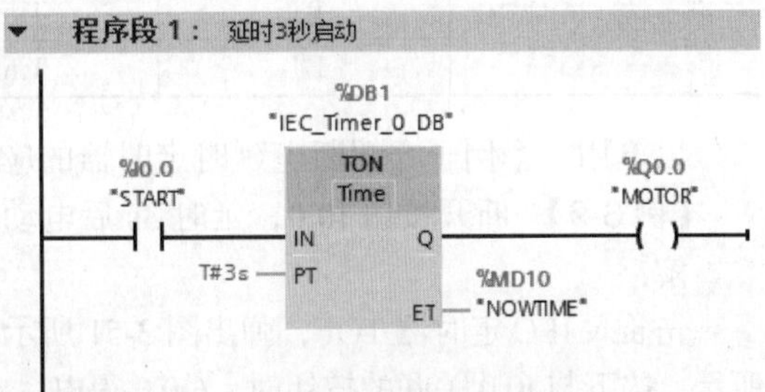

图 3-52　梯形图

2. 通电延时定时器线圈指令

通电延时定时器线圈指令与线框指令类似，但没有 SCL 指令，以下仅用【例 3-8】介绍其用法。

解：

（1）首先创建数据块 DB_Timer，即定时器的背景数据块，如图 3-53 所示，然后在此数据块中创建变量 T0，特别要注意变量的数据类型为"IEC_TIMER"，最后要编译数据块，否则容易出错。这是创建定时器数据块的第二种办法，当项目中有多个定时器时，这种方法更加实用。

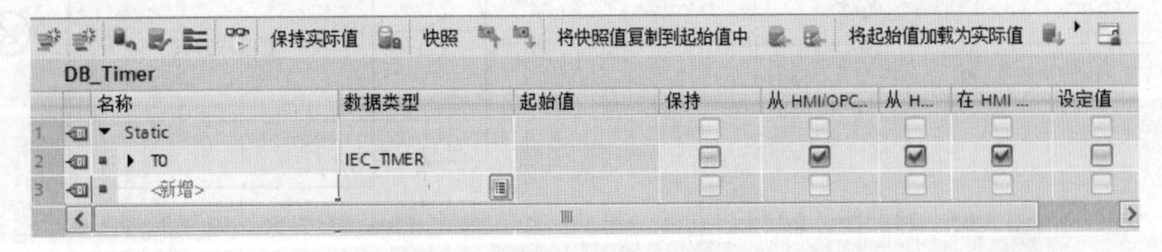

图 3-53　创建数据块 DB_Timer

（2）编写程序，梯形图如图 3-54 所示。

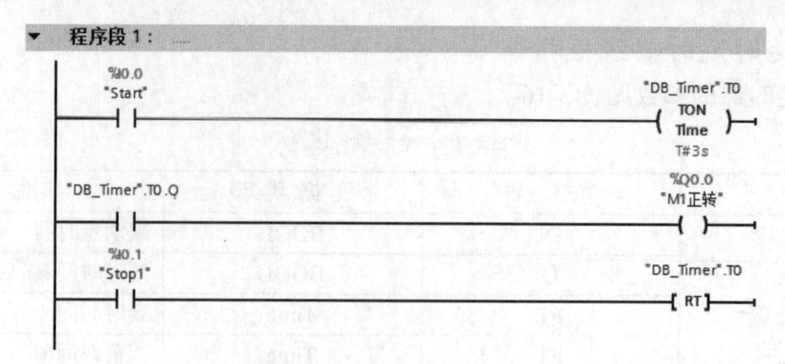

图 3-54　梯形图（1）

3.4.2　断电延时定时器

1. 断电延时定时器线框指令

断电延时定时器的参数见表 3-17。

表 3-17　断电延时定时器的参数

LAD	参　数	数 据 类 型	说　明
TOF Time IN Q PT ET	IN	BOOL	启动定时器
	Q	BOOL	定时器 PT 计时结束后要复位的输出
	PT	Time	关断延时的持续时间
	ET	Time	当前时间值

以下用一个例子介绍断电延时定时器的应用。

【例 3-9】 断开按钮 I0.0，延时 3s 后电动机停止转动，设计控制程序。

解：

先插入 IEC 定时器 TOF，弹出图 3-51 所示界面，分配数据块，再编写程序，梯形图如图 3-55 所示，按下与 I0.0 关联的按钮时，Q0.0 得电，电动机启动。T#3s 是定时时间，断开与 I0.0 关联的按钮时，启动定时器，3s 后 Q0.0 为 0，电动机停转，MD10 中是定时器定时的当前时间。

2. 断电延时定时器线圈指令

断电延时定时器线圈指令与线框指令类似，但没有 SCL 指令，以下仅用一个例子介绍其用法。

【例 3-10】 某车库中有一盏灯，当人离开车库后，按下停止按钮，5s 后灯熄灭，电气原理图如图 3-56 所示，要求编写程序。

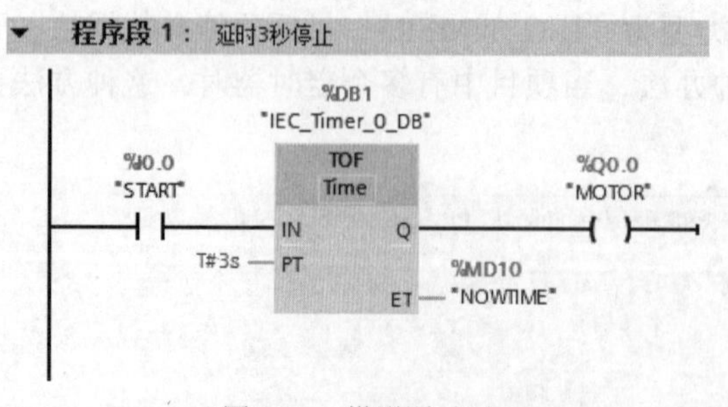

图 3-55　梯形图（2）

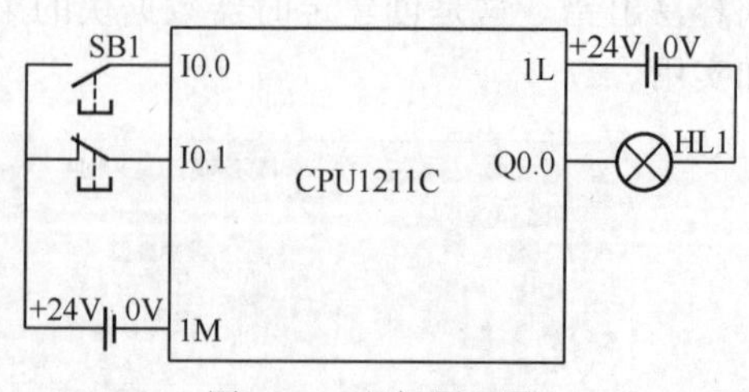

图 3-56　电气原理图

解：

先插入 IEC 定时器 TOF，弹出图 3-53 所示界面，分配数据块，再编写程序，梯形图如图 3-57

所示。当接通 SB1 按钮，灯 HL1 亮；按下 SB2 按钮 5s 后，灯 HL1 灭。

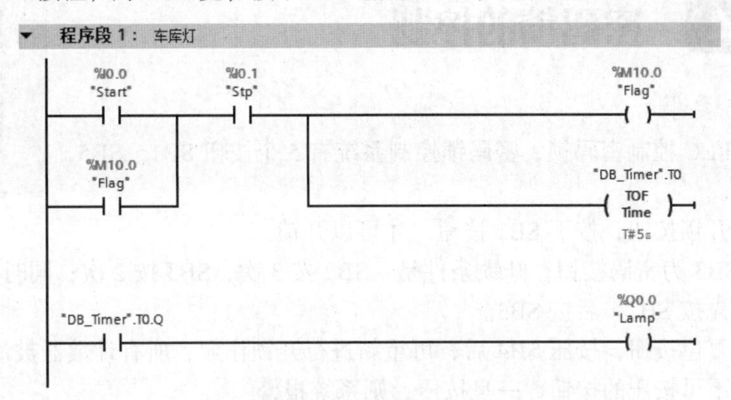

图 3-57　梯形图（1）

3.4.3　时间累加器

下面介绍时间累加器线框指令。时间累加器的参数见表 3-18。

表 3-18　时间累加器的参数

LAD	参　数	数据类型	说　明
TONR Time IN　Q R　ET PT	IN	BOOL	启动定时器
	Q	BOOL	超过时间 PT 后，置位的输出
	R	BOOL	复位输入
	PT	Time	时间记录的最长持续时间
	ET	Time	当前时间值

以下用一个例子介绍时间累加器的应用。如图 3-58 所示，当 I0.0 闭合的时间累加和大于等于 10s（即 I0.0 闭合一次或者闭合数次时间累加和大于等于 10s），Q0.0 线圈得电，如需要 Q0.0 线圈断电，则要 I0.1 闭合。

【例 3-11】梯形图如图 3-58 所示，I0.0 和 I0.1 的时序图如图 3-59（a）所示，请补充 Q0.0 的时序图，并指出 Q0.0 得电几秒。

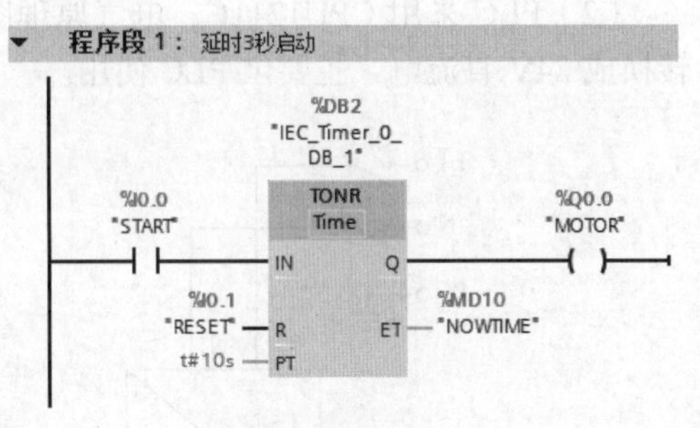

图 3-58　梯形图（2）

解：

补充了 Q0.0 的时序图，如图 3-59（b）所示。在第 12s 时，I0.0 累计闭合时间为 10s，从第 12s 开始，Q0.0 的线圈得电。第 15s 时，I0.1 闭合，时间累加器复位，Q0.0 的线圈断电。

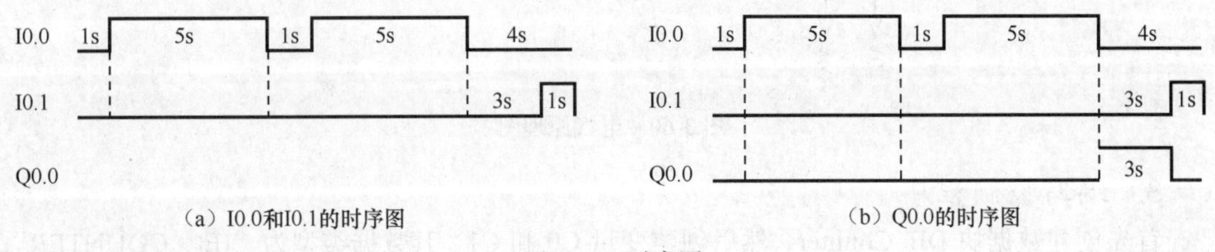

图 3-59　时序图

任务 3-4 密码锁的控制

1. 目的与要求

用 S7-1200 PLC 控制密码锁，密码锁控制系统有 5 个按钮 SB1～SB5，其控制要求如下。

（1）SB1 为开锁按钮，按下 SB1 按钮，才可以开锁。

（2）SB2、SB3 为密码按钮，开锁条件是：SB2 按 3 次，SB3 按 2 次；同时按下 SB2、SB3 时有顺序要求，先按 SB2，后按 SB3。

（3）SB4 为复位按钮，按压 SB4 后，可重新进行开锁作业，所有计数器被清零。

（4）SB5 为不可按压的按钮，一旦按压，则系统报警。

通过完成此任务，了解一个 PLC 控制项目的实施的基本步骤，掌握计数器指令。

2. 设计电气原理图

（1）PLC 的 I/O 分配见表 3-19。

表 3-19　PLC 的 I/O 分配

输入			输出		
名称	符号	输入点	名称	符号	输出点
开锁按钮	SB1	I0.0	开锁	KA1	Q0.0
密码按钮 1	SB2	I0.1	报警	HL1	Q0.1
密码按钮 2	SB3	I0.2			
复位按钮	SB4	I0.3			
错误按钮	SB5	I0.4			

（2）PLC 采用 CPU1211C，电气原理图如图 3-60 所示。VC 是开关电源，将 220V 交流电转换成 24V 直流电，主要供 PLC 使用。

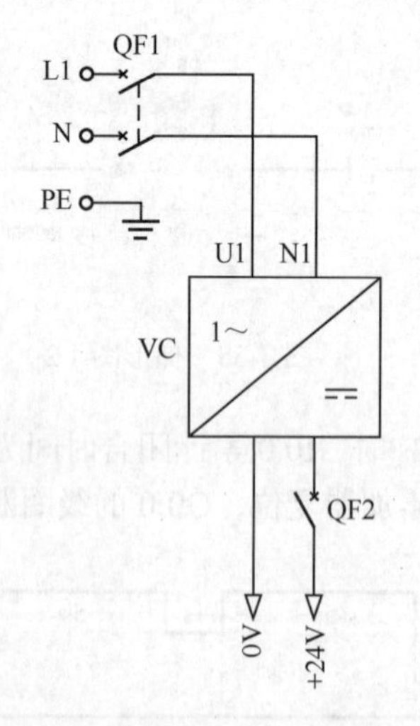

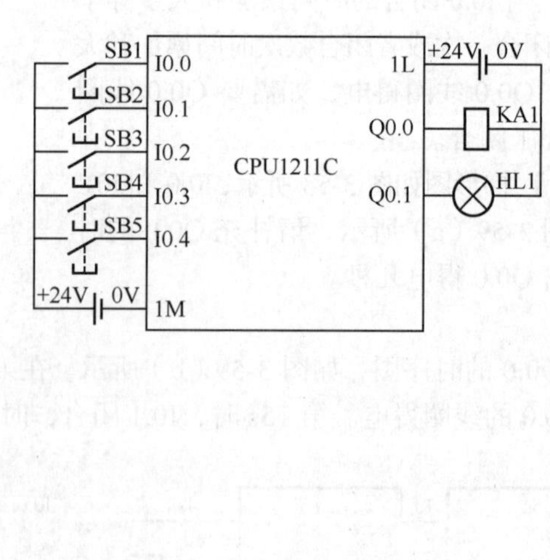

图 3-60　电气原理图

3. 编写控制程序

首先创建数据块 DB_Counter，然后创建变量 C0 和 C1，其数据类型为“IEC_COUNTER”，如图 3-61 所示，创建完成后，应编译数据块。

	名称	数据类型	起始值	保持	从 HMI/OPC..	从 H...	在 HMI ...	设定值	注释
1	▼ Static			☐	☐	☐	☐	☐	
2	▸ C0	IEC_COUNTER		☐	☑	☑	☑	☐	
3	▸ C1	IEC_COUNTER		☐	☑	☑	☑	☐	

DB_Counter

图 3-61　创建数据块

编写程序如图 3-62 所示。程序详细说明如下。

程序段 1：正常开锁程序。当 SB2 按下 3 次，I0.1 闭合 3 次，计数器 C0 的输出导通，之后 SB3 按下 2 次，I0.2 闭合 2 次，DB_Counter.C1.QU 常开触点导通，此时，按下开锁按钮 SB1，I0.0 常开触点闭合，开锁。

程序段 2：报警程序。只要 C0 计数值不等于 3 或 C1 计数值不等于 2 时，按下开锁按钮 SB1，I0.0 常开触点闭合，激发报警。任何时候按下 SB5 按钮，I0.4 常开触点闭合，激发报警。

程序段 3：复位报警程序。任何时候按下 SB4 按钮，I0.3 常开触点闭合，复位报警。

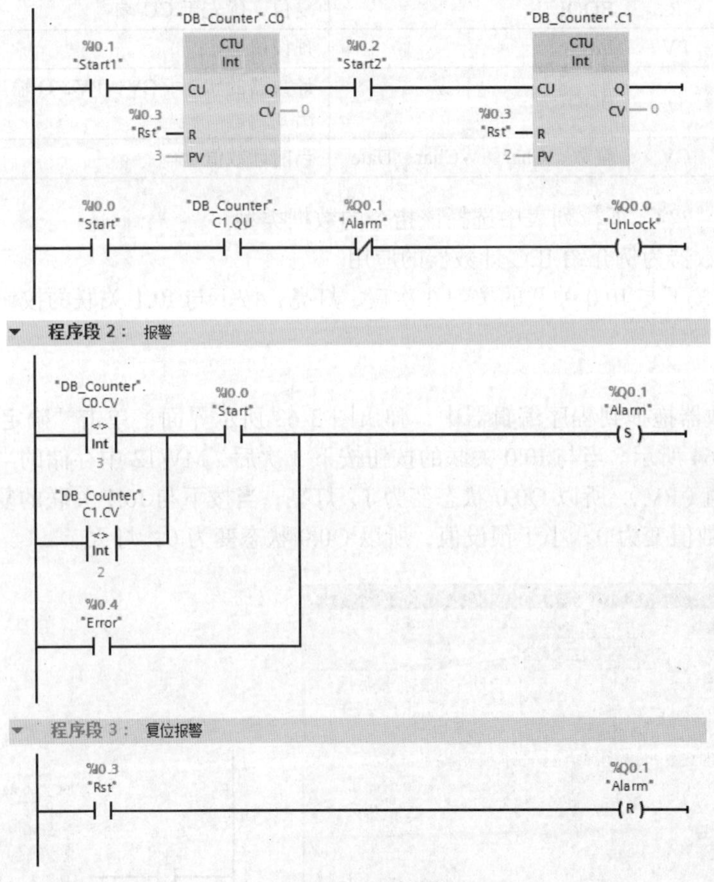

图 3-62　编写程序

（1）阅读题目时，初学者觉得无从下手，但如理解线圈型计数器的用法，此题便可迎刃而解。

（2）当一个项目中有多个计数器时，使用一个背景数据块更好。在后续课程中（项目 4），会介绍多重背景，其也能减少背景数据块的使用。

3.5 计数器指令

计数器指令及其应用

S7-1200 PLC 不支持 S7 计数器，只支持 IEC 计数器。IEC 计数器集成在 CPU 的操作系统中。在 CPU 中有以下计数器：加计数器（CTU）、减计数器（CTD）和加减计数器（CTUD）。CTUD 下文不做介绍。

3.5.1 加计数器

加计数器的参数见表 3-20。

表 3-20　　　加计数器的参数

LAD	参数	数 据 类 型	说　明
CTU ??? CU Q R CV PV	CU	BOOL	计数器输入
	R	BOOL	复位，优先于 CU 端
	PV	Int	预设值
	Q	BOOL	计数器的状态，CV≥PV，Q 输出 1，CV <PV,Q 输出 0
	CV	整数、Char、WChar、Date	当前计数值

从指令框的“???”下拉列表中选择该指令的数据类型。

以下以加计数器为例介绍 IEC 计数器的应用。

【例 3-12】 按下与 I0.0 关联的按钮 3 次后，灯亮，按下与 I0.1 关联的按钮，灯灭，请设计控制程序。

解：

将 CTU 计数器拖拽到程序编辑器中，弹出图 3-63 所示界面，单击“确定”按钮，输入梯形图程序如图 3-64 所示。当与 I0.0 关联的按钮按下 3 次后，MW12 中存储的当前计数值（CV）为 3，等于预设值（PV），所以 Q0.0 状态变为 1，灯亮；当按下与 I0.1 关联的复位按钮，MW12 中存储的当前计数值变为 0，小于预设值，所以 Q0.0 状态变为 0，灯灭。

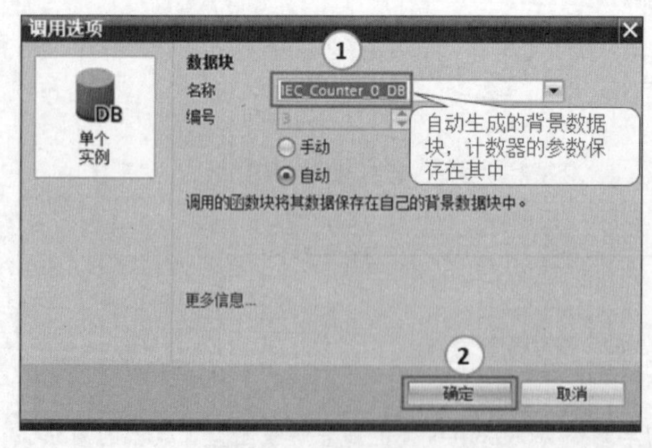

图 3-63　调用选项

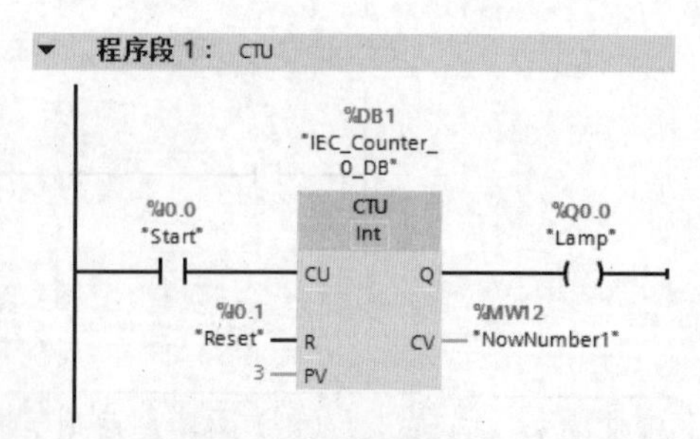

图 3-64　梯形图程序

【例 3-13】 设计一个程序，实现用一个单按钮控制一盏灯的亮和灭，按奇数次按下按钮时，灯亮，偶数次按下按钮时，灯灭。按钮 SB1 与 I0.0 关联。

解：

当 SB1 第一次合上时，M2.0 接通一个扫描周期，使得 Q0.0 线圈得电一个扫描周期，Q0.0 常开触点闭合自锁，灯亮。

当 SB1 第二次合上时，M2.0 接通一个扫描周期，当计数器计数为 2 时，M2.1 线圈得电，从而 M2.1 常闭触点断开，Q0.0 线圈断电，使得灯灭，同时计数器复位。梯形图如图 3-65 所示。

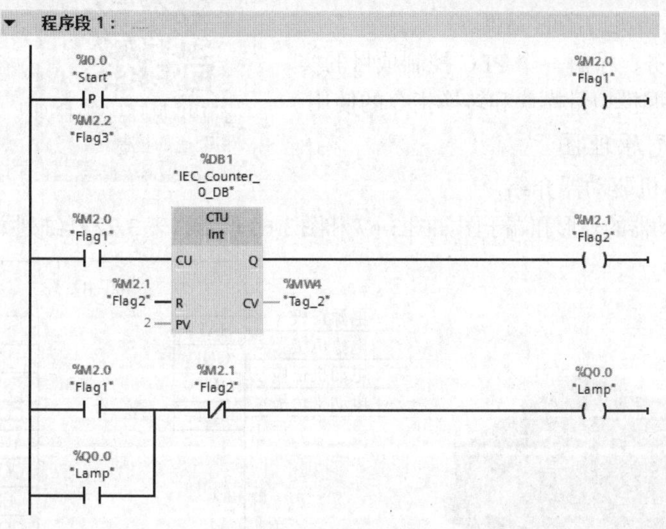

图 3-65　梯形图（1）

3.5.2　减计数器

减计数器的参数见表 3-21。

表 3-21　减计数器的参数

LAD	参　数	数 据 类 型	说　明
CTD ??? CD Q LD CV PV	CD	BOOL	计数器输入
	LD	BOOL	装载输入
	PV	Int	预设值
	Q	BOOL	使用 LD = 1 置位输出 CV 的目标值
	CV	整数、Char、WChar、Date	当前计数值

从指令框的“???”下拉列表中选择该指令的数据类型。

以下用一个例子说明减计数器的用法。

梯形图如图 3-66 所示。当 I0.1 闭合 1 次，预设值（PV）装载到当前计数值（CV），且为 3。当 I0.0 闭合一次，CV 减 1，I0.0 闭合 3 次，CV 变为 0，所以 Q0.0 状态变为 1。

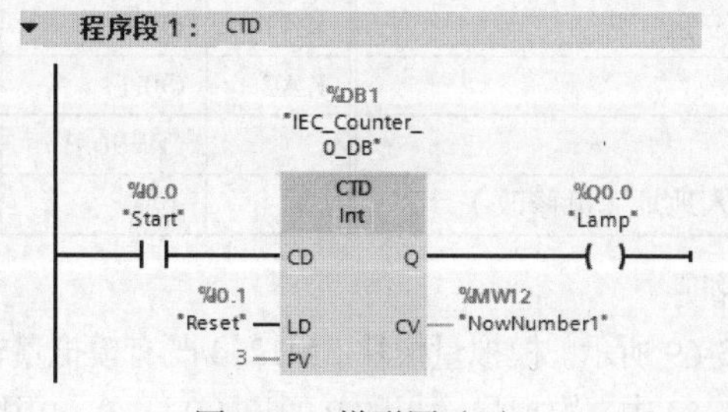

图 3-66　梯形图（2）

任务 3-5　直流电动机温度监控和调速的控制

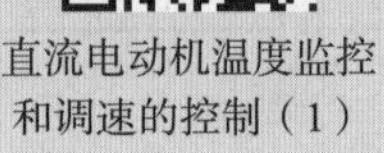

直流电动机温度监控和调速的控制（1）

直流电动机温度监控和调速的控制（2）

1. 目的与要求

用 S7-1200 PLC 控制直流电动机的速度和正反转，并监控直流电动机的实时温度。

通过完成此任务，了解一个 PLC 控制项目的实施的基本步骤，掌握模拟量模块和转换指令的使用。

2. 设计电气原理图

（1）直流电动机驱动器介绍

直流电动机驱动器的外形和端子图如图 3-67 和图 3-68 所示，表 3-22 详细列举了各个端子的含义。

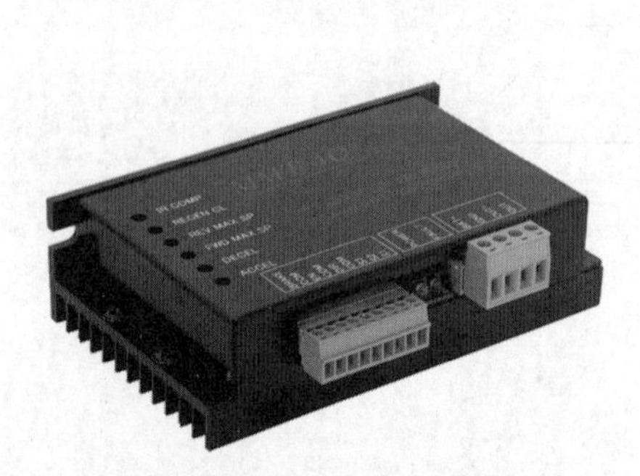

图 3-67　直流电动机驱动器的外形

MMT-4Q
电源正极 BAT+
电源负极 GND
电动机正极 OUT+
电动机负极 OUT−
S1 信号地
S2 信号输入
S3 +5V OUT
COM 信号地
DIR 方向信号输入
COM 信号地
EN 启动信号输入
COM 信号地
BRAKE 制动信号输入
DC MOTOR CONTROLLER

图 3-68　直流电动机驱动器的端子图

表 3-22　直流电动机驱动器的端子说明

序号	端子	功 能 说 明	序号	端子	功 能 说 明
1	BAT+	驱动器的供电电源+24V	7	S3	+5V 输出
2	GND	驱动器的供电电源 0V	8	COM	数字量信号地，公共端子
3	OUT+	直流电动机正极	9	DIR	电动机的换向控制
4	OUT-	直流电动机负极	10	EN	电动机的启停控制
5	S1	模拟量信号地	11	BRAKE	电动机的刹车控制
6	S2	模拟量信号输入+，用于速度给定			

（2）分配 PLC 的 I/O 地址

分配 I/O 地址，见表 3-23。

表 3-23　I/O 分配地址

符号	地址	说　明	符号	地址	说　明
SB1	I0.0	正转启动按钮	KA1	Q0.0	启动
SB2	I0.1	反转按钮	KA2	Q0.1	反向
SB3	I0.2	停止		QW96:P	模拟量输出地址（可修改）
	IW96:P	模拟量输入地址（可修改）			

（3）电气原理图功能说明

设计电气原理图，如图 3-69 所示。模拟量模块 SM1234 既有模拟量输入通道，又有模拟量输出通道，故也称为混合模块。图 3-69 中，模拟量输入的 0 通道（0+和 0−）用于测量温度，模拟量输出的 0

通道（0 和 0M）用于调节直流电动机的转速，直流电动机的转速与此通道电压成正比（即调压调速）。

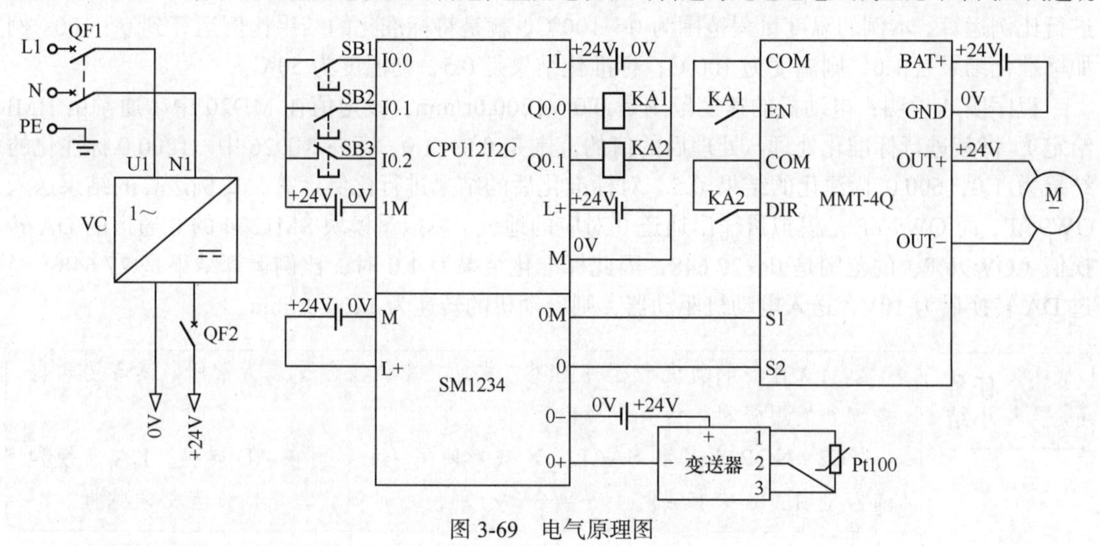

图 3-69 电气原理图

3. 编写控制程序

编写控制程序，梯形图如图 3-70 所示。

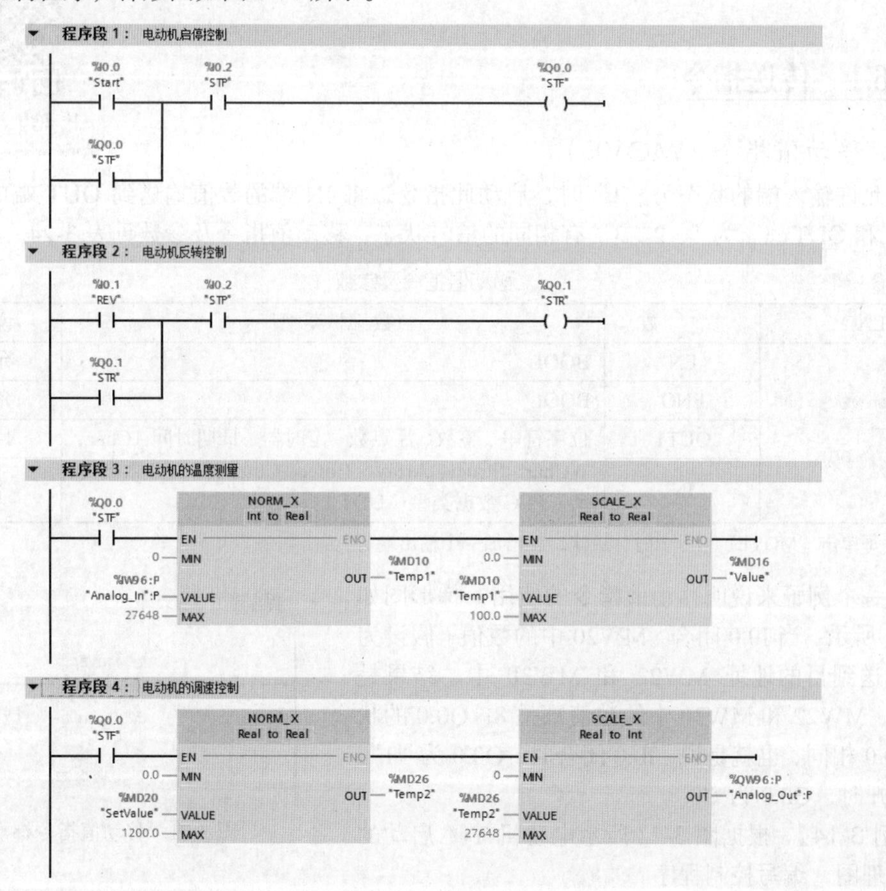

图 3-70 梯形图

程序段 3 说明：模拟量输入通道 0 对应的地址是 IW96:P，模拟量模块 SM1234 的 0 通道的 AD 转换值（IW96:P）的范围是 0～27 648，将其进行标准化处理，处理后的值的范围是 0.0～

1.0，存在 MD10 中。27 648 标注化的结果为 1.0，13 824 标注化的结果 0.5。对标准化后的结果进行比例运算，本例的温度量程范围为 0～100℃，就是将标准化的结果比例运算到 0～100。例如标准化结果是 1.0，则温度为 100℃；标准化结果是 0.5，则温度为 50℃。

程序段 4 说明：电动机的速度范围是 0.0～1200.0r/min，设定值在 MD20 中（通常由 HMI 给定），将其进行标准化处理，处理后的值的范围是 0.0～1.0，存在 MD26 中。1200.0 标注化的结果为 1.0，600.0 标注化的结果 0.5。对标准化后的结果进行比例运算，比例运算的结果送入 QW96:P，而 QW96:P 是模拟量输出通道 0 对应的地址，模拟量模块 SM1234 的 0 通道的 DA 转换值（QW96:P）的范围是 0～27 648，因此标准化结果为 1.0 时，比例运算结果是 27 648，经过 DA 转换后为 10V，送入电动机驱动器，则电动机的转速为 1200.0r/min。

（1）直流电动机有 3 种调速方式，其中调压调速最为常用。读者要学会查询和使用资料，如直流驱动器。

（2）NORM_X 和 SACLE_X 成对使用，主要用在 AD 转换、DA 转换和通信（项目 8 中有实例）等场合，合理使用可简化程序，读者必须掌握。

3.6 传送指令、比较指令和转换指令

传送指令及其应用

3.6.1 传送指令

1. 移动值指令（MOVE）

当允许输入端的状态为“1”时，启动此指令，将 IN 端的数值输送到 OUT 端的目的地址中，IN 和 OUTx（x 为 1、2、3）有相同的信号状态，移动值指令及参数见表 3-24。

表 3-24　　移动值指令及参数

LAD	参　数	数据类型	说　明
MOVE EN — ENO IN ✲ OUT1	EN	BOOL	允许输入
	ENO	BOOL	允许输出
	OUT1	位字符串、整数、浮点数、定时器、日期时间、Char、WChar、Struct、Array、Timer、Counter、IEC 数据类型、PLC 数据类型（UDT）	目的地址
	IN		源数据

注：每单击“MOVE”指令中的✲一次，就增加一个输出端。

用一个例子来说明移动值指令的使用，梯形图如图 3-71 所示，当 I0.0 闭合，MW20 中的数值（假设为 8），传送到目的地址 MW22 和 MW30 中，结果是 MW20、MW22 和 MW30 中的数值都是 8。Q0.0 的状态与 I0.0 相同，也就是说，I0.0 闭合时，Q0.0 为“1”；I0.0 断开时，Q0.0 为“0”。

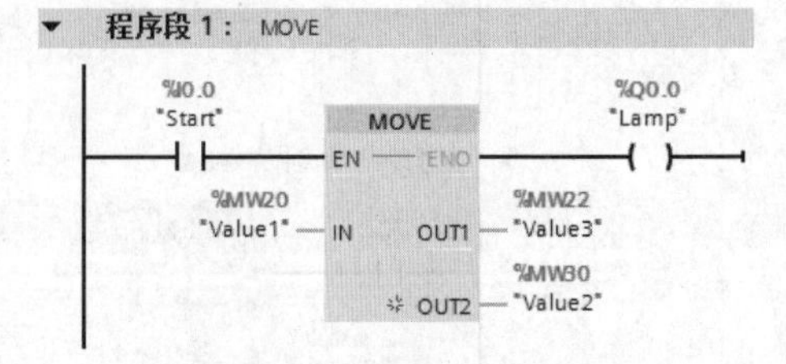

图 3-71　移动值指令梯形图

【例 3-14】 根据图 3-72 所示电动机 Y-△启动的电气原理图，编写控制程序。

解：

本例 PLC 可采用 CPU1211C。前 8s，Q0.0 和 Q0.1 线圈得电，星形启动，从 8s～8s100ms 只有 Q0.0 得电，从 8s100ms 开始，Q0.0 和 Q0.2 线圈得电，电动机为三角形运行。电动机 Y-△

启动的梯形图如图 3-73 所示。这种方法编写程序很简单，但浪费了宝贵的输出点资源。

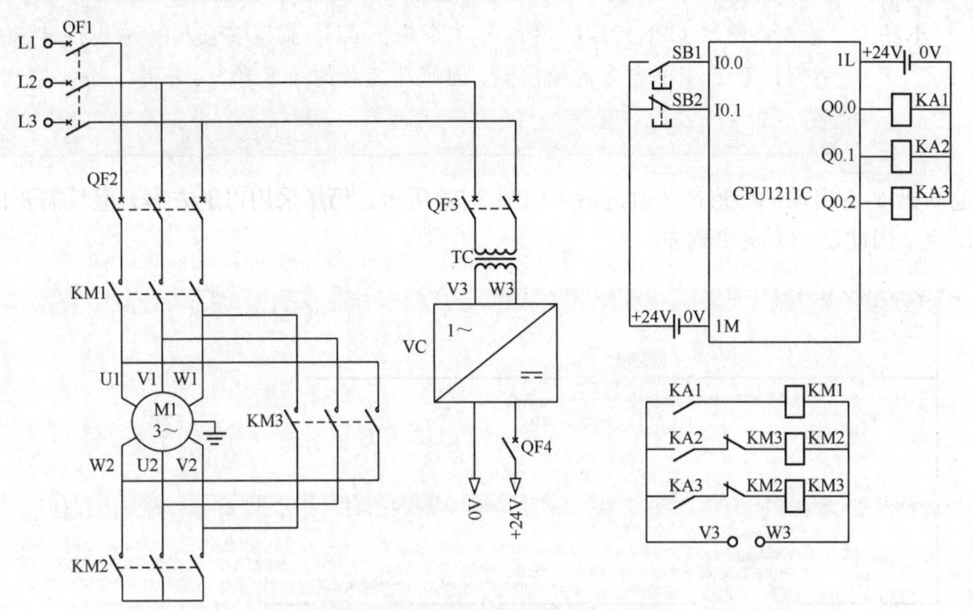

图 3-72　电动机 Y-△启动的电气原理图

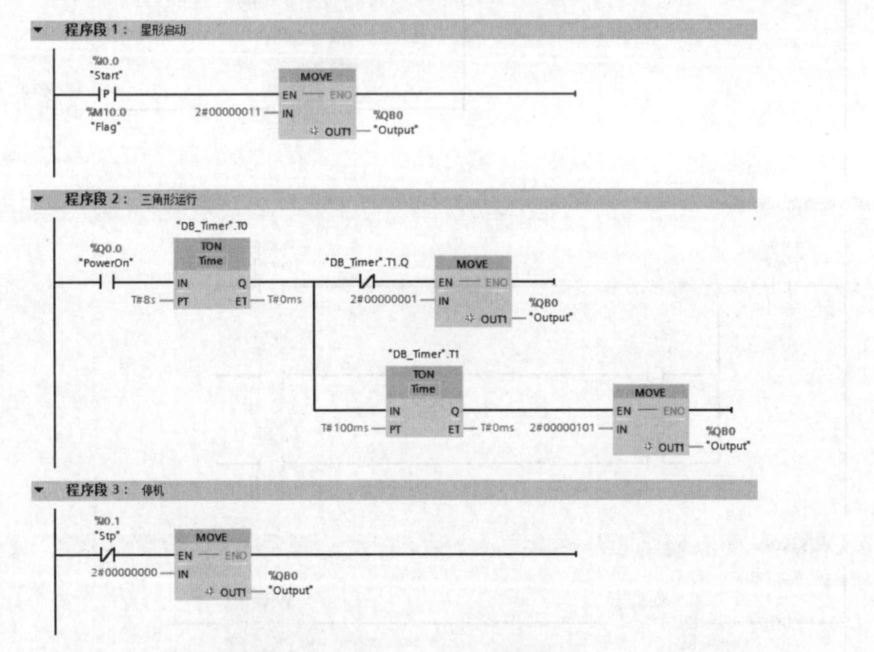

图 3-73　电动机 Y-△启动梯形图

图 3-72 中，由中间继电器 KA1～KA3 驱动 KM1～KM3，而不能用 PLC 直接驱动 KM1～KM3，否则容易烧毁 PLC，这是基本的工程规范。

KM2 和 KM3 分别对应星形启动和三角形运行，应该在用接触器的常闭触点进行互锁。如果没有硬件互锁，尽管程序中 KM2 断开比 KM3 闭合早 100ms，但由于某些特殊情况，硬件 KM2 没有及时断开，而硬件 KM3 闭合了，则会造成短路。

学习小结

以上梯形图是正确的，但需占用 4 个输出点（CPU1211C 只有 4 个输出点，如使用 CPU1214C 则占用 8 个输出点），而真实使用的输出点却只有 3 个，浪费了 1 个宝贵的输出点，因此从工程的角度考虑，不是一个实用程序，更不是一个“好”程序。

电动机 Y-△启动的梯形图（改进后）如图 3-74 所示，仍然采用以上方案，但只需要使用 3 个输出点，因此是一个实用程序。

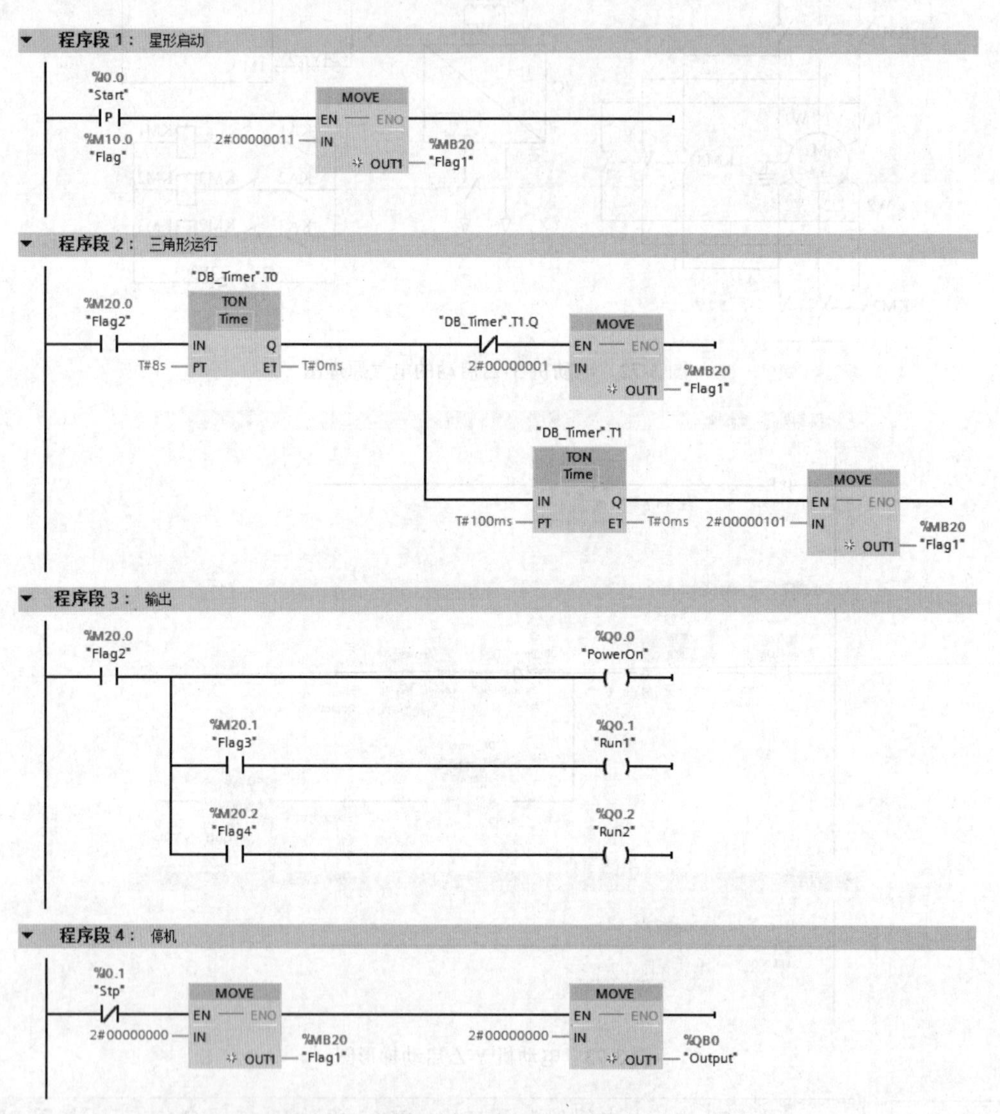

图 3-74 电动机 Y-△启动梯形图（改进后）

2. 存储区移动指令（MOVE_BLK）

将一个存储区（源区域）的数据移动到另一个存储区（目标区域）中。输入 COUNT 可以指定将移动到目标区域中的元素个数。可通过输入 IN 中元素的宽度来定义元素待移动的宽度。存储区移动指令及参数见表 3-25。

表 3-25　　　　　　　　　　存储区移动指令及参数

LAD	参　数	数据类型	说　明
MOVE_BLK	EN	BOOL	使能输入
	ENO	BOOL	使能输出
	IN	二进制数、整数、浮点数、定时器、Date、Char、WChar、TOD、LTOD	待复制源区域中的首个元素
	COUNT	USINT, UINT, UDINT, ULINT	要从源区域移动到目标区域的元素个数
	OUT	二进制数、整数、浮点数、定时器、Date、Char、WChar、TOD、LTOD	源区域内容要复制到的目标区域中的首个元素

用一个例子来说明存储区移动指令的使用，梯形图如图 3-75 所示。输入区和输出区必须是数组，将数组 A 中从第 2 个元素起的 6 个元素，传送到数组 B 中第 3 个元素起的数组中去，如果传送结果正确，Q0.0 为 1。

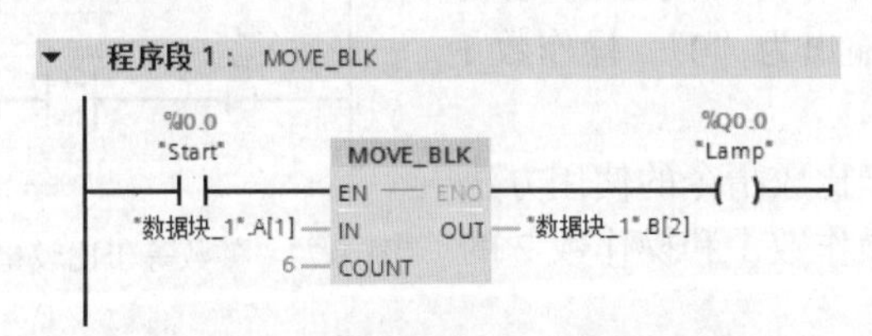

图 3-75　存储区移动指令示例梯形图

比较指令及其应用

3.6.2　比较指令

TIA Portal 软件提供了丰富的比较指令，可以满足用户的各种需要。TIA Portal 软件中的比较指令可以对如整数、双整数、实数等数据类型的数值进行比较。

比较指令有等于（CMP==）、不等于（CMP<>）、大于（CMP>）、小于（CMP<）、大于或等于（CMP>=）和小于或等于（CMP<=）。比较指令对输入操作数 1 和操作数 2 进行比较，如果比较结果为真，则逻辑运算结果 RLO 为“1”，反之则为“0”。

以下仅以等于比较指令的应用说明比较指令的使用，其他比较指令不再讲述。

1. 等于比较指令的选择示意

等于比较指令的选择示意如图 3-76 所示，单击标记“1”处，弹出标记“3”处的比较符（等于、大于等），选择所需的比较符，单击“2”处，弹出标记“4”处的数据类型，选择所需的数据类型，最后得到标记“5”处的“整数等于比较指令”。

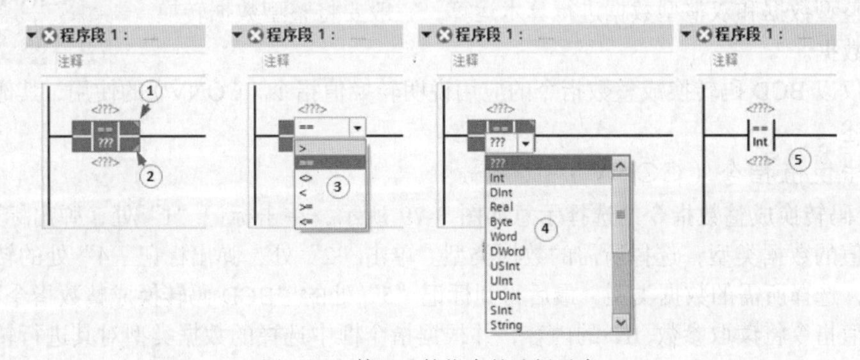

图 3-76　等于比较指令的选择示意

2．等于比较指令的使用举例

等于比较指令有整数等于比较指令、双整数等于比较指令和实数等于比较指令等。等于比较指令和参数见表 3-26。

表 3-26　　等于比较指令和参数

LAD	参　数	数 据 类 型	说　明
<???> == ??? <???>	操作数 1	Byte, Word, DWord, SInt, Int, DInt, USInt, UInt, UDInt, Real, LReal, String, WString, Char, Char, Time, Date, TOD, DTL, 常数	比较的第一个数值
	操作数 2		比较的第二个数值

从指令框的“???”下拉列表中选择该指令的数据类型。

用一个例子来说明等于比较指令，梯形图如图 3-77 所示。当 I0.0 闭合时，激活比较指令，对 MW10 中的整数和 MW12 中的整数进行比较，若两者相等，则 Q0.0 输出为“1”，若两者不相等，则 Q0.0 输出为“0”。在 I0.0 不闭合时，Q0.0 的输出为“0”。操作数 1 和操作数 2 可以为常数。

双整数等于比较指令和实数等于比较指令的使用方法与整数等于比较指令类似，只不过操作数 1 和操作数 2 的参数类型分别为双整数和实数。

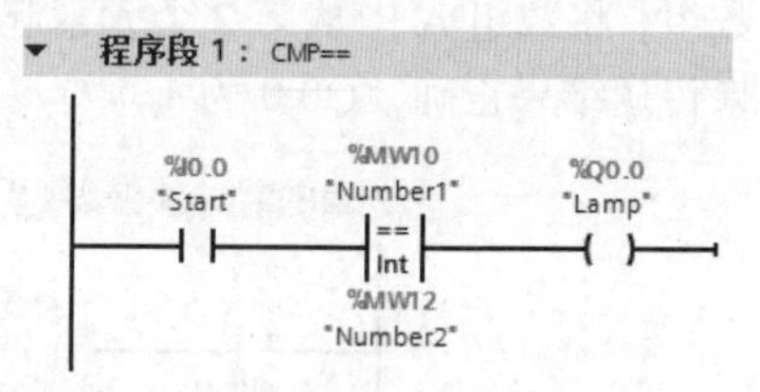

图 3-77　整数等于比较指令示例梯形图

一个整数和一个双整数是不能直接进行比较的，如图 3-78 所示，因为它们之间的数据类型不同。一般先将整数转换成双整数，再对两个双整数进行比较。

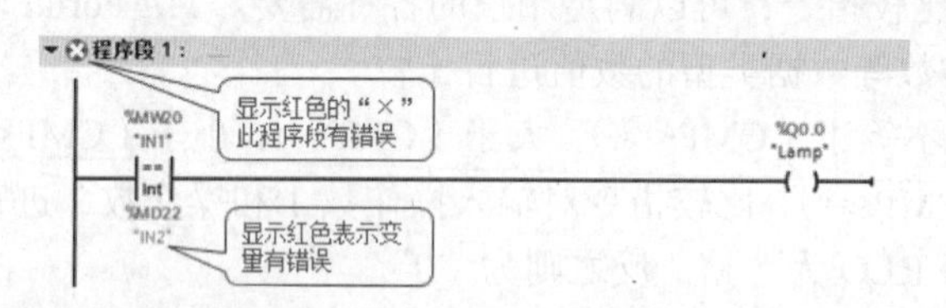

图 3-78　数据类型错误的梯形图

3.6.3 转换指令

转换指令是将一种数据格式转换成另外一种格式进行存储。例如，要让一个整型数据和双整型数据进行算术运算，一般要将整型数据转换成双整型数据。

以下仅以 BCD 码转换成整数指令的应用说明转换值指令（CONV）的使用，其他转换值指令不再讲述。

1．转换值指令（CONV）

BCD 码转换成整数指令的选择示意如图 3-79 所示，单击标记“1”处，弹出标记“3”处的要转换值的数据类型，选择所需的数据类型。单击“2”处，弹出标记“4”处的转换结果的数据类型，选择所需的数据类型，最后得到标记“5”处的“BCD 码转换成整数指令”。

转换值指令将读取参数 IN 的内容，并根据指令框中选择的数据类型对其进行转换。转换值存储在输出 OUT 中，转换值指令应用十分灵活。转换值指令和参数见表 3-27。

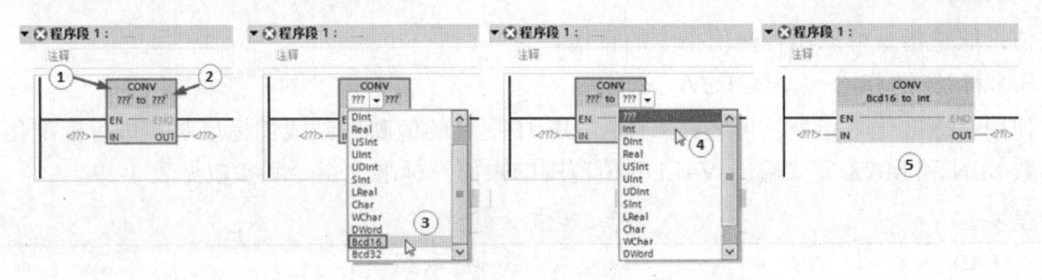

图 3-79　BCD 码转换成整数指令的选择示意

表 3–27　　　　　　　　　　　　　　转换值指令和参数

LAD	参数	数据类型	说　明
CONV ??? to ???	EN	BOOL	使能输入
	ENO	BOOL	使能输出
	IN	位串，SInt, USInt, Int, UInt, DInt,UDInt,Real, LReal,BCD16,BCD32, Char, WChar	要转换的值
	OUT	位串，SInt, USInt, Int, UInt, DInt,UDInt,Real, LReal,BCD16,BCD32, Char, WChar	转换结果

从指令框的“???”下拉列表中选择该指令的数据类型。

BCD 码转换成整数指令是将 IN 指定的内容以 BCD 码二～十进制格式读出，并将其转换为整数格式，输出到 OUT 端。如果 IN 端指定的内容超出 BCD 码的范围（如 4 位二进制数出现 1010～1111 的几种组合），则执行指令时将会发生错误，使 CPU 进入 STOP 方式。

用一个例子来说明 BCD 码转换成整数指令，梯形图如图 3-80 所示。当 I0.0 闭合时，激活 BCD 码转换成整数指令，IN 中的 BCD 码用十六进制表示为 16#22（就是十进制的 22），转换完成后 OUT 端的 MW10 中的整数的十六进制是 16#16。

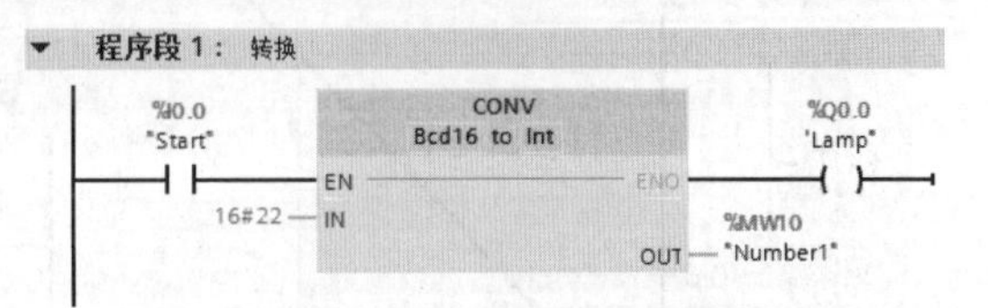

图 3-80　BCD 码转换成整数指令示例梯形图

2. 取整指令（ROUND）

取整指令将输入 IN 的值四舍五入取整为最接近的整数。该指令将输入 IN 的值为浮点数，转换为一个 DINT 数据类型的整数。取整指令和参数见表 3-28。

表 3–28　　　　　　　　　　　　　　取整指令和参数

LAD	参　数	数据类型	说　明
ROUND ??? to ???	EN	BOOL	允许输入
	ENO	BOOL	允许输出
	IN	浮点数	要取整的输入值
	OUT	整数、浮点数	取整的结果

注：可以从指令框的“???”下拉列表中选择该指令的数据类型。

用一个例子来说明取整指令，梯形图如图 3-81 所示。当 I0.0 闭合时，激活取整指令，IN 中的实数存储在 MD16 中，假设这个实数为 3.14，进行取整运算后 OUT 端的 MD16 中的双整数是 DINT#3，假设这个实数为 3.88，进行取整运算后 OUT 端的 MD10 中的双整数是 DINT#4。

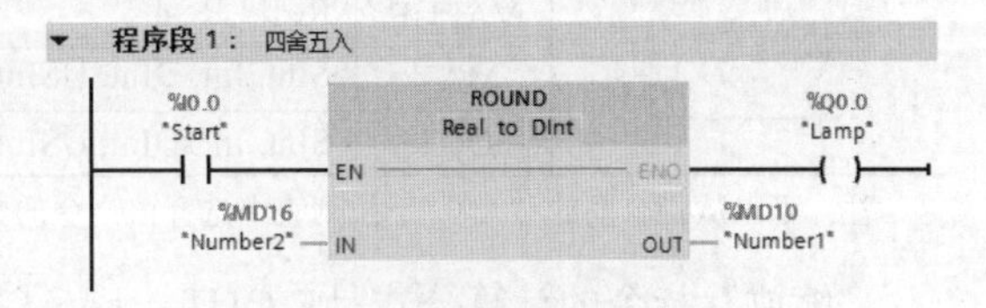

图 3-81　取整指令示例梯形图

注：取整指令可以用转换值指令的替代。

3. 标准化指令（NORM_X）

使用“标准化”指令，可将输入 VALUE 中变量的值映射到线性标尺对其进行标准化，使用参数 MIN 和 MAX 定义输入 VALUE 值范围的限值。标准化指令和参数见表 3-29。

表 3-29　　标准化指令和参数

LAD	参数	数 据 类 型	说　明
NORM_X ??? to ??? EN — ENO MIN　OUT VALUE MAX	EN	BOOL	允许输入
	ENO	BOOL	允许输出
	MIN	SInt, Int, DInt, USInt, UInt, UDInt, Real, LReal	取值范围的下限
	VALUE	SInt, Int, DInt, USInt, UInt, UDInt, Real,LReal	要标准化的值
	MAX	SInt, Int, DInt, USInt, UInt, UDInt, Real, LReal	取值范围的上限
	OUT	Real, LReal	标准化结果

注：可以从指令框的“???”下拉列表中选择该指令的数据类型。

“标准化”指令的计算公式是：OUT =（VALUE – MIN）/（MAX – MIN），此公式对应的计算原理图如图 3-82 所示。

用一个例子来说明标准化指令，梯形图如图 3-83 所示。当 I0.0 闭合时，激活标准化指令，要标准化的 VALUE 存储在 MW10 中，VALUE 的范围是 0～27 648，VALUE 标准化的输出范围是 0～1.0。假设 MW10 中是 13 824，那么 MD16 中的标准化结果为 0.5。

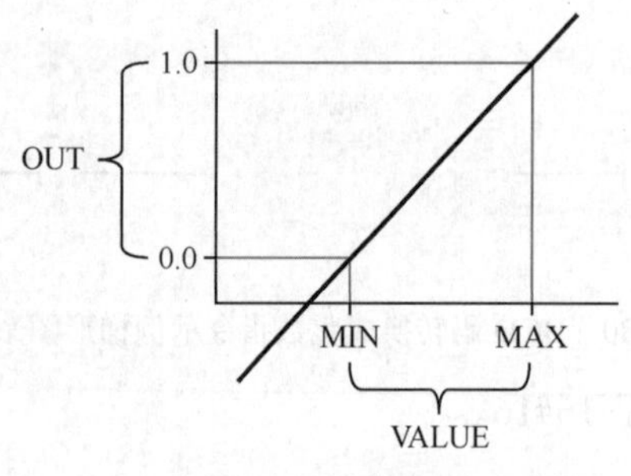

图 3-82　计算原理图

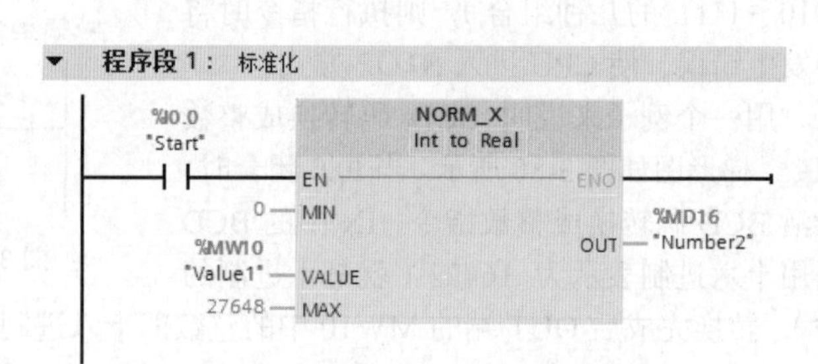

图 3-83　标准化指令示例梯形图

4. 缩放指令（SCALE_X）

使用缩放指令，通过将输入 VALUE 的值映射到指定的值范围来对其进行缩放。当执行缩放指令时，输入 VALUE 的浮点值会缩放到由参数 MIN 和 MAX 定义的值范围。缩放结果为整数，存储在 OUT 输出中。缩放指令和参数见表 3-30。

表 3-30　　缩放指令和参数

LAD	参数	数 据 类 型	说　明
SCALE_X ??? to ??? EN — ENO MIN　OUT VALUE MAX	EN	BOOL	允许输入
	ENO	BOOL	允许输出
	MIN	SInt, Int, DInt, USInt, UInt, UDInt, Real, LReal	取值范围的下限
	VALUE	Real,LReal	要标准化的值
	MAX	SInt, Int, DInt, USInt, UInt, UDInt, Real, LReal	取值范围的上限
	OUT	SInt, Int, DInt, USInt, UInt, UDInt, Real,LReal	标准化结果

注：可以从指令框的“???”下拉列表中选择该指令的数据类型。

“缩放”指令的计算公式是：OUT =［VALUE ×（MAX – MIN）］+ MIN，此公式对应的计算原理图如图 3-84 所示。

用一个例子来说明缩放指令，梯形图如图3-85所示。当I0.0闭合时，激活缩放指令，要标缩放的VALUE存储在MD10中，VALUE的范围是0～1.0，VALUE缩放的输出范围是0～27 648。假设MD10中是0.5，那么MW16中的缩放结果为13 824。

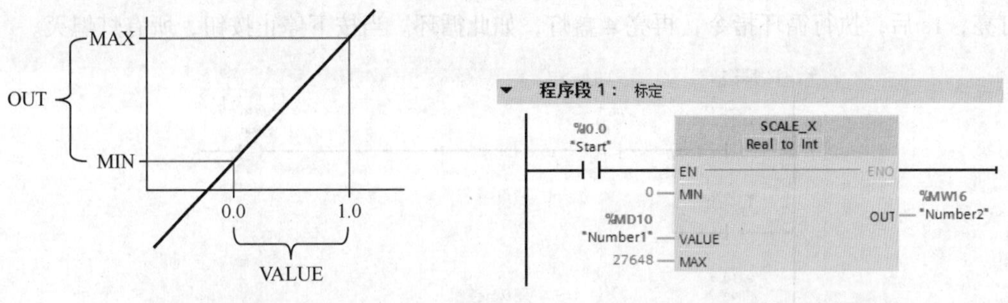

图3-84　计算原理图　　　　图3-85　缩放指令示例梯形图

标准化指令和缩放指令的使用大大简化了程序编写量，且通常成对使用，最常见的应用场合是AD和DA转换，PLC与变频器、伺服驱动系统通信的场合。

彩灯花样的控制

任务3-6　彩灯花样的控制

1．目的与要求

用S7-1200 PLC控制彩灯花样。

有16盏灯，PLC上电后按下启动按钮，1～4盏亮，1s后5～8盏亮，1～4盏灭，如此不断循环。当按下停止按钮，再按启动按钮，则从头开始循环亮灯。

通过完成此任务，了解一个PLC控制项目的实施的基本步骤，掌握移位、循环和比较指令的使用。

2．设计电气原理图

电气原理图如图3-86所示。VC是开关电源，将220V交流电转换成24V直流电，主要供PLC使用。

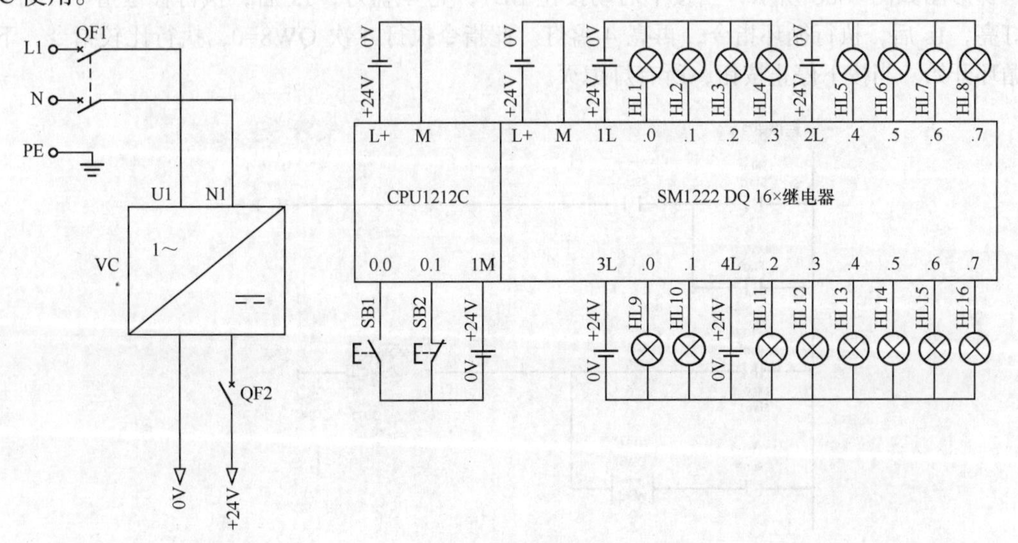

图3-86　电气原理图

3. 编写控制程序

（1）方法 1

梯形图如图 3-87 所示，当按下启动按钮 SB1，亮 4 盏灯，1s 后，执行循环指令，另外 4 盏灯亮，1s 后，执行循环指令，再亮 4 盏灯，如此循环。当按下停止按钮，所有灯熄灭。

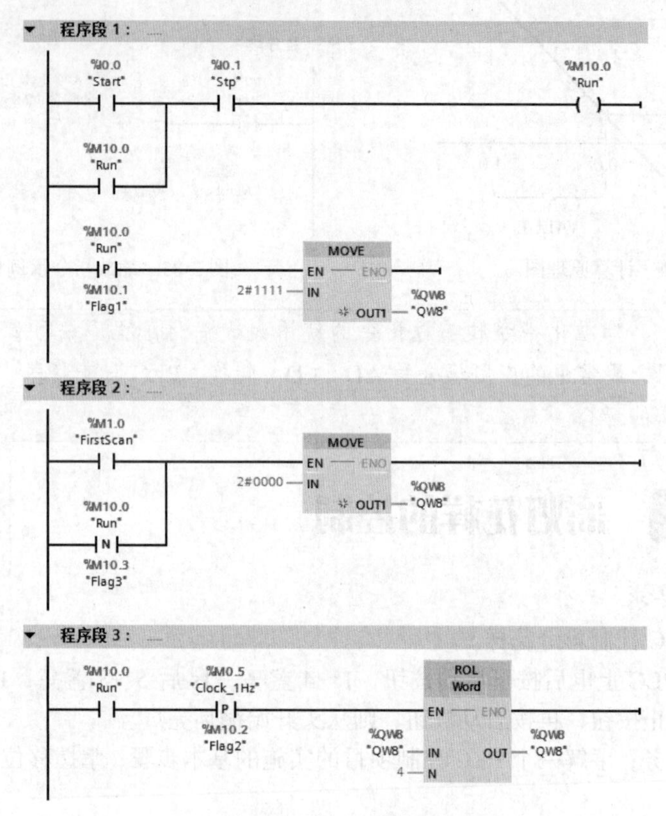

图 3-87　方法 1 梯形图

（2）方法 2

梯形图如图 3-88 所示，当按下启动按钮 SB1，亮 4 盏灯，1s 后，执行移位指令，另外 4 盏灯亮，1s 后，执行循环指令，再亮 4 盏灯。此指令执行 4 次 QW8=0，执行比较指令，下一个循环开始。当按下停止按钮，所有灯熄灭。

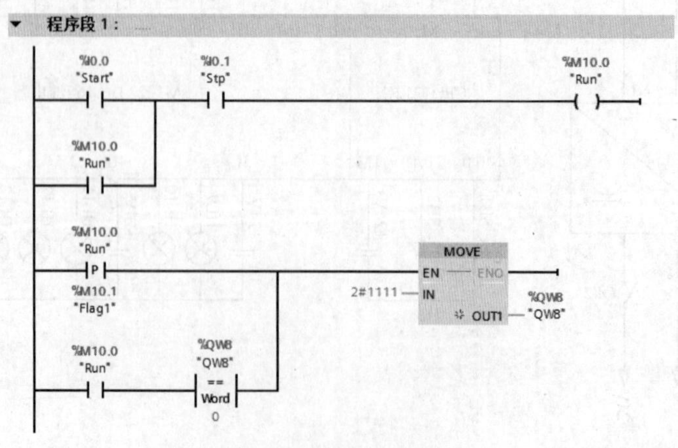

图 3-88　方法 2 梯形图

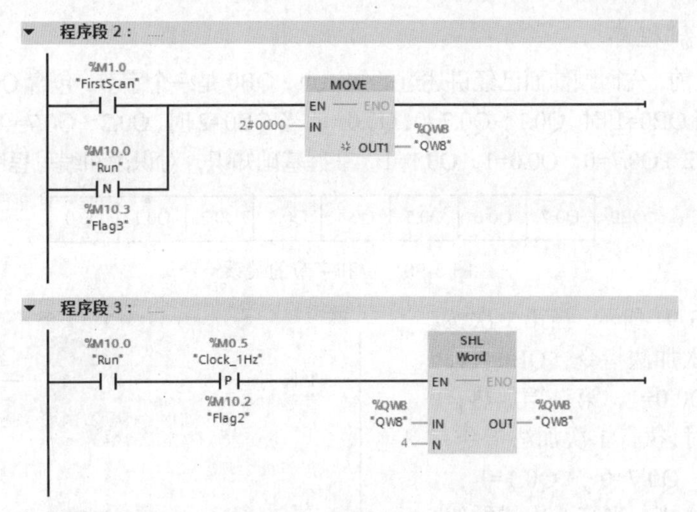

图3-88　方法2梯形图（续）

在工程项目中，移位和循环指令并不是必须使用的常用指令，但合理使用移位和循环指令会使得程序变得简洁。

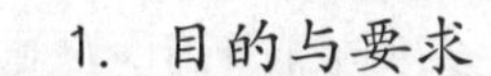

任务3-7　三挡电炉加热控制

1. 目的与要求

用S7-1200 PLC控制三挡电炉加热。

有一个电炉，加热功率有1 000W、2 000W和3 000W 3个挡次，电炉有1 000W和2 000W两种电加热丝。要求用一个按钮选择3个加热挡，当按一次按钮时，1 000W电阻丝加热，即第一挡；当按两次按钮时，2 000W电阻丝加热，即第二挡；当按三次按钮时，1 000W和2 000W电阻丝同时加热，即第三挡；当按四次按钮时停止加热。

通过完成此任务，了解一个PLC控制项目的实施的基本步骤，掌握数学函数指令的使用。

2. 设计电气原理图

电气原理图如图3-89所示。VC是开关电源将220V交流电转换成24V直流电，主要供PLC使用。

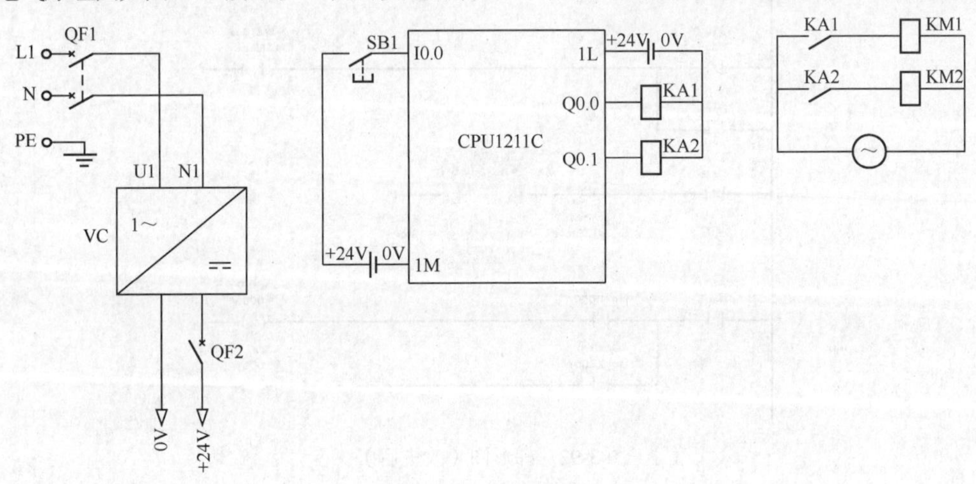

图3-89　电气原理图

3. 编写控制程序

在解释程序之前，先回顾前面已经讲述过的知识点，QB0 是一个字节，包含 Q0.0～Q0.7 共 8 位，如图 3-90 所示。当 QB0=1 时，Q0.1～Q0.7=0，Q0.0=1。当 QB0=2 时，Q0.2～Q0.7=0，Q0.1=1，Q0.0=0。当 QB0=3 时，Q0.2～Q0.7=0，Q0.0=1，Q0.1=1。掌握基础知识，对识读和编写程序至关重要。

QB0	Q0.7	Q0.6	Q0.5	Q0.4	Q0.3	Q0.2	Q0.1	Q0.0

图 3-90 位和字节的关系

梯形图如图 3-91 所示。当第 1 次按按钮时，执行 1 次加法指令，QB0=1，Q0.1～Q0.7=0，Q0.0=1，第一挡加热；当第 2 次按按钮时，执行 1 次加法指令，QB0=2，Q0.2～Q0.7=0，Q0.1=1，Q0.0=0，第二挡加热；当第 3 次按按钮时，执行 1 次加法指令，QB0=3，Q0.2～Q0.7=0，Q0.0=1，Q0.1=1，第三挡加热；当第 4 次按按钮时，执行 1 次加法指令，QB0=4，再执行比较指令，又当 QB0≥4 时，强制 QB0=0，关闭电加热炉。

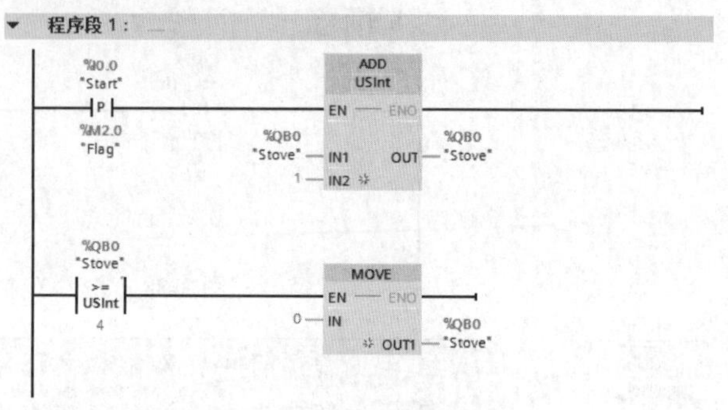

图3-91 梯形图

关键点

如图 3-91 所示的梯形图没有逻辑错误，但实际上有两处缺陷，一是上电时没有对 Q0.0～Q0.1 复位，二是浪费了 2 个输出点，这在实际工程应用中是不允许的。初学者在学习编写程序时，不能满足于实现功能即可，应追求“精益求精”，逐步形成“工程思维”，培养自己的“工匠精神”。

对图 3-91 所示的程序进行改进，如图 3-92 所示。

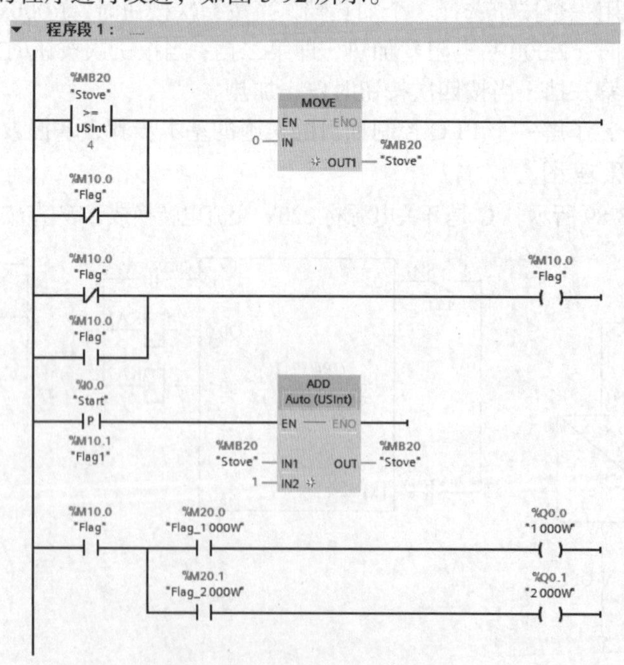

图 3-92 梯形图（改进后）

注：本项目程序中加指令（ADD）可以用递增指令（INC）代替。

3.7 数学函数指令、移位指令和循环指令

3.7.1 数学函数指令

数学函数指令及其应用

数学函数指令非常重要，主要包含加、减、乘、除、三角函数、反三角函数、乘方、开方、对数、求绝对值、求最大值和、求最小值和PID等指令，在模拟量的处理、PID控制等很多场合都要用到数学函数指令。下面介绍几种常用的指令

1. 加指令（ADD）

当允许输入端EN为高电平“1”时，输入端IN1和IN2中的整数相加，结果送入输出端OUT中。加的表达式是：IN1 + IN2 = OUT。加指令和参数见表3-31。

表3-31 加指令和参数

LAD	参数	数据类型	说明
ADD Auto (???) EN — ENO IN1 OUT IN2 ✲	EN	BOOL	允许输入
	ENO	BOOL	允许输出
	IN1	SInt, Int, DInt, USInt, UInt, UDInt, Real, LReal, 常数	相加的第1个值
	IN2		相加的第2个值
	INn		要相加的可选输入值
	OUT	SInt, Int, DInt, USInt, UInt, UDInt, Real, LReal	相加的结果

注意

可以从指令框的“???”下拉列表中选择该指令的数据类型。单击指令中的✲图标可以添加可选输入项。

用一个例子来说明加指令，梯形图如图3-93所示。当I0.0闭合时，激活加指令，IN1中的整数存储在MW10中，假设这个数为11，IN2中的整数存储在MW12中，假设这个数为21，整数相加的结果存储在OUT端的MW16中的数是42。由于没有超出计算范围，所以Q0.0输出为“1”。

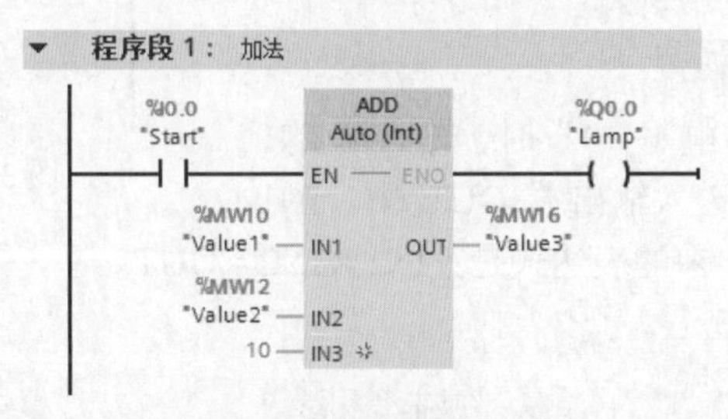

图3-93 加指令示例梯形图

学习小结

（1）同一数学函数指令最好使用相同的数据类型（即数据类型要匹配），不匹配只要不报错也是可以使用的，如图3-94所示，IN1和IN3输入端有小方框，就是表示数据类型不匹配但仍然可以使用（本例的IN3的地址MD26的数据类型是REAL，但仍然不报错，指令进行了隐形转换）。如果变量为红色则表示这种数据类型是错误的，例如IN4输入端就是错误的。

（2）错误的程序可以保存（有的PLC错误的程序不能保存）。

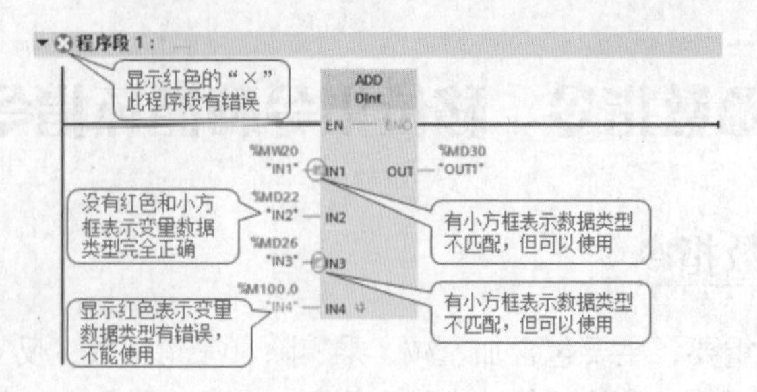

图 3-94　梯形图

2. 减指令（SUB）

当允许输入端 EN 为高电平“1”时，输入端 IN1 和 IN2 中的数相减，结果送入输出端 OUT 中。IN1 和 IN2 中的数可以是常数。减指令的表达式是：IN1 − IN2 = OUT。

减指令和参数见表 3-32。

表 3-32　减指令和参数

LAD	参数	数 据 类 型	说　明
SUB Auto (???) EN　ENO IN1　OUT IN2	EN	BOOL	允许输入
	ENO	BOOL	允许输出
	IN1	SInt, Int, DInt, USInt, UInt, UDInt, Real, LReal, 常数	被减数
	IN2	SInt, Int, DInt, USInt, UInt, UDInt, Real, LReal, 常数	减数
	OUT	SInt, Int, DInt, USInt, UInt, UDInt, Real, LReal	差

注意

可以从指令框的“???”下拉列表中选择该指令的数据类型。

用一个例子来说明减指令，梯形图如图 3-95 所示。当 I0.0 闭合时，激活双整数减指令，IN1 中的双整数存储在 MD10 中，假设这个数为 DINT#28，IN2 中的双整数为 DINT#8，双整数相减的结果存储在 OUT 端的 MD16 中的数是 DINT#20。由于没有超出计算范围，所以 Q0.0 输出为“1”。

程序段 1：减法
%I0.0 "Start" — SUB DInt (EN, ENO) — %Q0.0 "Lamp"
%MD10 "Value1" — IN1　OUT — %MD16 "Value2"
DINT#8 — IN2

图 3-95　减指令示例梯形图

3. 乘指令（MUL）

当允许输入端 EN 为高电平“1”时，输入端 IN1 和 IN2 中的数相乘，结果送入输出端 OUT 中。IN1 和 IN2 中的数可以是常数。乘的表达式是：IN1 × IN2 = OUT。

乘指令和参数见表 3-33。

表 3-33　乘指令和参数

LAD	参数	数 据 类 型	说　明
MUL Auto (???) EN　ENO IN1　OUT IN2 ✲	EN	BOOL	允许输入
	ENO	BOOL	允许输出
	IN1	SInt, Int, DInt, USInt, UInt, UDInt, Real, LReal, 常数	相乘的第 1 个值
	IN2		相乘的第 2 个值
	INn		要相乘的可选输入值
	OUT	SInt, Int, DInt, USInt, UInt, UDInt, Real, LReal	相乘的结果（积）

注意　可以从指令框的“???”下拉列表中选择该指令的数据类型。单击指令中的✲图标可以添加可选输入项。

用一个例子来说明乘指令，梯形图如图 3-96 所示。当 I0.0 闭合时，激活整数乘指令，IN1 中的整数存储在 MW10 中，假设这个数为 11，IN2 中的整数存储在 MW12 中，假设这个数为 11，整数相乘的结果存储在 OUT 端的 MW16 中的数是 242。由于没有超出计算范围，所以 Q0.0 输出为“1”。

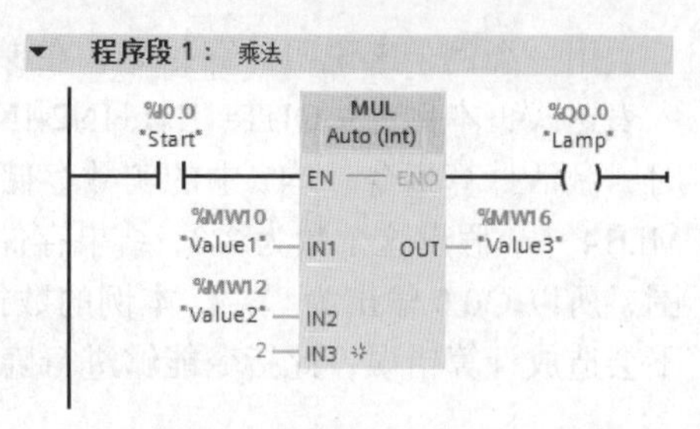

图 3-96　乘指令示例梯形图

4. 除指令（DIV）

当允许输入端 EN 为高电平“1”时，输入端 IN1 中的数除以 IN2 中的数，结果送入输出端 OUT 中。IN1 和 IN2 中的数可以是常数。除指令和参数见表 3-34。

表 3-34　除指令和参数

LAD	参数	数据类型	说　明
DIV Auto (???) EN ENO IN1 OUT IN2	EN	BOOL	允许输入
	ENO	BOOL	允许输出
	IN1	SInt, Int, DInt, USInt, UInt, UDInt, Real, LReal，常数	被除数
	IN2	SInt, Int, DInt, USInt, UInt, UDInt, Real, LReal，常数	除数
	OUT	SInt, Int, DInt, USInt, UInt, UDInt, Real, LReal	除法的结果（商）

注意　可以从指令框的“???”下拉列表中选择该指令的数据类型。

用一个例子来说明除指令，梯形图如图 3-97 所示。当 I0.0 闭合时，激活实数除指令，IN1 中的实数存储在 MD10 中，假设这个数为 10.0，IN2 中的双整数存储在 MD14 中，假设这个数为 2.0，实数相除的结果存储在 OUT 端的 MD18 中的数是 5.0。由于没有超出计算范围，所以 Q0.0 输出为“1”。

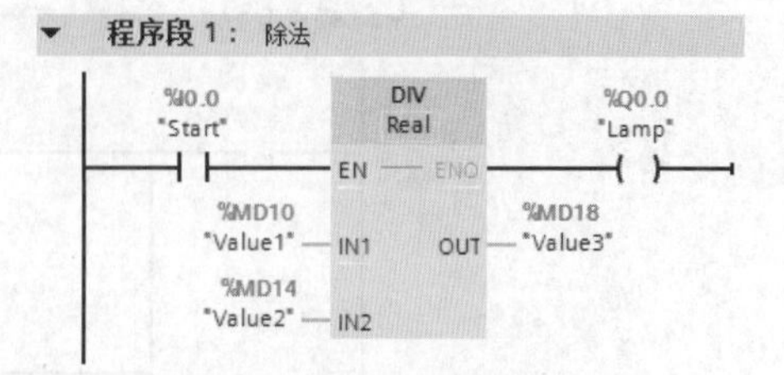

图 3-97　除指令示例梯形图

5. 计算指令（CALCULATE）

使用“计算”指令定义并执行表达式，根据所选数据类型计算数学运算或复杂逻辑运算，简而言之，就是把加、减、乘、除和三角函数的关系式用一个表达式进行计算，可以大幅减少程序量。计算指令和参数见表 3-35。

表 3-35　计算指令和参数

LAD	参数	数据类型	说　明
CALCULATE ??? EN ENO OUT := <???> IN1 OUT IN2 ✲	EN	BOOL	允许输入
	ENO	BOOL	允许输出
	IN1	SInt, Int, DInt, USInt, UInt, UDInt, Real, LReal, Byte, Word, DWord	第 1 输入
	IN2		第 2 输入
	INn		其他插入的值
	OUT		计算的结果

注意

（1）可以从指令框的“???”下拉列表中选择该指令的数据类型。

（2）上方的“计算器”图标可打开该对话框。表达式可以包含输入参数的名称和指令的语法。

用一个例子来说明计算指令，在梯形图中单击“计算器”图标，弹出图 3-98 所示界面，输入表达式，本例为：OUT=(IN1+IN2-IN3)/IN4。再输入梯形图程序如图 3-99 所示。当 I0.0 闭合时，激活计算指令，IN1 中的实数存储在 MD10 中，假设这个数为 12.0，IN2 中的实数存储在 MD14 中，假设这个数为 3.0，结果存储在 OUT 端的 MD18 中的数是 6.0。由于没有超出计算范围，所以 Q0.0 输出为“1”。本例的数据类型为 REAL，如加数 MD14 的数据类型为 DINT，也不会造成计算错误，此指令能够进行隐形转换。

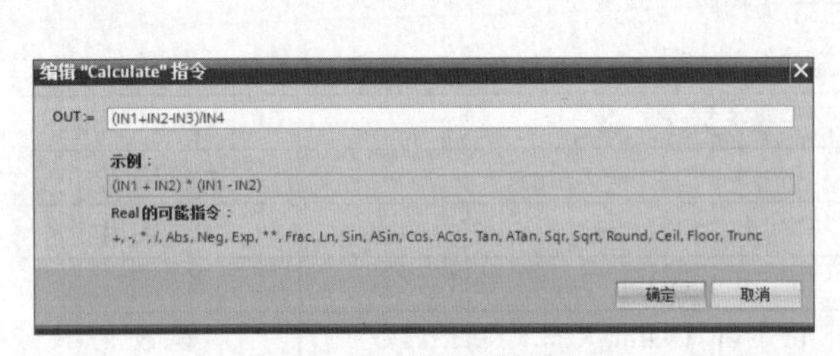

图 3-98　编辑计算指令

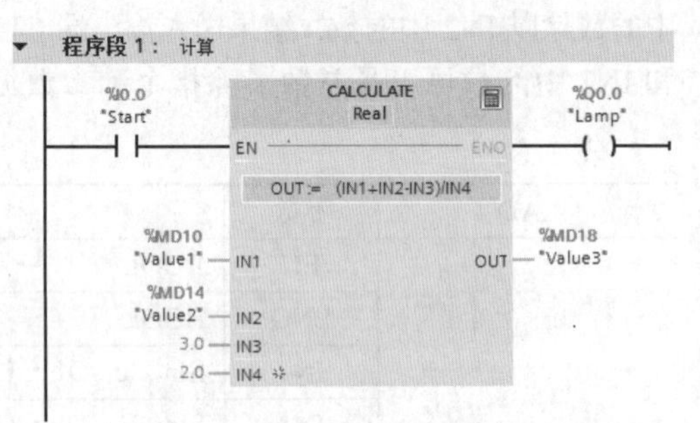

图 3-99　计算指令示例

【例 3-15】 将 53 英寸（in）转换成以毫米（mm）为单位的整数，请设计控制程序。

解：

1in=25.4mm，涉及实数乘法，先要将整数转换成实数，用实数乘法指令将以 in 为单位的长度变为以 mm 为单位的长度，最后四舍五入即可，梯形图如图 3-100 所示。

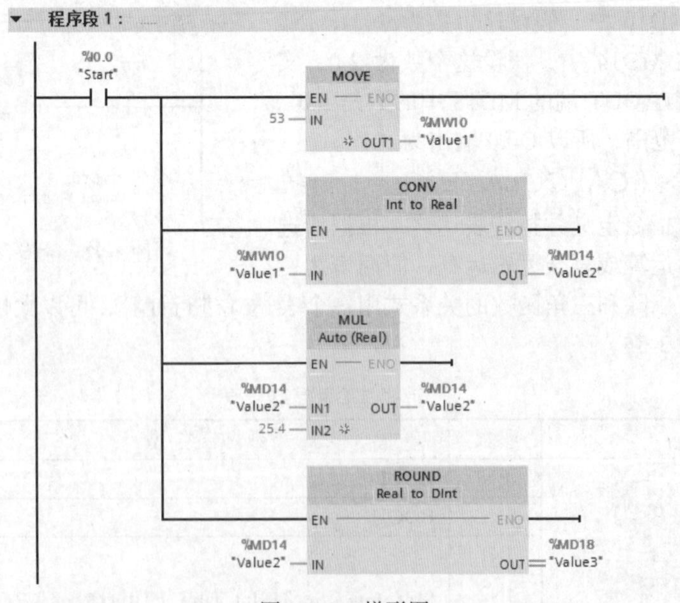

图 3-100　梯形图

6. 递增指令（INC）

使用递增指令将参数 IN/OUT 中操作数的值加 1。递增指令和参数见表 3-36。

表3-36 递增指令和参数

LAD	参　数	数据类型	说　明
	EN	BOOL	允许输入
	ENO	BOOL	允许输出
	IN/OUT	SInt, Int, DInt, USInt, UInt, UDInt	要递增的值

注意 可以从指令框的“???”下拉列表中选择该指令的数据类型。

用一个例子来说明递增指令，梯形图如图3-101所示。当I0.0闭合1次时，激活递增指令，IN/OUT中的双整数存储在MD10中，假设这个数执行指令前为10，执行指令后MD10加1，结果变为11。由于没有超出计算范围，所以Q0.0输出为“1”。

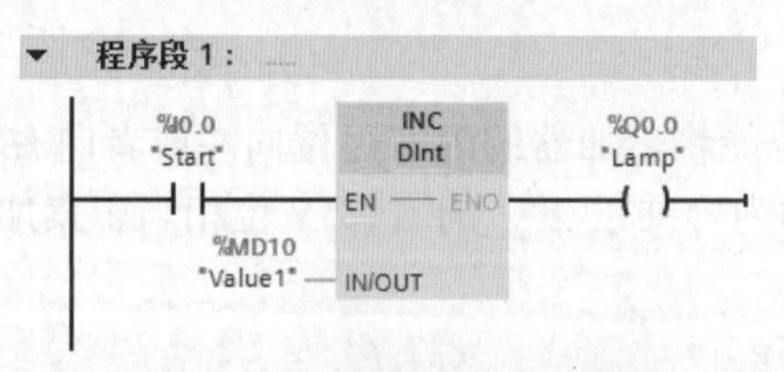

图3-101 递增指令示例梯形图

注意 有的PLC没有此指令，此指令可以用ADD指令取代。

7. 递减指令（DEC）

使用递减指令将参数IN/OUT中操作数的值减1。递减指令和参数见表3-37。

表3-37 递减指令和参数

LAD	参　数	数据类型	说　明
DEC ??? EN ENO IN/OUT	EN	BOOL	允许输入
	ENO	BOOL	允许输出
	IN/OUT	SInt, Int, DInt, USInt, UInt, UDInt	要递减的值

注意 可以从指令框的“???”下拉列表中选择该指令的数据类型。

用一个例子来说明递减指令，梯形图如图3-102所示。当I0.0闭合1次时，激活递减指令，IN/OUT中的整数存储在MW10中，假设这个数执行指令前为10，执行指令后MW10减1，结果变为9。由于没有超出计算范围，所以Q0.0输出为“1”。

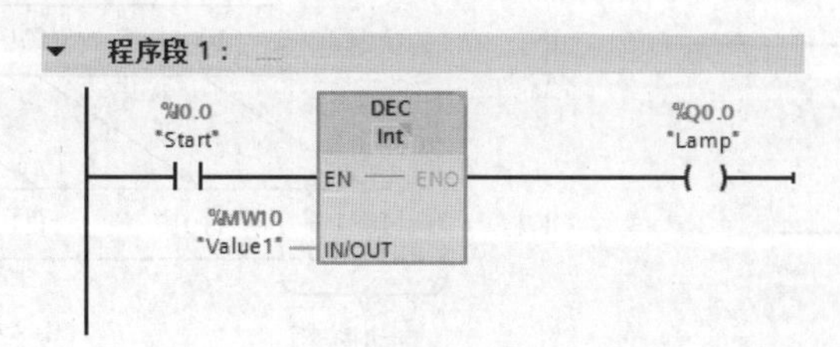

图3-102 递减指令示例梯形图

注意

有的 PLC 没有此指令，此指令可以用 SUB 指令取代。

数学函数中还有计算余弦、计算正切、计算反正弦、计算反余弦、取幂、求平方、求平方根、计算自然对数、计算指数值和提取小数等，由于都比较容易掌握，在此不再赘述。

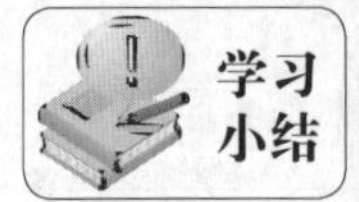

学习小结

数学函数指令使用比较简单，但初学者容易用错。有如下两点，请读者注意。

（1）参与运算的数据类型要匹配，不匹配则可能出错。

（2）数据都有范围，如整数函数运算的范围是−32 768～32 767，超出此范围则是错误的。

3.7.2 移位指令

TIA Portal 软件移位指令能将累加器的内容逐位向左或者向右移动。移动的位数由 N 决定。向左移 N 位相当于累加器的内容乘以 2^N，向右移 N 位相当于累加器的内容除以 2^N。移位指令在逻辑控制中使用也很方便。

1. 左移指令（SHL）

当左移指令的 EN 位为高电平“1”时，将执行移位指令，将 IN 端指定的内容送入累加器 1 低字中，并左移 N 端指定的位数，然后写入 OUT 端指令的目的地址中。左移指令和参数见表 3-38。

表 3-38　左移指令和参数

LAD	参　数	数 据 类 型	说　明
SHL ??? (EN, ENO, IN, OUT, N)	EN	BOOL	允许输入
	ENO	BOOL	允许输出
	IN	位字符串、整数	移位对象
	N	USINT, UINT, UDINT	移动的位数
	OUT	位字符串、整数	移动操作的结果

注意

可以从指令框的“???”下拉列表中选择该指令的数据类型。

用一个例子来说明左移指令，梯形图如图 3-103 所示。当 I0.0 闭合时，激活左移指令，IN 中的数存储在 MW10 中，假设这个数为 2#1001 1101 1111 1011，向左移 4 位后，OUT 端的 MW10 中的数是 2#1101 1111 1011 0000，左移指令示意如图 3-104 所示。

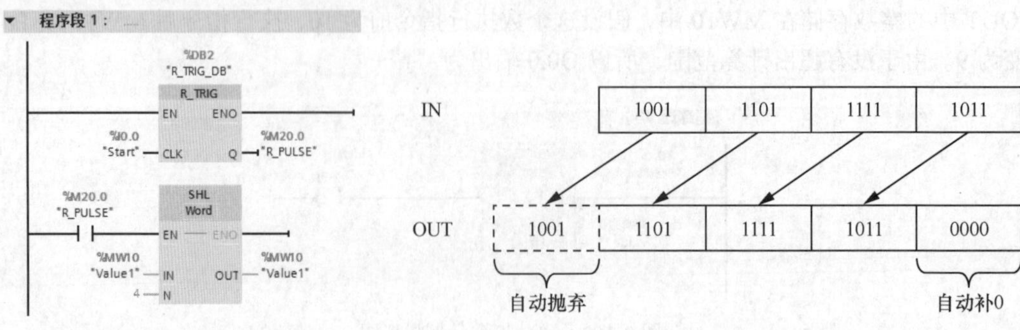

图 3-103　左移指令示例梯形图　　图 3-104　左移指令示意

图 3-103 中的程序有一个上升沿，这样 I0.0 每闭合一次，左移 4 位，若没有上升沿，那么闭合一次，可能左移很多次。这点容易忽略，读者要特别注意。

强调：移位指令一般都需要与上升沿指令配合使用。

2. 右移指令（SHR）

当右移指令的 EN 位为高电平“1”时，将执行移位指令，将 IN 端指令的内容送入累加器 1 低字中，并右移 N 端指定的位数，然后写入 OUT 端指令的目的地址中。右移指令和参数见表 3-39。

表 3-39　　右移指令和参数

LAD	参　数	数 据 类 型	说　明
SHR ??? (EN ENO, IN OUT, N)	EN	BOOL	允许输入
	ENO	BOOL	允许输出
	IN	位字符串、整数	移位对象
	N	USINT, UINT, UDINT	移动的位数
	OUT	位字符串、整数	移动操作的结果

可以从指令框的“???”下拉列表中选择该指令的数据类型。

用一个例子来说明右移指令，梯形图如图 3-105 所示。当 I0.0 闭合时，激活右移指令，IN 中的数存储在 MW10 中，假设这个数为 2#1001 1101 1111 1011，向右移 4 位后，OUT 端的 MW10 中的数是 2#0000 1001 1101 1111，右移指令示意图如图 3-106 所示。

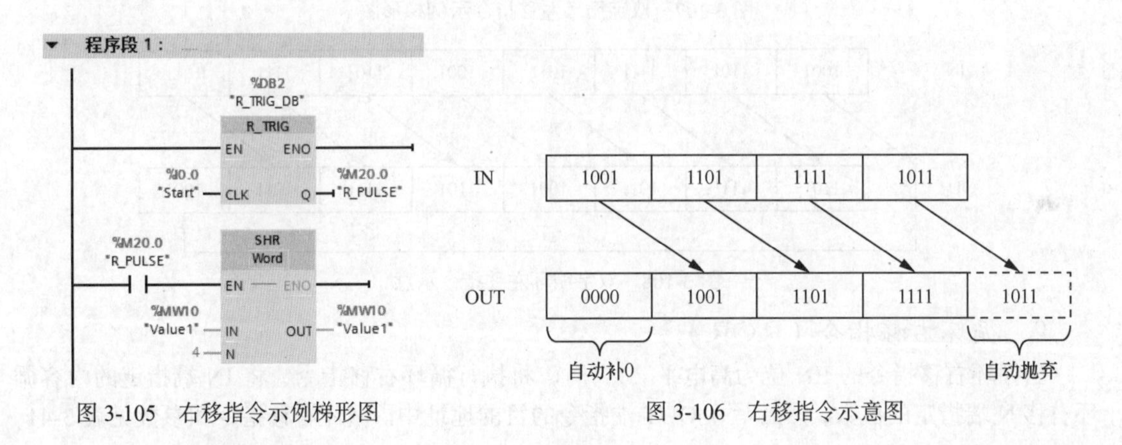

图 3-105　右移指令示例梯形图　　　　图 3-106　右移指令示意图

3.7.3 循环指令

1. 循环左移指令（ROL）

当循环左移指令的 EN 位为高电平“1”时，将执行循环左移指令，将 IN 端指定的内容循环左移 N 端指定的位数，然后写入 OUT 端指令的目的地址中。循环左移指令和参数见表 3-40。

表 3-40　　　　循环左移指令和参数

LAD	参　数	数 据 类 型	说　明
ROL ??? EN ENO IN OUT N	EN	BOOL	允许输入
	ENO	BOOL	允许输出
	IN	位字符串、整数	要循环移位的值
	N	USINT, UINT, UDINT	将值循环移动的位数
	OUT	位字符串、整数	循环移动的结果

注意

可以从指令框的“???”下拉列表中选择该指令的数据类型。

用一个例子来说明循环左移指令的应用，梯形图如图 3-107 所示。当 I0.0 闭合时，激活双字循环左移指令，IN 中的双字存储在 MD10 中，假设这个数为 2#1001 1101 1111 1011 1001 1101 1111 1011，除最高 4 位外，其余各位向左移 4 位后，双字的最高 4 位，循环到双字的最低 4 位，结果是 OUT 端的 MD10 中的数是 2#1101 1111 1011 1001 1101 1111 1011 1001，其示意如图 3-108 所示。

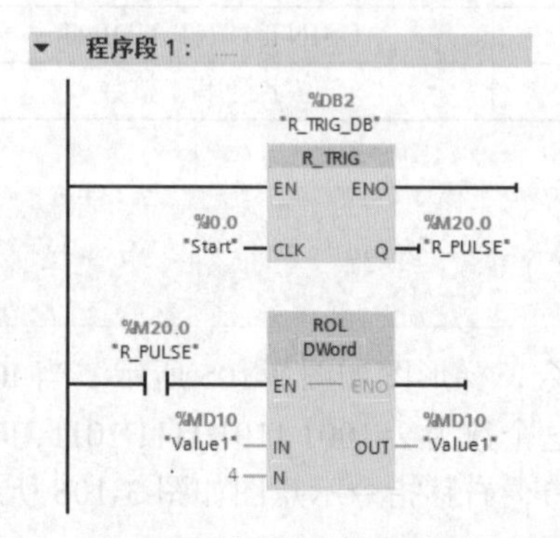

图 3-107　双字循环左移指令示例梯形图

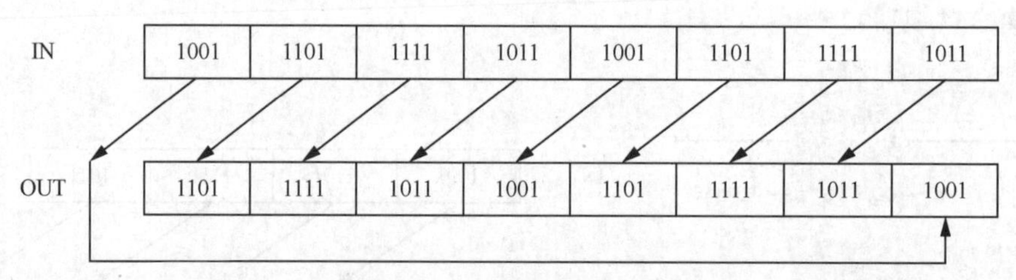

图 3-108　双字循环左移指令示意

2. 循环右移指令（ROR）

当循环右移指令的 EN 位为高电平“1”时，将执行循环右移指令，将 IN 端指定的内容循环右移 N 端指定的位数，然后写入 OUT 端指令的目的地址中。循环右移指令和参数见表 3-41。

表 3-41　　　　循环右移指令和参数

LAD	参　数	数 据 类 型	说　明
ROR ??? EN ENO IN OUT N	EN	BOOL	允许输入
	ENO	BOOL	允许输出
	IN	位字符串、整数	要循环移位的值
	N	USINT, UINT, UDINT, ULINT	将值循环移动的位数
	OUT	位字符串、整数	循环移动的结果

可以从指令框的“???”下拉列表中选择该指令的数据类型。

用一个例子来说明循环右移指令的应用，梯形图如图3-109所示。当I0.0闭合时，激活双字循环右移指令，IN中的双字存储在MD10中，假设这个数为2#1001 1101 1111 1011 1001 1101 1111 1011，除最低4位外，其余各位向右移4位后，双字的最低4位，循环到双字的最高4位，结果是OUT端的MD10中的数是2#1011 1001 1101 1111 1011 1001 1101 1111，其示意如图3-110所示。

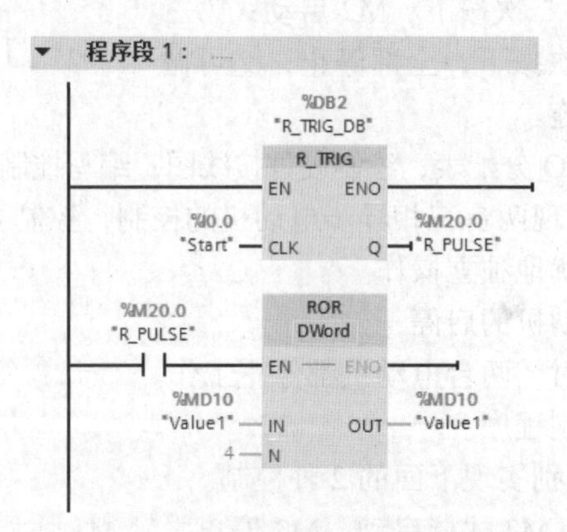

图3-109 双字循环右移指令示例梯形图

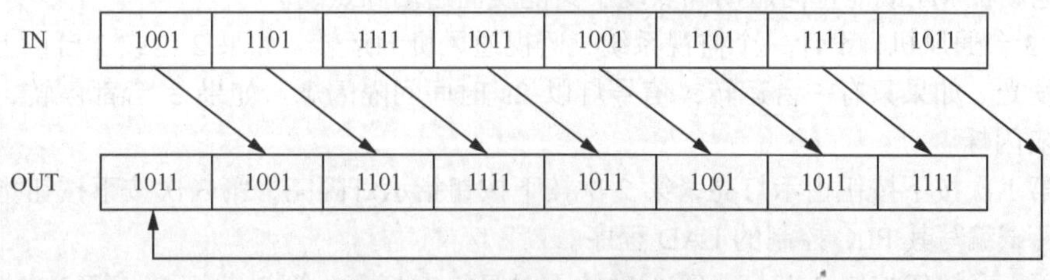

图3-110 双字循环右移指令示意

习题

一．问答题

1. 将16#33FF转换成二进制数，将2#11001111转换成十六进制数。

2. 将255转换成BCD码，将BCD码16#255转化成十进制数。

3. S7-1200 PLC支持哪些编程语言？

4. 下列S7-1200 PLC中的哪些能下载？

（1）变量表；（2）程序；（3）硬件组态；（4）程序注释；（5）监控表；（6）UDT（PLC数据类型）。

二．编程题

1. 若系统中有4个输入，其中任何一个输入打开时，系统的传送机启动，系统中另有3个故障检测输入开关，若其中任何一个有输入时传送机即停止工作。

2. 用置位和复位指令编写电动机正反转的程序。

3. 设计一个3个按钮控制一个灯的电路，要求3个按钮位于不同位置。按任意一个按钮灯

亮，再按任意一个按钮灯灭。

4. 设计出满足图 3-111 所示时序图的梯形图。

5. 试编制程序实现下述控制要求：用一个开关控制 3 个灯的亮灭。开关闭合一次一盏灯点亮；开关闭合两次两盏灯点亮；开关闭合 3 次 3 盏灯点亮；开关闭合 4 次 3 盏灯全灭；开关再闭合一次一盏灯又点亮……如此循环。

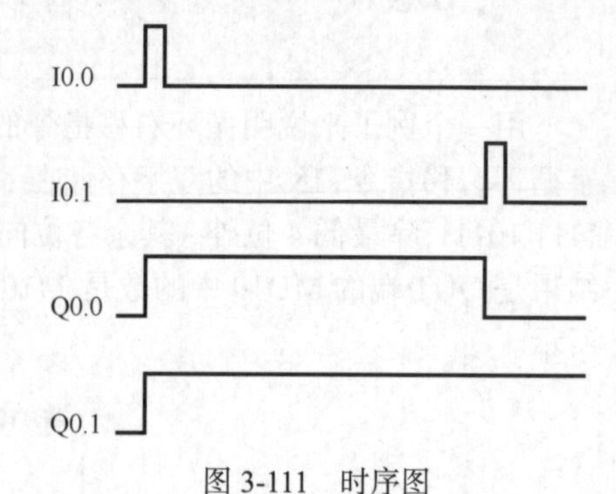

图 3-111　时序图

6. 有 4 台电动机，用一只按钮控制。控制要求如下：①第一次按下，M1 启动；第二次按下，M2 启动；第三次按下，M3、M4 启动；再次按下，全部停止；②可循环控制；③有必要的保护措施。

请根据控制要求，列写 I/O 分配表；绘制硬件接线图；编写控制程序并调试，实现控制功能。

7. 用可编程序控制器实现两台三相异步电动机的控制，控制要求如下。

（1）两台电动机互不干扰地独立操作。

（2）能同时控制两台电动机的启停。

（3）当一台电动机过载时，两台电动机都停止工作。

试画出接线图，编写控制程序。

8. 用可编程序控制器分别实现下面的 2 种控制。

（1）电动机 M1 启动后，M2 才能启动，M2 停止之后 M1 才能停止。

（2）电动机 M1 既能正向启动和点动，又能反向启动和点动。

9. 有 3 台通风机，设计一个监视系统，监视通风机的运转，如果 2 台或 2 台以上运转，信号灯持续发光。如果只有一台运转，信号灯以 2s 时间间隔闪烁。如果 3 台都停转，信号灯以 1s 时间间隔闪烁。

10. 第 1 次按下按钮指示灯亮，第 2 次按下按钮指示灯闪亮，第 3 次按下按钮指示灯灭，如此循环，试编写其 PLC 控制的 LAD 程序。

11. 用一个按钮控制 2 盏灯，第 1 次按下时第 1 盏灯亮，第 2 盏灯灭；第 2 次按下时第 1 盏灯灭，第 2 盏灯亮；第 3 次按下时 2 盏灯都灭。

12. 编写 PLC 控制程序，使 Q0.0 输出周期为 5s，占空比为 20%的连续脉冲信号。

13. 用移位指令构成移位寄存器，实现广告牌字的闪耀控制。用 HL1～HL4 4 盏灯分别照亮“欢迎光临”4 个字，广告牌字闪耀控制要求见表 3-42，每步间隔时间 1s。

表 3-42　广告牌字闪耀控制要求

流　程	1	2	3	4	5	6	7	8
HL1	√				√		√	
HL2		√			√		√	
HL3			√		√		√	
HL4				√	√		√	

14. 有 3 台电动机相隔 5s 启停，各运行 20s 后依次停止运行。使用传送指令和比较指令完成控制要求。

15. 编写一段程序，将 MB100 开始的 20 个字的数据传送到 MB200 开始的存储区。

16. 现有 3 台电动机 M1、M2、M3，要求按下启停按钮 I0.0 后，电动机按顺序启停（M1 启停，接着 M2 启停，最后 M3 启停），按下停止按钮 I0.1 后，电动机按顺序停止（M3 先停止，

接着 M2 停止，最后 M1 停止），启停时间间隔都是 1s。试设计其梯形图。

17. 如图 3-112 所示，若传送带上 20s 内无产品通过则报警，并接通 Q0.0。试画出梯形图并写出指令表。

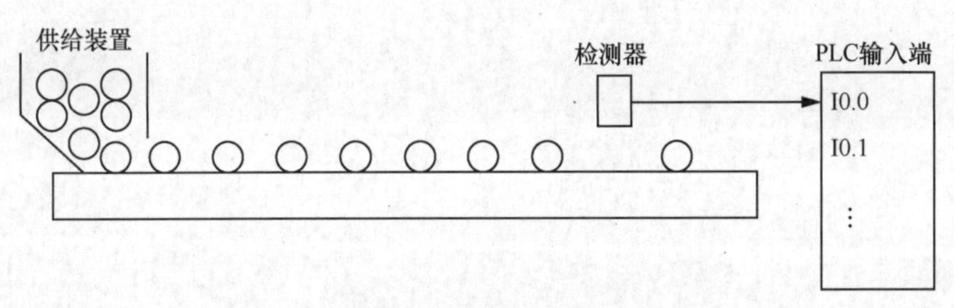

图 3-112　习题 17 附图

18. 如图 3-113 所示为两组带机组成的原料运输自动化系统，该自动化系统的启停顺序为：盛料斗 D 中无料，先启停带机 C，5s 后再启停带机 B，经过 7s 后再打开电磁阀 YV，该自动化系统停机的顺序恰好与启停顺序相反。试完成梯形图设计。

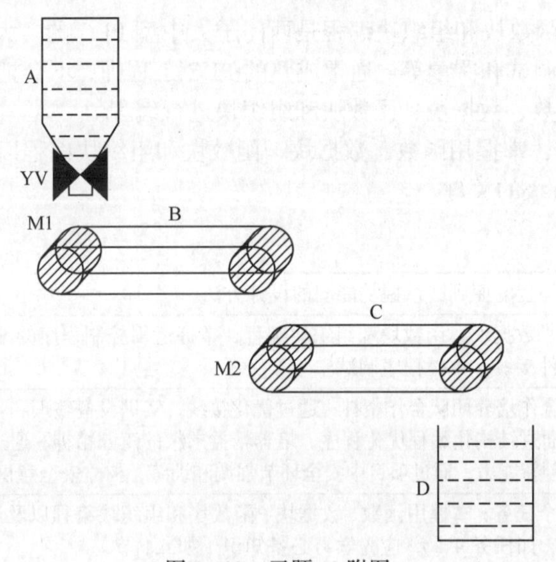

图 3-113　习题 18 附图

S7-1200 PLC 的程序结构与编程方法应用

用函数、数据块、函数块和组织块编程是西门子大中型 PLC 的一大特色，可以使程序结构优化，便于程序设计、调试和阅读等。通常成熟的 PLC 工程师，不会把所有的程序都写在主程序中，而会合理使用函数、数据块、函数块和组织块进行编程。

通过完成 5 个任务，掌握用函数、数据块、函数块和组织块编程以及逻辑控制程序的编程方法。本项目是 PLC 晋级的关键。

学习提纲

知识目标	掌握梯形图编程的原则，掌握功能图的设计方法
技能目标	掌握用函数、数据块、函数块和组织块编程，掌握逻辑控制程序的编程方法，掌握电气原理图的设计和硬件接线，掌握程序调试
素质目标	通过小组内合作培养团队合作精神；通过优化接线、实训设备整理和环境清扫，培养绿色环保和节能意识；通过结构化编程优化程序，培养精益求精的工匠精神；通过“一题多解”培养读者的逻辑思维和创新能力；通过项目中安全环节强调和训练，树立安全意识，并逐步形成工程思维
学习方法	通过完成 5 个任务，掌握用函数、数据块、函数块和组织块编程以及逻辑控制程序的编程方法。完成任务前（如任务 4-1），应先学习必备知识（如 4.1 节）
建议课时	12 课时

任务 4-1　三相异步电动机正反转控制

三相异步电动机正反转控制-用 FC 实现

1. 目的与要求

用 S7-1200 PLC 控制一台三相异步电动机的正反转，要求使用函数。

通过完成该任务，了解一个 PLC 控制项目实施的基本步骤，掌握函数的编程方法。

2. 设计电气原理图

电气原理图如图 4-1 所示，图 4-1（a）所示的是主回路，QF1～QF4 是断路器，起通断电路、短路保护和过载保护作用。由于使用了 QF2，所以不需要使用热继电器，当电动机功率比控制回路功率大较多时（如电动机功率为 7.5kW，而控制回路功率只有 100W），QF2 也可以不配置；TC 是控制变压器，将 380V 变成 220V，V2 和 W2 端子上是 220V 交流电；VC 是开关电

源，将 220V 交流电转换成 24V 直流电，主要供 PLC 使用。图 4-1（b）为控制回路。

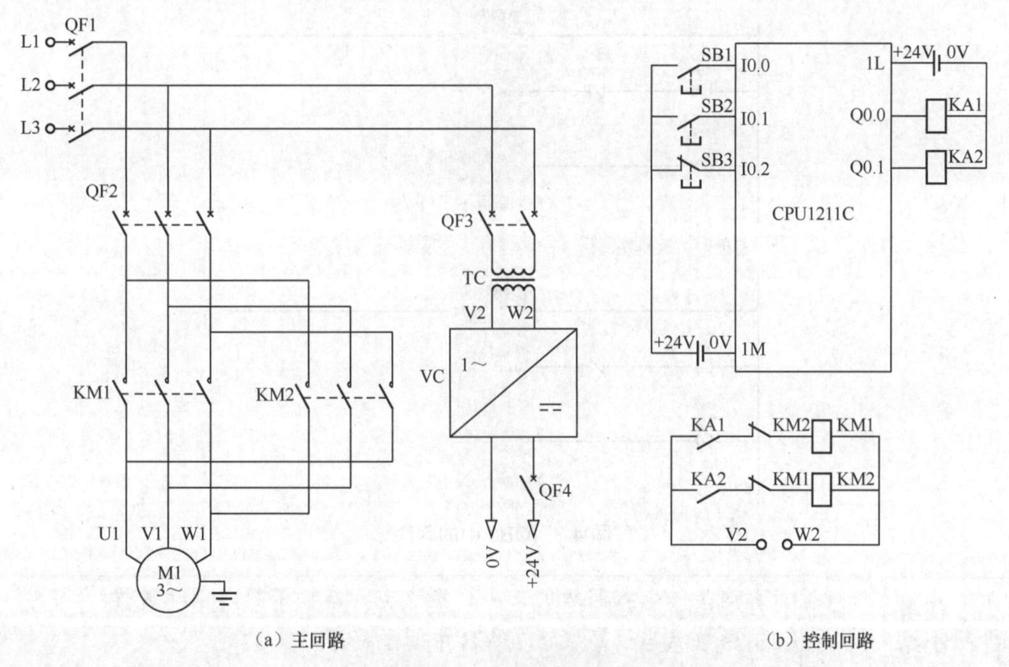

（a）主回路　　　　（b）控制回路

图 4-1　电气原理图

（1）图 4-1 中，停止按钮 SB2 为常闭触点，主要基于安全原因设计，是符合工程规范的，不应设计为常开触点。

（2）在硬件回路中 KM1 和 KM2 的常闭触点起互锁作用，不能省略，省略后，当一个接触器的线圈断电后，其触点没有及时断开时，会造成短路。特别注意，仅依靠程序中的互锁，并不能保证避免发生短路故障。

3. 编写控制程序

FC1 中的程序和参数表如图 4-2 所示，注意#Stp 带“#”，表示此变量是区域变量。如图 4-3 所示，OB1 中的程序是主程序，“Stp”（I0.2）是常闭触点（“Stp”是带引号的，表示全局变量），与图 4-1 中的 SB2 的常闭触点对应。注意，#Motor 既有常开触点输入，又有线圈输出，所以是输入输出变量，不能用输出变量代替。

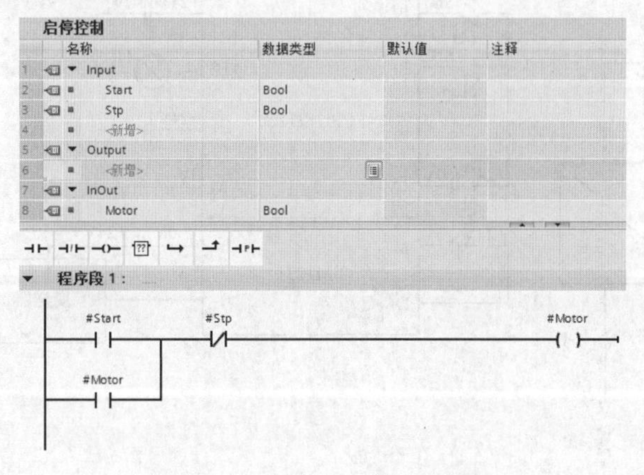

图 4-2　FC1 中的程序和参数表

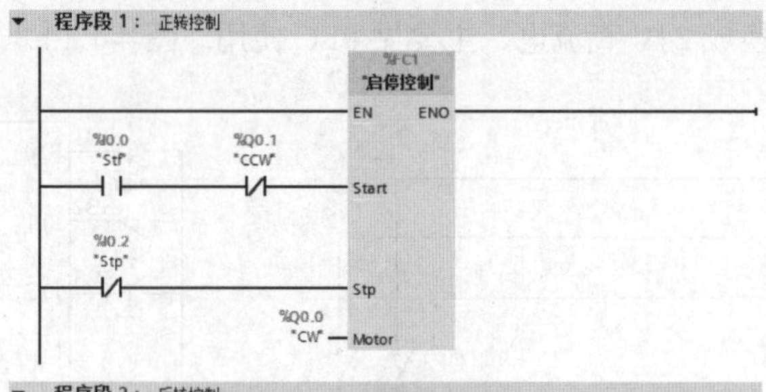

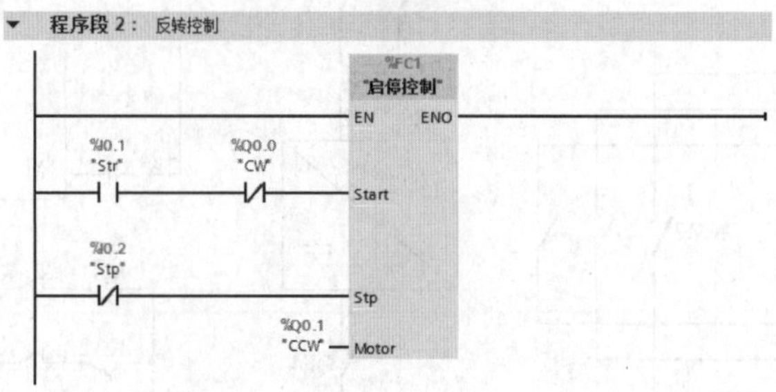

图 4-3　OB1 中的程序

（1）这是一个入门级的任务，重点在于掌握函数的创建过程。

（2）函数相当于高级语言 VB 中的子程序。

任务 4-2　数字滤波控制程序设计

数字滤波控制程序设计-用 FC 实现

1. 目的与要求

要求用 S7-1200 PLC 进行数字滤波。某系统采集一路模拟量（温度），温度传感器的测量范围是 0～100℃，要求对温度值进行数字滤波，算法是：把最新的 3 次采样数值相加，取平均值，即是最终温度值，当温度超过 90℃时报警，每 100ms 采集一次温度。

通过完成该任务，了解数字滤波的原理，掌握函数和组织块的应用。

2. 设计电气原理图

电气原理图如图 4-4 所示。

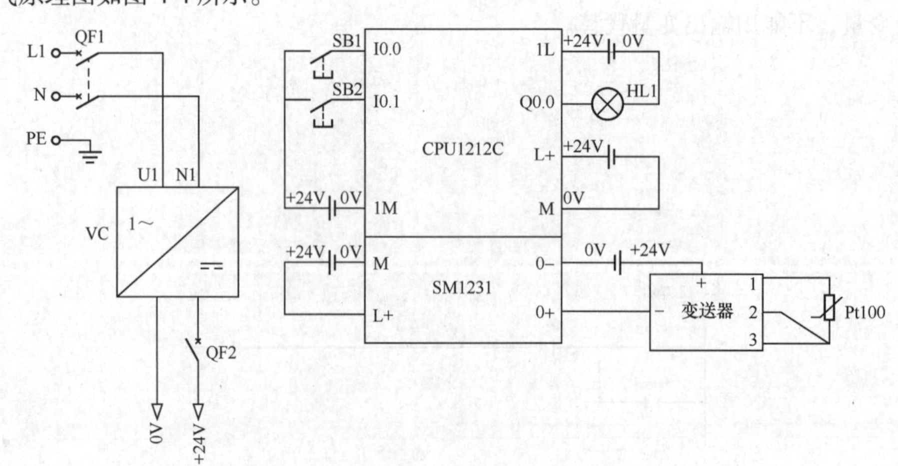

图 4-4　电气原理图

3. 编写控制程序

（1）数字滤波的程序是 FC1，先创建一个空的函数，打开函数，并创建输入参数“GatherV”，就是采样输入值；创建输出参数“ResultV”，就是数字滤波的结果；创建临时变量参数“Valve1”“TEMP1”，临时变量参数既可以在方框的输入端，也可以在方框的输出端，应用也比较灵活，如图 4-5 所示。

FC1

	名称	数据类型	默认值
1	▼ Input		
2	▪ GatherV	Int	
3	▼ Output		
4	▪ ResultV	Real	
5	▼ InOut		
6	▪ <新增>		
7	▼ Temp		
8	▪ Value1	Int	
9	▪ TEMP1	Real	

图 4-5　新建参数

（2）在 FC1 中，编写滤波梯形图，如图 4-6 所示。

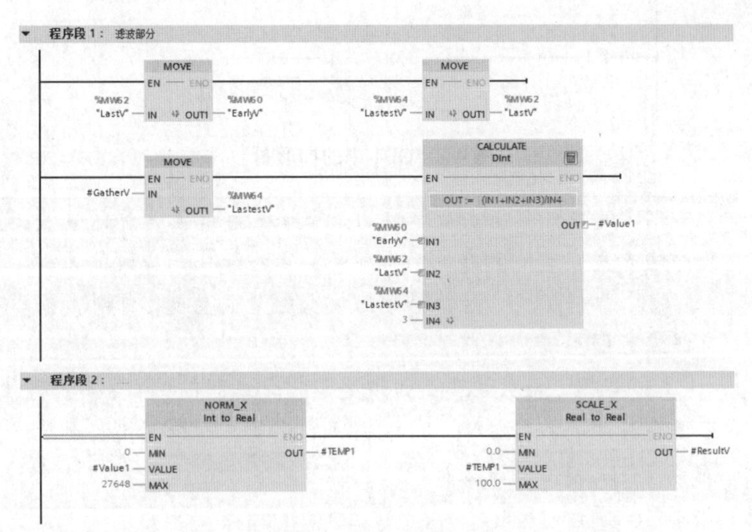

图 4-6　FC1 中的梯形图

（3）在 OB30 中，编写梯形图如图 4-7 所示。由于温度变化较慢，没有必要每个扫描周期都采集一次，因此温度采集程序在 OB30 中，每 100ms 采集一次，更加合适。

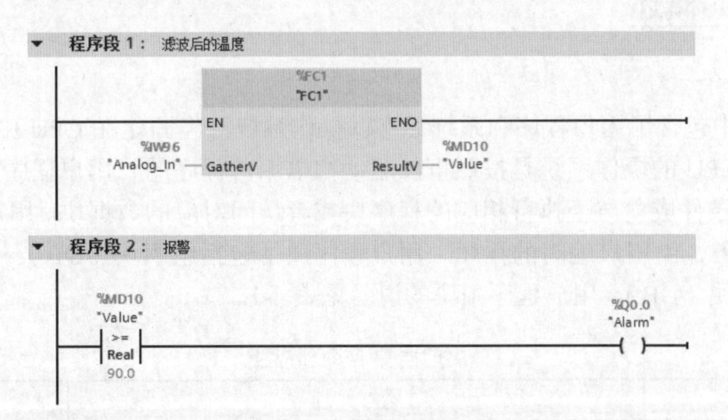

图 4-7　OB30 中的梯形图

（4）在 OB1 中，编写梯形图如图 4-8 所示。主要用于对循环中断的启动和停止控制。当按下 SB1 按钮，MD20 中的周期为 100 000μs，OB30 的扫描周期为 100 000μs（即 100ms）；当按下 SB2 按钮，MD20 中的周期为 0，OB30 停止扫描。

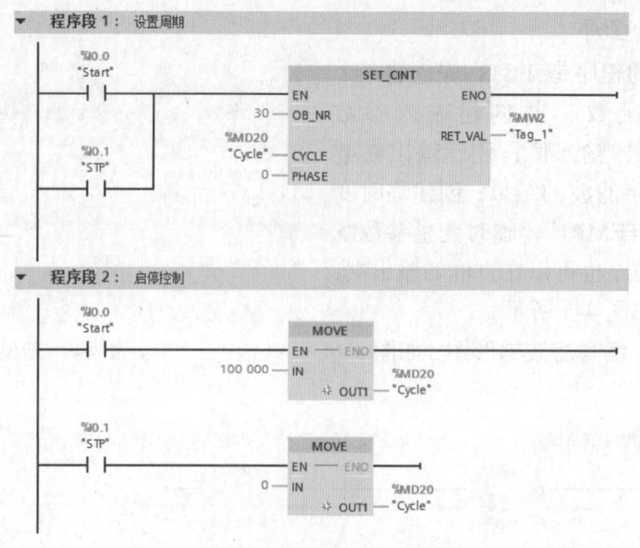

图 4-8　OB1 中的梯形图

（1）完成该任务，最重要的是理解数字滤波程序的算法，算法就是编写程序的方案，有的复杂的工程项目，算法往往是成败的关键。

（2）本任务中，函数参数的数据类型很重要，如果数据类型不正确，不可能编写出正确的程序。

（3）函数、函数块和组织块是结构化编程的核心，不仅可优化程序结构，还提高程序的执行效率。追求程序的优化，不是仅仅实现功能，有利于培养读者精益求精的工匠精神。

4.1　块、函数和组织块

4.1.1　块的概述

1. 块的简介

在操作系统中包含了用户程序和系统程序，操作系统已经固化在 CPU 中，提供 CPU 运行和调试的机制。CPU 的操作系统是按照事件驱动扫描用户程序的。用户程序写在不同的块中，CPU 按照执行的条件成立与否执行相应的程序块或者访问对应的数据块。用户程序则是为了完成特定的控制任务，由用户编写的程序。用户程序通常包括组织块（OB）、函数（FC）、函数块（FB）和数据块（DB）。用户程序中块的说明见表 4-1。

表 4-1　用户程序中块的说明

块的类型	属　性	备　注
组织块	● 用户程序接口 ● 中断的优先级（2～26） ● 在局部数据堆栈中指定开始信息	
函数	● 参数可分配（必须在调用时分配参数） ● 没有存储空间（只有临时局部数据）	过去称功能

续表

块的类型	属　性	备　注
函数块	● 参数可分配（可以在调用时分配参数） ● 具有（收回）存储空间（静态局部数据）	过去称功能块
数据块	● 结构化的局部数据存储（背景数据块） ● 结构化的全局数据存储（在整个程序中有效）	

2. 块的结构

块由参数声明表和程序组成。每个逻辑块都有参数声明表，参数声明表是用来说明块的局部数据。而局部数据包括参数和局部变量两大类。在不同的块中可以重复声明和使用同一局部数据，因为它们在每个块中仅有效一次。

局部数据包括两种：静态局部数据和临时局部数据。

参数是在调用块与被调用块之间传递的数据，包括输入、输出和输入/输出参数。表 4-2 所示为局部数据声明类型。

表 4-2　局部数据声明类型

局部数据名称	声　明	说　明
输入参数	Input	为调用模块提供数据，输入给逻辑模块
输出参数	Output	从逻辑模块输出数据结果
输入/输出参数	In_Out	参数值既可以输入，也可以输出
静态局部数据	Static	静态局部数据存储在背景数据块中，块调用结束后，变量被保留
临时局部数据	Temp	临时局部数据存储在 L 堆栈中，块执行结束后，变量消失

图 4-9 所示为块调用的分层结构的一个例子，OB1（主程序）调用 FB1，FB1 调用 FB10，OB1（主程序）调用 FB2，FB2 调用 FC5，FC5 调用 FC10。

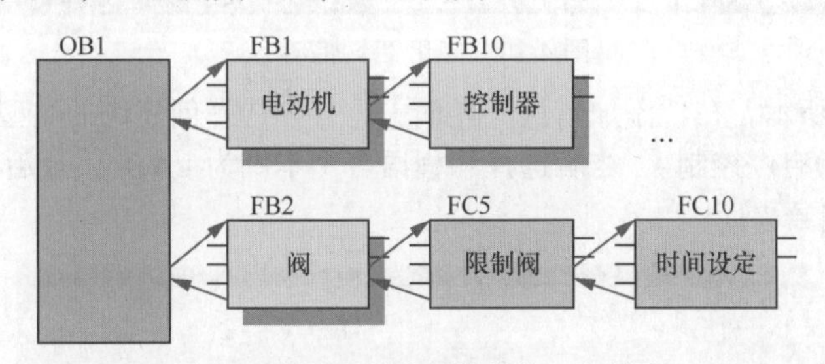

图 4-9　块调用的分层结构的一个例子

4.1.2　函数及其应用

函数（FC）及其应用

1. 函数简介

（1）函数是用户编写的程序块，是不带存储器的代码块。由于没有可以存储块参数值的数据存储器，因此，调用函数时，必须给所有形参分配实参。

（2）FC 里有一个局域变量表和块参数。局域变量表里有：Input（输入参数）、Output（输出参数）、In_Out（输入/输出参数）、Temp（临时局部数据）、Return（返回值 Ret_Val）。Input 将数据传递到被调用的块中进行处理。Output 将结果传递到调用的块中。In_Out 将数据传递到被调用的块中，在被调用的块中处理数据后，再将被调用的块中发送的结果存储在相同的变量中。Temp（由 L 存储）是块的本地数据，并且在处理块时将其存储在本地数据堆栈。关闭并完成处理后，Temp 就不再可访问。Return 包含返回值 Ret_Val。

2. 函数的应用

函数类似于 VB 语言中的子程序，用户可以将具有相同控制过程的程序编写在 FC 中，然后在主程序 Main[OB1]中调用。创建函数的步骤是：先建立一个项目，再在 TIA Portal 软件项目视图的项目树中选中“已经添加的设备”（如：PLC_1）→“程序块”→“添加新块”，即可弹出要插入函数的界面。以下用一个例题介绍函数的应用。

【例 4-1】 用 FC 实现电动机的启停控制。

解：

（1）新建一个项目，本例为“启停控制（FC）”。在 TIA Portal 软件项目视图的项目树中，选中并单击已经添加的设备“PLC_1”→“程序块”→“添加新块”选项，如图 4-10 所示，弹出添加块界面。

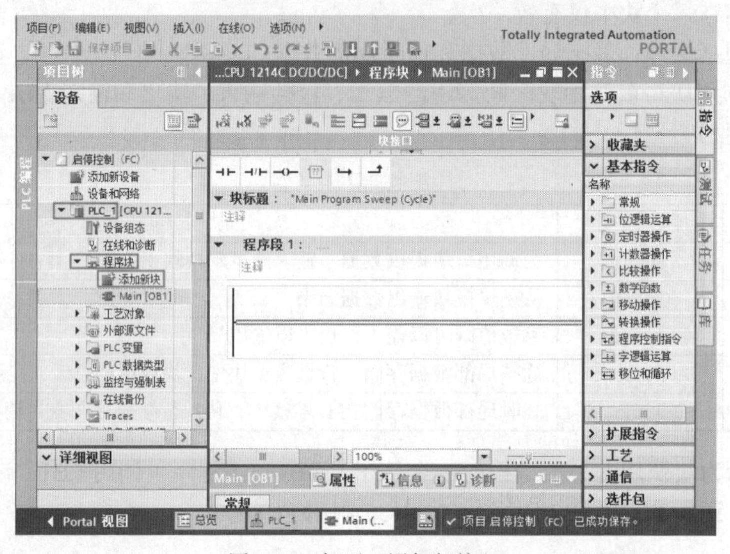

图 4-10 打开“添加新块”

（2）如图 4-11 所示，在“添加新块”界面中，首先选择创建块的类型为“函数”，再输入函数的名称（本例为启停控制），之后选择编程语言（本例为 LAD），最后单击“确定”按钮，弹出函数的程序编辑器界面。

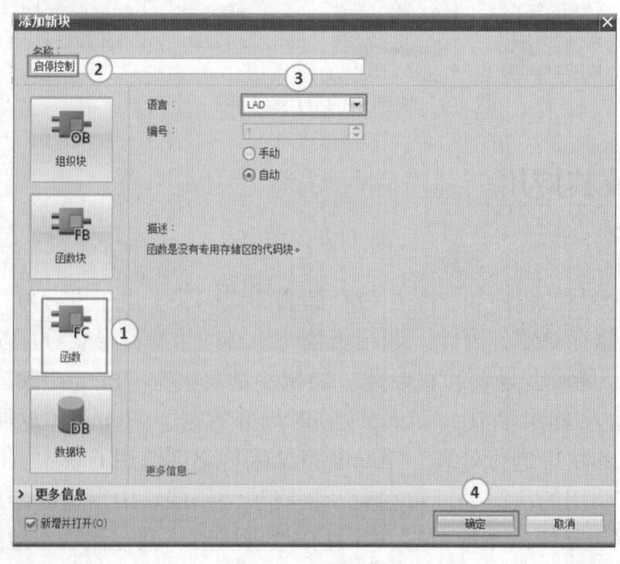

图 4-11 添加新块

（3）在 TIA Portal 软件项目视图的项目树中，双击函数块“启停控制 1（FC）”，打开函数，弹出“程序编辑器”界面，先选中 Input，新建参数“Start”和“Stop1”，数据类型为“Bool”。再选中 InOut（输入/输出参数），新建参数“Motor”，数据类型为“Bool”，如图 4-12 所示。最后在程序段 1 中输入程序，如图 4-13 所示，注意参数前都要加“#”。

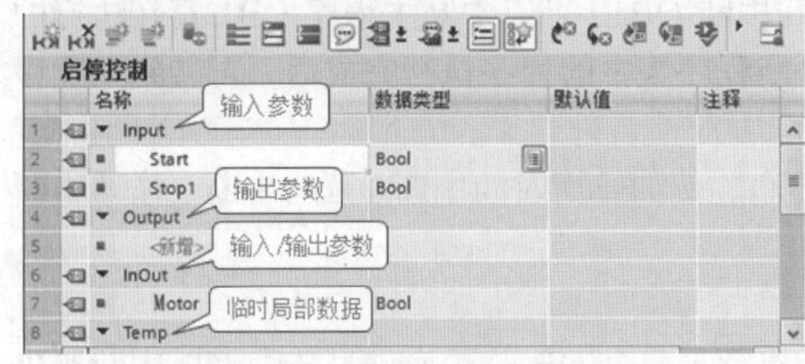

图 4-12　新建输入/输出参数

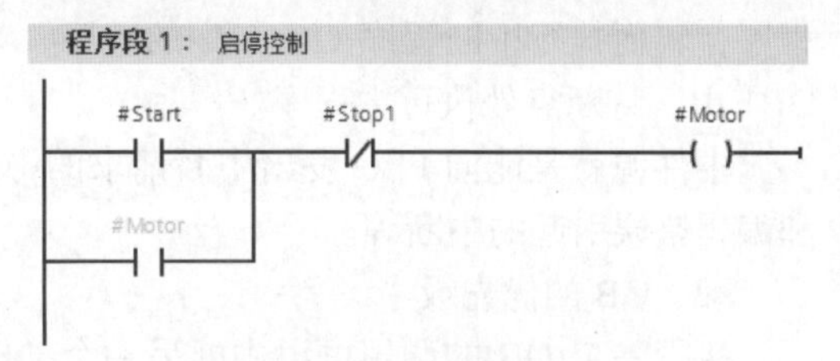

图 4-13　函数 FC1

（4）在 TIA Portal 软件项目视图的项目树中，双击“Main[OB1]”，打开主程序块“Main[OB1]”，选中新创建的函数“启停控制 1（FC1）”，并将其拖拽到程序编辑器中，如图 4-14 所示。如果将整个项目下载到 PLC 中，就可以实现“启停控制”。

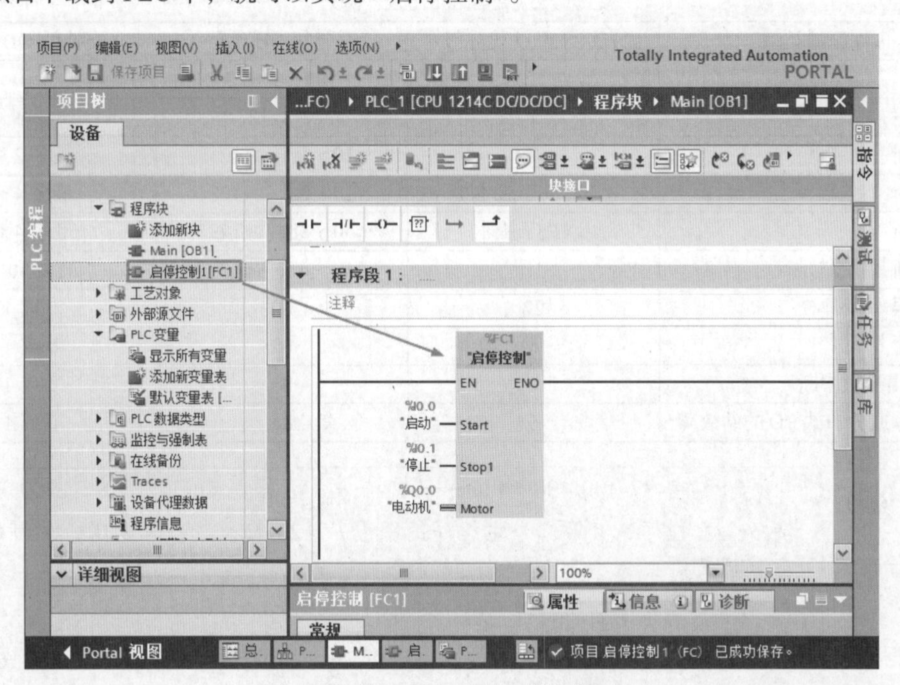

图 4-14　在 Main[OB1]中调用函数 FC1

本例的新建参数#Motor，不能定义为 Output。因为图 4-13 所示的程序中参数#Motor 既是输入参数，也是输出参数，所以定义为输入输出参数（InOut）。

4.1.3　组织块及其应用

组织块是操作系统与用户程序之间的接口。组织块由操作系统调用，控制循环中断程序执行、PLC 启动特性和错误处理等。

1. 中断的概述

（1）中断过程

中断处理用来实现对特殊内部事件或外部事件的快速响应。CPU 检测到中断请求时，立即响应中断，调用中断源对应的中断程序，即组织块。执行完中断程序后，返回被中断的程序处继续执行程序。例如在执行主程序 OB1 时，时间中断 OB10 可以中断主程序 OB1 正在执行的程序，转而执行中断程序 OB10 中的程序，当中断程序块中的程序执行完成后，再转到主程序 OB1 中，从断点处执行主程序。

事件源就是能向 PLC 发出中断请求的中断事件，例如日期时间中断、延时中断、循环中断和编程错误引起的中断等。

（2）OB 的优先级

执行一个 OB 的调用可以中断另一个 OB 的执行。一个 OB 是否允许另一个 OB 中断取决于其优先级。S7-1200 PLC 支持的优先级共有 26 个，1 最低，27 最高。高优先级的 OB 可以中断低优先级的 OB。例如 OB10 的优先级是 2，而 OB1 的优先级是 1，所以 OB10 可以中断 OB1。组织块的类型和优先级（部分）见表 4-3。

表 4-3　　组织块的类型和优先级（部分）

事件源的类型	优先级（默认优先级）	可能的 OB 编号	支持的 OB 数量
启动	1	100，≥123	≥0
循环程序	1	1，≥123	≥1
时间中断	2	10～17，≥123	最多 2 个
延时中断	3（取决于版本）	20～23，≥123	最多 4 个
循环中断	8（取决于版本）	30～38，≥123	最多 4 个
硬件中断	18	40～47，≥123	最多 50 个
时间错误	22	80	0 或 1
诊断中断	5	82	0 或 1
插入/取出模块中断	6	83	0 或 1
机架故障或分布式 I/O 的站故障	6	86	0 或 1

（1）在 S7-300/400 CPU 中只支持一个主程序 OB1，而 S7-1200 PLC 支持多个主程序，但第二个主程序的编号从 123 起，由组态设定，例如 OB123 可以组态成主程序。

（2）循环中断可以是 OB30～OB38。

（3）S7-300/400 CPU 的启动组织块有 OB100、OB101 和 OB102，而 S7-1200 PLC 不支持 OB101 和 OB102。

2. 启动组织块及其应用

启动（Startup）组织块在 PLC 的工作模式从 STOP 切换到 RUN 时执行一次。完成启动组织块扫描后，将执行主程序循环组织块（如 OB1）。启动组织块很常用，主要用于初始化。以下用一个例子说明启动组织块的应用。

【例 4-2】 编写一段初始化程序，将 CPU1211C 的 MB20～MB23 单元清零。

解：

一般初始化程序在 CPU 一启动后就运行，所以可以使用 OB100。在 TIA Portal 软件项目视图的项目树中，首先双击“添加新块”，弹出图 4-15 所示的界面，选中“组织块”和“Startup”

选项，然后选择编程语言（本例为 LAD），最后单击“确定”按钮，即可添加启动组织块。

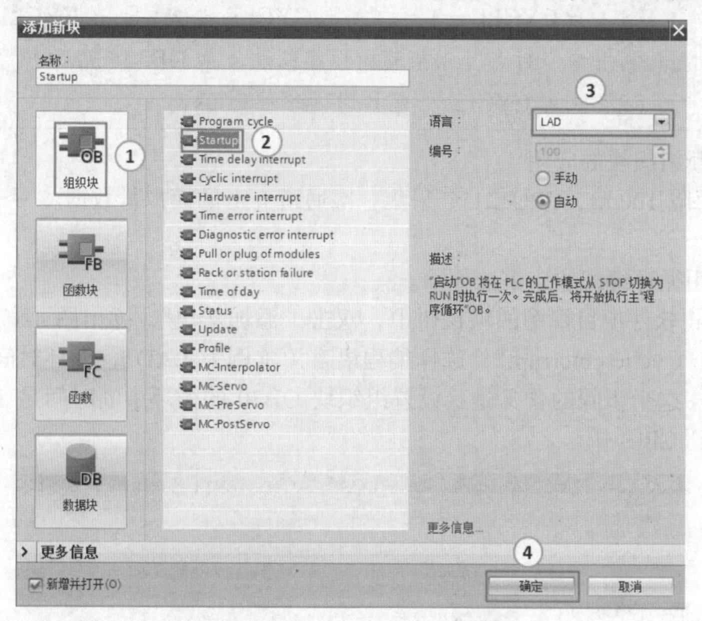

图 4-15　添加启动组织块 OB100

字节 MB20～MB23 实际上就是 MD20，其 OB100 中的程序如图 4-16 所示。

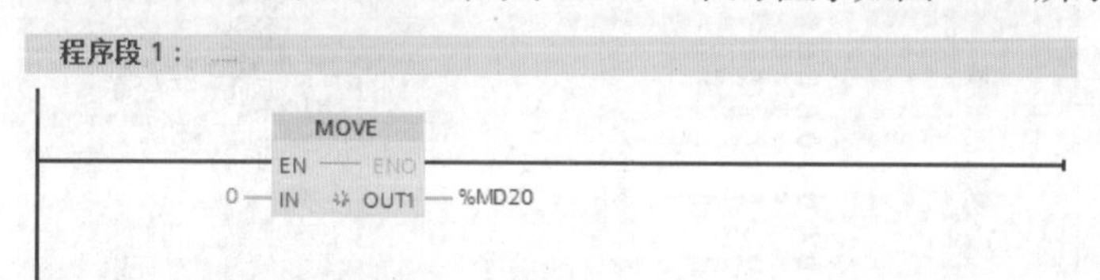

图 4-16　OB100 中的程序

3. 主程序（OB1）

CPU 的操作系统循环执行 OB1。当操作系统完成启动后，将启动执行 OB1。在 OB1 中可以调用 FC 和 FB。

执行 OB1 后，操作系统发送全局数据。重新启动 OB1 之前，操作系统将过程映像输出表写入输出模块中，更新过程映像输入表以及接受 CPU 的任何全局数据。

4. 循环中断组织块及其应用

所谓循环中断就是经过一段固定的时间间隔中断用户程序，不受扫描周期限制，循环中断很常用，例如 PID 运算时较常用循环中断。

（1）循环中断指令

循环中断组织块是很常用的，TIA Portal 软件中有 9 个固定循环中断组织块（OB30～OB38），另有 11 个未指定。设置循环中断参数（SET_CINT）指令的参数见表 4-4。

表 4-4　设置循环中断参数（SET_CINT）指令的参数

参　数	声　明	数据类型	参数说明
OB_NR	INPUT	OB_CYCLIC	OB 的编号
CYCLE	INPUT	UDInt	时间间隔（μs）
PHASE	INPUT	UDInt	相移（μs）
RET_VAL	OUTPUT	INT	如果出错，则 RET_VAL 的实际参数将包含错误代码

（1）当 CYCLE≠0 时，按照 CYCLE 值循环，当 CYCLE=0 时，停止循环。利用这个特点可以控制循环组织块（如 OB30）启动和停止循环。

（2）注意 CYCLE 的循环时间单位是 μs。

（2）循环中断组织块的应用

【例 4-3】 每隔 100ms，CPU1211C 采集一次通道 0 上的模拟量数据。

解：

很显然要使用循环组织块，解法如下。

在 TIA Portal 软件项目视图的项目树中，双击“添加新块”，弹出图 4-17 所示的界面，选中“组织块”和“Cyclic interrupt”，选择编程语言（本例为 LAD），循环时间定为“100”，单击“确定”按钮。这个步骤的含义是：设置组织块 OB30 的循环中断时间是 100ms，再将组态完成的硬件下载到 CPU 中。

图 4-17 添加组织块 OB30

打开组织 OB30，在程序编辑器中，输入程序如图 4-18 所示，运行的结果是每 100ms 将通道 0 采集到的模拟量转化成数字量送到 MW20 中。

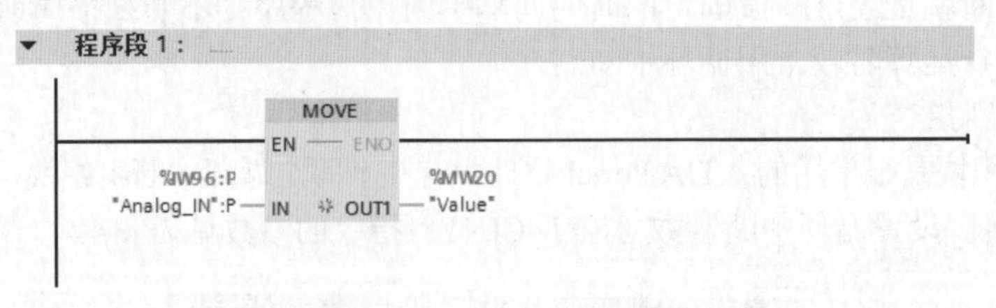

图 4-18 OB30 中的程序

打开 OB1，在程序编辑器中，输入程序如图 4-19 所示，I0.0 闭合时，OB30 的循环周期是 100ms，当 I0.1 闭合时，OB30 停止循环。

5. 延时中断组织块及其应用

延时中断组织块（如 OB20）可实现延时执行某些操作，调用“SRT_DINT”指令时开始计

算延时时间（此时开始调用相关延时中断）。其作用类似于定时器，但 PLC 中普通定时器的定时精度会受到不断变化的扫描周期的影响，使用延时中断可以达到以 ms 为单位的高精度延时。

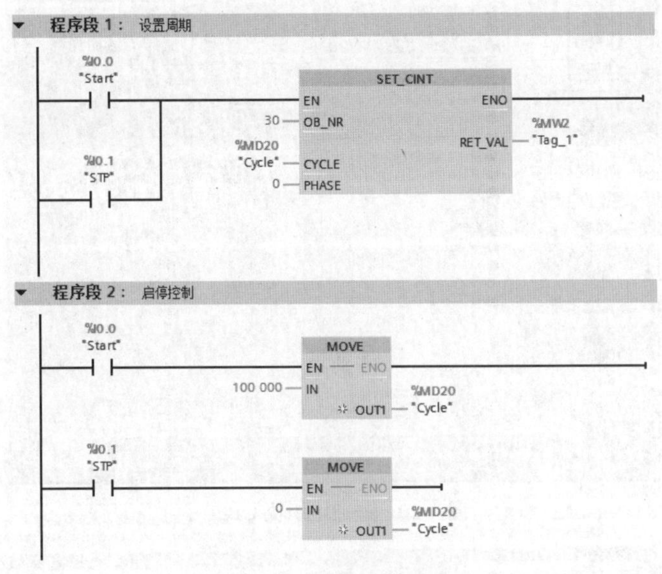

图 4-19　OB1 中的程序

延时中断默认范围是 OB20～OB23，其余可组态 OB 编号 123 以上的组织块。

（1）指令简介

可以用“SRT_DINT”和“CAN_DINT”设置、取消激活延时中断，参数见表 4-5。

表 4-5　“SRT_DINT”和“CAN_DINT”的参数

参　数	声　明	数据类型	存 储 区 间	参 数 说 明
OB_NR	INPUT	INT	I、Q、M、D、L、常数	延时时间后要执行的 OB 的编号
DTIME	INPUT	DTIME		延时时间（1～60 000 ms）
SIGN	INPUT	WORD	I、Q、M、D、L、常数	调用延时中断 OB 时 OB 的启动事件信息中出现的标识符
RET_VAL	OUTPUT	INT	I、Q、M、D、L	如果出错，则 RET_VAL 的实际参数将包含错误代码

（2）延时中断组织块的应用

【例 4-4】 当 I0.0 上升沿时，延时 5s 执行 Q0.0 置位，I0.1 为上升沿时，Q0.0 复位。

解：

（1）添加组织块 OB20。在 TIA Portal 软件项目视图的项目树中，双击“添加新块”，弹出图 4-20 所示的界面，选中“组织块”和“Time delay interrupt”选项，选择编程语言（本例为 LAD），单击“确定”按钮，即可添加 OB20。

（2）中断程序在 OB1 中，如图 4-21 所示，主程序在 OB20 中，如图 4-22 所示。

6. 硬件中断组织块及其应用

硬件中断组织块（如 OB40）用于快速响应信号模块（SM）、通信处理器（CP）的信号变化。

硬件中断被模块触发后，操作系统将自动识别是哪一个槽的模块和模块中哪一个通道产生的硬件中断。硬件中断 OB 执行完后，将发送通道确认信号。

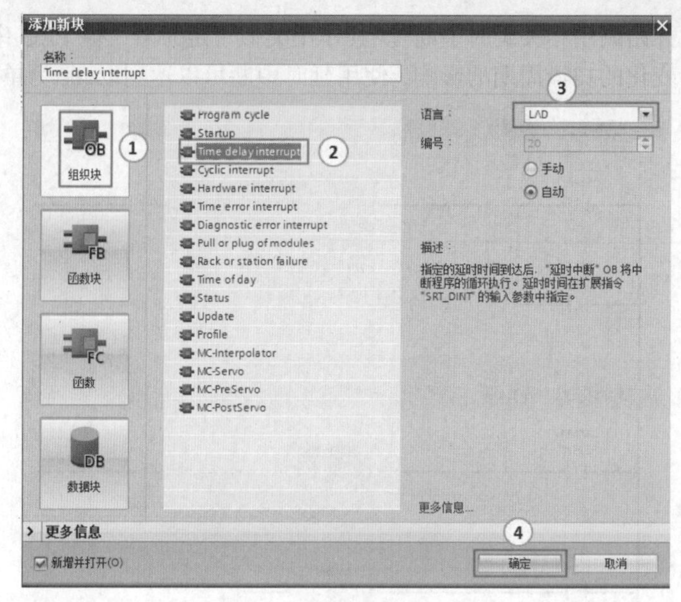

图 4-20　添加组织块 OB20

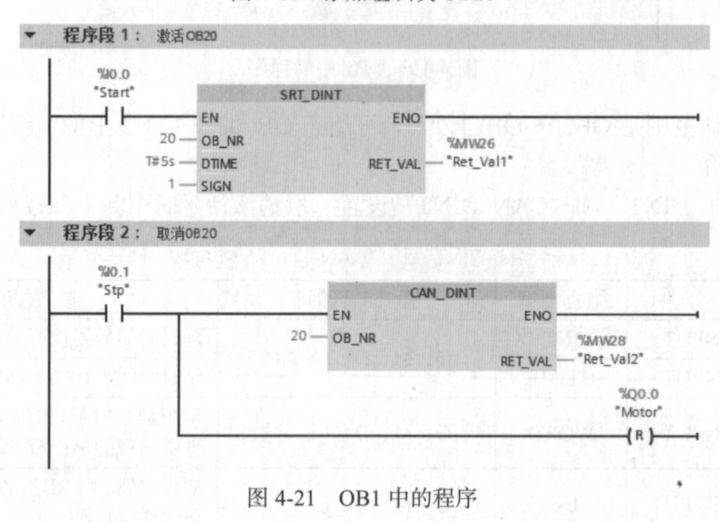

图 4-21　OB1 中的程序

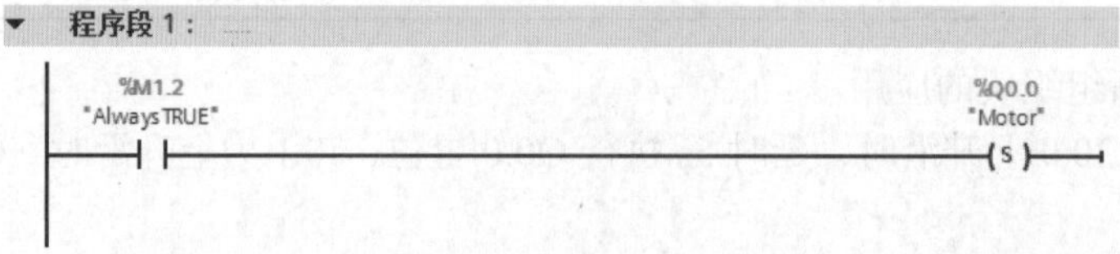

程序段 1：......

%M1.2 "AlwaysTRUE"　%Q0.0 "Motor" S

图 4-22　OB20 中的程序

如果正在处理某一中断事件，又出现了同一模块同一通道产生的完全相同的中断事件，新的中断事件将丢失。

如果正在处理某一中断信号时同一模块中其他通道或其他模块产生了中断事件，当前已激活的硬件中断执行完后，再处理暂存的中断。

以下用一个例子说明硬件中断组织块的使用方法。

【例 4-5】 编写一段指令记录用户使用 I0.0 按钮的次数，做成一个简单的“黑匣子”。

解：

（1）添加组织块 OB40。在 TIA Portal 软件项目视图的项目树中，双击“添加新块”，弹出

图 4-23 所示的界面，选中“组织块”和“Hardware interrupt”选项，选择编程语言（本例为 LAD），单击“确定”按钮，即可添加 OB40。

图 4-23　添加组织块 OB40

（2）选中硬件 CPU1211C 模块，单击“属性”选项卡，如图 4-24 所示，单击“常规”选项，在“数字量输入”中选中“通道 0”，启用上升沿检测，选择硬件中断为“Hardware interrupt”。

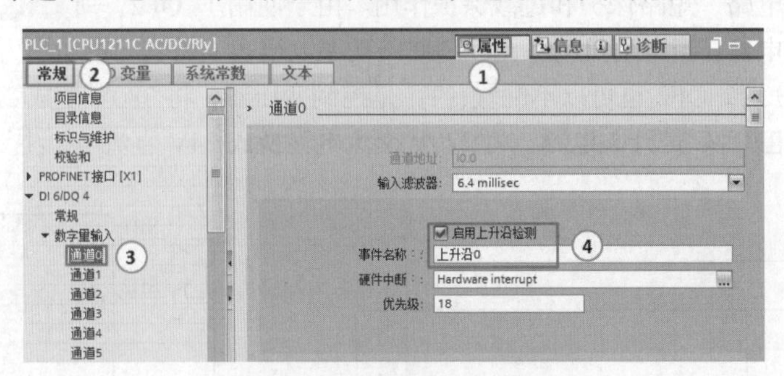

图 4-24　信号模块的属性界面

（3）编写程序。在组织块 OB40 中编写程序如图 4-25 所示，每次按下按钮，调用一次 OB40 中的程序一次，MW20 中的数值加 1，也就是记录了使用按钮的次数。

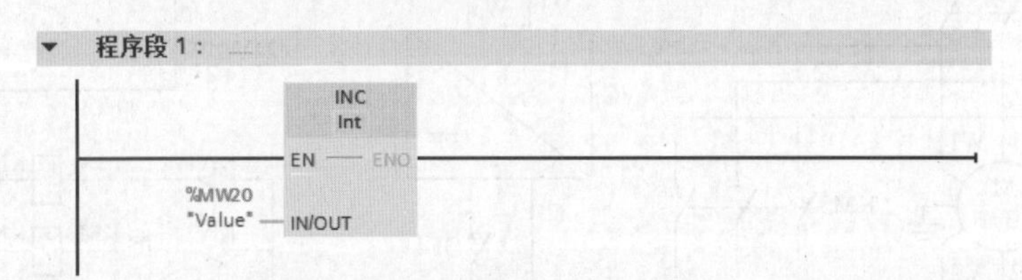

图 4-25　OB40 中的程序

7. 错误处理组织块

S7-1200 PLC 具有错误（或称故障）检测和处理能力，是指 PLC 内部的功能性错误，而不是外部设备的故障。CPU 检测到错误后，操作系统调用对应的组织块，用户可以在组织块中编程，对发生的错误采取相应的措施，例如在要调用的诊断组织块 OB82 中编写报警或者执行某个动作，如关断阀门。

当 CPU 检测到错误时，会调用对应的组织块，错误处理组织块的错误类型及优先级见表 4-6。如果没有相应的错误处理 OB，CPU 可能会进入 STOP 模式（S7-300/400 没有找到对应的 OB，则直接进入 STOP 模式）。用户可以在错误处理 OB 中编写如何处理这种错误的程序，以减小或消除错误的影响。

表 4-6　错误处理组织块的错误类型及优先级

OB 号	错误类型	优先级
OB80	时间错误	22
OB82	诊断中断	5
OB83	插入/取出模块中断	6
OB86	机架故障或分布式 I/O 的站故障	6

任务 4-3　三相异步电动机星三角启动控制

1. 目的与要求

用 S7-1200 PLC 控制一台三相异步电动机的星三角启动。要求使用函数块和多重实例背景。

三相异步电动机星三角启动控制-用 FB 实现

通过完成该任务，了解一个 PLC 控制项目实施的基本步骤，掌握数据块和函数块的使用方法。

2. 设计电气原理图

电气原理图如图 4-26 所示，图 4-26（a）所示的是主回路，QF1～QF4 是断路器，起通断电路、短路保护和过载保护作用。由于使用了 QF2，所以不需要使用热继电器，当电动机功率比控制回路功率大很多（如电动机功率为 7.5kW，而控制回路功率只有 100W）时，QF2 也可以不配置；TC 是控制变压器，将 380V 变成 220V，V3 和 W3 端子上是 220V 交流电；VC 是开关电源，将 220V 交流电转换成 24V 直流电，主要供 PLC 使用。

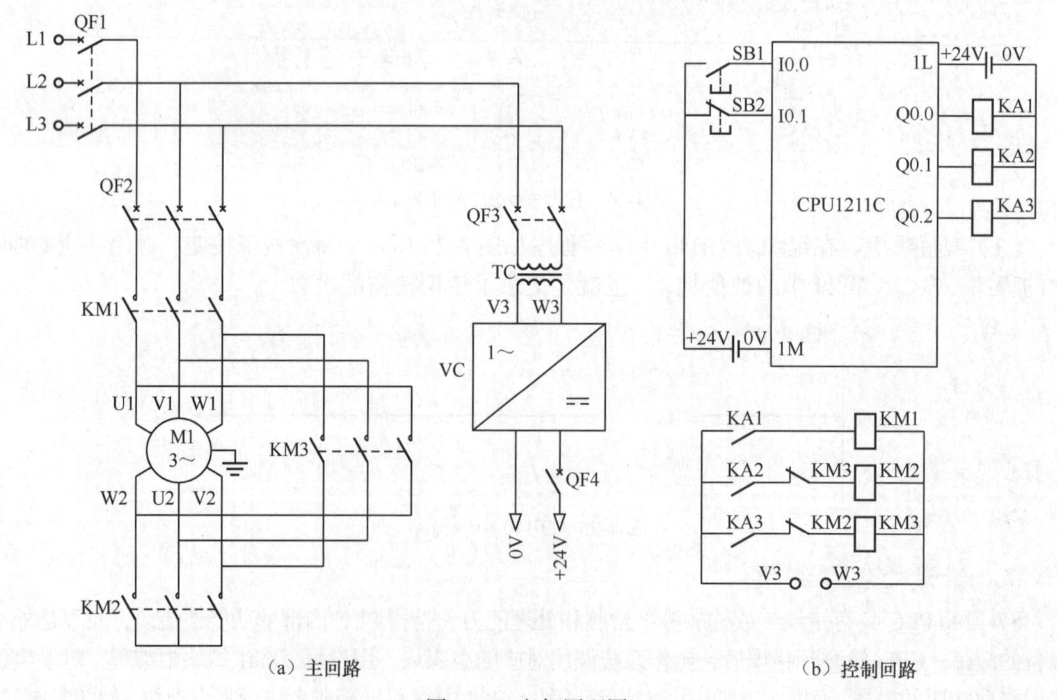

图 4-26　电气原理图

3. 编写控制程序

星三角启动的项目创建如下。

（1）新建一个项目，在 TIA Portal 软件项目视图的项目树中，选中并单击“新添加的设备”（本例为 PLC_1）→“程序块”→“添加新块”，弹出“添加新块”界面，如图 4-27 所示，选中“函数块”→本例命名为“星三角启动”，选择编程语言（本例为 LAD），单击“确定”按钮。

图 4-27　创建函数块 FB1

（2）在接口“Input”中，新建 2 个参数，如图 4-28 所示，注意参数的类型。注释内容可以空缺，注释的内容支持汉字字符。

在接口“Output”中，新建 2 个参数，如图 4-28 所示。

在接口“In_Out”中，新建 1 个参数，如图 4-28 所示。

在接口“Static”中，新建 4 个静态局部数据，如图 4-28 所示。

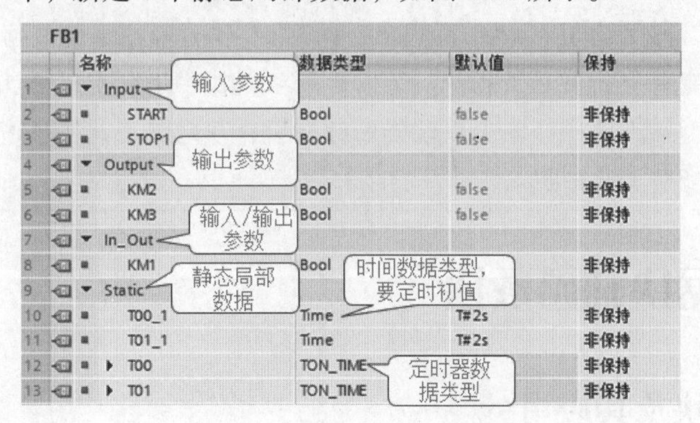
FB1

	名称	数据类型	默认值	保持
1	Input			
2	START	Bool	false	非保持
3	STOP1	Bool	false	非保持
4	Output			
5	KM2	Bool	false	非保持
6	KM3	Bool	false	非保持
7	In_Out			
8	KM1	Bool		非保持
9	Static			
10	T00_1	Time	T#2s	非保持
11	T01_1	Time	T#2s	非保持
12	T00	TON_TIME		非保持
13	T01	TON_TIME		非保持

图 4-28　在接口中，新建参数

（3）在函数块 FB1 的程序编辑区编写程序，梯形图如图 4-29 所示。由于图 4-26 中 SB2 接常闭触点，所以梯形图中#STOP1 为常开触点，必须要对应。

（4）在 TIA Portal 软件项目视图的项目树中，双击“Main[OB1]”，打开主程序块“Main[OB1]”，将函数块 FB1 拖拽到程序段 1，在函数块 FB1 上方输入数据块 DB1，梯形图如图 4-30 所示。将整个项目下载到 PLC 中，即可实现“电动机星三角启动控制”。

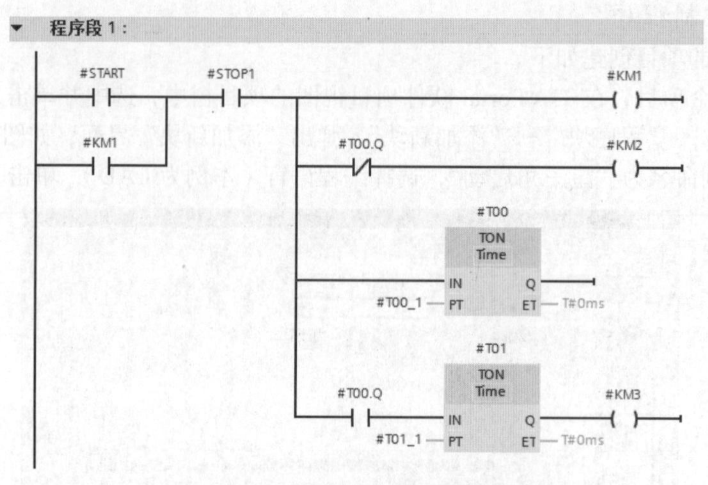

图 4-29　函数块 FB1 中的梯形图

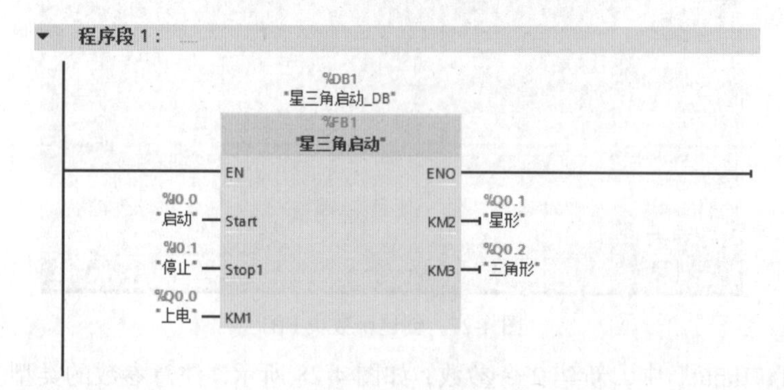

图 4-30　主程序组织块中的梯形图

（1）在图 4-29 中，要注意参数的类型，同时注意初始值不能为 0，否则没有星三角启动效果。

（2）本例将定时器（T00 和 T01）作为静态局部数据的好处是减少了两个定时器的背景数据块。所以如果函数块中用到定时器，可以将定时器作为静态局部数据，减少定时器的背景数据块的使用，使程序更加简洁，实际就是多种背景的应用。

4.2 数据块和函数块

4.2.1 数据块及其应用

1. 数据块简介

数据块用于存储用户数据及程序中间变量。新建数据块时，默认状态是优化的存储方式，且数据块中存储的变量是非保持的。数据块占用 CPU 的装载存储区和工作存储区，与标识存储器的功能类似，都是全局变量，不同的是，标志位存储区（M）的大小在 CPU 技术规范中已经定义，且不可扩展，而数据块存储区由用户定义，最大不能超过工作存储区或装载存储区。S7-1200 PLC 的优化数据块的存储空间要比非优化数据块的存储空间大得多，但其存储空间与 CPU 的类型有关。

有的程序中（如有的通信程序），只能使用非优化数据块，多数的情形可以使用优化和非优化数据块，但应优先使用优化数据块。优化访问有如下特点。

① 优化访问速度快。

② 地址由系统分配。

③ 只能符号寻址，没有具体的地址，不能直接由地址寻址。

④ 功能多。

按照功能分，数据块可以分为：全局数据块、背景数据块（供函数块 FB 使用，用于存储 FB 的参数，不做介绍）和基于数据类型（用户定义数据类型、系统数据类型和数组类型）的数据块。

2. 数据块的寻址

① 数据块非优化访问用绝对地址访问，其地址访问举例如下。

双字：DB1.DBD0。

字：DB1.DBW0。

字节：DB1.DBB0。

位：DB1.DBX0.1。

② 数据块的优化访问采用符号访问和片段（SLICE）访问，片段访问举例如下。

双字：DB1.a.%D0。

字：DB1.a.%W0。

字节：DB1.a.%B0。

位：DB1.a.%X0。

注：实数和长实数不支持片段访问。S7-300/400 的数据块没有优化访问，只有非优化访问。

3. 全局数据块及其应用

全局数据块用于存储程序数据，因此，数据块包含用户程序使用的变量数据。一个程序中可以创建多个数据块。全局数据块必须创建后才可以在程序中使用。

以下用一个例题来说明数据块的应用。

【例 4-6】 用数据块实现电动机的启停控制。

解：

（1）新建一个项目，本例为“块应用”，在 TIA Portal 软件项目视图的项目树中，选中并单击“新添加的设备”（本例为 PLC_1）→“程序块”→“添加新块”，如图 4-31 所示，弹出“添加新块”界面。

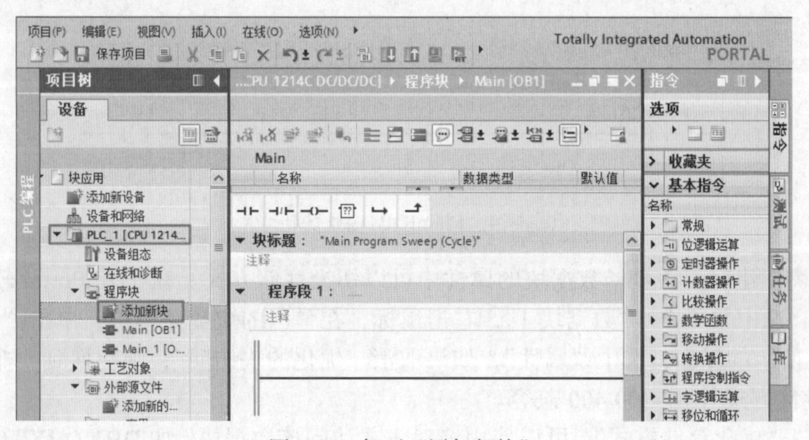

图 4-31　打开“添加新块”

（2）如图 4-32 所示，在“添加新块”界面中，选中“添加新块”的类型为数据块，输入数据块的名称，选择数据块类型为“全局 DB”，再单击“确定”按钮，即可添加一个新的数据块，但此数据块中没有数据。

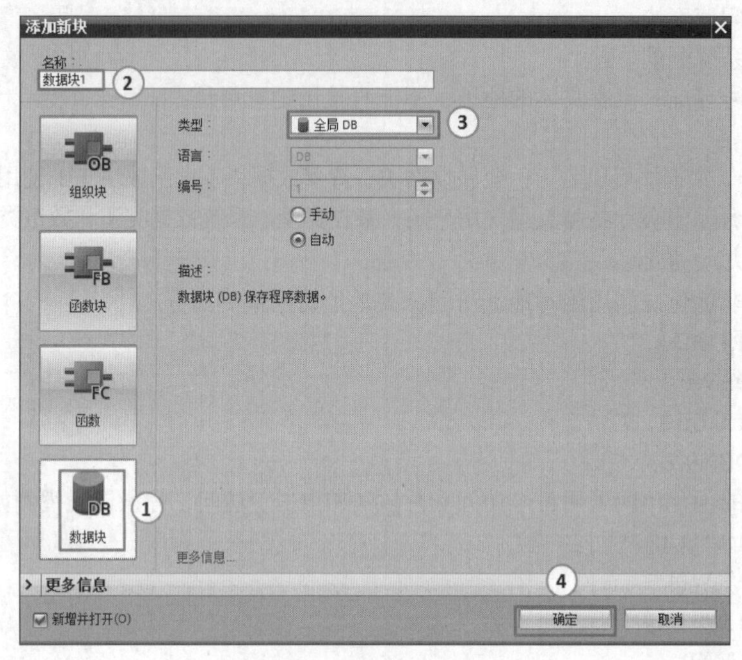

图 4-32 “添加新块”界面

（3）打开“数据块 1”，如图 4-33 所示，在“数据块 1”中，新建一个变量 A，如非优化访问，其地址实际就是 DB1.DBX0.0，优化访问没有具体地址，只能进行符号寻址。数据块创建完毕，一般要立即“编译”，否则容易出错。

数据块1

	名称	数据类型	启动值	保持性	可从 HMI ...	在 HMI ...	设置值	注释
1	▼ Static							
2	A	Bool	false	☐	☑	☑	☐	

图 4-33 新建变量

（4）在“程序编辑器”中，输入图 4-34 所示的梯形图程序，此程序能实现启停控制，最后保存程序。

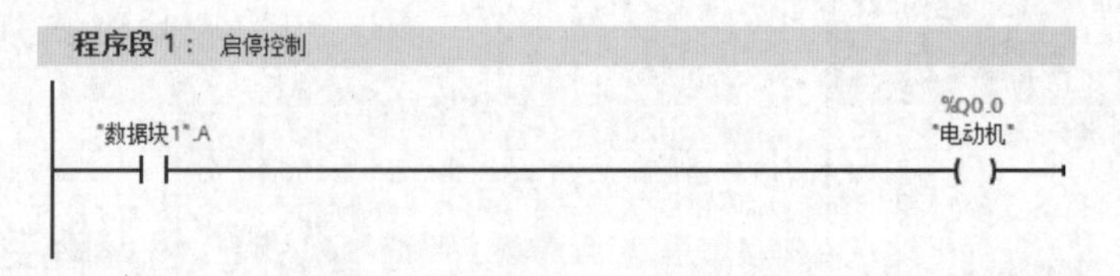

图 4-34 Main[OB1]中的梯形图

在数据块创建后，在全局数据块的属性中可以切换存储方式。在 TIA Portal 软件项目视图的项目树中，选中并单击 “数据块 1”，右击鼠标，在弹出的快捷菜单中，单击“属性”选项，弹出图 4-35 所示的界面，选中“属性”，如果取消“优化的块访问”，则切换到“非优化存储方式”，这种存储方式与 S7-300/400 兼容。

如果是“非优化存储方式”，可以使用绝对方式访问该数据块（如 DB1.DBX0.0），如是“优

化存储方式”则只能采用符号方式访问该数据块（如“数据块 1”.A）。

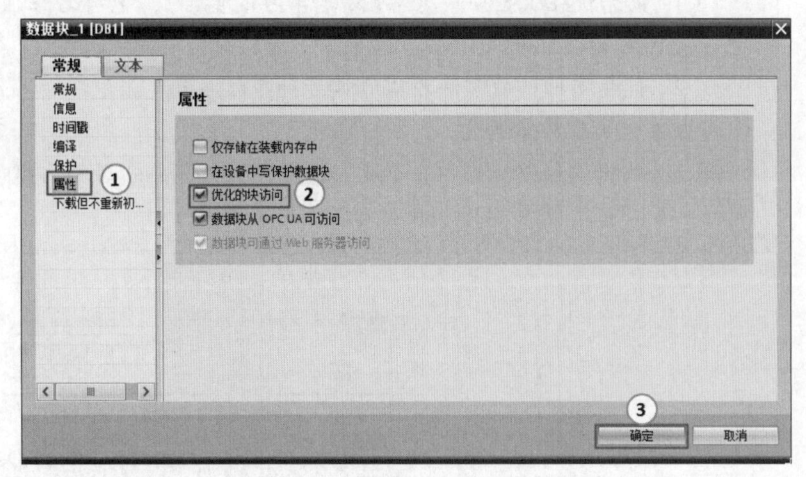

图 4-35　全局数据块存储方式的切换

4. 数组 DB 及其应用

数组 DB 是一种特殊类型的数据块，它包含一个任意数据类型的数组。其数据类型可以为基本数据类型，也可以是 PLC 数据类型的数组。创建数组 DB 时，需要输入数组的数据类型和数组上限，创建完数组 DB 后，可以修改其数组上限，但不能修改数据类型。数组 DB 始终启用“优化块访问”属性，不能进行标准访问，并且为非保持型属性，不能修改为保持属性。

数组 DB 在 S7-1200/S7-1500 PLC 中较为常用，例 4-7 是用数据块创建数组。

【例 4-7】 用数据块创建一个数组 ary[0..5]，数组中包含 6 个整数，并编写程序把模拟量通道 IW752:P 采集的数据保存到数组的第 3 个整数中。

解：

（1）新建项目“块应用（数组）”，进行硬件组态，并创建共享数组数据块 DB1，如图 4-31 所示，双击“DB1”打开数据块“DB1”。

（2）在 DB1 中创建数组。数组名称为 ary，数组为 Array[0..5]，表示数组中有 6 个元素，Int 表示数组的数据为整数，如图 4-36 所示，保存创建的数组。

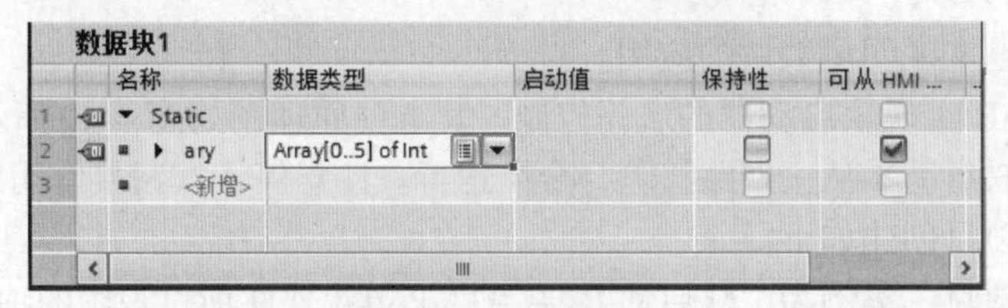

图 4-36　创建数组

（3）在 Main[OB1]中编写梯形图，如图 4-37 所示。

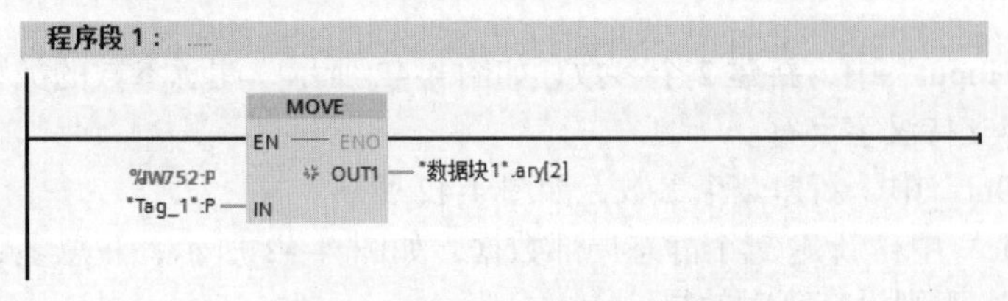

图 4-37　Main[OB1]中的梯形图

（1）数据块在工程中极为常用，是学习的重难点，初学者往往重视不够。特别在 PLC 与上位机（HMI、DCS 等）通信时经常用到。

（2）优化访问的数据块没有具体地址，因而只能采用符号寻址。非优化访问的数据块有具体地址。

（3）数据块创建完成后，不要忘记立刻进行编译，否则后续使用时，可能会出现“?”（见图 4-38）或者错误（见图 4-39）。

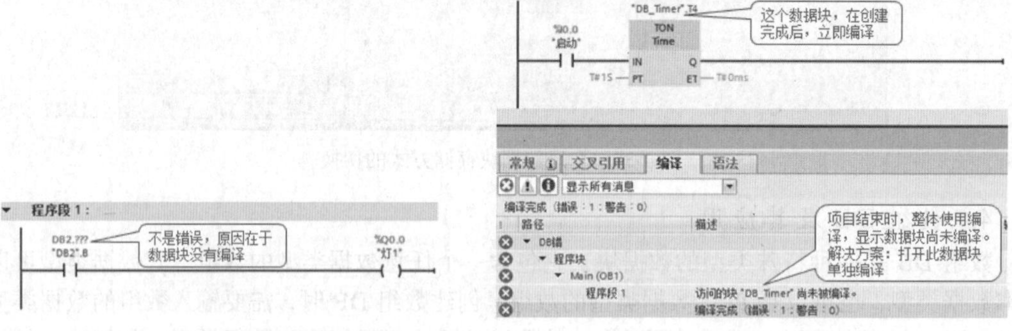

图 4-38　数据块未编译（1）　　图 4-39　数据块未编译（2）

4.2.2　函数块及其应用

函数块（FB）
及其应用

1．函数块的简介

函数块属于编程者自己编程的块，是一种“带内存”的块，分配数据块作为其内存（背景数据块），传送到 FB 的参数和静态变量保存在实例 DB 中，临时局部数据则保存在本地数据堆栈中。执行完 FB 时，不会丢失 DB 中保存的数据，但执行完 FB 时，会丢失保存在本地数据堆栈中的数据。

2．函数块的应用

以下用一个例题来说明函数块的应用。

【例 4-8】 用 FB 实现软启动器的启停控制。其电气原理图如图 4-40 所示，启动的前 8s 使用软启动器，之后软启动器从主回路移除，全压运行。注意停止按钮接常闭触点。

解：启动器的项目创建如下。

（1）新建一个项目，本例为“软启动”，在 TIA Portal 软件项目视图的项目树中，选中并单击“新添加的设备”（本例为 PLC_1）→“程序块”→“添加新块”，弹出“添加新块”界面，如图 4-41 所示，选中“函数块”→本例命名为“软启动”，选择编程语言（本例为 LAD），单击“确定”按钮。

（2）在接口“Input”中，新建 2 个参数，如图 4-42 所示，注意参数的类型。注释内容可以空缺，注释的内容支持汉字字符。

在接口“In_Out”中，新建 2 个参数，如图 4-42 所示。

在接口“Static”中，新建 2 个静态局部数据，如图 4-42 所示，注意参数的类型，同时注意初始值不能为 0，否则没有延时效果。

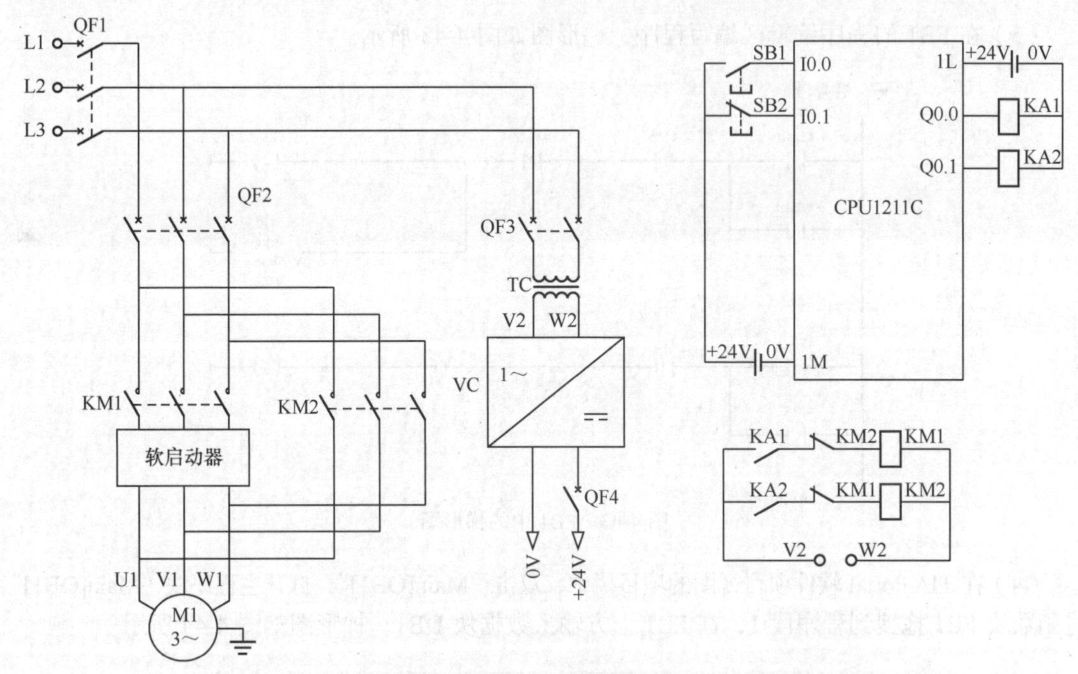

图 4-40　电气原理图

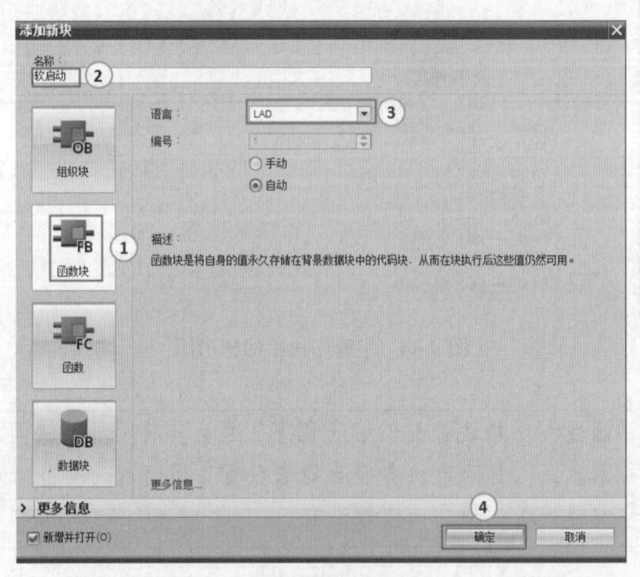

图 4-41　创建“FB1”

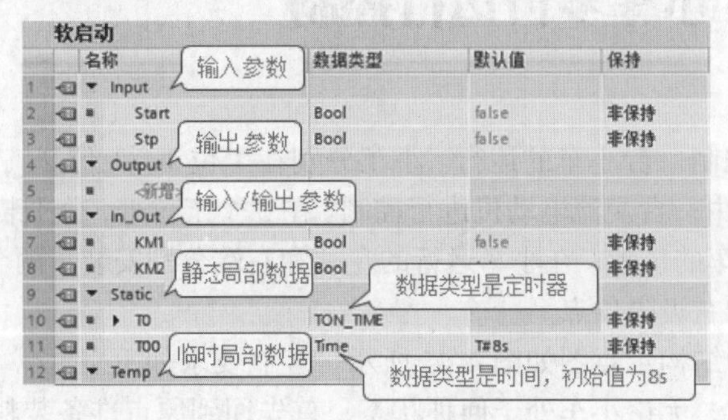

软启动

	名称	数据类型	默认值	保持
1	▼ Input			
2	Start	Bool	false	非保持
3	Stp	Bool	false	非保持
4	▼ Output			
5	<新增>			
6	▼ In_Out			
7	KM1	Bool	false	非保持
8	KM2	Bool		非保持
9	▼ Static			
10	▶ T0	TON_TIME		非保持
11	T00	Time	T#8s	非保持
12	▼ Temp			

图 4-42　在接口中，新建参数

（3）在 FB1 的程序编辑区编写程序，梯形图如图 4-43 所示。

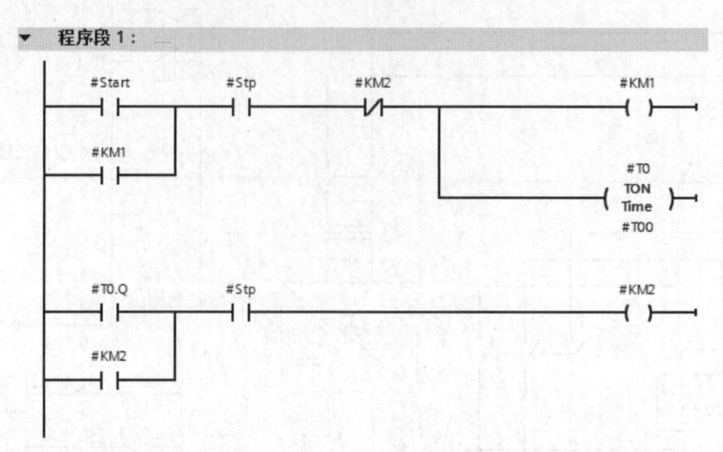

图 4-43　FB1 中的梯形图

（4）在 TIA Portal 软件项目视图的项目树中，双击“Main[OB1]”，打开主程序块“Main[OB1]”，将函数块 FB1 拖拽到程序段 1，在 FB1 上方输入数据块 DB1，梯形图如图 4-44 所示。

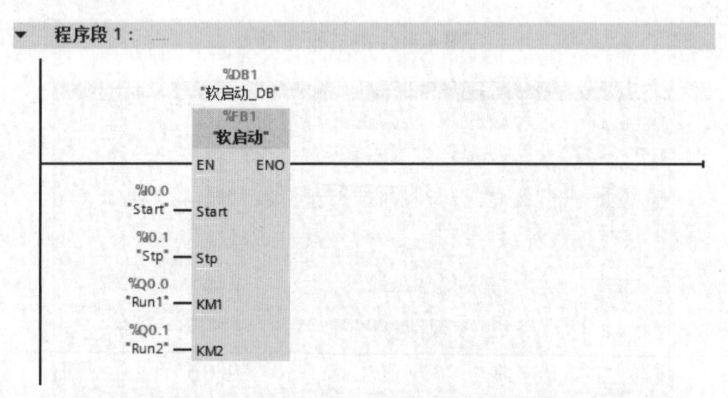

图 4-44　主程序块中的梯形图

函数和函数块都类似于子程序，这是其最明显的共同点。两者主要的区别有两点，一是函数块有静态局部数据，而函数没有静态局部数据；二是函数块有背景数据块，而函数没有。

任务 4-4　小车多位运行控制

1. 目的与要求

用 S7-1200 PLC 控制一台小车的运行。小车分别在工位 1、工位 2、工位 3 这 3 个地方来回自动送料，小车的运动由一台交流电动机进行控制。在 3 个工位处，分别装置了 3 个传感器 SQ1、SQ2、SQ3 用于检测小车的位置。在小车运行的左端和右端分别安装了两个行程开关 SQ4、SQ5，用于定位小车的原点和右极限位点。

小车多位运行控制结构示意图如图 4-45 所示。控制要求如下。

（1）当系统上电时，无论小车处于何种状态，首先回到原点准备装料，等待系统的启动。

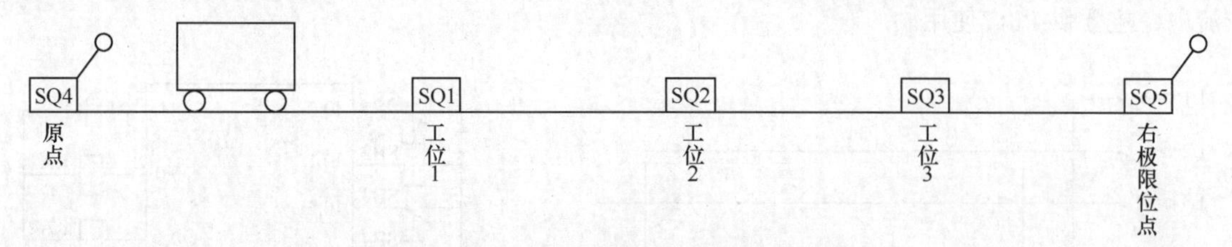

图 4-45　小车多位运行控制结构示意图

（2）当系统的手动/自动转换开关打开自动运行挡时，按下启动按钮 SB1，小车首先正向运行到工位 1 的位置，等待 10s 卸料完成后正向运行到工位 2 的位置，等待 10s 卸料完成后正向运行到工位 3 的位置，停止 10s 后接着反向运行到原点位置，等待下一轮的启动运行。

（3）当按下停止按钮 SB2 时系统停止运行，如果小车停止在某一工位，则小车继续停止等待：当小车正运行在去往某一工位的途中，则当小车到达目的地后再停止运行。再次按下启动按钮 SB1 后，设备按剩下的流程继续运行。

（4）当系统按下急停按钮 SB5 时，小车立即要求停止工作，直到急停按钮取消时，系统恢复到当前状态。

（5）当系统的手动/自动转换开关 SA1 打到手动运行挡时，可以通过手动按钮 SB3、SB4 控制小车的正/反向运行。

通过完成该任务，熟悉 PLC 控制项目的实施过程，掌握逻辑控制程序的一般方法。

2. 设计电气原理图

（1）PLC 的 I/O 分配

PLC 的 I/O 分配见表 4-7。

表 4-7　PLC 的 I/O 分配

名　称	符　号	输 入 点	名　称	符　号	输 出 点
启动	SB1	I0.0	电动机正转	KA1	Q0.0
停止	SB2	I0.1	电动机反转	KA2	Q0.1
正转点动	SB3	I0.2			
反转点动	SB4	I0.3			
工位 1	SQ1	I0.4			
工位 2	SQ2	I0.5			
工位 3	SQ3	I0.6			
原位	SQ4	I0.7			
右极限位点	SQ5	I1.0			
手动/自动转换	SA1	I1.1			
急停	SB5	I1.2			

（2）控制系统的接线

电气原理图如图 4-46 所示。QF1～QF4 是断路器，起通断电路、短路保护和过载保护作用，由于使用了 QF2，所以不需要使用热继电器，当电动机功率比控制回路功率大很多（如电动机功率为 7.5kW，而控制回路功率只有 100W）时，QF2 也可以不配置；TC 是控制变压器，将 380V 变成 220V，V2 和 W2 端子上是 220V 交流电；VC 是开关电源，将 220V 交流电转换成 24V 直

流电，主要供 PLC 使用。

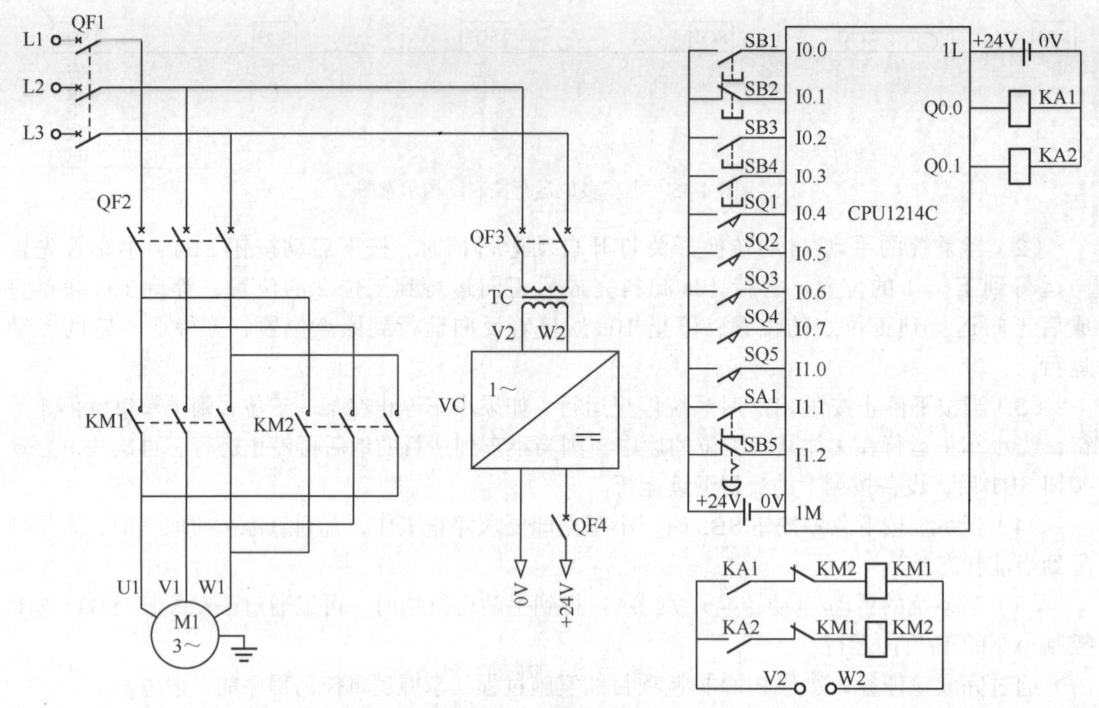

图 4-46　电气原理图

（1）对于电动机的正反转，在硬件回路中，接触器需要用常闭触点互锁。

（2）停止按钮和急停按钮接常闭触点，主要基于安全因素，程序设计时要与电气原理图对应。

（3）接触器的线圈一般不由 PLC 直接驱动（除非 PLC 内部继电器输出能力足够大，例如有的西门子 LOGO!输出可达 10A 或者 5A），要用中间继电器驱动。

3. 编写控制程序

初学者可以根据工艺过程设计功能图，功能图如图 4-47 所示。功能图实际上是自动运行的流程，熟悉的读者可以跳过这个步骤。主程序如图 4-48 所示。

（1）方法 1：用“启保停”指令编写逻辑控制程序

FB1 中的程序如图 4-49 所示。程序的解读如下。

程序段 1：PLC 上电，小车自动反向运行，回到原点 I0.7 后停止运行。

程序段 2：当从自动状态切换到手动状态和碰到右极限位点开关时，将 M2.0～M3.7 清零，实际上就是切断自动运行逻辑。

程序段 3：暂停功能。

程序段 4：自动运行逻辑，每一步对应一个动作，一共 6 个动作，动作过程可以参考图 4-47。

程序段 5：正转输出。当 I1.1 的常开触点［手动/自动转换（手动转换）开关控制］导通为自动状态，为自动正转输出。当 I1.1 的常闭触点导通为手动状态，I0.2 触点闭合时，为手动正转运行。

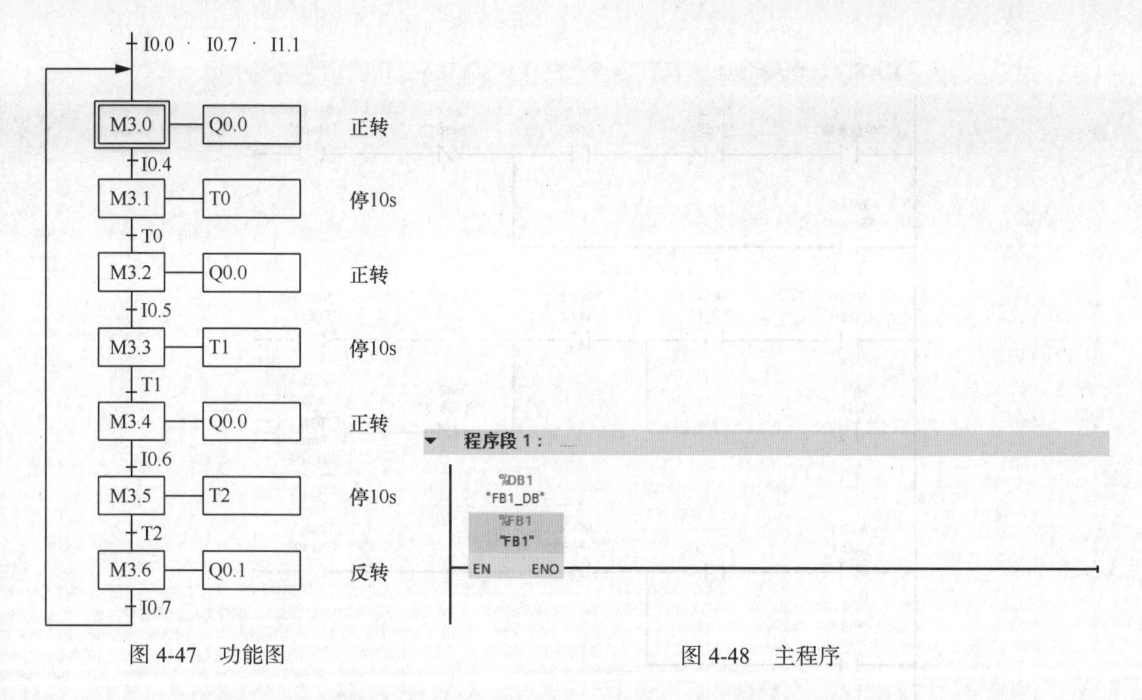

图 4-47　功能图　　　　图 4-48　主程序

程序段 6：反转输出。当 I1.1 的常开触点（手自转换开关控制）导通为自动状态时，为自动反转输出。当 I1.1 的常闭触点导通为手动状态，I0.3 触点闭合时，为手动反转运行。

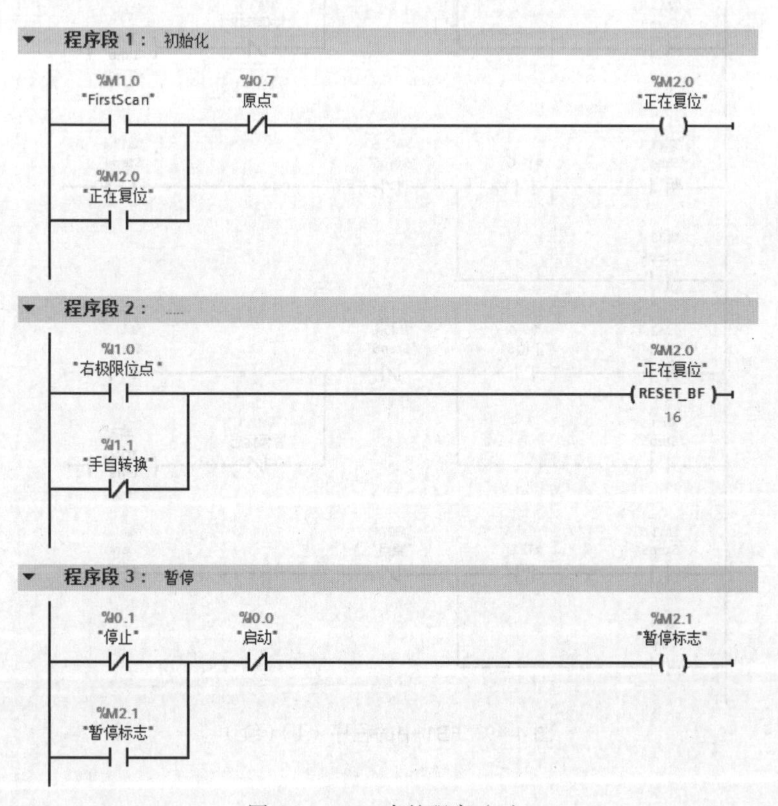

图 4-49　FB1 中的程序（1）

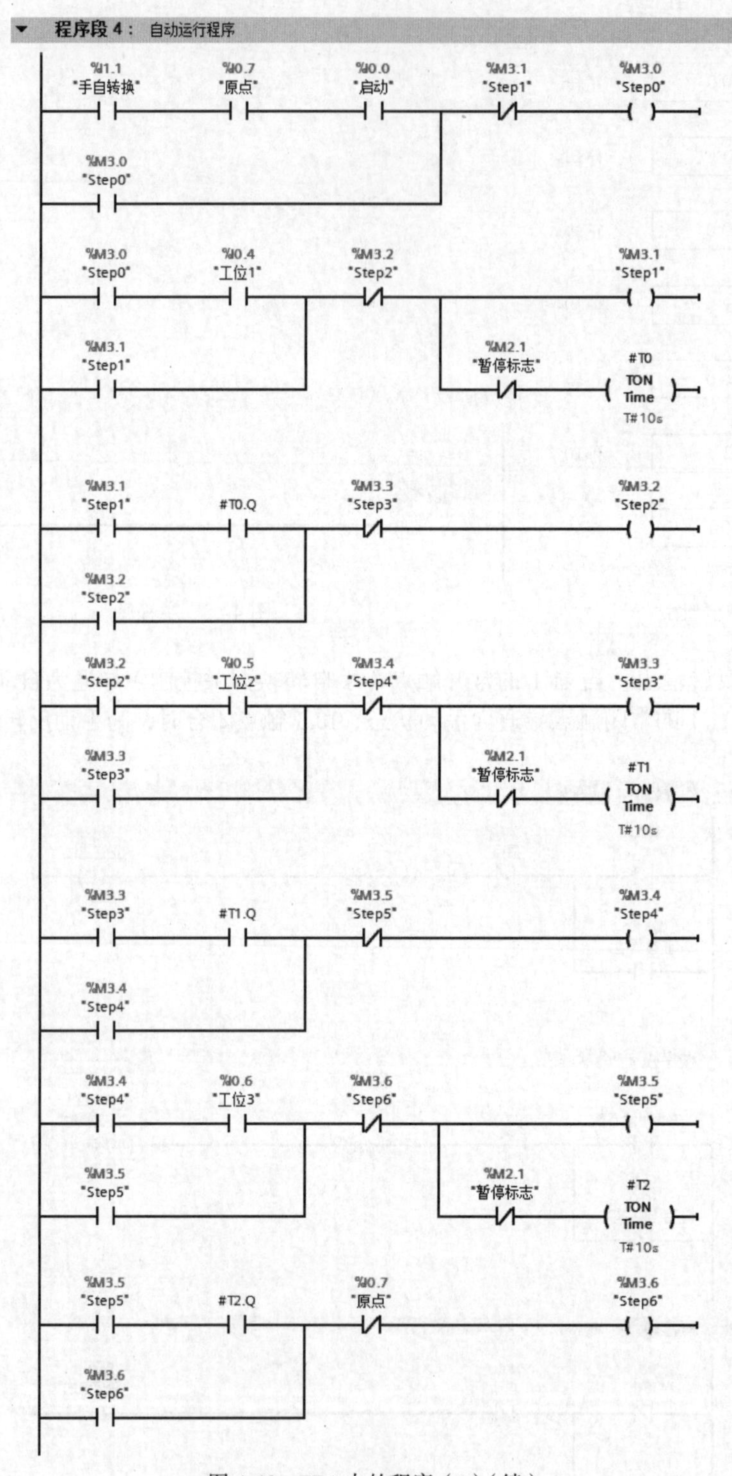

图 4-49　FB1 中的程序（1）（续）

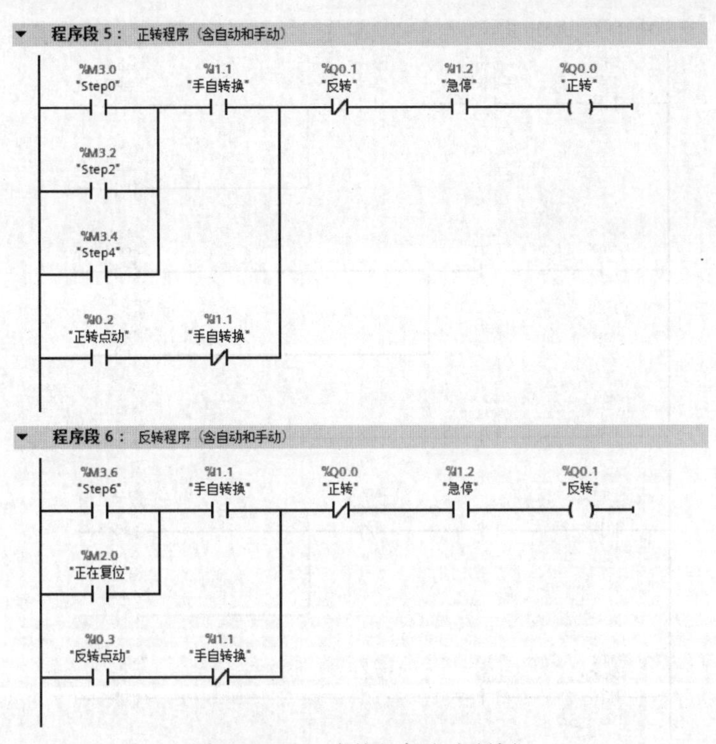

图 4-49　FB1 中的程序（1）（续）

（2）方法 2：用“置位和复位”指令编写逻辑控制程序

FB1 中的程序如图 4-50 所示。主程序如图 4-48 所示。

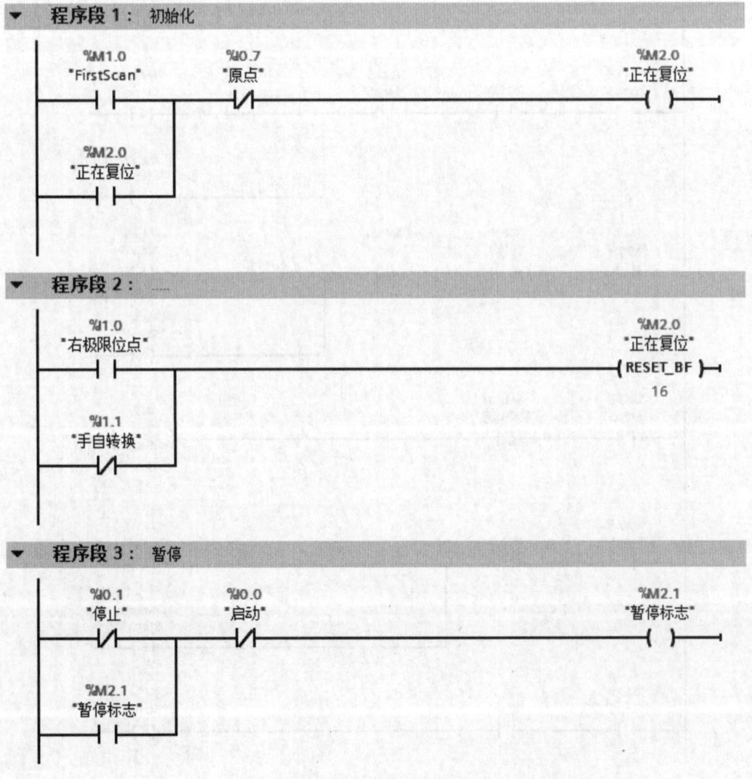

图 4-50　FB1 中的程序（2）

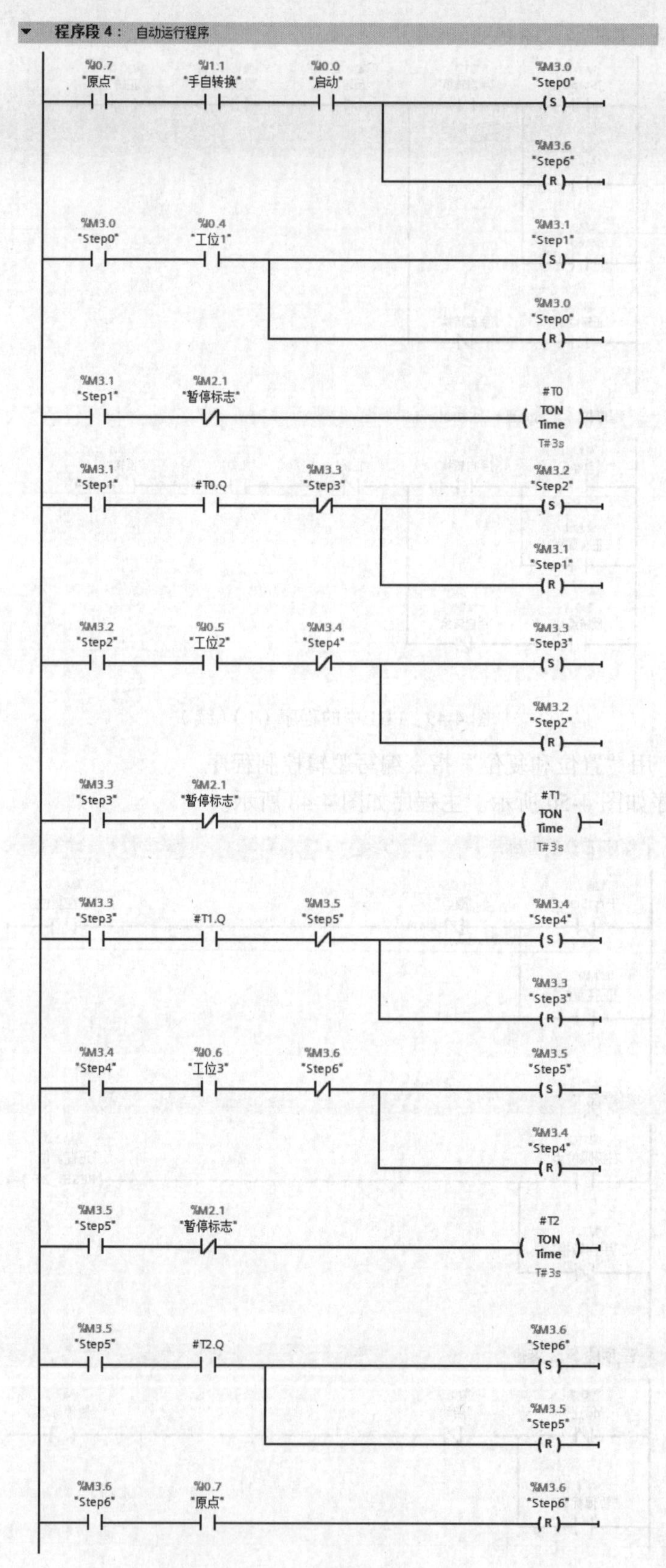

图 4-50　FB1 中的程序（2）（续）

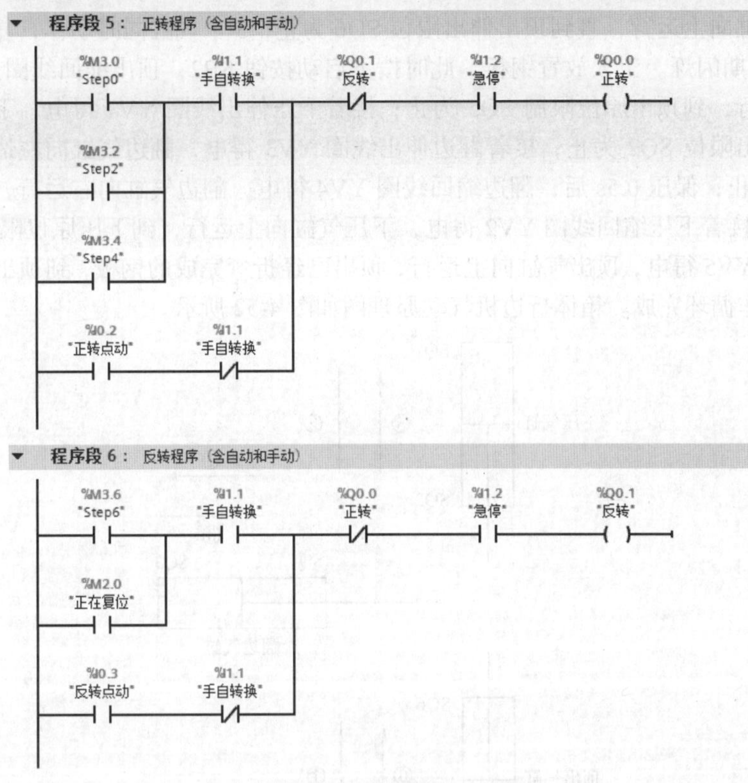

图4-50　FB1中的程序（2）（续）

任务小结

（1）本任务有自动和手动两种模式，在工程中很常见，正常运行时，常用自动模式，而调试时多用手动模式，如更换夹具和模具、设备发生卡死、初次通电等情况用手动模式。

（2）借助功能图，用“启保停”和“置位和复位指令”编写逻辑控制程序是PLC工程师的基本功，必须掌握。“一题多解”有助于培养读者的逻辑思维和创新能力。

任务4-5　折边机的控制

折边机的控制

1．目的与要求

用S7-1200 PLC控制箱体折边机的运行。箱体折边机是用于将一块平板薄钢板，折成U形的箱体。控制系统要求如下。

（1）有启动、复位和急停控制。

（2）要有复位指示和一个工作完成结束的指示。

（3）折边过程，可以手动控制和自动控制。

（4）按下“急停”按钮，设备立即停止工作。

箱体折边机工作示意图如图4-51所示，折边机由4个气缸组成，一个下压气缸、两个翻边气缸（由同一个电磁阀控制，在此仅以一个气缸说明）和一个顶出气缸。其工作过程是：当按下复位按钮SB1时，下压缩回线圈YV2得电，下压气缸向上运行，到下压原位限位SQ1为止；翻边缩回线圈YV4得电，翻边气缸向右运行，直到翻边原位限位SQ3为止；顶出伸出线圈YV5

得电，顶出气缸向上运行，直到顶出伸出限位 SQ6 为止，3 个气缸同时动作，复位完成后，指示灯以 1s 为周期闪烁。工人放置钢板，此时按下启动按钮 SB2，顶出缩回线圈 YV6 得电，顶出气缸向下运行，到顶出原位限制 SQ5 为止；接着下压伸出线圈 YV1 得电，下压气缸向下运行，到下压伸出限位 SQ2 为止；接着翻边伸出线圈 YV3 得电，翻边气缸向左运行，到翻边伸出限位 SQ4 为止；保压 0.5s 后，翻边缩回线圈 YV4 得电，翻边气缸向右运行，到翻边原位限位 SQ3 为止；接着下压缩回线圈 YV2 得电，下压气缸向上运行，到下压原位限位 SQ1 为止；顶出伸出线圈 YV5 得电，顶出气缸向上运行，顶出已经折弯完成的钢板，到顶出伸出限位 SQ6 为止，一个工作循环完成。箱体折边机气动原理图如图 4-52 所示。

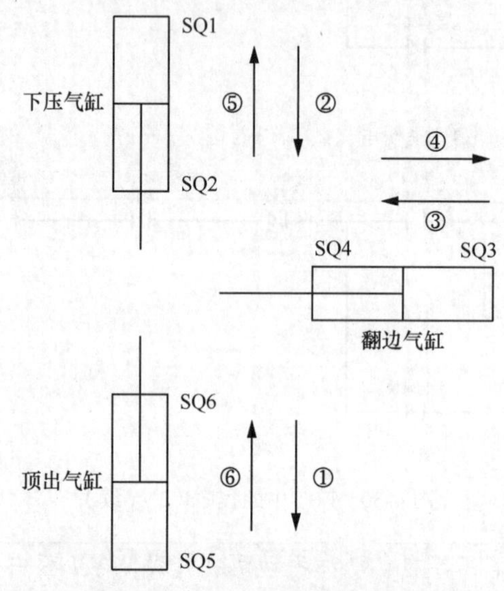

图 4-51　箱体折边机工作示意图

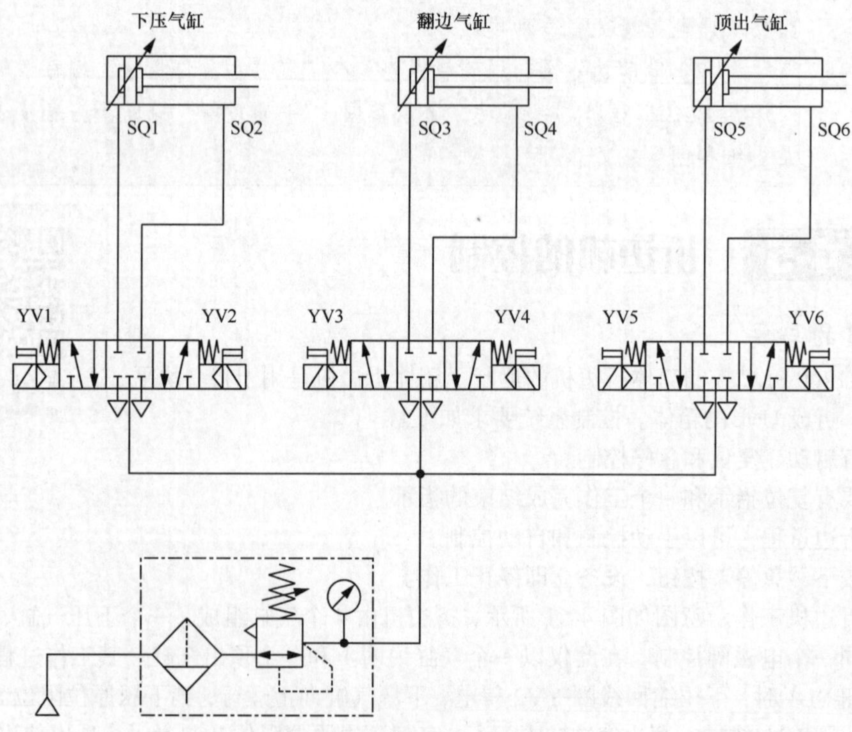

图 4-52　箱体折边机气动原理图

通过完成该任务，熟悉 PLC 控制项目的实施过程，熟练掌握简单逻辑控制程序的编写方法。

2. I/O 分配

在 I/O 分配之前，先计算所需要的 I/O 点数，输入点为 17 个，输出点为 7 个，由于输入/输出最好留 15%左右的余量备用，所用初步选择的 PLC 是 CPU1214C，又因为控制对象为电磁阀和信号灯，所以 CPU 的输出形式选为继电器比较有利（其输出电流可达 2A），所以 PLC 最后定为 CPU1214C (AC/DC/RLY)和 SM1221(DI8)。箱体折边机的 I/O 分配见表 4-8。

表 4-8　　箱体折边机的 I/O 分配

输　入			输　出		
名　称	符　号	输入点	名　称	符　号	输出点
手动/自动转换	SA1	I0.0	复位灯	HL1	Q0.0
复位按钮	SB1	I0.1	下压伸出线圈	YV1	Q0.1
启动按钮	SB2	I0.2	下压缩回线圈	YV2	Q0.2
急停按钮	SB3	I0.3	翻边伸出线圈	YV3	Q0.3
下压伸出按钮	SB4	I0.4	翻边缩回线圈	YV4	Q0.4
下压缩回按钮	SB5	I0.5	顶出伸出线圈	YV5	Q0.5
翻边伸出按钮	SB6	I0.6	顶出缩回线圈	YV6	Q0.6
翻边缩回按钮	SB7	I0.7			
顶出伸出按钮	SB8	I1.0			
顶出缩回按钮	SB9	I1.1			
下压原位限位	SQ1	I1.2			
下压伸出限位	SQ2	I1.3			
翻边原位限位	SQ3	I1.4			
翻边伸出限位	SQ4	I1.5			
顶出原位限位	SQ5	I2.0			
顶出伸出限位	SQ6	I2.1			
光电开关	SQ7	I2.2			

3. 设计电气原理图

根据 I/O 分配表和题意，电气原理图如图 4-53 所示。气动电磁阀的功率较小，因此其额定电流也比较小（小于 0.2A），而选定的 PLC 是继电器输出，其额定电流为 2A，因而 PLC 可以直接驱动电磁阀，但编者还是建议读者在设计类似的工程时，加中间继电器，因为这样做更加可靠。

4. 编写控制程序

主程序梯形图如图 4-54 所示。Hand_Control（FB1）程序的参数如图 4-55 所示。Hand_Control（FB1）程序如图 4-56 所示，主要是 3 个气缸的手动伸缩控制。

Auto_Run（FB2）程序的数据块如图 4-57 所示，数据块中的参数就是 Auto_Run（FB2）的参数。Auto_Run（FB2）程序的如图 4-58 所示，以下介绍 Auto_Run（FB2）程序。

程序段 1：当从自动状态切换到手动状态时，将所有的电磁阀的线圈复位。手动状态没有复位。

程序段 2：自动状态才有复位。复位是就是将下压和翻边气缸缩回，将顶出气缸顶出，再令 MB100=1。

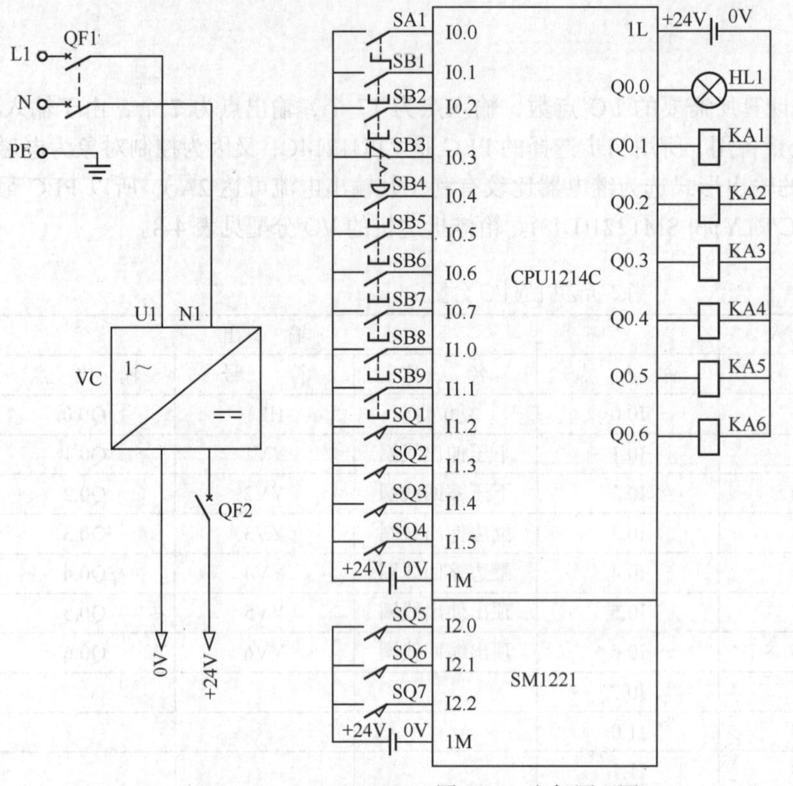

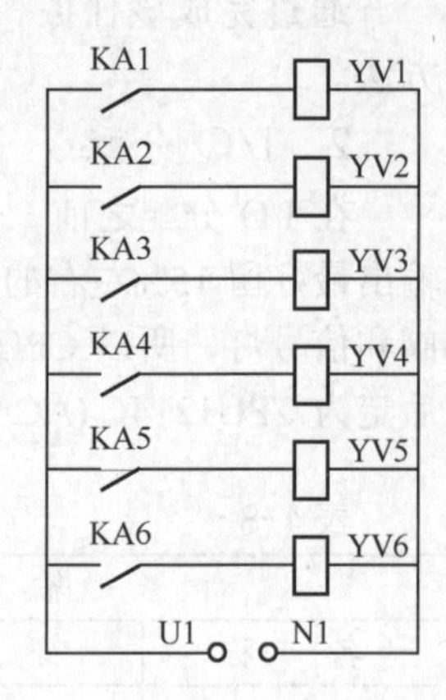

图 4-53　电气原理图

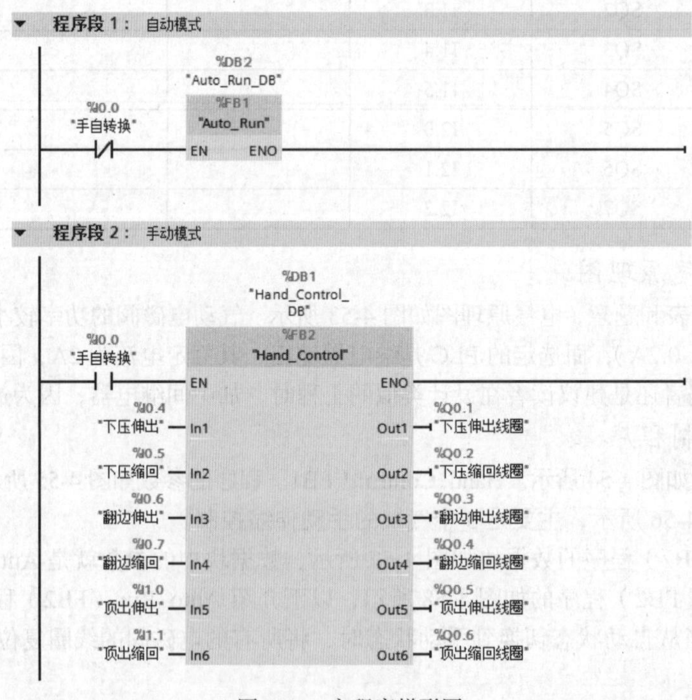

图 4-54　主程序梯形图

Hand_Control

	名称	数据类型	默认值	保持	从 HMI/OPC...	从 H...	在 HMI ...
7	In6	Bool	false	非保持	☑	☑	☑
8	▼ Output				☐	☐	☐
9	Out1	Bool	false	非保持	☑	☑	☑
10	Out2	Bool	false	非保持	☑	☑	☑
11	Out3	Bool	false	非保持	☑	☑	☑
12	Out4	Bool	false	非保持	☑	☑	☑
13	Out5	Bool	false	非保持	☑	☑	☑
14	Out6	Bool	false	非保持	☑	☑	☑
15	▼ In_Out				☐	☐	☐
16	<新增>				☐	☐	☐
17	▼ Static				☐	☐	☐
18	Flag1	Bool	false	非保持	☑	☑	☑
19	Flag2	Bool	false	非保持	☑	☑	☑
20	Flag3	Bool	false	非保持	☑	☑	☑
21	Flag4	Bool	false	非保持	☑	☑	☑
22	Flag5	Bool	false	非保持	☑	☑	☑
23	Flag6	Bool	false	非保持	☑	☑	☑
24	Flag1_1	Bool	false	非保持	☑	☑	☑
25	Flag2_1	Bool	false	非保持	☑	☑	☑
26	Flag3_1	Bool	false	非保持	☑	☑	☑
27	Flag4_1	Bool	false	非保持	☑	☑	☑
28	Flag5_1	Bool	false	非保持	☑	☑	☑
29	Flag6_1	Bool	false	非保持	☑	☑	☑
30	▼ Temp				☐	☐	☐
31	<新增>				☐	☐	☐

图 4-55　Hand_Control（FB1）程序的参数

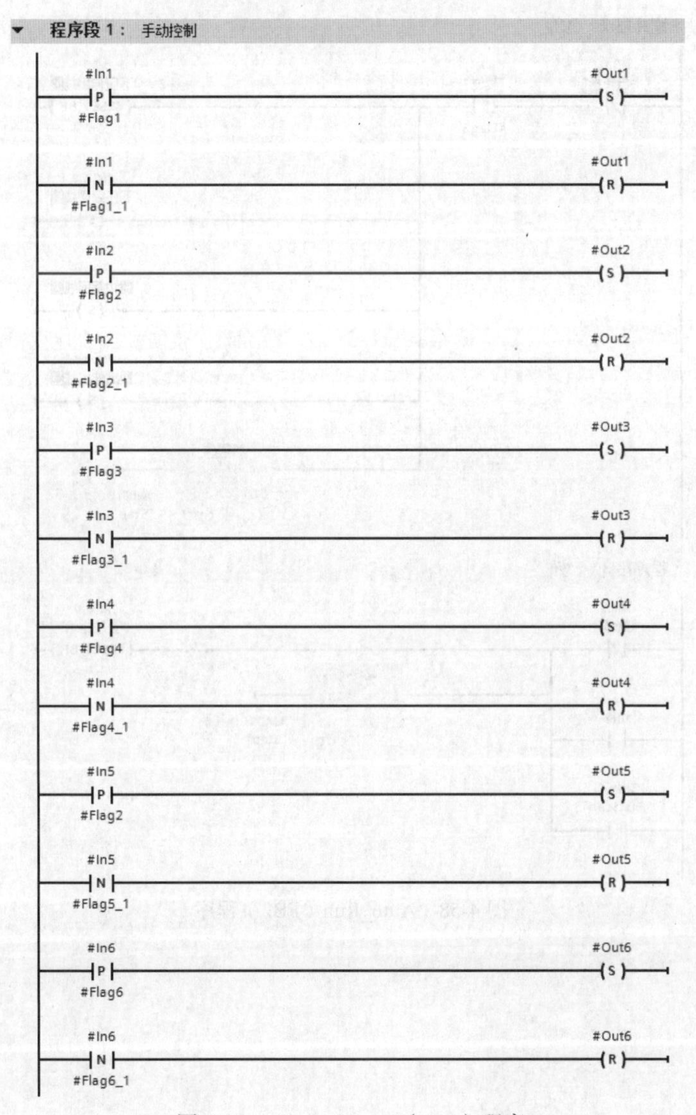

图 4-56　Hand_Control（FB1）程序

Auto_Run

	名称	数据类型	默认值	保持	从 HMI/OPC..	从 H...
1	▸ Input				☐	☐
2	▸ Output				☐	☐
3	▸ InOut				☐	☐
4	▾ Static				☐	☐
5	▪ ▸ T0	TON_TIME		非保持	☑	☑
6	▪ Flag1	Bool	false	非保持	☑	☑
7	▪ Flag2	Bool	false	非保持	☑	☑
8	▾ Temp				☐	☐

图 4-57　Auto_Run（FB2）程序的数据块

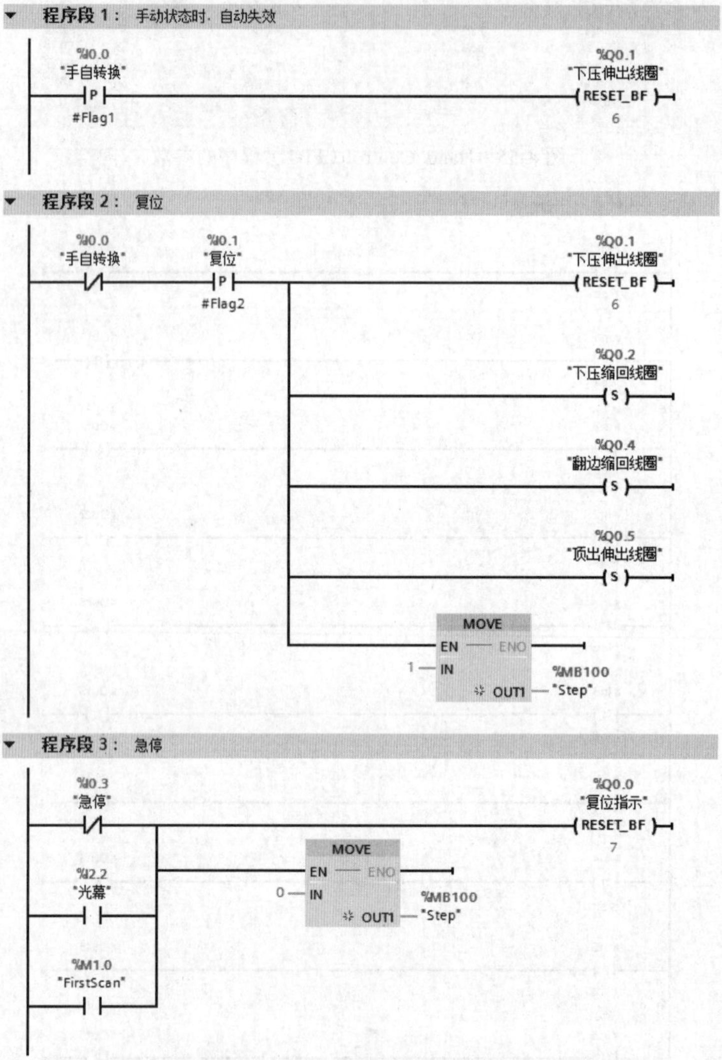

程序段 1：手动状态时，自动失效

%I0.0 "手自转换" —|P|— #Flag1 —— %Q0.1 "下压伸出线圈" (RESET_BF) 6

程序段 2：复位

%I0.0 "手自转换" —|/|— %I0.1 "复位" —|P|— #Flag2 —— %Q0.1 "下压伸出线圈" (RESET_BF) 6

—— %Q0.2 "下压缩回线圈" (S)

—— %Q0.4 "翻边缩回线圈" (S)

—— %Q0.5 "顶出伸出线圈" (S)

—— MOVE EN ENO; 1 — IN; OUT1 — %MB100 "Step"

程序段 3：急停

%I0.3 "急停" —|/|— 或 %I2.2 "光幕" —| |— 或 %M1.0 "FirstScan" —| |— —— %Q0.0 "复位指示" (RESET_BF) 7

—— MOVE EN ENO; 0 — IN; OUT1 — %MB100 "Step"

图 4-58　Auto_Run（FB2）程序

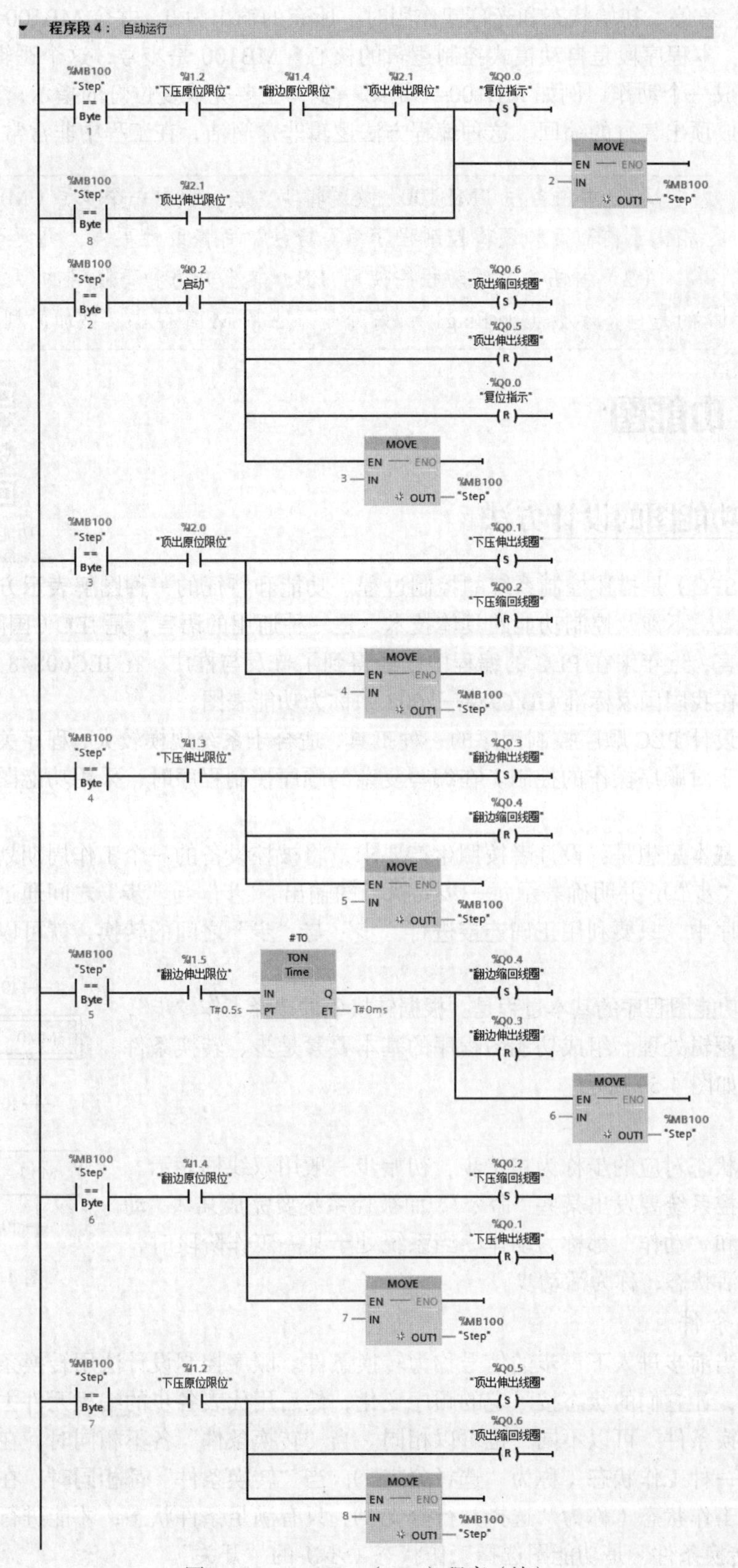

图 4-58 Auto_Run（FB2）程序（续）

程序段 3：急停、初始状态和光幕起作用时，所有的输出为 0，并令 MB100=0。

程序段 4：本程序段是自动模式控制逻辑的核心。MB100 是步号，这个逻辑过程一共有 7 步，每一步完成一个动作。例如 MB100=1 是第一步，主要完成复位灯的指示；MB100=2 是第二步，主要完成顶出气缸的缩回。这种编程方法逻辑非常简洁，在工程中非常常用。

（1）本任务用“MB100”做逻辑步，每一步用一个步号（MB100=1～7），相比于前面两种逻辑控制程序编写方法，可修改性更强，更便于阅读。

（2）本任务的手动程序使用 FB，其上升沿和下降沿的第二操作数使用的是静态参数（如 Flag1），好处是不占用 M 寄存器，更加便利。

4.3 功能图

功能图的设计方法

4.3.1 功能图的设计方法

功能图（SFC）是描述控制系统的控制过程、功能和特征的一种图解表示方法。它具有简单、直观等特点，不涉及控制功能的具体技术，是一种通用的语言，是 IEC（国际电工委员会）首选的编程语言，近年来在 PLC 的编程中已经得到了普及与推广。在 IEC60848 中 SFC 被称为顺序功能图，在我国国家标准 GB 6988—2008 中称为功能表图。

功能图是设计 PLC 顺序控制程序的一种工具，适合于系统规模较大，程序关系较复杂的场合，特别适合于对顺序操作的控制。在编写复杂的顺序控制程序时，采用功能图比梯形图更加直观。

功能图的基本思想是：设计者按照生产要求，将被控设备的一个工作周期划分成若干个工作阶段（简称“步”），并明确表示每一步要执行的输出，“步”与“步”之间通过制定的条件进行转换，在程序中，只要利用正确连接进行“步”与“步”之间的转换，就可以完成被控设备的全部动作。

PLC 执行功能图程序的基本过程是：根据转换条件选择工作“步”，进行“步”的逻辑处理。组成功能图程序的基本要素是步、转换条件和有向连线，如图 4-59 所示。

I0.2
M0.0　Q0.0
I0.0
M0.1　Q0.1
I0.1

图 4-59　功能图

1. 步

系统初始状态对应的步称为初始步，初始步一般用双线框表示。在每一步中施控系统要发出某些“命令”，而被控系统要完成某些“动作”，“命令”和“动作”都称为动作。当系统处于某一工作阶段时，则该步处于激活状态，称为活动步。

2. 转换条件

使系统由当前步进入下一步的信号称为转换条件。顺序控制设计法用转换条件控制代表各步的编程元件，让它们的状态按一定的顺序变化，然后用代表各步的编程元件去控制输出。不同状态的“转换条件”可以不同，也可以相同。当“转换条件”各不相同时，在功能图中每次只能选择其中一种工作状态（称为“选择分支”）；当“转换条件”都相同时，在功能图中每次可以选择多个工作状态（称为“选择并行分支”）。只有满足条件状态，才能进行逻辑处理与输出。因此，“转换条件”是功能图选择工作状态（步）的“开关”。

3. 有向连线

步与步之间的连接线称为“有向连线”，“有向连线”决定了状态的转换方向与转换途径。在有向连线上的短线，表示转换条件。当条件满足时，转换得以实现，即上一步的动作结束而下一步的动作开始，因而不会出现动作重叠。步与步之间必须要有转换条件。

图 4-59 中的双框为初始步，M0.0 和 M0.1 是步名，I0.0、I0.1、I0.2 为转换条件，Q0.0、Q0.1 为动作。当 M0.0 有效时，输出指令驱动 Q0.0。步与步之间的连线称为有向连线，它的箭头省略未画。

4. 功能图的结构分类

根据步与步之间的进展情况，功能图分为以下几种结构。

（1）单一顺序

单一顺序动作是一个接一个地完成，完成每步只连接一个转移，每个转移只连接一个步。以下用“启保停电路”来介绍功能图和梯形图的对应关系。

为了便于将功能图转换为梯形图，采用代表各步的编程元件的地址（比如 M0.2）作为步的代号，并用编程元件的地址来标注转换条件以及各步的动作和命令，当某步对应的编程元件置 1，代表该步处于活动状态。

① 启保停电路对应的布尔代数式。标准的启保停电路梯形图如图 4-60 所示，图中 I0.0 为 M0.2 的启动条件，当 I0.0 置 1 时，M0.2 得电；I0.1 为 M0.2 的停止条件，当 I0.1 置 1 时，M0.2 断电；M0.2 的辅助触点为 M0.2 的保持条件。该梯形图对应的布尔代数式为

$$\mathrm{M0.2}=(\mathrm{I0.0}+\mathrm{M0.2})\times\overline{\mathrm{I0.1}}$$

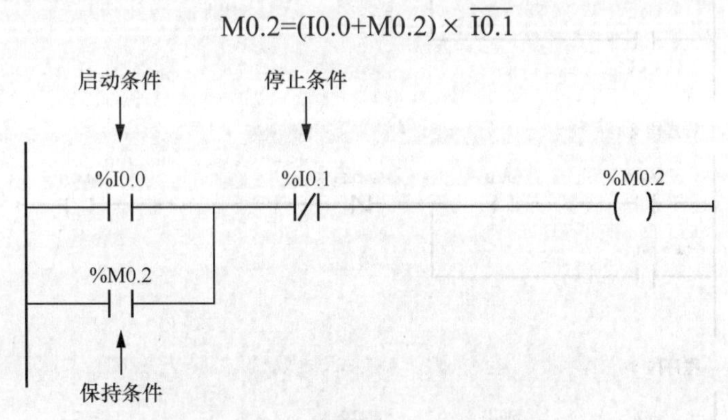

图 4-60　标准的启保停电路梯形图

② 功能图储存位对应的布尔代数式。如图 4-61（a）所示的功能图，M0.1 转换为活动步的条件是 M0.1 步的前一步是活动步，相应的转换条件（I0.0）得到满足，即 M0.1 的启动条件为 M0.0 × I0.0。当 M0.2 转换为活动步后，M0.1 转换为不活动步，因此，M0.2 可以看成 M0.1 的停止条件。由于大部分转换条件都是瞬时信号，即信号持续的时间比它激活的后续步的时间短，因此应当使用有记忆功能的电路控制代表步的储存位。在这情况下，启动条件、停止条件和保持条件全部具备，就可以采用“启保停”方法设计功能图的布尔代数式和梯形图。功能图储存位对应的布尔代数式如图 4-61（b）所示，参照图 4-62 所示的标准的启保停电路梯形图，就可以轻松地将图 4-61 所示的功能图转换为图 4-62 所示的梯形图。

（2）选择顺序

选择顺序是指某一步后有若干个单一顺序等待选择，称为分支，一般只允许选择进入一个顺序，转换条件只能标在水平线之下。选择顺序的结束称为合并，用一条水平线表示，水平线以下不允许有转换条件，如图 4-63 所示。

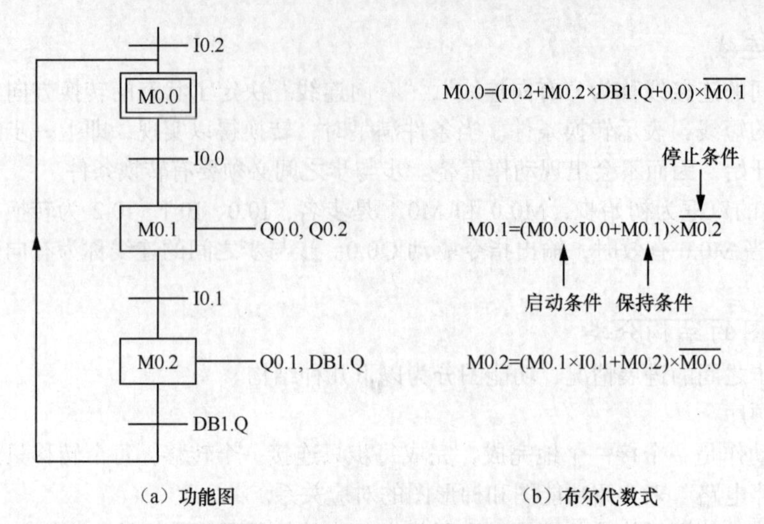

（a）功能图　　（b）布尔代数式

图 4-61　功能图和其对应的布尔代数式

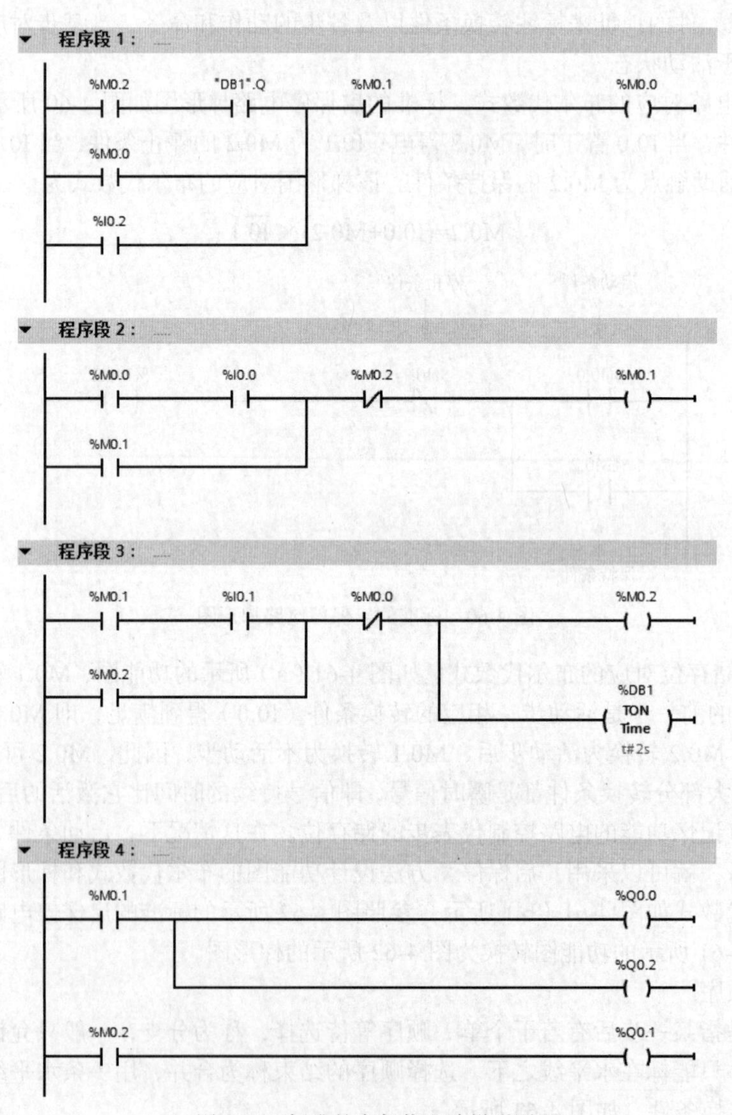

图 4-62　标准的启保停电路梯形图

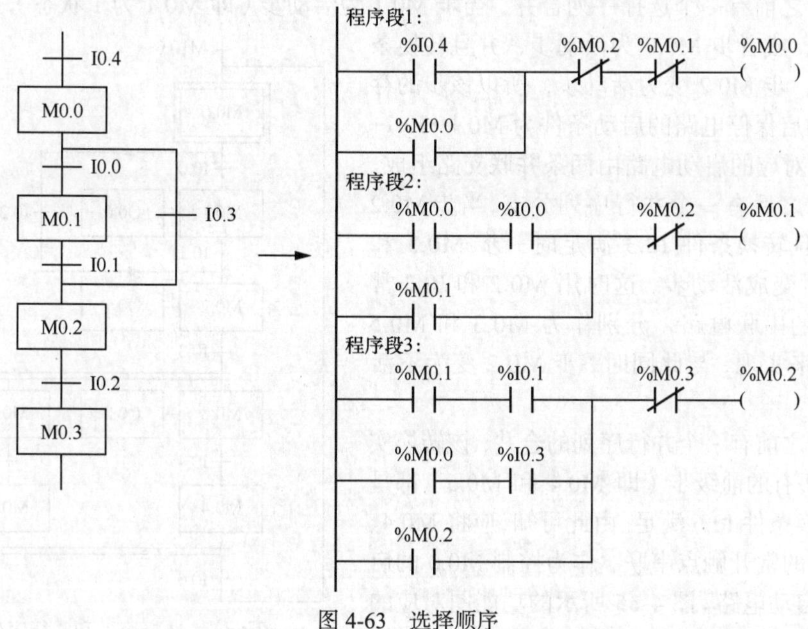

图 4-63　选择顺序

（3）并行顺序

并行顺序是指在某一转换条件下同时启动若干个顺序，也就是说转换条件导致几个分支同时激活。并行顺序的开始和结束都用双水平线表示，如图 4-64 所示。

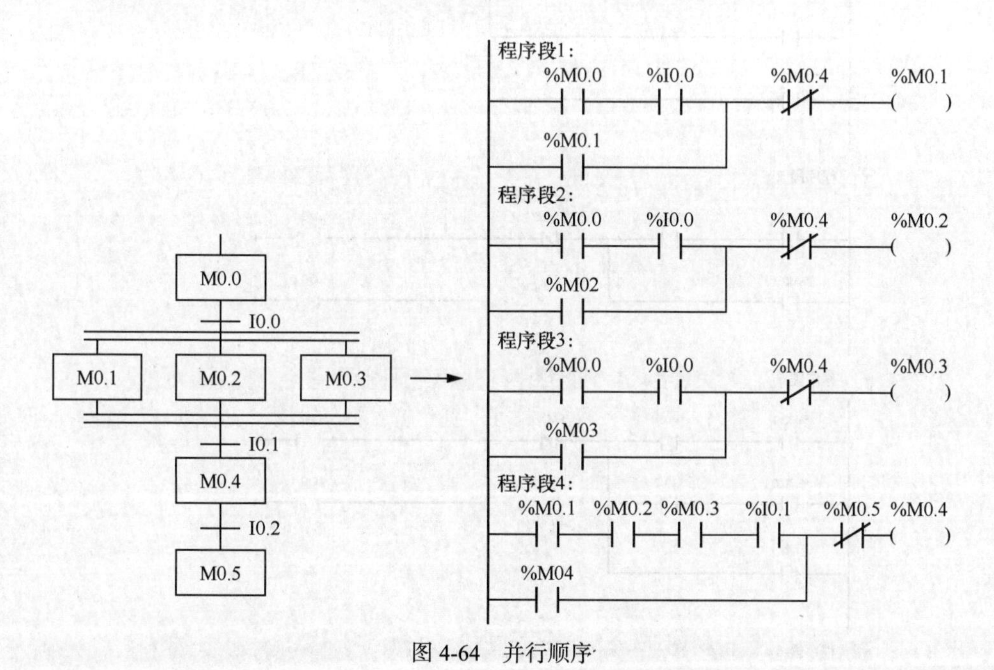

图 4-64　并行顺序

（4）选择序列和并行序列的综合

如图 4-65 所示，步 M0.0 之后有一个选择序列的分支，设 M0.0 为活动步，当它的后续步 M0.1 或 M0.2 变为活动步时，M0.0 变为不活动步，即 M0.0 为 0 状态，所以应将 M0.1 和 M0.2 的常闭触点与 M0.0 的线圈串联。

步 M0.2 之前有一个选择序列合并，当步 M0.1 为活动步（即 M0.1 为 1 状态），并且转换条件 I0.1 满足，或者步 M0.0 为活动步，并且转换条件 I0.2 满足，步 M0.2 变为活动步，所以该步的存储器 M0.2 的启保停电路的启动条件为 M0.1·I0.1+ M0.0·I0.2，对应的启动电路由两条并联支路组成。

步 M0.2 之后有一个并行序列分支，当步 M0.2 是活动步并且转换条件 I0.3 满足时，步 M0.3 和步 M0.5 同时变成活动步，这时用 M0.2 和 I0.3 常开触点组成的串联电路，分别作为 M0.3 和 M0.5 的启动电路来实现，与此同时，步 M0.2 变为不活动步。

步 M0.0 之前有一个并行序列的合并，该转换实现的条件是所有的前级步（即 M0.4 和 M0.6）都是活动步和转换条件 I0.6 满足。由此可知，应将 M0.4、M0.6 和 I0.6 的常开触点串联，作为控制 M0.0 的启保停电路的启动电路。图 4-65 所示的功能图对应的梯形图如图 4-66 所示。

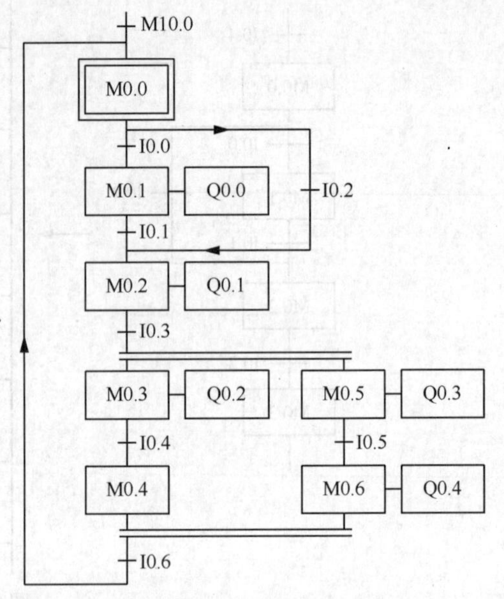

图 4-65　选择序列和并行序列功能图

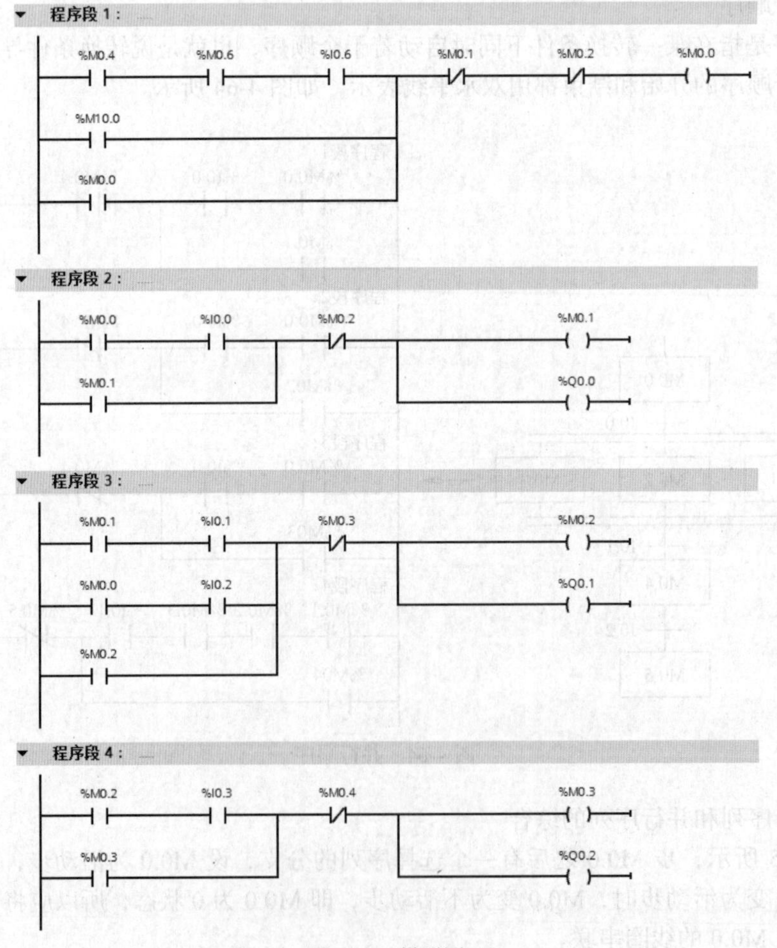

图 4-66　梯形图

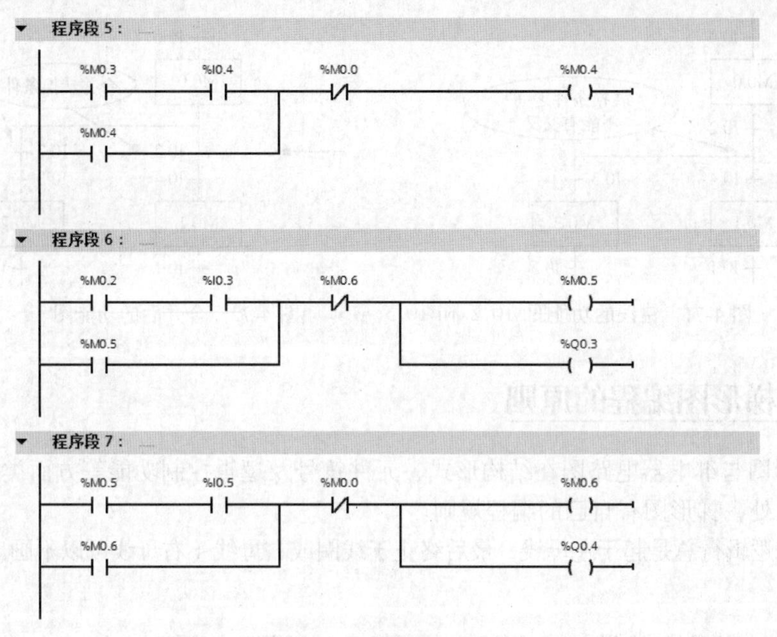

图 4-66　梯形图（续）

5. 功能图设计的注意点

（1）状态之间要有转换条件。如图 4-67 所示，状态之间缺少“转换条件”是不正确的，应改成图 4-68 所示的功能图。必要时转换条件可以简化，如将图 4-69 简化成图 4-70。

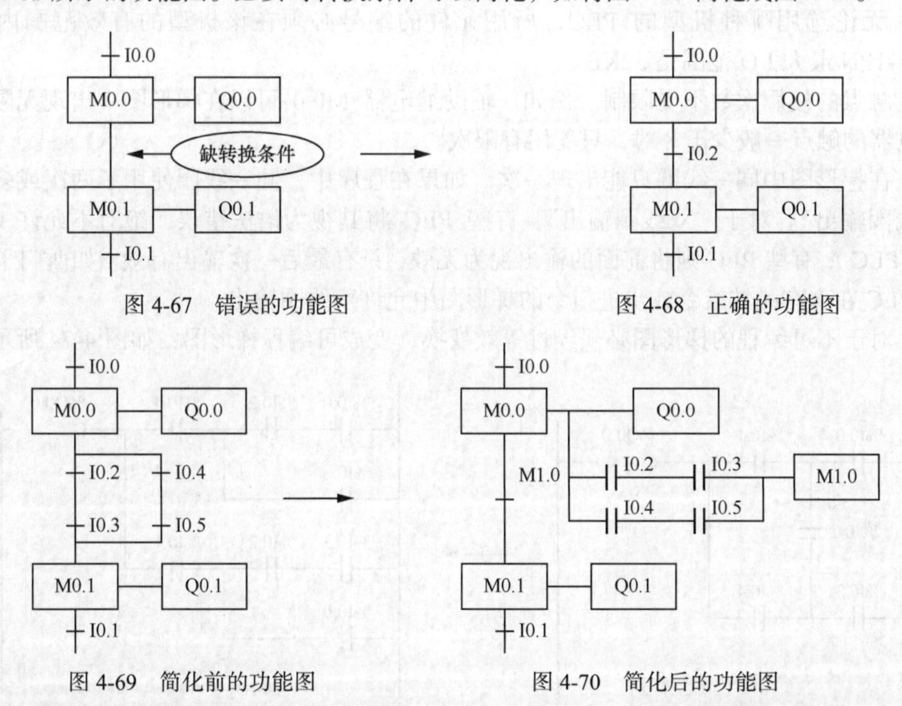

图 4-67　错误的功能图　　图 4-68　正确的功能图

图 4-69　简化前的功能图　　图 4-70　简化后的功能图

（2）转换条件之间不能有分支。例如，图 4-71 应该改成图 4-72 所示的合并后的功能图，合并转换条件。

（3）功能图中的初始步对应于系统等待启动的初始状态，初始步是必不可少的。

（4）功能图中一般应有由步和有向连线组成的闭环。

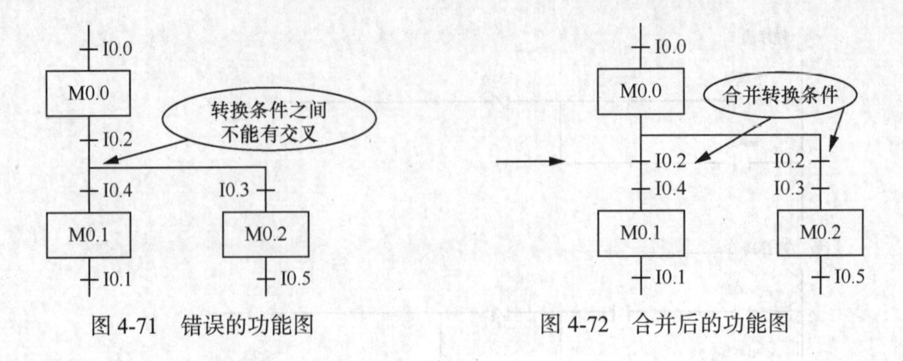

图 4-71　错误的功能图　　　图 4-72　合并后的功能图

4.3.2　梯形图编程的原则

尽管梯形图与继电器电路图在结构形式、元件符号及逻辑控制功能等方面类似，但它们又有许多不同之处，梯形图有自己的编程规则。

（1）每一逻辑行总是起于左母线，最后终止于线圈或右母线（右母线可以不画出），如图 4-73 所示。

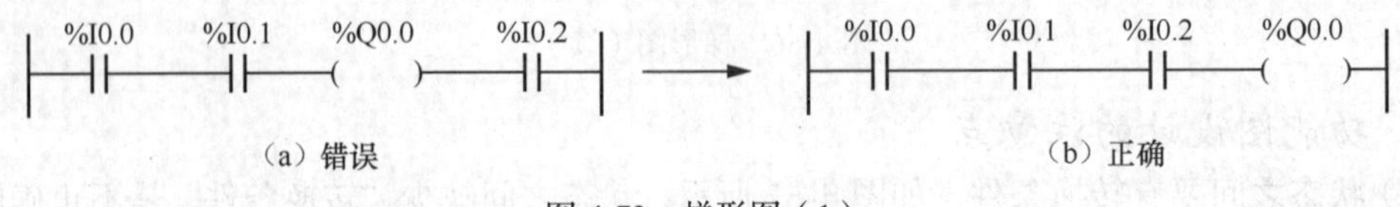

（a）错误　　　（b）正确

图 4-73　梯形图（1）

（2）无论选用哪种机型的 PLC，所用元件的编号必须在该机型的有效范围内。例如 CPU1511-1PN 最大 I/O 范围是 32KB。

（3）触点的使用次数不受限制。例如，辅助继电器 M0.0 可以在梯形图中出现无限次，而实物继电器的触点一般少于 8 对，只能用有限次。

（4）在梯形图中同一线圈只能出现一次。如果在程序中，同一线圈使用了两次或多次，称为“双线圈输出”。对于“双线圈输出”，有些 PLC 将其视为语法错误，绝对不允许（如三菱 FX 系列 PLC）；有些 PLC 则将前面的输出视为无效，只有最后一次输出有效（如西门子 PLC）；而有些 PLC 在含有跳转指令或步进指令的梯形图中允许双线圈输出。

（5）对于不可编程的梯形图必须经过等效变换，变成可编程梯形图，如图 4-74 所示。

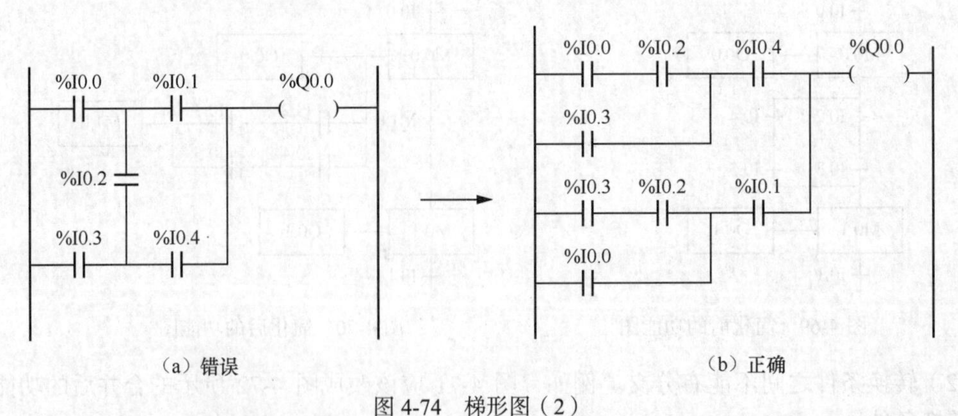

（a）错误　　　（b）正确

图 4-74　梯形图（2）

（6）在有几个串联电路相并联时，应将串联触点多的回路放在上方，归纳为“多上少下”的原则，如图 4-75 所示。在有几个并联电路相串联时，应将并联触点多的回路放在左方，归纳

为“多左少右”原则，如图 4-76 所示。因为这样所编制的程序简洁明了，语句较少。但要注意图 4-75（a）和图 4-76（a）的梯形图在逻辑上是正确的。

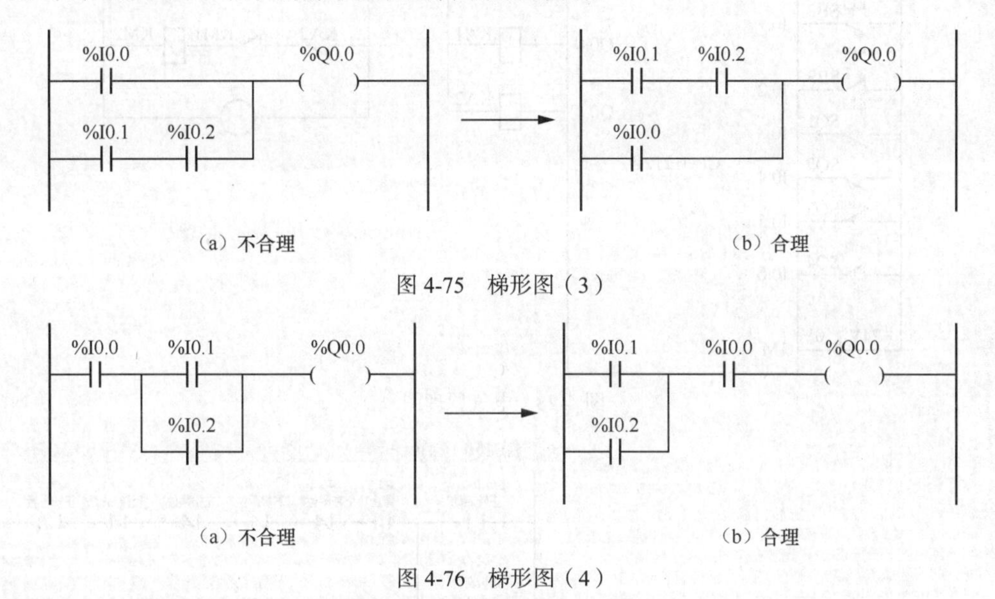

图 4-75　梯形图（3）

图 4-76　梯形图（4）

4.4　逻辑控制的梯形图编程方法

相同的硬件系统，由不同的人设计，可能设计出不同的程序，有的人设计的程序简洁而且可靠，而有的人设计的程序虽然能完成任务，但较复杂。PLC 程序设计是有规律可遵循的，下面将介绍两种方法：经验设计法和功能图设计法。

4.4.1　经验设计法

经验设计法就是在一些典型的梯形图的基础上，根据具体的对象对控制系统的具体要求，对原有的梯形图进行修改和完善。经验设计法适合有一定工作经验的人，因为有一定工作经验的人有现成的资料，特别是在产品更新换代时，使用这种方法比较节省时间。下面举例说明经验设计法的思路。

【例 4-9】 图 4-77 所示为小车运输系统的示意图，图 4-78 所示为电气原理图，SQ1、SQ2、SQ3 和 SQ4 是限位开关，小车先左行，在 SQ1 处装料，10s 后右行，到 SQ2 后停止卸料 10s 后左行，碰到 SQ1 后停下装料，这样不停地循环工作。限位开关 SQ3 和 SQ4 的作用是当 SQ2 或者 SQ1 失效时，SQ3 和 SQ4 起保护作用。SB1 和 SB2 是启动按钮，SB3 是停止按钮。

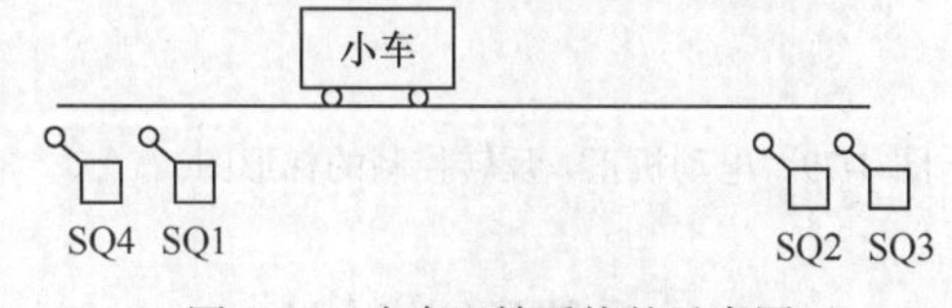

图 4-77　小车运输系统的示意图

解：

小车左行和右行是不能同时进行的，因此有连锁关系，与电动机的正、反转的梯形图类似，先画出电动机正、反转控制的梯形图，如图 4-79 所示，再在梯形图的基础上进行修改，增加 4 个限位开关的输入，增加 2 个定时器，就变成了图 4-80 所示的梯形图。Q0.0 控制左行（正转），Q0.1 控制右行（反转）。

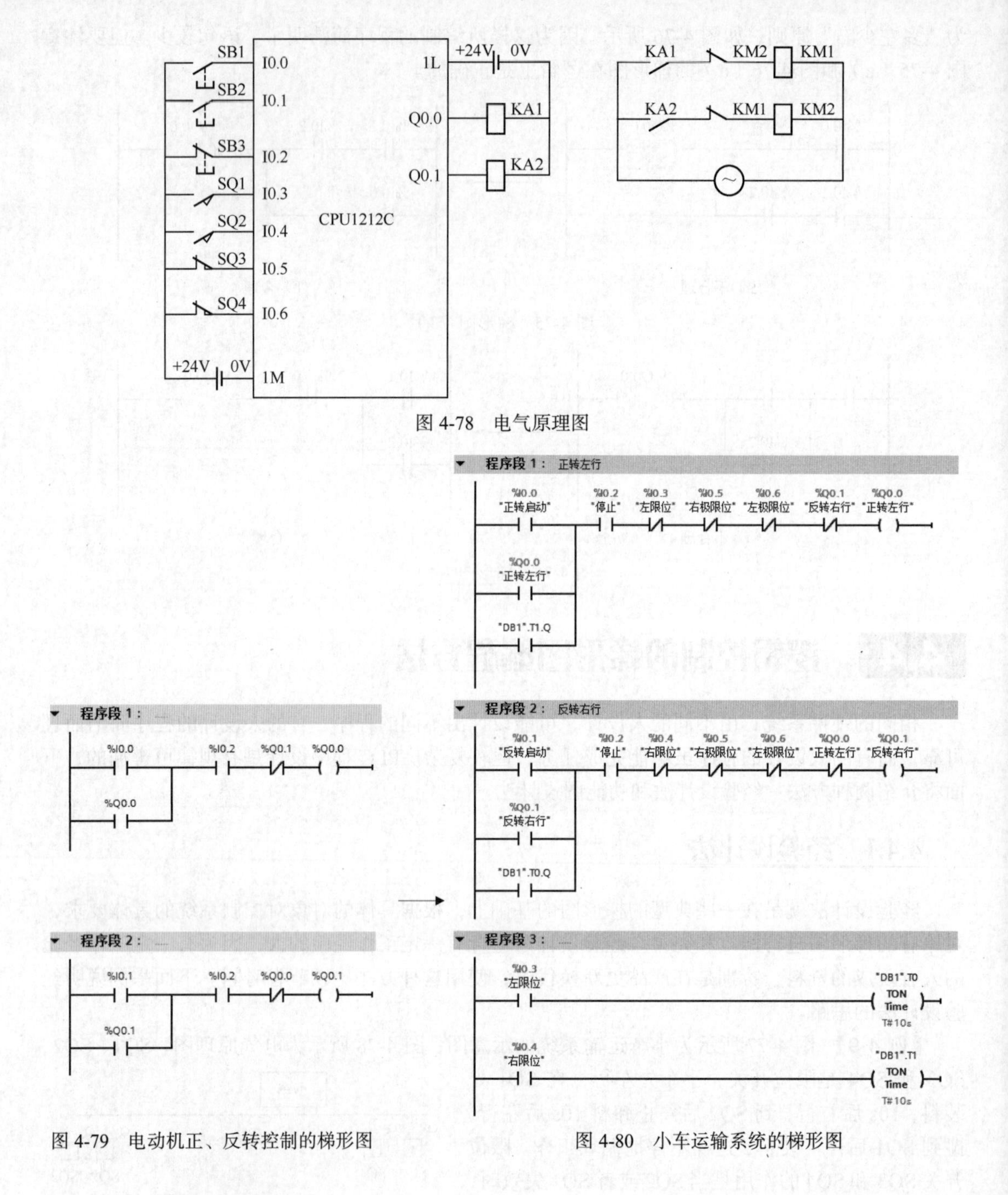

图 4-78 电气原理图

图 4-79 电动机正、反转控制的梯形图

图 4-80 小车运输系统的梯形图

4.4.2 功能图设计法

功能图设计法也称为启保停设计法。对于比较复杂的逻辑控制，用经验设计法就不合适，适合用功能图设计法。功能图设计法无疑是应用最为广泛的设计方法。功能图设计法就是先根据系统的控制要求画功能图，再根据功能图画梯形图，梯形图可以是基本指令梯形图，也可以是顺序控制指令梯形图和功能指令梯形图。因此，设计功能图是整个设计过程的关键，也是难点。

1．功能图设计法的基本步骤

（1）绘制出顺序功能图

使用功能图设计法设计梯形图时，要根据控制要求画功能图，其中功能图的绘制在前面章节中已经详细介绍，在此不再重复。

（2）写出储存器位的布尔代数式

对应于功能图中的每一个储存器位都可以写出如式（4-1）所示的布尔代数式。式（4-1）等号左边的 M_i 为第 i 个储存器位的状态，等号右边的 M_i 为第 i 个储存器位的常开触点，X_i 为第 i 个工步所对应的转换信号，M_{i-1} 为第 $i-1$ 个储存器位的常开触点，M_{i+1} 为第 $i+1$ 个储存器位的常闭触点。

$$M_i=(X_i \bullet M_{i-1}+M_i)\bullet\overline{M_{i+1}} \quad (4\text{-}1)$$

（3）写出执行元件的逻辑函数式

执行元件为功能图中的储存器位所对应的动作。一个步通常对应一个动作，输出和对应步的储存器位的线圈并联或者在输出线圈前串接一个对应步的储存器位的常开触点。当功能图中有多个步对应同一动作时，其输出可用这几个步对应的储存器位的“或”来表示，如图4-81所示。

%M0.2　%Q0.3

%M0.3

%M0.5

图4-81　多个步对应同一动作时的梯形图

（4）设计梯形图

在完成前3个步骤的基础上，可以顺利设计出梯形图。

2．功能图设计法的应用举例

用一个例子介绍功能图设计法。

【例4-10】图4-82所示为电气原理图，控制4盏灯的亮灭，当按下启动按钮SB1时，HL1灯亮1.8s，之后灭；HL2灯亮1.8s，之后灭；HL3灯亮1.8s，之后灭；HL4灯亮1.8s，之后灭，如此循环。有3种停止模式，模式1：当按下停止按钮SB2，完成一个工作循环后停止。模式2：当按下停止按钮SB2，立即停止，按下启动按钮后，从停止位置开始完成剩下的逻辑。模式3：当按下急停按钮SB3，所有灯灭，完全复位。

解：

根据题目的控制过程，设计功能图，如图4-83所示。

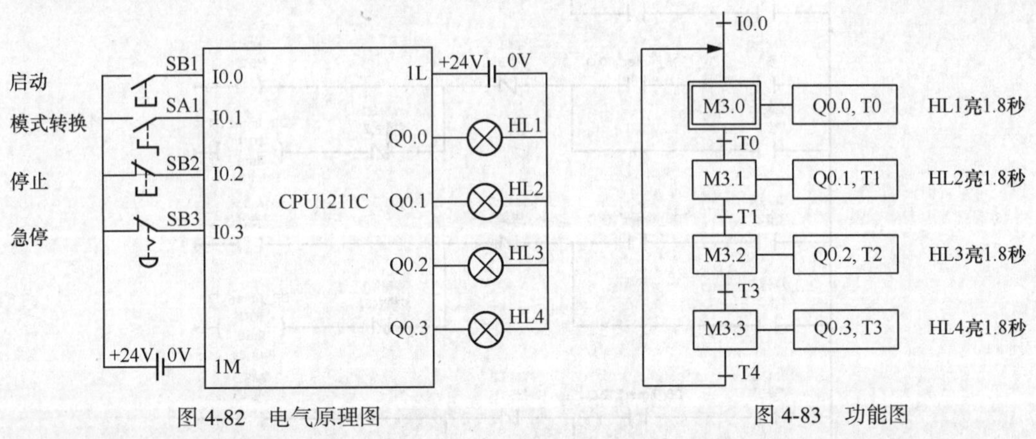

图4-82　电气原理图　　图4-83　功能图

再根据功能图，创建数据块“DB_Timer”，并在数据块中创建4个IEC定时器（创建方法见项目4-3），梯形图如图4-84所示。以下详细介绍程序。

程序段1：停止模式1，按下停止按钮，M2.0线圈得电，M2.0常开触点闭合，当完成一个工作循环后，定时器“DB_Timer”.T3.Q的常开触点闭合，将线圈M3.0～M3.7复位，系统停止运行。

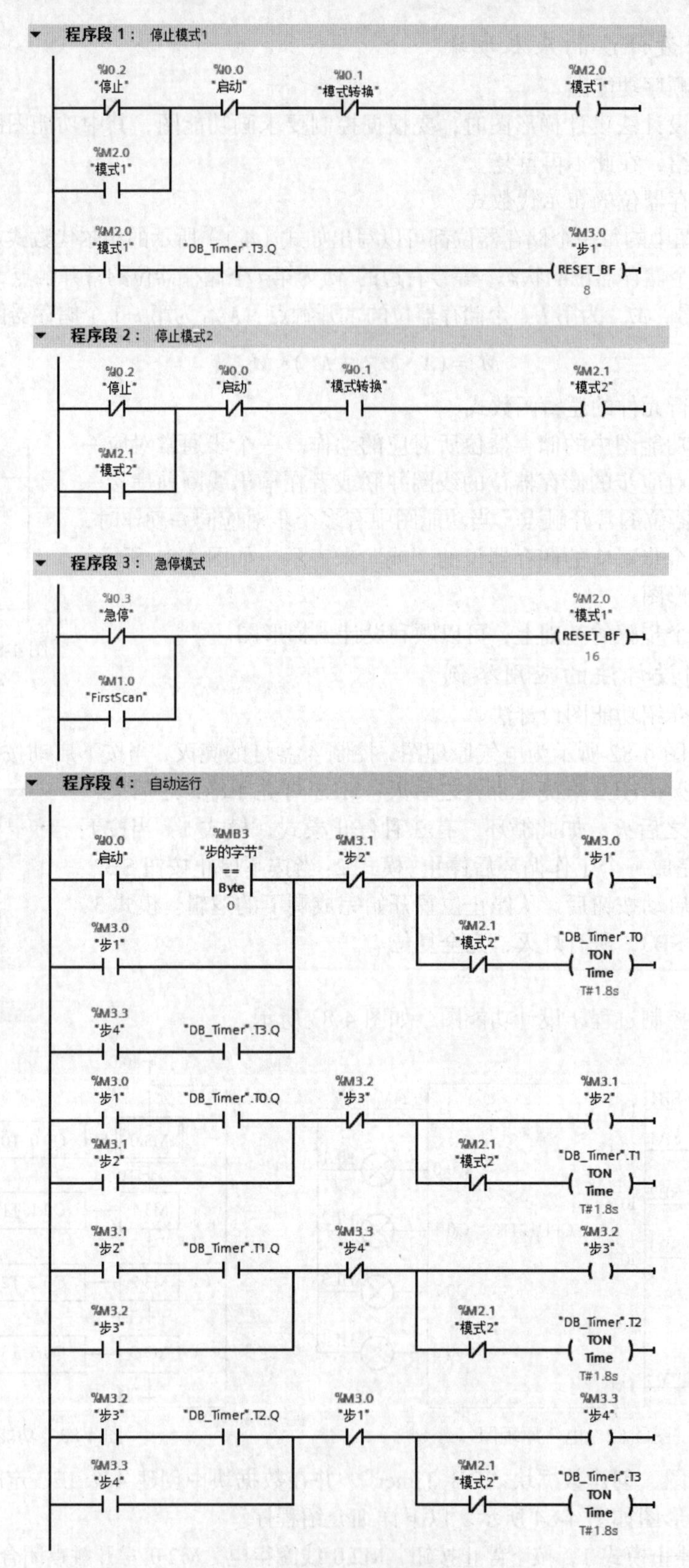
程序段 1： 停止模式1
%I0.2
"停止"
%I0.0
"启动"
%I0.1
"模式转换"
%M2.0
"模式1"
%M2.0
"模式1"
%M2.0
"模式1"
"DB_Timer".T3.Q
%M3.0
"步1"
RESET_BF
8
程序段 2： 停止模式2
%I0.2
"停止"
%I0.0
"启动"
%I0.1
"模式转换"
%M2.1
"模式2"
%M2.1
"模式2"
程序段 3： 急停模式
%I0.3
"急停"
%M2.0
"模式1"
RESET_BF
16
%M1.0
"FirstScan"
程序段 4： 自动运行
%I0.0
"启动"
%MB3
"步的字节"
==
Byte
0
%M3.1
"步2"
%M3.0
"步1"
%M3.0
"步1"
%M2.1
"模式2"
"DB_Timer".T0
TON
Time
T#1.8s
%M3.3
"步4"
"DB_Timer".T3.Q
%M3.0
"步1"
"DB_Timer".T0.Q
%M3.2
"步3"
%M3.1
"步2"
%M3.1
"步2"
%M2.1
"模式2"
"DB_Timer".T1
TON
Time
T#1.8s
%M3.1
"步2"
"DB_Timer".T1.Q
%M3.3
"步4"
%M3.2
"步3"
%M3.2
"步3"
%M2.1
"模式2"
"DB_Timer".T2
TON
Time
T#1.8s
%M3.2
"步3"
"DB_Timer".T2.Q
%M3.0
"步1"
%M3.3
"步4"
%M3.3
"步4"
%M2.1
"模式2"
"DB_Timer".T3
TON
Time
T#1.8s

图 4-84　梯形图

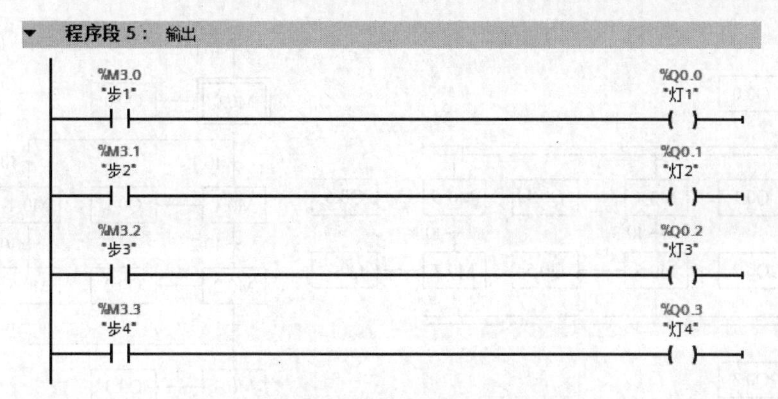

图 4-84　梯形图（续）

程序段 2：停止模式 2，按下停止按钮，M2.1 线圈得电，M2.1 常闭触点断开，造成所有的定时器断电，从而使得程序“停止”在一个位置。

程序段 3：停止模式 3，即急停模式，立即把所有的线圈清零复位。

程序段 4：自动运行程序。MB3=0（即 M3.0～M3.7=0）按下启动按钮才能起作用，这一点很重要，初学者容易忽略。这个程序段一共有 4 步，每一步一个动作（灯亮），执行当前步的动作时，切断上一步的动作，这是编程的核心思路，有人称这种方法是启保停逻辑编程方法。

程序段 5：将梯形图逻辑运算的结果输出。

这个例子虽然简单，但却是一个典型的逻辑控制实例。有以下两个重要的知识点读者需要掌握。

（1）读者要学会逻辑控制程序的编写方法。

（2）要理解停机模式的应用场合，掌握编写停机程序的方法。

本例的停机模式 1 常用于一个产品加工有多道工序，必须完成所有工序才算合格的情况；本例的停机模式 2 常用于设备加工过程中，发生意外事件，例如卡机使工序不能继续，使用模式 2 停机，排除故障后继续完成剩余的工序；停机模式 3 是急停，当人身和设备有安全问题时使用，使设备立即处于停止状态。

习题

一．简答题

1. 全局变量和局部变量有何区别？
2. 函数和函数块有何区别？
3. 背景数据块和全局数据块有何区别？优化访问数据块和非优化访问数据块有何区别？
4. 三相异步电动机的正反转控制中，梯形图中正转和反转控制进行了互锁，硬件回路为何要互锁？
5. 梯形图编程有哪些基本原则？

二．编程题

1. 根据图 4-85 所示的功能图编写程序。
2. 根据图 4-86 所示的功能图编写程序。

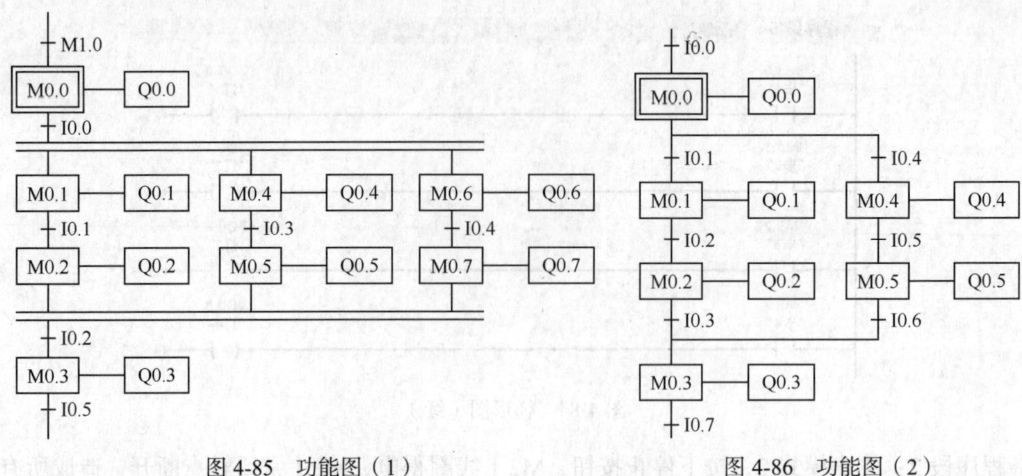

图 4-85　功能图（1）　　图 4-86　功能图（2）

3. 机械手的工作示意图如图 4-87 所示，当合上启动按钮，机械手将工件从 A 点搬运到 B 点，然后返回 A 点，如此循环，任何时候按下停止按钮时系统复位回到原点，请编写控制程序。

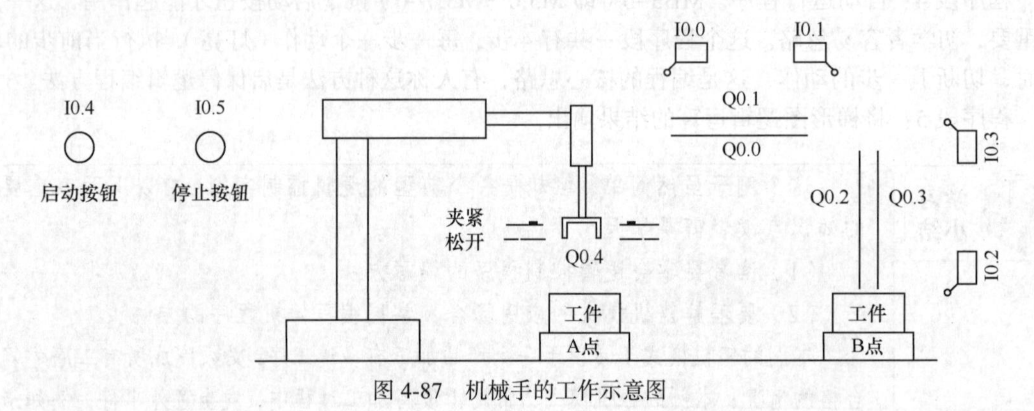

图 4-87　机械手的工作示意图

4. 按下按钮，I0.0 触点闭合，Q0.0 变为 ON 并自保持，定时器 T0 定时 7s，用计数器 C0 对 Q0.1 输入的脉冲计数，计数满 4 个脉冲后，Q0.0 变为 OFF，同时 C0 和 T0 被复位，在 PLC 刚开始执行用户程序时，C0 也被复位，时序图如图 4-88 所示，设计梯形图。

I0.0
I0.1
Q0.0
7s

图 4-88　时序图

5. 用 PLC 控制一台电动机，控制要求如下。

① 按下启动按钮，电动机正转，3s 后自动反转。

② 反转 5s 后自动正转，如此反复，自动切换。

③ 切换 5 个周期后，电动机自动停转。

④ 切换过程中，按下停止按钮，分两种情况：一是电动机完成当前周期停转；二是按下停止按钮，电动机立即停转。请分别编写控制程序。

6. 设计一段程序，将 MB100 每隔 100ms 加 1，当其等于 100 时停止加法运算。若时间间隔是 300ms 又该如何编写程序？

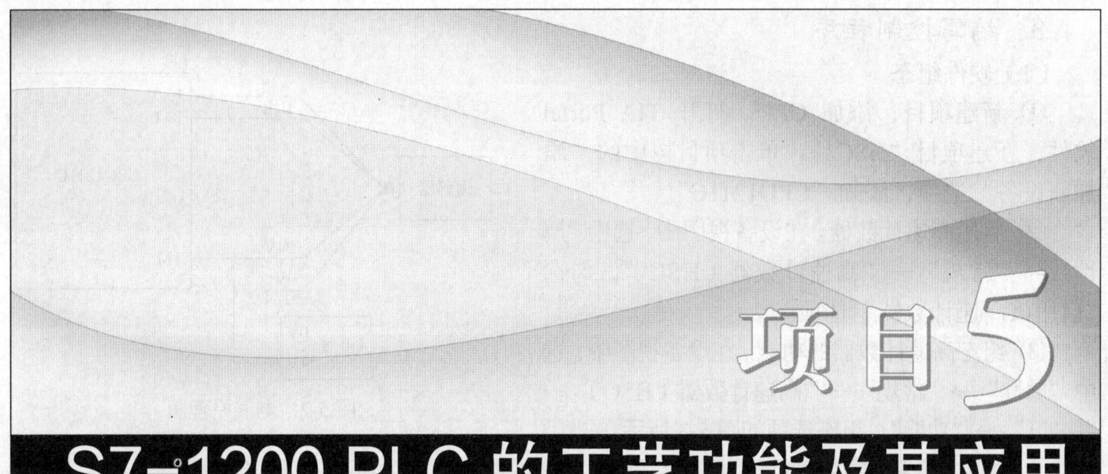

项目5 S7-1200 PLC 的工艺功能及其应用

通过完成 3 个任务，掌握利用高速计数器的测距离和测速度编写程序；掌握 PID 控制程序的编写和 PID 调节。本项目是学习 PLC 高级应用的关键。

学习提纲

知识目标	掌握高速计数器测距离和测速度的原理，了解 PID 控制原理
技能目标	掌握利用高速计数器的测距离和测速度的编程，掌握电炉的 PID 控制电气原理图的设计和硬件接线，掌握程序调试
素质目标	通过小组内合作，培养团队合作精神；通过优化接线、实训设备整理和环境清扫，培养绿色环保和节能意识；通过优化 PID 参数培养精益求精的工匠精神和节能意识；通过项目中安全环节强调和训练，树立安全意识，并逐步形成工程思维
学习方法	通过完成前 2 个任务，掌握利用高速计数器的测距离和测速度编写程序；通过完成第 3 个任务，掌握电炉的 PID 控制。完成任务前（如任务 5-1），应先学习必备知识（如 5.1 节）
建议课时	6 课时

任务 5-1 滑台的实时位移测量

1. 目的与要求

用 S7-1200 PLC 和光电编码器测量滑台运动的实时位移，且断电后位置数据能保存。光电编码器为 500 线，与电动机同轴安装，电动机的角位移和光电编码器角位移相等，滚珠丝杠螺距是 10mm，电动机每转一圈滑台移动 10mm。滑台硬件系统的示意图如图 5-1 所示。

通过完成该任务，掌握高速计数器的使用方法。

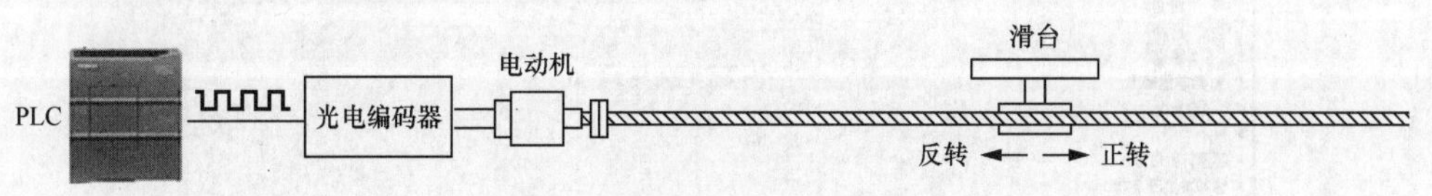

图 5-1 滑台硬件系统的示意图

2. 设计电气原理图

电气原理图如图 5-2 所示。

3．编写控制程序

（1）硬件组态

① 新建项目，添加 CPU。打开 TIA Portal 软件，新建项目“HSC1”，单击项目树中的“添加新设备”选项，添加“CPU1211C”。

② 启用高速计数器。在设备视图中，选中“属性”→“常规”→“高速计数器（HSC）”，勾选“启用该高速计数器”选项。

③ 组态高速计数器的功能。在设备视图中，选中“属性”→“常规”→“高速计数器（HSC）”→“HSC1”→“功能”，组态选项如图 5-3 所示。

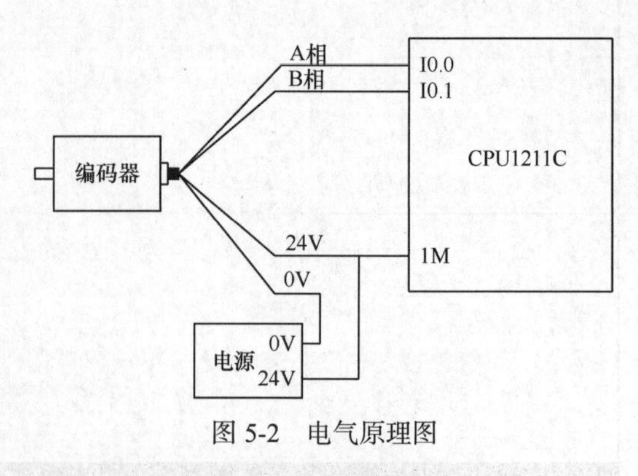

图 5-2　电气原理图

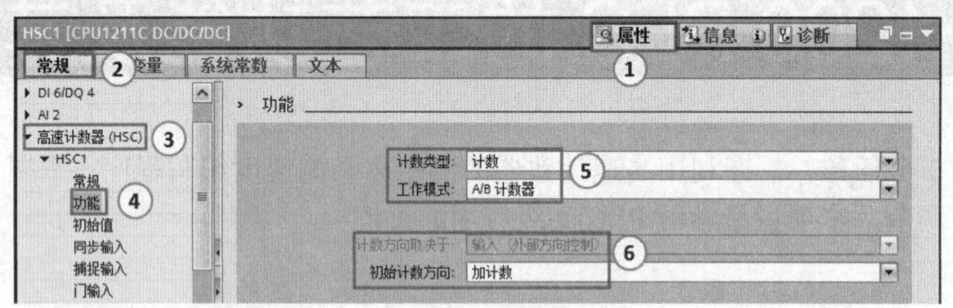

图 5-3　组态选项

- 计数类型分为计数、时间段、频率和运动控制 4 个选项。
- 工作模式分为单相、两相位、A/B 计数器和 A/B 计数器四倍分频。
- 计数方向的选项与工作模式相关。当选择单相工作模式时，计数方向取决于内部程序控制和外部物理输入点控制。当选择 A/B 计数器或两相位模式时，没有此选项。
- 初始计数方向分为加计数和减计数。

④ 组态 I/O 地址。在设备视图中，选中“属性”→“常规”→“高速计数器（HSC）”→“HSC1”→“I/O 地址”，组态选项如图 5-3 所示，I/O 地址可不更改。本例占用 IB1000～IB1003，共 4 个字节，实际就是 ID1000。

⑤ 修改输入滤波时间。在设备视图中，选中“属性”→“常规”→“DI 6/DO 4”→“数字量输入”→“通道 0”，将输入滤波时间从原来的 6.4ms 修改到 3.2μs，如图 5-4 所示，这个步骤极为关键。此外要注意，在此处的上升沿和下降沿不能启用。同理，“通道 1”的滤波时间也要修改为 3.2μs。

图 5-4　修改输入滤波时间

（2）编写程序

① 测量距离的原理。由于光电编码器与电动机同轴安装，所以光电编码器的旋转圈数就是电动机的圈数。PLC 的高速计数器测量光电编码器产生脉冲的个数，光电编码器为 500 线，丝杠螺距是 10mm，因此 PLC 每测量到 500 个脉冲，表示电动机旋转 1 圈，滑台移动 10mm（即 50 个脉冲对应滑台移动 1mm）。

PLC 高速计数器 HSC1 接收的脉冲数存储在 ID1000 中，所以每个脉冲对应的距离为：

$$\frac{10\times \text{ID1000}}{500}=\frac{\text{ID1000}}{50}(\text{mm})$$

② 测量距离的程序。由于 S7-1200CPU 的高速计数器没有断电保持功能，因此要借助数据块实现断电保持功能。方案是：上电时，把停电前保存的数据传送到新值 MD24 中，组织块 OB100 中的梯形图如图 5-5 所示。启用数据块 DB_HSC.Retain 的“保持”选项，就可以实现断电后，数据块的内容不丢失（断电保持），如图 5-6 所示。

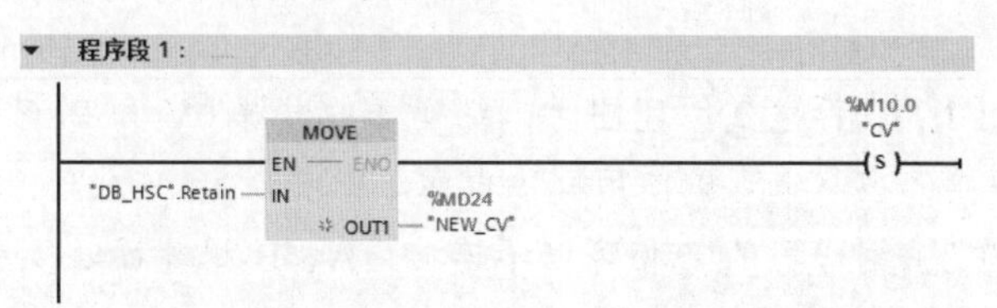

图 5-5　组织块 OB100 中的梯形图

DB_HSC

	名称	数据类型	起始值	保持	从 HMI/OPC...	从 H...
1	▼ Static			☐	☐	☐
2	■ Retain	DInt	16#0	☑	☑	☑
3	■ <新增>			☐	☐	☐

图 5-6　数据块 DB_HSC.Retain

每 100ms 把计数值传送到数据块保存，组织块 OB30 中的梯形图如图 5-7 所示。

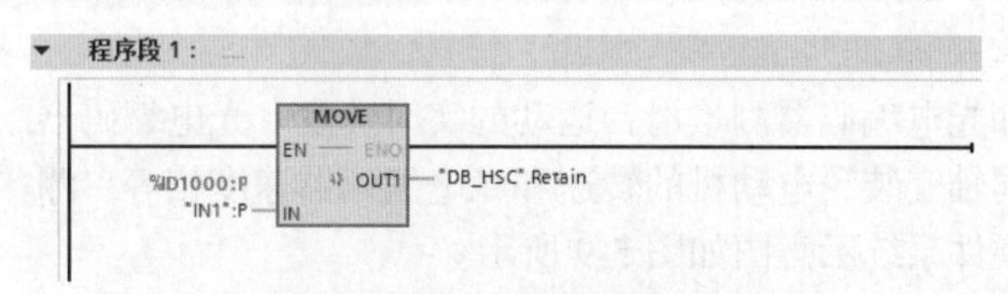

图 5-7　组织块 OB30 中的梯形图

上电运行 OB100 时，M10.0 置位（为 1），当 OB1 首次扫描时，将数据块中保存的数据取出，作为新值，即计数的起始值，接着把 M10.0 复位，计数值经计算得到当前位移，组织块 OB1 中的梯形图如图 5-8 所示。

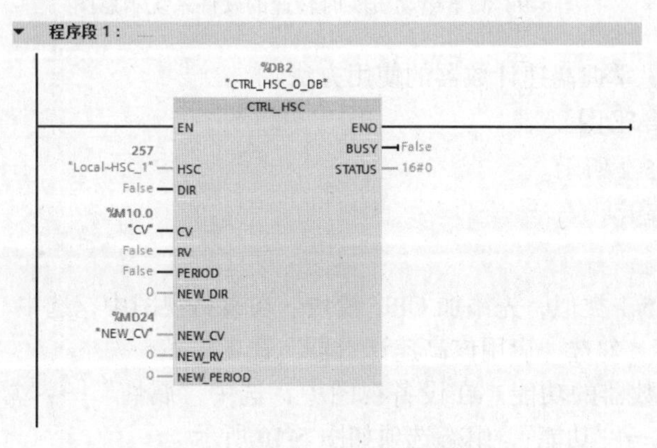

图 5-8　组织块 OB1 中的梯形图

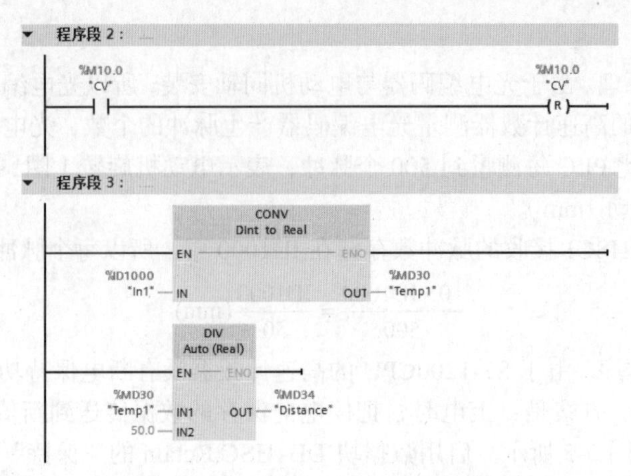

图 5-8　组织块 OB1 中的梯形图（续）

任务小结

（1）设计电气原理图时，编码器的电源 0V 和 PLC 的输入端电源的 0V 要短接，当然也可以使用同一电源。

（2）编码器的 Z 相可以不连接，A、B 测量可以显示运行的方向（即正负）。如果只有一个方向，则只用 A 相即可。

（3）正确的硬件组态非常关键，特别容易忽略修改滤波时间。

（4）测量距离的算法（测量距离的原理）也特别重要，必须理解。

任务 5-2　电动机的实时转速测量

电动机的实时转速测量-利用编码器

1. 目的与要求

用 S7-1200 PLC 和光电编码器测量滑台运动的实时速度。光电编码器为 500 线，与电动机同轴安装，电动机的转速和光电编码器速度相等。测量电动机实时转速的硬件系统示意图如图 5-9 所示。

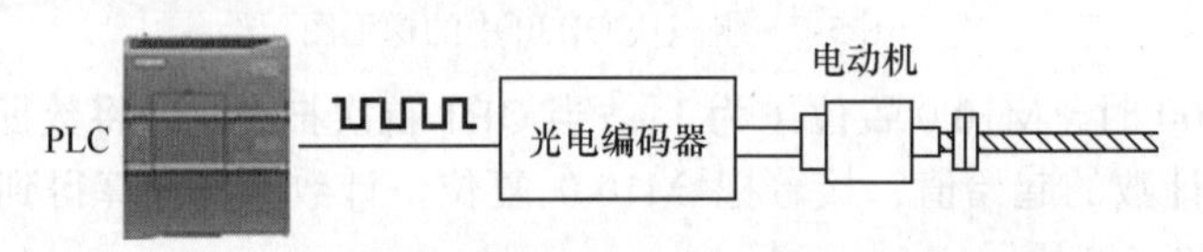

图 5-9　测量电动机实时转速的硬件系统示意图

通过完成该任务，掌握高速计数器的使用方法。

2. 设计电气原理图

电气原理图如图 5-2 所示。

3. 编写控制程序

（1）硬件组态

硬件组态与任务 5-1 类似，先添加 CPU 模块。在设备视图中，选中“属性”→“常规”→“高速计数器（HSC）”，勾选“启用该高速计数器”选项。

（2）组态高速计数器的功能。在设备视图中，选中“属性”→“常规”→“高速计数器（HSC）”→“HSC1”→“功能”，组态选项如图 5-10 所示。

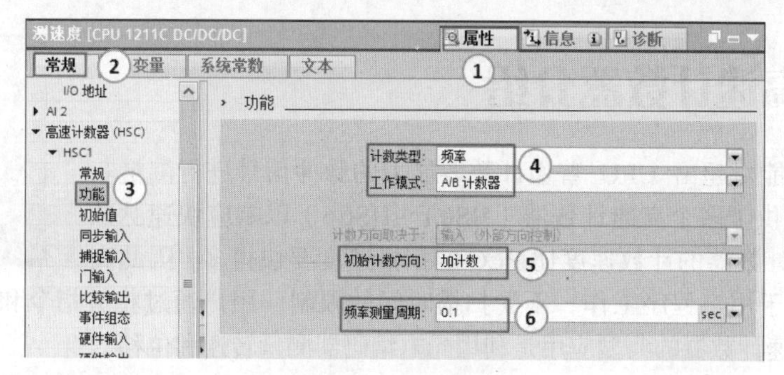

图 5-10　组态选项

（3）修改输入滤波时间

在设备视图中，选中“属性”→“常规”→“DI 6/DO 4”→“数字量输入”→“通道 0”，如图 5-4 所示，将输入滤波时间从原来的 6.4ms 修改到 3.2μs，这个步骤极为关键。此外要注意，在此处的上升沿和下降沿不能启用。同理，“通道 1”的滤波时间也要修改为 3.2μs。

（4）编写程序

① 测量转速的原理。由于光电编码器与电动机同轴安装，所以光电编码器的转速就是电动机的转速。PLC 的高速计数器测量光电编码器产生脉冲的频率（ID1000 是光电编码器 HSC1 的脉冲频率），光电编码器为 500 线，因此 PLC 测量频率除 500 就是电动机在 1s 内旋转的圈数（实际就是转速，只不过转速的单位是 r/s），将这个数值乘 60，转速单位变成 r/min，所以电动机的转速为：

$$\frac{60\times \mathrm{ID1000}}{500}=\frac{3\times \mathrm{ID1000}}{25}(\mathrm{r/min})$$

② 测量转速的程序。打开主程序组织块 OB1，编写梯形图程序，如图 5-11 所示。

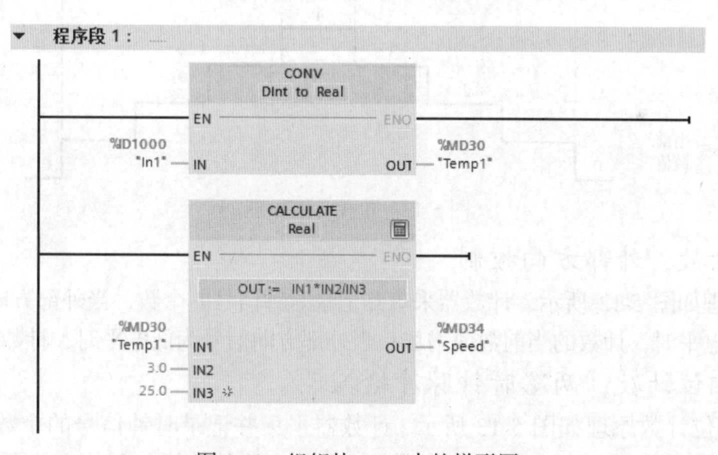

图 5-11　组织块 OB1 中的梯形图

（1）设计电气原理图时，编码器的电源 0V 和 PLC 的输入端电源的 0V 要短接，当然也可以使用同一电源。

（2）Z 相可以不连接，A、B 测量可以显示运行的方向（即正负）。如果只有一个方向，则只用 A 相即可。

（3）正确的硬件组态非常关键，特别容易忽略修改滤波时间。

（4）测量转速的算法（测量转速的原理）也特别重要，必须理解。

5.1 高速计数器介绍

高速计数器能对超出 CPU 普通计数器能力的脉冲信号进行测量。S7-1200 CPU 提供了多个高速计数器（HSC1～HSC6）以响应快速脉冲输入信号。高速计数器的计数速度比 PLC 的扫描速度要快得多，因此高速计数器可独立于用户程序工作，不受扫描时间的限制。用户通过相关指令和硬件组态控制计数器的工作。高速计数器的典型应用是利用光电编码器测量转速和位移。

5.1.1 高速计数器的工作模式

高速计数器有 5 种工作模式，每个计数器都有时钟、方向控制、复位启动等特定输入。对于双向计数器，两个时钟都可以运行在最高频率，高速计数器的最高计数频率取决于 CPU 的类型和信号板的类型。在正交模式下，可选择 1 倍速、双倍速或者 4 倍速输入脉冲频率的内部计数频率。高速计数器有 5 种工作模式，分别介绍如下。

1. 单相计数，内部方向控制

单相计数原理如图 5-12 所示，计数器采集并记录时钟信号的个数，当内部方向信号为高电平时，计数的当前数值增加；当内部方向信号为低电平时，计数的当前数值减小。

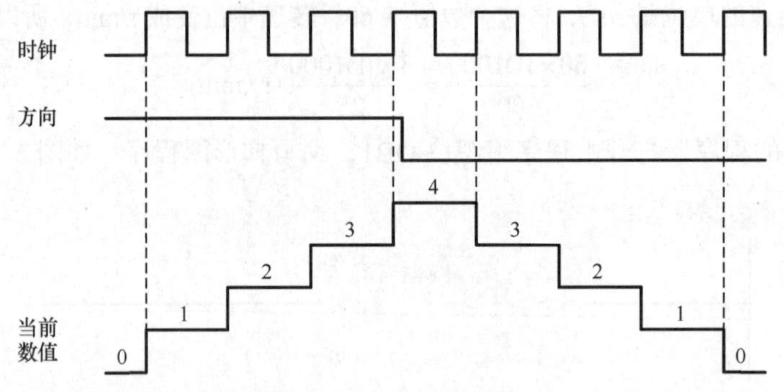

图 5-12 单相计数原理

2. 单相计数，外部方向控制

单相计数原理如图 5-12 所示，计数器采集并记录时钟信号的个数，当外部方向信号（例如外部按钮信号）为高电平时，计数的当前数值增加；当外部方向信号为低电平时，计数的当前数值减小。

3. 两个相位计数，两路时钟脉冲输入

加减两个相位计数原理如图 5-13 所示，计数器采集并记录时钟信号的个数，加计数信号端子和减信号计数端子分开。当加计数有效时，计数的当前数值增加；当减计数有效时，计数的当前数值减小。

4. A/B 相正交计数

A/B 相正交计数原理如图 5-14 所示，计数器采集并记录时钟信号的个数。A 相计数信号端子和 B 相计数信号端子分开，当 A 相计数信号超前时，计数的当前数值增加；当 B 相计数信号超前时，计数的当前数值减小。利用光电编码器（或者光栅尺）测量位移和速度时，通常采用这种模式。

S7-1200 PLC 支持 1 倍速、双倍速或者 4 倍速输入脉冲频率。

5. 监控 PTO 输出

HSC1 和 HSC2 支持此工作模式。在此工作模式，不需要外部接线，用于检测 PTO 功能发

出的脉冲。如用 PTO 功能控制步进驱动系统或者伺服驱动系统，可利用此模式监控步进电动机或者伺服电动机的位置和速度。

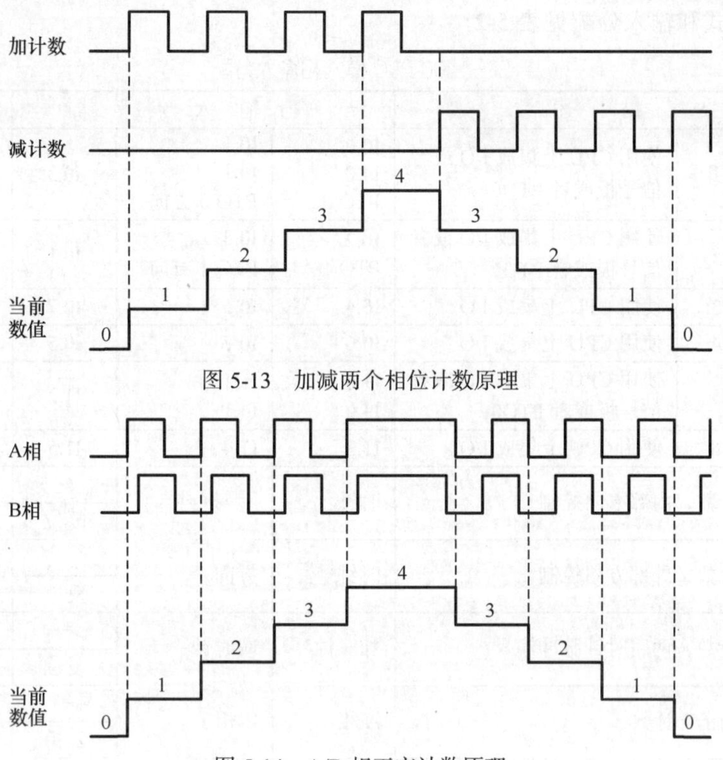

图 5-13　加减两个相位计数原理

图 5-14　A/B 相正交计数原理

5.1.2　高速计数器的硬件输入

并非所有的 S7-1200 PLC 都支持 6 个高速计数器，不同型号略有差别，例如 CPU1211C 最多只支持 4 个高数计数器。S7-1200 PLC 高速计数器的性能见表 5-1。

表 5-1　S7-1200 PLC 高速计数器的性能

CPU/信号板	CPU 输入通道	1 相或者 2 相位模式	A/B 相正交相位模式
CPU1211C	Ia.0～Ia.5	100kHz	80kHz
CPU1212C	Ia.0～Ia.5	100kHz	80kHz
	Ia.6～Ia.7	30kHz	20kHz
CPU1214C CPU1215C	Ia.0～Ia.5	100kHz	80kHz
	Ia.6～Ib.1	30kHz	20kHz
CPU1217C	Ia.0～Ia.5	100kHz	80kHz
	Ia.6～Ib.1	30kHz	20kHz
	Ib.2～Ib.5	1MHz	1MHz
SB1221,200kHz	Ie.0～Ie.3	200kHz	160kHz
SB1223,200kHz	Ie.0～Ie.1	200kHz	160kHz
SB1223	Ie.0～Ie.1	30kHz	20kHz

注意

CPU1217C 的高速计数功能最为强大，因为这款 PLC 主要针对运动控制设计。

高速计数器的硬件输入接口与普通数字量接口使用相同的地址。已经定义用于高速计数器的输入点不能再用于其他功能。但某些模式下，没有用到的输入点还可以用作开关量输入点。S7-1200 PLC 模式和输入分配见表 5-2。

表 5-2　S7-1200 PLC 模式和输入分配

项目	描　述		输　入　点			功　能
HSC	HSC1	使用 CPU 上集成 I/O 或者信号板或者 PTO0	I0.0 I4.0 PTO 0	I0.1 I4.1 PTO 0 方向	I0.3	—
	HSC2	使用 CPU 上集成 I/O 或者信号板或者 PTO1	I0.2 PTO 1	I0.3 PTO 1 方向	I0.1	—
	HSC3	使用 CPU 上集成 I/O	I0.4	I0.5	I0.7	—
	HSC4	使用 CPU 上集成 I/O	I0.6	I0.7	I0.5	—
	HSC5	使用 CPU 上集成 I/O 或者信号板或者 PTO0	I1.0 I4.0	I1.1 I4.1	I1.2	—
	HSC6	使用 CPU 上集成 I/O	I1.3	I1.4	I1.5	—
模式	单相计数，内部方向控制		时钟		—	
					复位	
	单相计数，外部方向控制		时钟	方向	—	计数或频率
					复位	计数
	双向计数，两路时钟脉冲输入		加时钟	减时钟	—	计数或频率
					复位	计数
	A/B 相正交计数		A 相	B 相	—	计数或频率
					Z 相	计数
	监控 PTO 输出		时钟	方向	—	计数

读懂表 5-2 至关重要。下面以 HSC1 的 A/B 相正交计数为例，表 5-2 中 A 相对应 I0.0，B 相对应 I0.1，与硬件组态中的“硬件输入”是对应的，如图 5-15 所示。根据表 5-2 或图 5-15，能设计出图 5-2 所示的电气原理图，表明已经理解高速计数器的硬件输入。

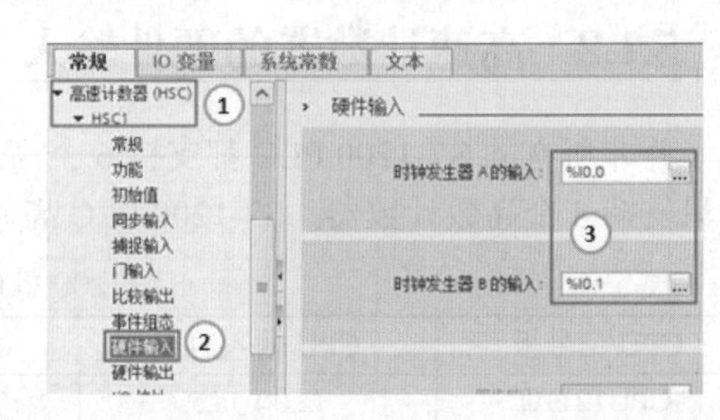

图 5-15　A/B 相正交计数高速计数器的硬件输入组态

高速计数器的输入滤波器时间和可检测到的最大输入频率有一定的关系，见表 5-3。

表 5-3　高速计数器的输入滤波器时间和可检测到的最大输入频率的关系

序号	输入滤波器时间	可检测到的最大输入频率/Hz	序号	输入滤波器时间	可检测到的最大输入频率/Hz
1	0.1μs	1M	11	0.05ms	10k
2	0.2μs	1M	12	0.1ms	5k
3	0.4μs	1M	13	0.2ms	2.5k
4	0.8μs	625k	14	0.4ms	1.25k
5	1.6μs	312k	15	0.8ms	625
6	3.2μs	156k	16	1.6ms	312
7	6.4μs	78	17	3.2ms	156
8	10.0μs	50k	18	6.4ms	78
9	12.8μs	39k	19	12.8ms	39
10	20.0μs	25k	20	20.0ms	25

（1）在不同的工作模式下，同一物理输入点可能有不同的定义，使用时需要查看表5-2，表5-2特别重要。理解表5-2的标志是根据此表，可以正确地设计编码器与S7-1200 PLC连接的电气原理图，例如图5-2。

（2）用于高速计数器的物理点，只能使用CPU模块上集成的I/O或者信号板，不能使用扩展模块，如SM1221数字量输入模块。

（3）设置正确的滤波时间很重要，未正确，设置的后果是高速计数器不能检测高频率的脉冲。

5.1.3　高速计数器的寻址

S7-1200 CPU将每个高速计数器的测量值存储在输入过程映像区内。数据类型是双整数型（DINT），用户可以在组态时修改这些存储地址，如图5-16的序号“3”处，可以在程序中直接访问这些地址。但由于过程映像区受扫描周期的影响，在一个扫描周期中不会发生变化，但高速计数器中的实际值可能在一个周期内变化，因此用户可以通过读取物理地址的方式读取当前时刻的实际值，例如ID1000:P。

高速计数器默认的寻址见表5-4，这个地址可以在硬件组态中查询和修改，如图5-16所示。

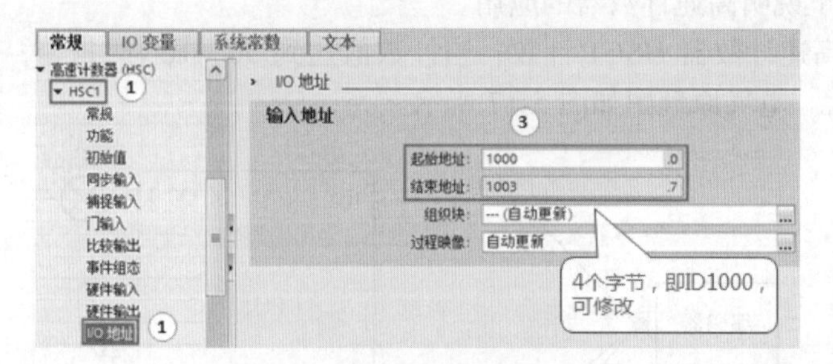

图5-16　高速计数器的I/O地址

表5-4　高速计数器默认的寻址

高速计数器编号	默认地址	高速计数器编号	默认地址
HSC1	ID1000	HSC4	ID1012
HSC2	ID1004	HSC5	ID1016
HSC3	ID1008	HSC6	ID1020

5.1.4　高速计数器指令简介与应用

1. 高速计数器指令

高速计数器指令共有2条，高速计数时，不是一定要使用，以下仅介绍CTRL_HSC指令。高数计数指令CTRL_HSC的格式见表5-5。

表5-5　高速计数指令CTRL_HSC的格式

梯形图指令（LAD）	输入/输出	参数说明
	HSC	HSC标识符
	DIR	1:请求新方向
	CV	1:请求设置新的计数器值

续表

梯形图指令（LAD）	输入/输出	参 数 说 明
CTRL_HSC EN ENO HSC BUSY DIR STATUS CV RV PERIOD NEW_DIR NEW_CV NEW_RV NEW_PERIOD	RV	1:请求设置新的参考值
	PERIOD	1:请求设置新的周期值（仅限频率测量模式）
	NEW_DIR	新方向，1：向上，-1：向下
	NEW_CV	新计数器值
	NEW_RV	新参考值
	NEW_PERIOD	以秒为单位的新周期值（仅限频率测量模式） 1000：1s 100：0.1s 10：0.01s
	BUSY	功能忙
	STATUS	状态代码

注：状态代码（STATUS）为 0 时，表示没有错误，为其他数值表示有错误，具体可以查看相关手册。

2. S7-1200 PLC 高速计数器的应用

与其他小型 PLC 不同，使用 S7-1200 PLC 的高速计数器完成高速计数功能，主要的工作在组态上，而不在程序编写上，简单的高速计数应用甚至不需要编写程序，只要进行硬件组态即可。以下用一个例子说明高速计数器的应用。

【例 5-1】 用高速计数器 HSC1 计数，当计数值达到 50～100 时报警，达到 100 时重新计数，报警灯 Q0.0 灭。电气原理图如图 5-17 所示。

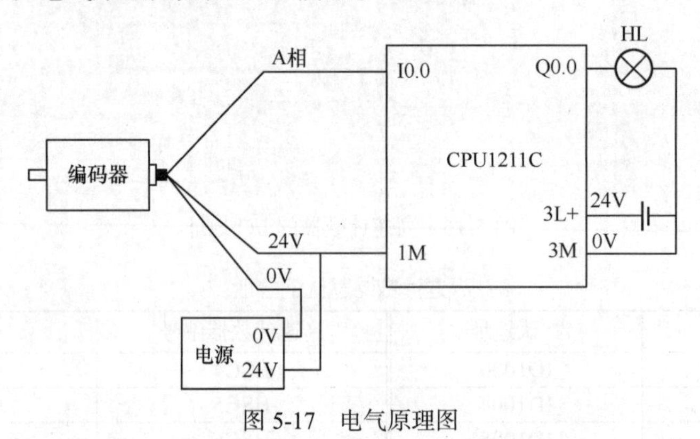

图 5-17　电气原理图

解：

（1）硬件组态

① 新建项目，添加 CPU。打开 TIA Portal 软件，新建项目，单击项目树中的“添加新设备”选项，添加“CPU1211C”，如图 5-18 所示，再添加硬件中断程序块 OB40。

② 启用高速计数器。在设备视图中，选中“属性”→“常规”→“高速计数器（HSC）”→“HSC1”，勾选“启用该高速计数器”选项，如图 5-19 所示。

③ 组态高速计数器的功能。在设备视图中，选中“属性”→“常规”→“高速计数器（HSC）”→“HSC1”→“功能”，组态选项如图 5-20 所示。

- 计数类型分为计数、时间段、频率和运动控制 4 个选项。
- 工作模式分为单相、两相位、A/B 计数器和 A/B 计数器四倍分频，此内容在前面已经介绍了。
- 计数方向的选项与工作模式相关。当选择单相工作模式时，计数方向取决于内部程序控制和外部物理输入点控制。当选择 A/B 计数器或两相位模式时，没有此选项。

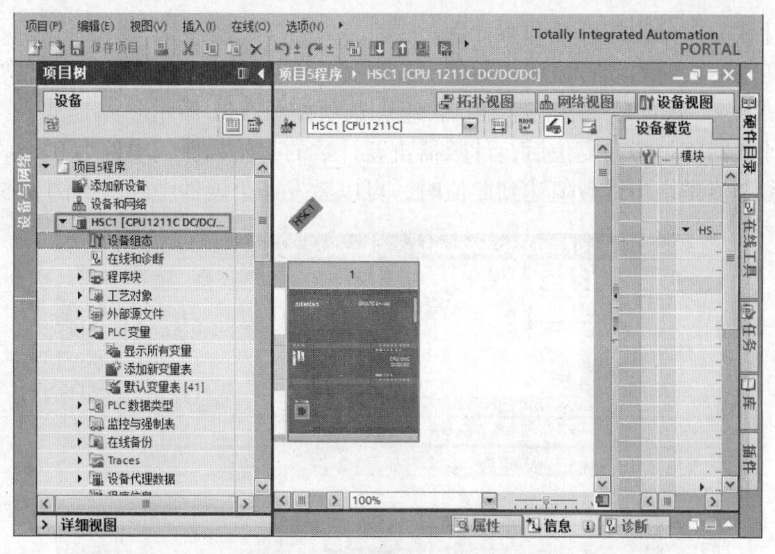

图 5-18　新建项目，添加 CPU

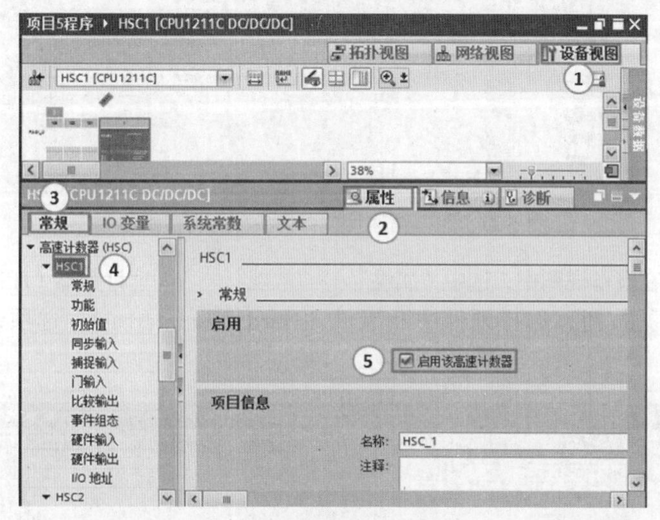

图 5-19　启用高速计数器

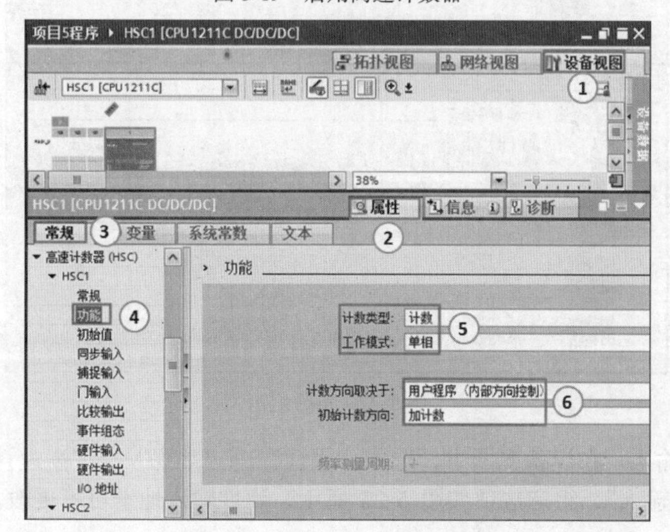

图 5-20　组态高速计数器的功能

- 初始计数方向分为加计数和减计数。

④ 组态高速计数器的参考值和初始值。在设备视图中，选中“属性”→“常规”→“高速计数器（HSC）”→“HSC1”→“初始值”，组态选项如图 5-21 所示。

- 初始计数器值是指当复位后，计数器重新计数的起始数值，本例为 0。
- 初始参考值是指当计数值达到此值时，可以激发一个硬件中断，本例为 50。

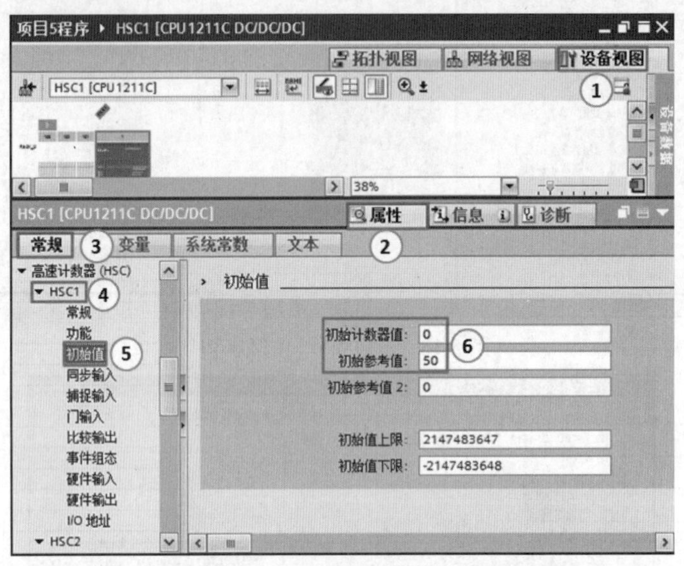

图 5-21　组态高速计数器的参考值和初始值

⑤ 事件组态。在设备视图中，选中“属性”→“常规”→“高速计数器（HSC）”→“HSC1”→“事件组态”，单击...按钮，选择硬件中断事件“Hardware interrupt”选项，事件组态选项如图 5-22 所示。

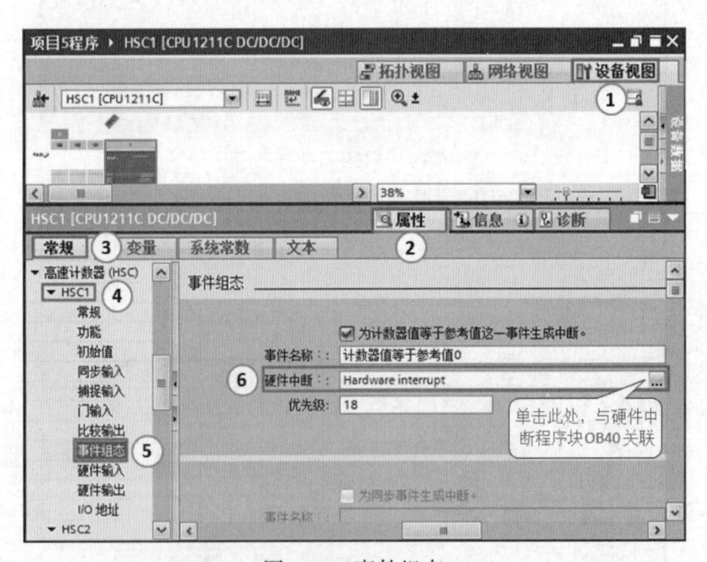

图 5-22　事件组态

⑥ 组态硬件输入。在设备视图中，选中“属性”→“常规”→“高速计数器（HSC）”→“HSC1”→“硬件输入”，组态选项如图 5-23 所示，硬件输入地址可不更改。硬件输入定义了高速输入的地址。

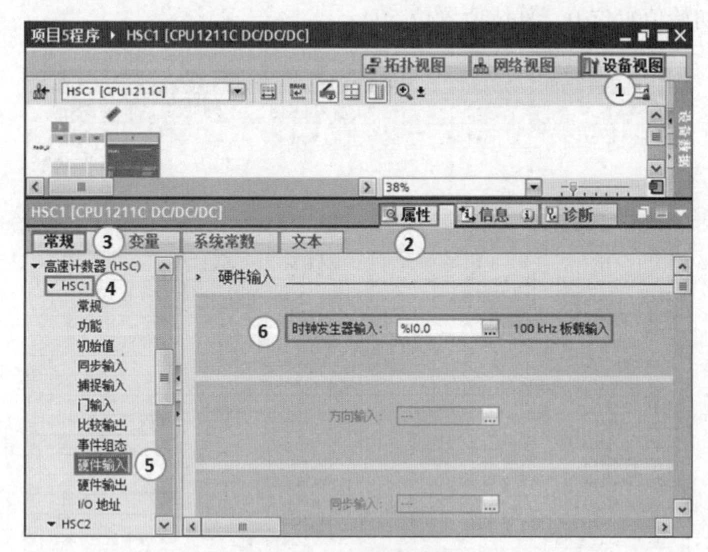

图 5-23 组态硬件输入

⑦ 组态 I/O 地址。在设备视图中，选中“属性”→“常规”→“高速计数器（HSC）”→“HSC1”→“I/O 地址”，组态选项如图 5-24 所示，I/O 地址可不更改。本例占用 IB1000～IB1003，共 4 个字节，实际就是 ID1000。

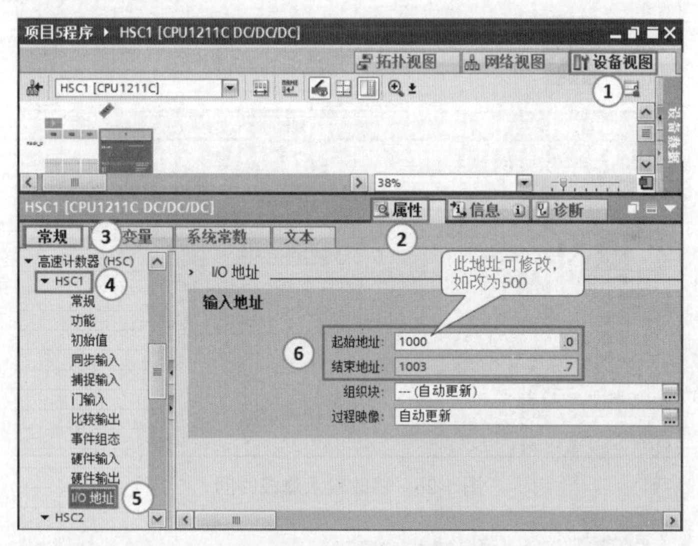

图 5-24 组态 I/O 地址

⑧ 查看硬件标识符。在设备视图中，选中“属性”→“系统常数”→“显示硬件系统常数”→“Local-HSC_1”，如图 5-25 所示，硬件标识符不能更改，此数值（257）在编写程序时要用到。

⑨ 修改输入滤波时间。在设备视图中，选中“属性”→“常规”→“DI 6/DO 4”→“数字量输入”→“通道 0”，如图 5-26 所示，将输入滤波时间从原来的 6.4ms 修改到 3.2μs，这个步骤极为关键。此外要注意，在此处的上升沿和下降沿不能启用。

（2）编写程序

打开启动组织块 OB100，编写梯形图程序，组织块 OB100 中的梯形图如图 5-27 所示。主

要是复位，并把初始值置位 0，复位值置位 50。

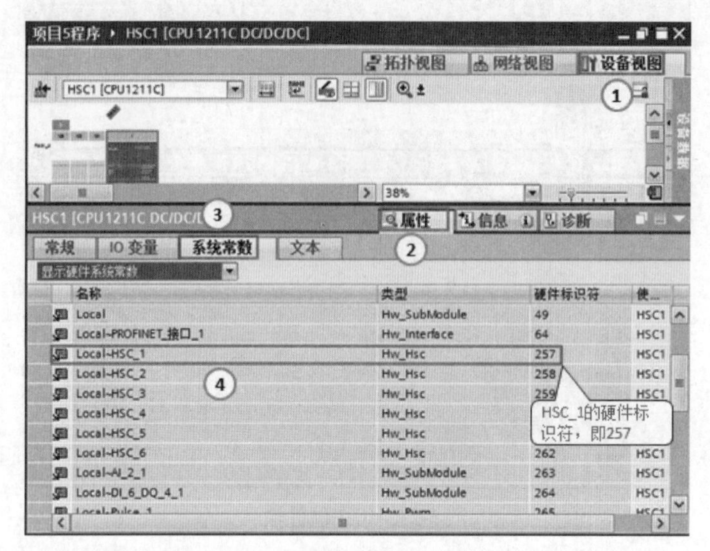

图 5-25　查看硬件标识符

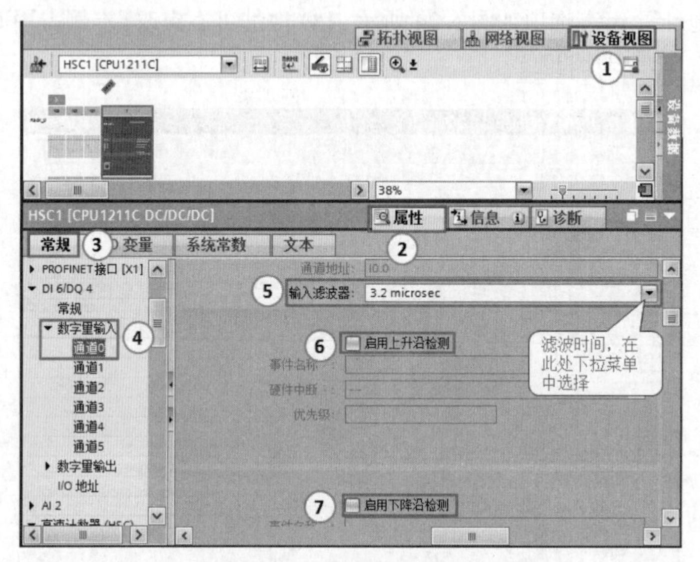

图 5-26　修改输入滤波时间

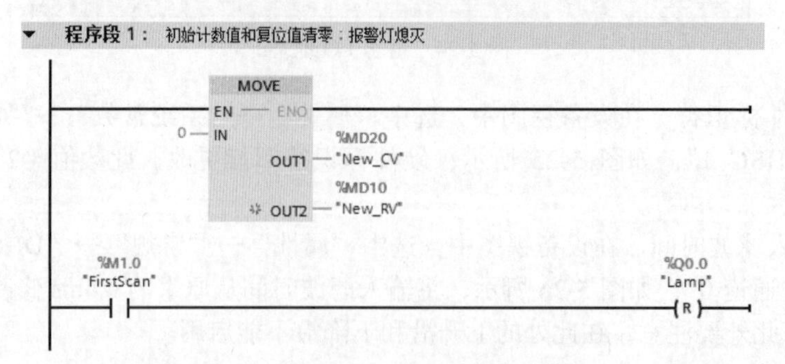

图 5-27　组织块 OB100 中的梯形图

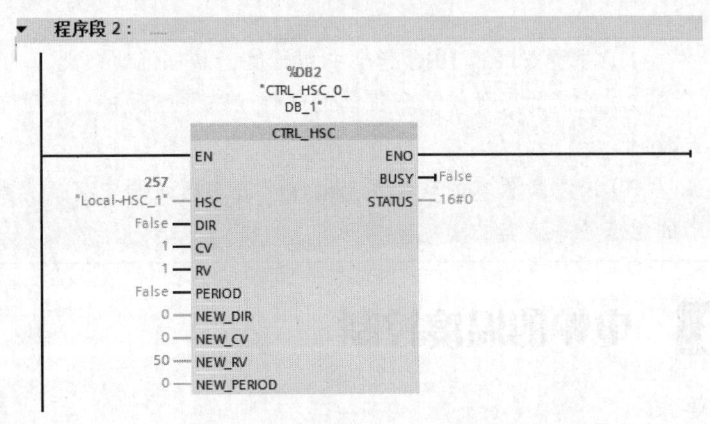

图 5-27　组织块 OB100 中的梯形图（续）

打开硬件中断组织块 OB40，编写梯形图程序，硬件中断组织块 OB40 中的梯形图如图 5-28 所示。程序解读如下。

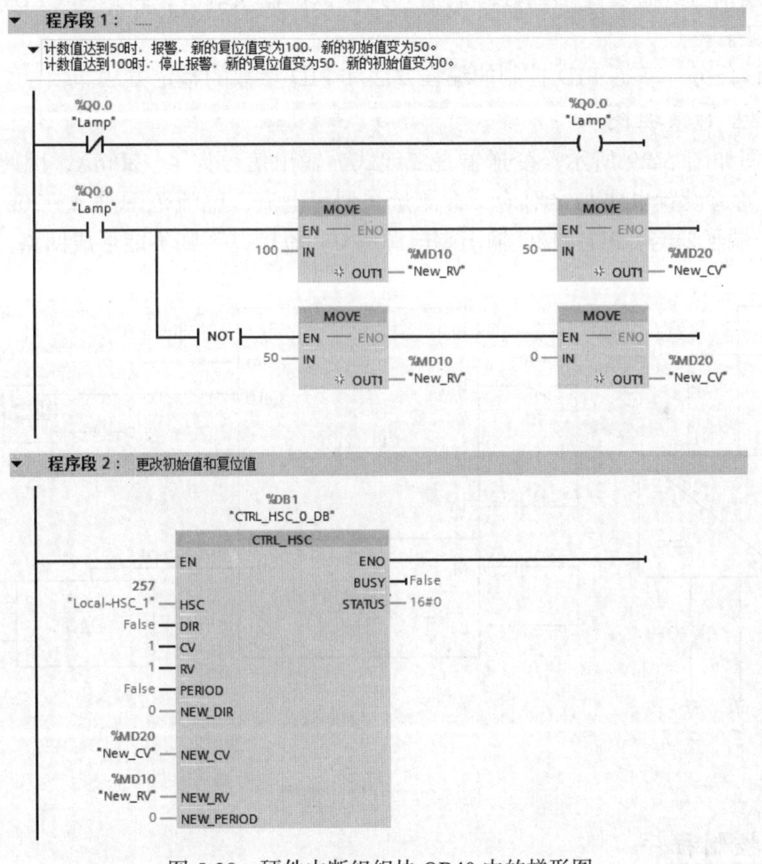

图 5-28　硬件中断组织块 OB40 中的梯形图

程序段 1：当计数值到达 50，激发硬件中断组织块 OB40，Q0.0 线圈得电，激发报警，Q0.0 常开触点闭合，100 送入新的复位值 MD100 中，50 送到新的初始值 MD20 中。

当计数值到达 100，激发硬件中断组织块 OB40，Q0.0 线圈断电，关闭报警，Q0.0 常开触点断开，50 送入新的复位值 MD100 中，0 送到新的初始值 MD20 中。

程序段 2：更改初始值和复位值。

（1）理解 CTRL_HSC 指令中初始值、复位值的含义。

（2）正确的硬件接线和正确的硬件组态非常关键，特别容易忽略修改滤波时间。

（3）注意新版本的软硬件与老版本的组态过程中有是有差别的，所以读者的组态不一定与本书完全相同。

任务 5-3 电炉的温度控制

1. 目的与要求

用 S7-1200 PLC 控制一台电炉。当设定电炉温度后，CPU1212C 经过 PID 运算后由 Q0.0 输出一个脉冲串送到固态继电器，固态继电器根据信号（弱电信号）的大小控制电热丝的加热电压（强电）的大小（甚至断开），温度传感器测量电炉的温度，温度信号经过变送器的处理后输入到模拟量输入端子，再送到 CPU1212C 进行 PID 运算，如此循环。

通过完成该任务，掌握 PID 控制的编程方法和 PID 参数的整定方法。

2. 设计电气原理图

电气原理图如图 5-29 所示。变送器是二线式，输出信号为 4～20mA，因此 SM1231 模块组态时，其 0 通道设置也要与之对应（即测量类型为电流，电流范围是 4～20mA）。固态继电器 SSR1 的 0V 端子要与 CPU1212C 输出端电源的 0V 短接，否则不能形成回路。

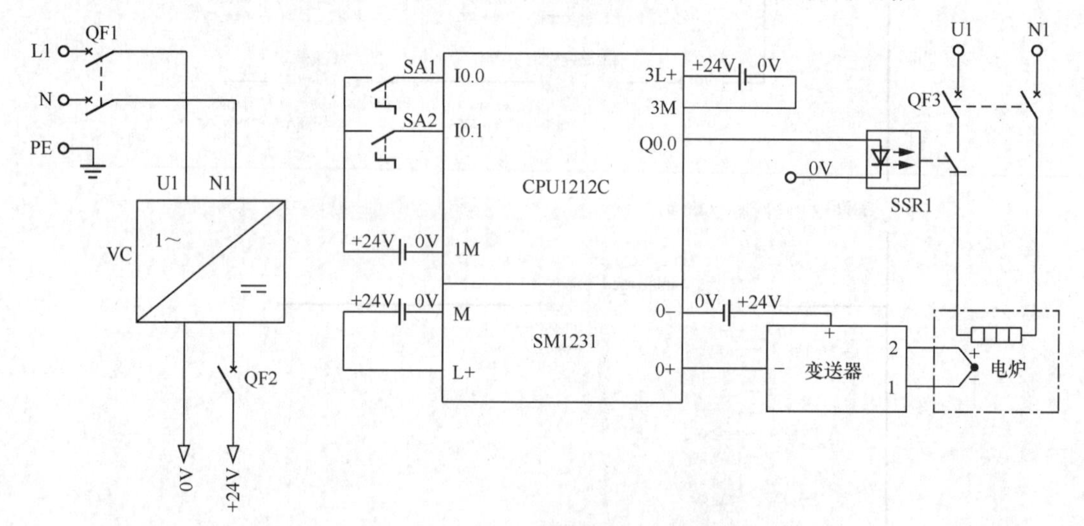

图 5-29 电气原理图

3. 编写控制程序

（1）硬件组态

① 新建项目，添加 CPU 和模拟量模块。打开 TIA Portal 软件，新建项目“PID1”，在项目树中，单击“添加新设备”选项，添加 CPU1212C 和模拟量模块 SM1231，如图 5-30 所示。

② 新建变量表。新建变量表，如图 5-31 所示。

（2）参数配置

① 添加循环组织块。在 TIA Portal 软件的项目树中，选择“PD1”→“PLC_1”→“程序

块”→“添加程序块”选项，双击“添加程序块”，弹出图 5-32 所示的界面，选择“组织块”→“Cyclic interrupt”选项，设置循环时间为 100ms，单击“确定”按钮。

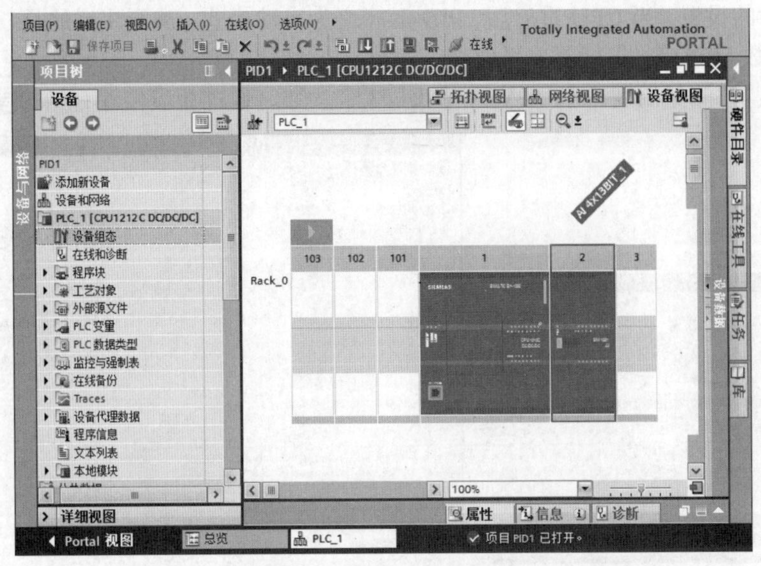

图 5-30　新建项目，添加硬件

PLC 变量

		名称 ▲	变量表	数据类型	地址
1		Error	默认变量表	DWord	%MD10
2		PID_State	默认变量表	Word	%MW16
3		PWM输出	默认变量表	Bool	%Q0.0
4		手动	默认变量表	Bool	%I0.0
5		测量温度	默认变量表	Int	%IW66
6		设定温度	默认变量表	Real	%MD20
7		<新增>			

图 5-31　新建变量表

图 5-32　添加循环组织块

② 插入 PID_Compact 指令块。添加完循环中断组织块后，选择“指令树”→“工艺”→“PID 控制”→“PID_Compact”选项，将“PID_Compact”指令块拖拽到循环中断组织中。添加完“PID_Compact”指令块后，会弹出图 5-33 所示的界面，单击“确定”按钮，完成对

“PID_Compact”指令块的背景数据块的定义。

③ 基本参数配置。先选中已经插入的指令块，再选择“属性”→“组态”→“基本设置”，做图 5-34 所示的设置。当 CPU 重启后，PID 运算变为自动模式，需要注意的是“PID_Compact”指令块输入参数 MODE，最好不要赋值。

“设置温度”“测量温度”和“PWM 输出”3 个参数，通过相应位置右侧的按钮选择。

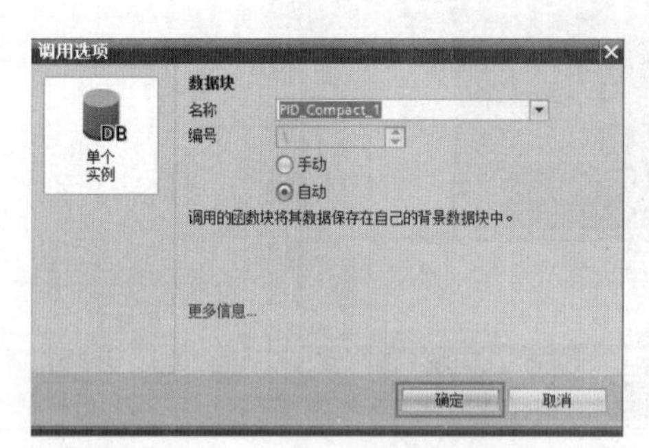

图 5-33 定义指令块的背景数据块

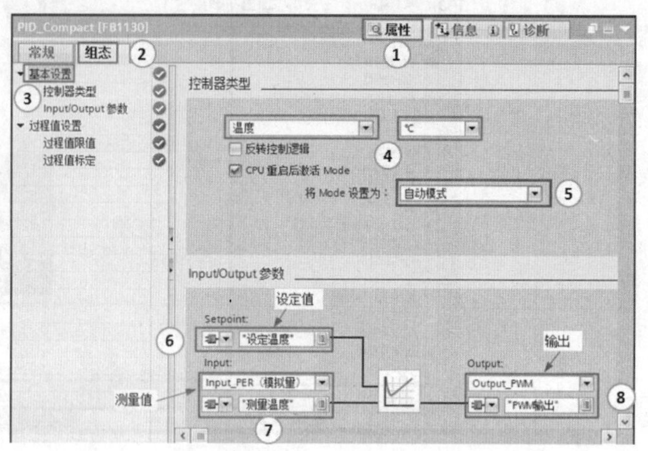

图 5-34 基本设置

④ 过程值设置。先选中已经插入的指令块，再选择“属性”→“组态”→“过程值设置”，做图 5-35 所示的设置。把过程值的下限设置为 0.0，把过程值的上限设置为传感器的上限值 200.0，0.0℃～200.0℃就是温度传感器的量程。

⑤ 高级设置。选择“项目树”→“PID1”→“PLC_1”→“工艺对象”→“PID_Compact_1”→“组态”选项，如图 5-36 所示，双击“组态”，打开“组态”界面。

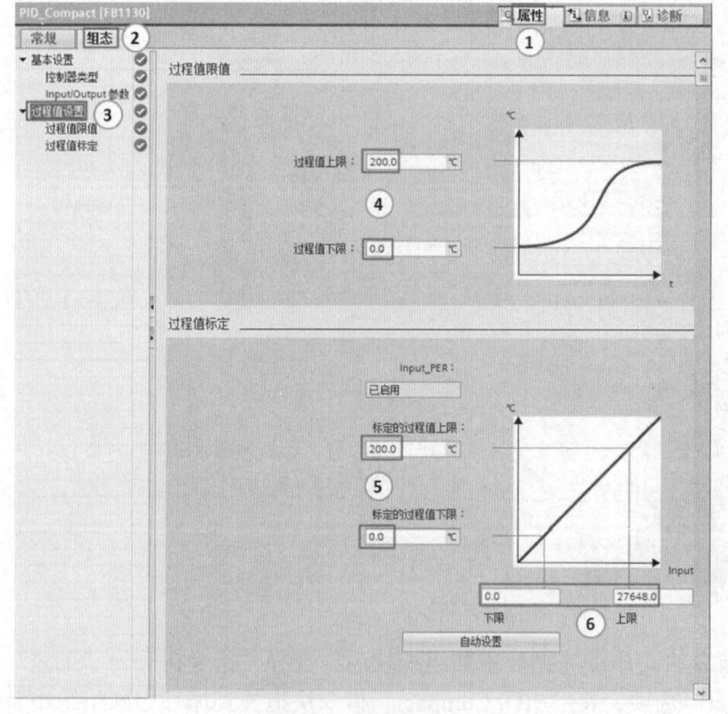

图 5-35 过程值设置

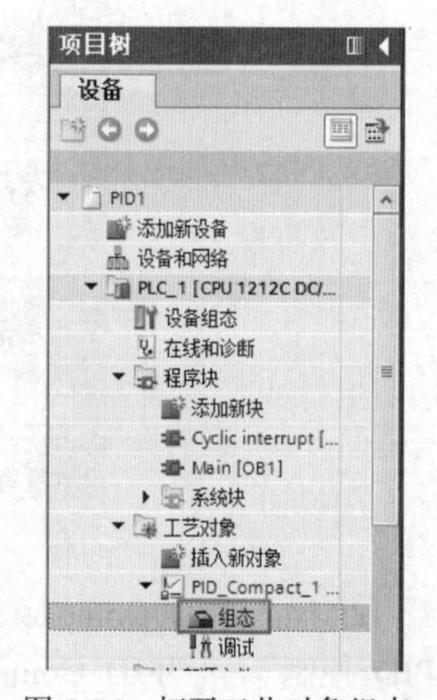

图 5-36 打开工艺对象组态

● 过程值监视。选择“功能视野”→“高级设置”→“过程值监视”选项，设置如图5-37所示。当测量值高于此数值会报警，但不会改变工作模式。

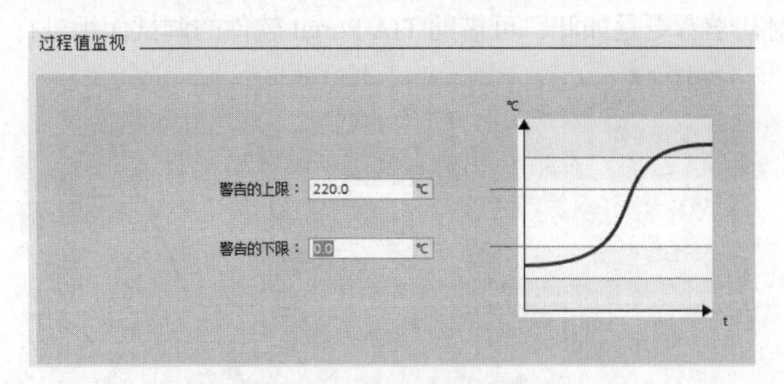

图5-37　过程值监视设置

● PWM限制。选择“功能视野”→“高级设置”→“PWM限制”选项，设置如图5-38所示，代表输出接通和断开的最短时间，如固态继电器的导通和断开切换时间。

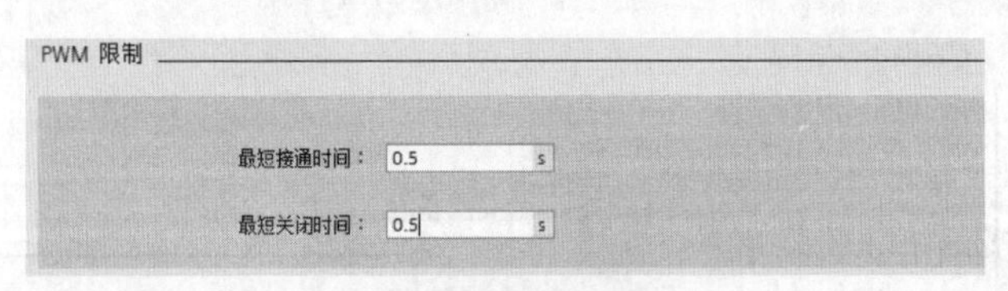

图5-38　PWM限制

● PID参数。选择“功能视野”→“高级设置”→“PID参数”选项，设置如图5-39所示，不启用“启用手动输入”，使用系统自整定参数；调节规则使用“PID”控制器结构。

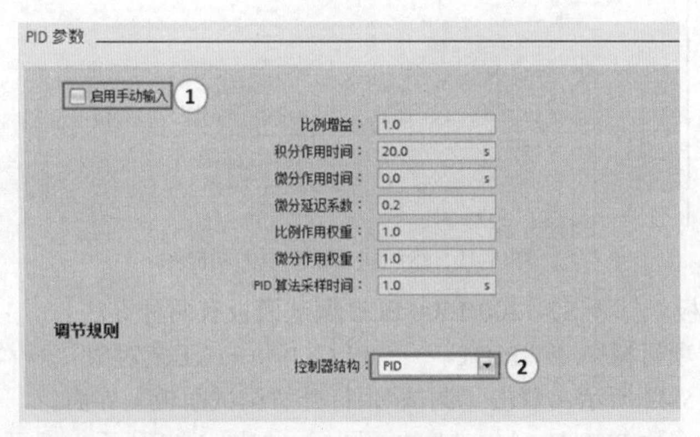

图5-39　PID参数

● 输出限制值。选择“功能视野”→“高级设置”→“输出限制值”选项，设置如图5-40所示。“输出限制值”一般使用默认值，不修改。

而“将Output设置为”有3个选项，当选择“错误未决时的替代输出值”时，PID运算出错，以替代值输出，当错误消失后，PID运算重新开始；当选择“错误待定时的当前值”时，PID运算出错，以当前值输出，当错误消失后，PID运算重新开始；当选择“非活动时PID运算出错”时，之后错误消失后，PID运算不会重新开始，在这种模式下，如希望重启，则需要用编程的方法实现。这个项目的设置至关重要。

（3）程序编写

编写梯形图程序，组织块OB30中的功能图如图5-41所示。

（4）自整定

很多品牌的 PLC 都有自整定功能。S7-1200/1500 PLC 有较强的自整定功能，这大大减少了 PID 参数整定的时间，对初学者更是如此，可借助 TIA Portal 软件的调试面板进行 PID 参数的自整定。

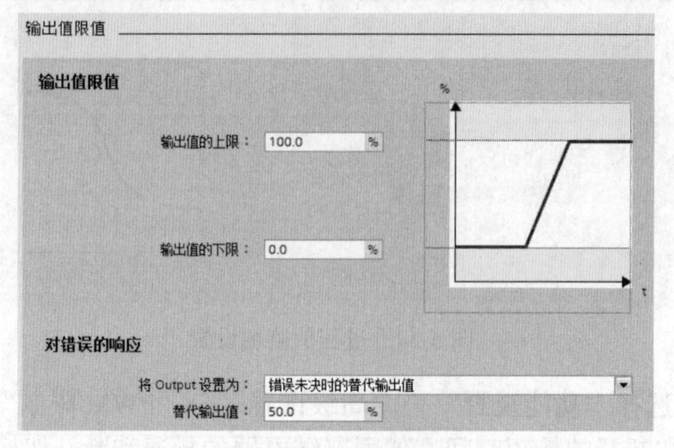

图 5-40　输出限制值

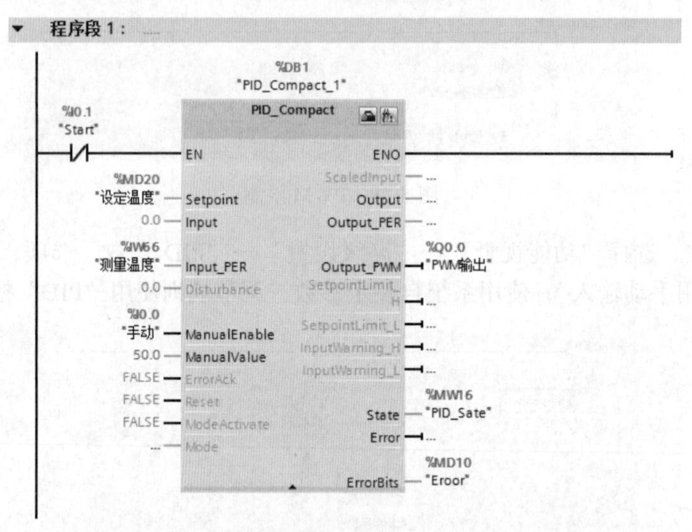

图 5-41　组织块 OB30 中的功能图

① 打开调试面板。打开 S7-1200/1500 PLC 调试面板有两种方法。

方法 1，选择“项目树”→“PID1”→“PLC_1”→“工艺对象”→“PID_Compact_1”→“调试”选项，如图 5-42 所示，双击“调试”，打开“调试面板”界面。

方法 2，单击指令块 PID_Compact 上的图标，如图 5-43 所示，即可打开“调试面板”。

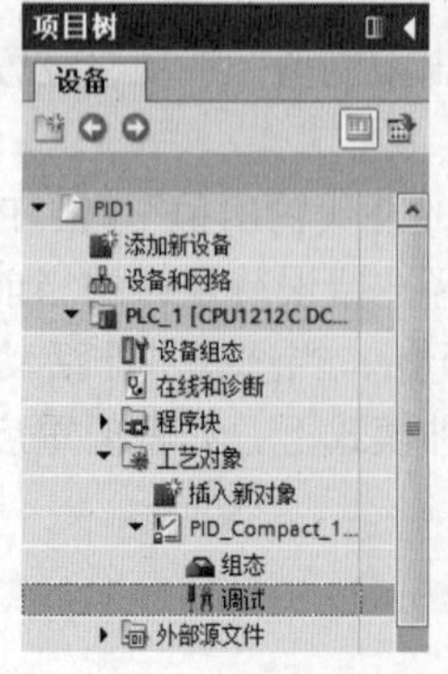

图 5-42　打开调试面板（方法 1）

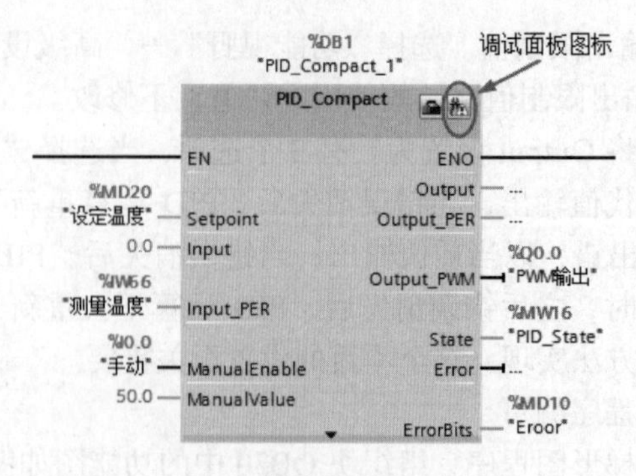

图 5-43　打开调试面板（方法 2）

② 自整定的条件。自整定正常运算需满足以下两个条件。

- $\left|\text{设定值}-\text{反馈值}\right| > 0.3\times\left|\text{输入高限}-\text{输入底限}\right|$。
- $\left|\text{设定值}-\text{反馈值}\right| > 0.5\times\left|\text{设定值}\right|$。

当自整定时，有时弹出“启动预调节出错。过程值过于接近设定值”信息，通常问题在于不符合以上两条整定条件。

③ 调试面板。调试面板如图 5-44 所示，包括 4 个部分，分别介绍如下。

- 调试面板控制区：启动和停止测量功能、采样时间以及调试模式选择。
- 趋势显示区：以曲线的形式显示设定值、测量值和输出值。这个区域非常重要。

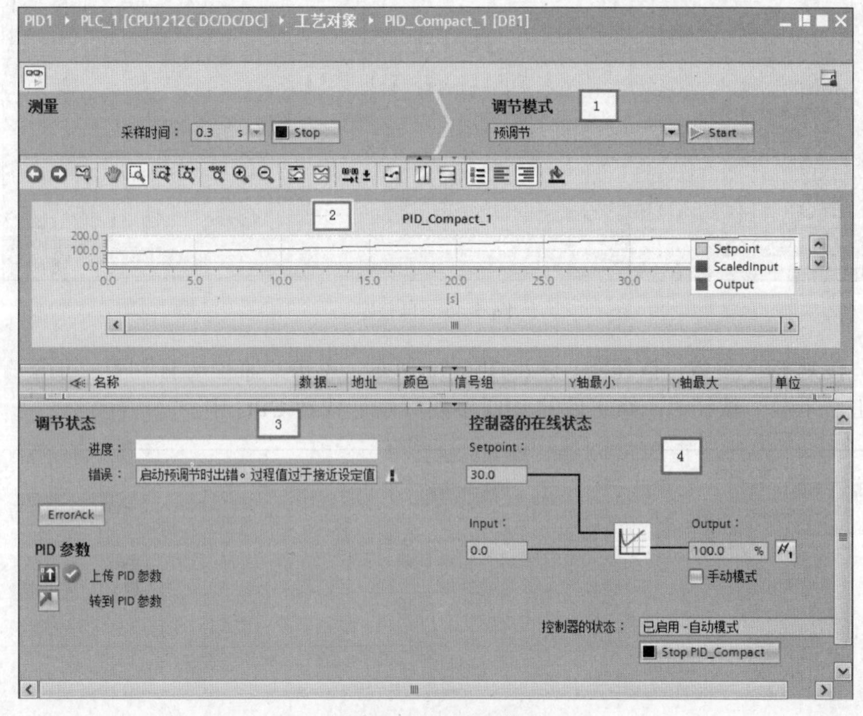

图 5-44　调试面板

- 调节状态区：包括显示 PID 调节的进度、错误、上传 PID 参数到项目中和转到 PID 参数。
- 控制器的在线状态区：用户在此区域可以监视给定值、反馈值和输出值，并可以手动强制输出值，勾选“手动模式”选项，用户在“Output”栏内输入百分比形式的输出值，并单击“修改”按钮即可。

④ 自整定过程。单击图 5-45 所示界面中“1”处的“Start”按钮（按钮变为“Stop”），开始测量在线值，在“调节模式”下面选择“预调节”，再单击“2”处的“Start”按钮（按钮变为“Stop”），预调节开始。当预调节完成后，在“调节模式”下面选择“精确调节”，再单击“2”处的“Start”按钮（按钮变为“Stop”），精确调节开始。预调节和精确调节都需要消耗一定的运算时间，需要用户等待。

（5）上传参数和下载参数

当 PID 自整定完成后，单击图 5-45 所示左下角的“上传 PID 参数”按钮，参数从 CPU 上传到在线项目中。

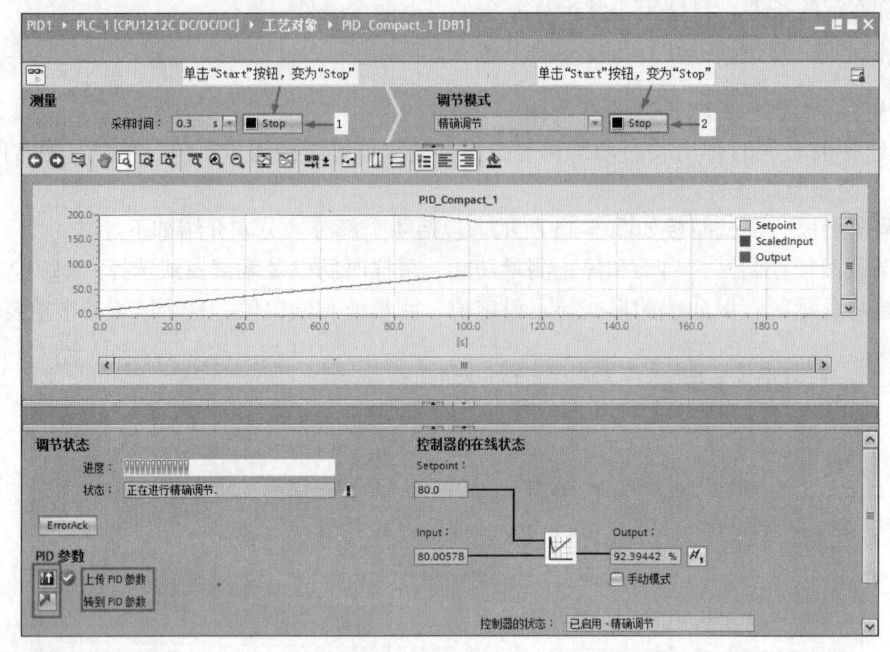

图 5-45　自整定

单击“转到 PID 参数”按钮，弹出图 5-46 所示，单击“监控所有”，勾选“手动模式”选项，单击“下载”按钮，修正后的 PID 参数可以下载到 CPU 中。

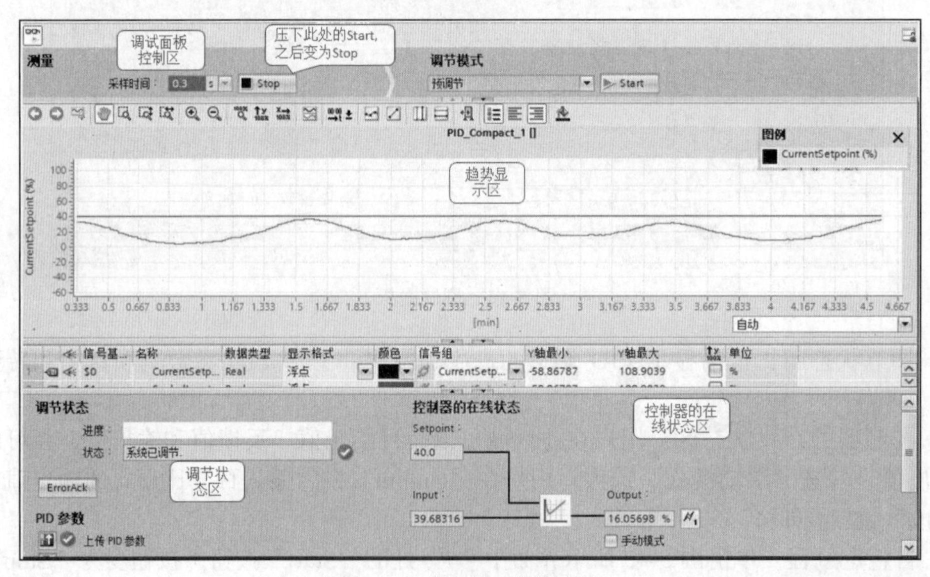

图 5-46　下载 PID 参数（1）

需要注意的是，单击工具栏上的“下载到设备”按钮，并不能将更新后 PID 参数下载到 CPU 中。其正确的做法是：在菜单栏中，选择“在线”→“下载并复位 PLC 程序”，如图 5-47 所示，单击“下载并复位 PLC 程序”选项，之后的操作与正常下载程序相同，在此不再赘述。

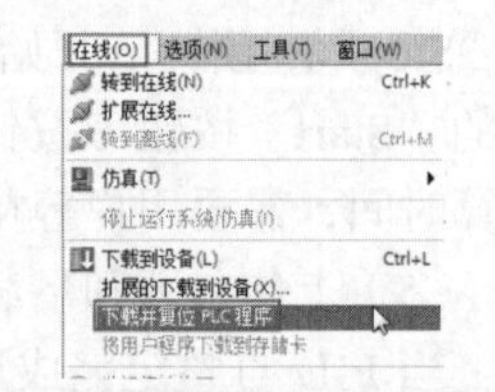

图 5-47　下载 PID 参数（2）

任务小结

（1）SSR1 是固态继电器，无触点，PID 运算的结果为脉冲信号，控制 SSR1 的通断。本例的电炉为单相电源加热，如电炉为三相电炉，则改为三相固态继电器（3 个单相）即可。

（2）因为 Q0.0 是脉冲输出，所以要选择 CPU 模块为晶体管输出。

（3）如果使用 SM1231 TC 模块，则不需要使用变送器。

（4）优化的 PID 参数，不仅能够使温度控制更加精准，更好满足生产工艺、而且还有节能效果。

5.2 PID 控制原理

5.2.1 PID 控制原理简介

在过程控制中，按偏差的比例（P）、积分（I）和微分（D）进行控制的 PID 控制器（也称为 PID 调节器）是应用广泛的一种自动控制器。它具有原理简单、易于实现、适用面广、控制参数相互独立、参数选定比较简单、调整方便等优点，而且在理论上可以证明，对于过程控制的典型对象——“一阶滞后 + 纯滞后”与“二阶滞后 + 纯滞后”的控制对象，PID 控制器是一种最优控制。PID 调节规律是连续系统动态品质校正的一种有效方法，它的参数整定方式简便，结构改变灵活（如可为 PI 调节、PD 调节等）。长期以来，PID 控制器被广大科技人员及现场操作人员所采用。

PID 控制器就是根据系统的误差，利用比例、积分、微分计算出控制量来进行控制。当被控对象的结构和参数不能完全被掌握，或得不到精确的数学模型时以及控制理论的其他技术难以采用时，系统控制器的结构和参数必须依靠经验和现场调试来确定，这时应用 PID 控制技术最为方便。即当我们不完全了解一个系统和被控对象，或不能通过有效的测量手段获得系统参数时，最适合采用 PID 控制技术。

1. 比例控制

比例控制是一种简单、常用的控制方式，如放大器、减速器和弹簧等。比例控制器能立即成比例地响应输入的变化量。但仅有比例控制时，系统输出存在稳态误差。

2. 积分控制

在积分控制中，控制器的输出量是输入量对时间积累。对一个自动控制系统，如果在进入稳态后存在稳态误差，则称这个控制系统是有稳态误差的或简称为有差系统。为了消除稳态误差，在控制器中必须引入“积分项”。积分项对误差的运算取决于时间的积分，随着时间的增加，积分项会增大。因此即便误差很小，积分项也会随着时间的增加而加大。它推动控制器的输出增大，使稳态误差进一步减小，直到等于零。因此，采用比例+积分控制器，可以使系统在进入稳态后无稳态误差。

3. 微分控制

在微分控制中，控制器的输出与输入误差信号的微分（误差的变化率）成正比关系。自动控制系统在克服误差的调节过程中可能会出现振荡甚至失稳。振荡或失稳的原因是存在有较大的惯性组件（环节）或有滞后组件，具有抑制误差的作用，其变化总是落后于误差的变化。其解决的办法是使抑制误差的作用的变化“超前”，即在误差接近零时，抑制误差的作用就应该是零。这就是说，在控制器中仅引入“比例”项往往是不够的，比例项的作用仅是放大误差的幅值，因而需要增加的是“微分项”，它能预测误差变化的趋势，这样，具有比例+微分的控制器就能够提前使抑制误差的控制作用等于零，甚至为负值，从而避免被控量的严重超调。因此对有较大惯性或滞后的被控对象，比例+微分控制器能改善系统在调节过程中的动态特性。

4. 闭环控制系统特点

控制系统一般包括开环控制系统和闭环控制系统。开环控制系统是指被控对象的输出（被控制量）对控制器的输出没有影响，在这种控制系统中，不依赖将被控制量返送回来以形成任何闭环回路。闭环控制系统的特点是系统被控对象的输出（被控制量）会返送回来影响控制器的输出，形成一个或多个闭环。闭环控制系统有正反馈和负反馈，若反馈信号与系统给定值信号相反，则称为负反馈；若极性相同，则称为正反馈。一般闭环控制系统均采用负反馈，又称负反馈控制系统。可见，闭环控制系统性能远优于开环控制系统。

5. PID 控制器的主要优点

PID 控制器已成为应用广泛的控制器，它具有以下优点。

（1）PID 算法蕴含了动态控制过程中过去、现在、将来的主要信息，而且其配置几乎最优。其中，比例代表了当前的信息，起纠正偏差的作用，使过程反应迅速；微分在信号变化时有超前控制作用，代表将来的信息，在过程开始时强迫过程进行，过程结束时减小超调，克服振荡，提高系统的稳定性，加快系统的过渡过程；积分代表了过去积累的信息，它能消除静差，改善系统的静态特性。此 3 种作用配合得当，可使动态过程快速、平稳、准确，收到良好的效果。

（2）PID 控制适应性好，有较强的健壮性，可不同程度地应用于各种工业应用场合。特别适用于“一阶惯性环节+纯滞后”和“二阶惯性环节+纯滞后”的过程控制对象。

（3）PID 算法简单明了，各个控制参数相对较为独立，参数的选定较为简单，已形成了完整的设计和参数调整方法，很容易为工程技术人员所掌握。

（4）PID 控制根据不同的要求，针对自身的缺陷进行了不少改进，形成了一系列改进的 PID 算法。例如，为了克服微分带来的高频干扰的滤波 PID 控制以及大偏差时出现饱和超调的 PID 积分分离控制，为补偿控制对象非线性因素的可变增益 PID 控制等。这些改进算法在一些应用场合取得了很好的效果。同时当今智能控制理论的发展，又形成了许多智能 PID 控制方法。

6. PID 的算法

（1）PID 控制系统原理

PID 控制系统原理如图 5-48 所示。

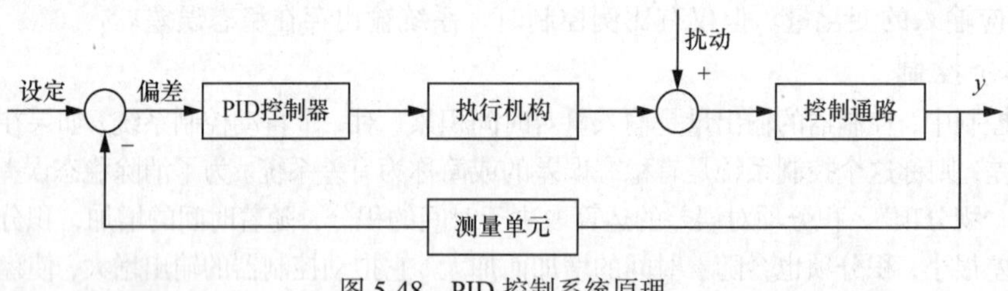

图 5-48　PID 控制系统原理

（2）PID 算法

S7-1200/1500 PLC 内置了 3 种 PID 指令，分别是 PID_Compact、PID_3Step 和 PID_Temp。

PID_Compact 是一种具有抗积分饱和功能，并且能够对比例作用和微分作用进行加权的 PIDT1 控制器。PID 算法根据式（5-1）工作。

$$y = K_p\left[(b \cdot w - x) + \frac{1}{T_I \cdot s}(w - x) + \frac{T_D \cdot s}{a \cdot T_D \cdot s + 1}(c \cdot w - x)\right] \tag{5-1}$$

其中，y 为 PID 算法的输出值，K_p 为比例增益，s 为拉普拉斯运算符，b 为比例作用权重，w

为设定值，x 为过程值，T_I 为积分作用时间，T_D 为微分作用时间，a 为微分延迟系数（微分延迟 $T_I = a \times T_D$），c 为微分作用权重。

【关键点】式（5-1）是非常重要的，根据式（5-1），读者必须建立一个概念：比例增益 K_p 增加可以直接导致输出值 y 的快速增加，T_I 的减小可以直接导致积分项数值的增加，微分项数值的大小随着微分时间 T_D 的增加而增加，从而直接导致 y 增加。理解了这一点，对于正确调节 P、I、D 3 个参数是至关重要的。

PID_Compact 指令控制系统如图 5-49 所示。

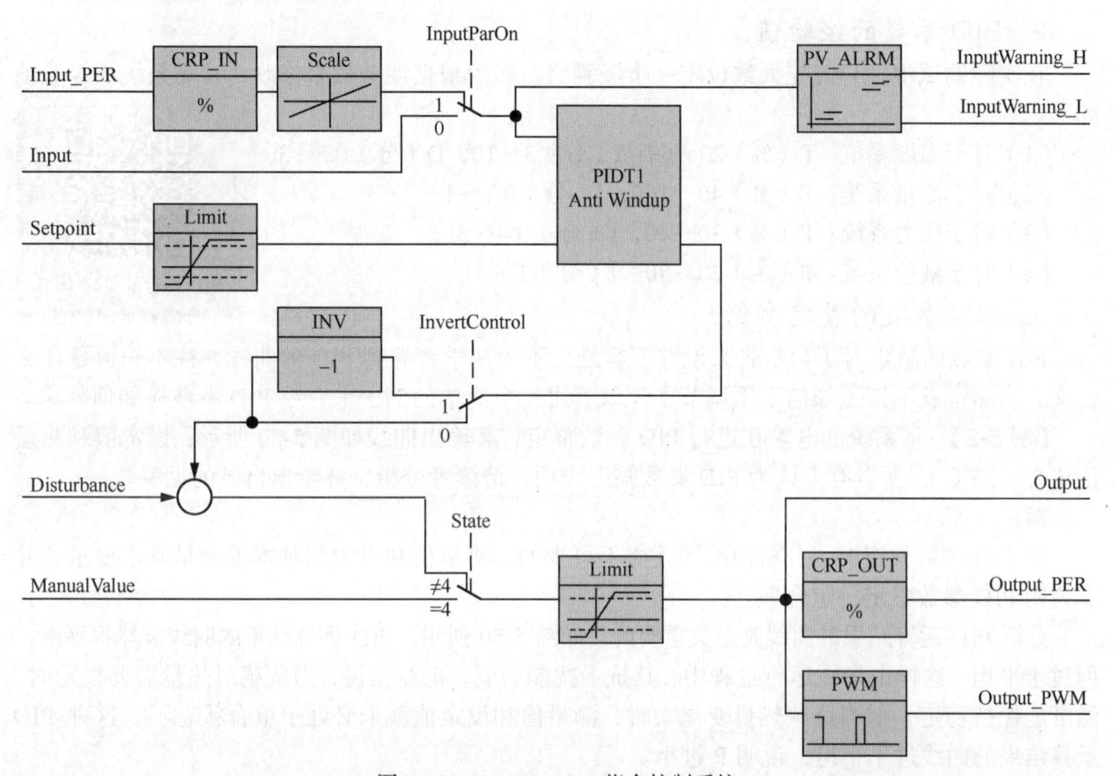

图 5-49　PID_Compact 指令控制系统

使用PID_3Step指令可对具有阀门自调节的PID控制器或具有积分行为的执行器进行组态。与 PID_Compact 指令的最大区别在于前者有两路输出，而后者只有一路输出。

PID_Temp 指令提供了一种可对温度过程进行集成调节的 PID 控制器。

5.2.2　PID 控制器的参数整定

PID 控制器的参数整定是控制系统设计的核心内容。它是根据被控过程的特性，确定 PID 控制器的比例系数、积分时间和微分时间的大小。PID 控制器参数整定的方法很多，概括起来有如下两大类。

一是理论计算整定法。它主要依据系统的数学模型，经过理论计算确定控制器参数。这种方法所得到的计算数据未必可以直接使用，还必须通过工程实际进行调整和修改。

二是工程整定法。它主要依赖于工程经验，直接在控制系统的试验中进行，且方法简单、易于掌握，在工程实际中被广泛采用。PID 控制器参数的工程整定方法，主要有临界比例法、反应曲线法和衰减法。这 3 种方法各有其特点，其共同点都是通过试验，按照工程经验公式对控制器参数进行整定。但无论采用哪一种方法所得到的控制器参数，都需要在实际运行中进行最后的调整与完善。

1. 整定的方法和步骤

现在一般采用的是临界比例法。利用该方法进行 PID 控制器参数的整定步骤如下。

（1）首先预选择一个足够短的采样周期让系统工作。

（2）仅加入比例控制环节，直到系统对输入的阶跃响应出现临界振荡，记下这时的比例放大系数和临界振荡周期。

（3）在一定的控制度下通过公式计算得到 PID 控制器的参数。

2. PID 参数的经验值

在实际调试中，只能先大致设定一个经验值，然后根据调节效果修改，常见系统的经验值如下。

（1）对于温度系统：P（%）20～60，I（分）3～10，D（分）0.5～3。

（2）对于流量系统：P（%）40～100，I（分）0.1～1。

（3）对于压力系统：P（%）30～70，I（分）0.4～3。

（4）对于液位系统：P（%）20～80，I（分）1～5。

PID 参数的整定介绍

3. PID 参数的整定实例

PID 参数的整定对于初学者来说并不容易，不少初学者看到 PID 的曲线往往不知道是什么含义，当然也就不知道如何下手调节了，以下用几个简单的例子来介绍 PID 参数应如何整定。

【例 5-2】 某系统的电炉在进行 PID 参数整定，其输出曲线如图 5-50 所示，设定值和测量值重合（55℃），所以有人认为 PID 参数整定成功，请读者分析，并给出自己的见解。

解：

在 PID 参数整定时，分析曲线图是必不可少的，测量值和设定值基本重合是基本要求，并非说明 PID 参数整定一定合理。

分析 PID 运算结果的曲线是至关重要的，如图 5-50 所示，PID 运算结果的曲线虽然很平滑，但过于平坦，这样电炉在运行过程中，其抗干扰能力弱，也就是说，当负载对热量需要稳定时，温度能保持稳定，但当负载热量变化大时，测量值和设定值就未必处于重合状态了。这种 PID 运算结果的曲线过于平坦，说明 P 过小。

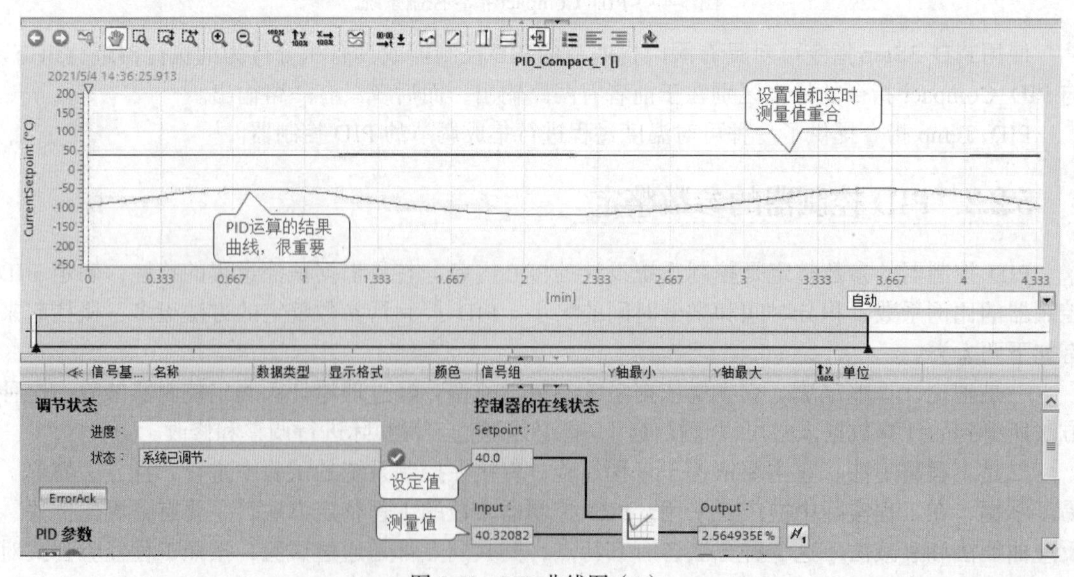

图 5-50 PID 曲线图（1）

将 P 的数值设定为 30.0，如图 5-51 所示，整定就比较合理了。

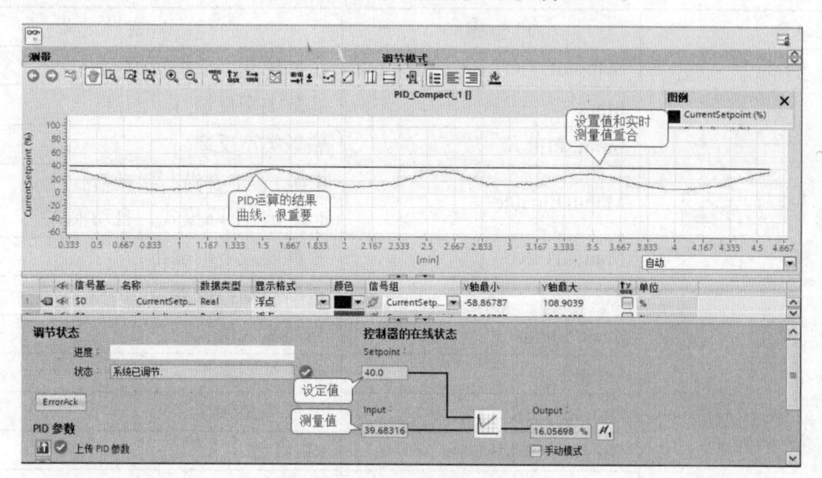

图 5-51　PID 曲线图（2）

【例 5-3】 某系统的电炉在进行 PID 参数整定，其输出曲线如图 5-52 所示，设定值和测量值重合（55℃），所以有人认为 PID 参数整定成功，请读者分析，并给出自己的见解。

解：

如图 5-52 所示，虽然测量值和设定值基本重合，但 PID 参数整定不合理。

因为 PID 运算结果的曲线已经超出了设定的范围，实际就是超调，说明比例环节的 P 过大。

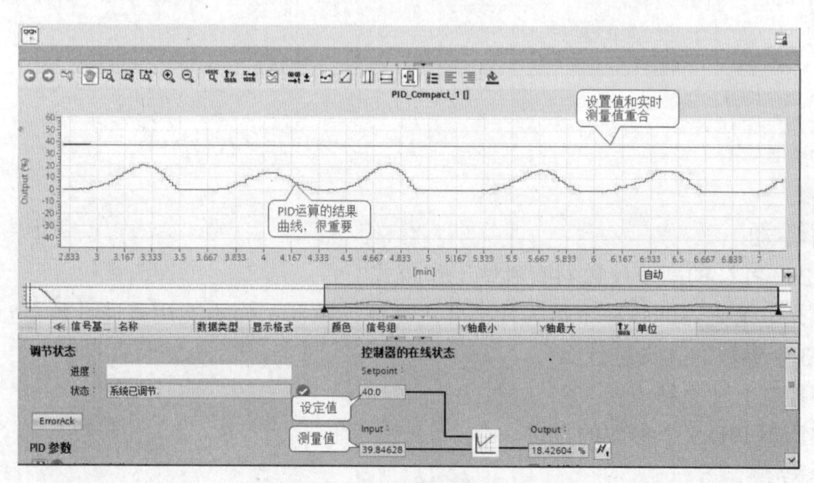

图 5-52　PID 曲线图（3）

5.2.3　PID 指令简介

PID_Compact 指令块的参数分为输入参数和输出参数，指令块的视图分为扩展视图和集成视图，不同的视图中看到的参数不一样，扩展视图中看到的参数多。表 5-6 中的 PID_Compact 指令是扩展视图，可以看到亮色和灰色字迹的所有参数，而集成视图中可见的参数少，只能看到含亮色字迹的参数，不能看到灰色字迹的参数。扩展视图和集成视图可以通过指令块下边框处的“三角”符号相互切换。

PID_Compact 指令的参数分为输入参数和输出参数，其含义见表 5-6。

表 5-6　　　　PID_Compact 指令参数的含义

LAD	输入/输出	含　义
PID_Compact EN　ENO ScaledInput Setpoint　Output Input Output_PER Input_PER　Output_PWM ManualEnable　SetpointLimit_H ManualValue　SetpointLimit_L Reset　InputWarning_H InputWarning_L State Error	Setpoint	自动模式下的给定值
	Input	实数类型反馈
	Input_PER	整数类型反馈
	ManualEnable	0 到 1，上升沿，手动模式 1 到 0，下降模式，自动模式
	ManualValve	手动模式下的输出
	Reset	重新启动控制器
	ScaledInput	当前输入值
	Output	实数类型输出
	Output_PER	整数类型输出
	Output_PWM	PWM 输出
	SetpointLimit_H	当反馈值高于高限时设置
	SetpointLimit_L	当反馈值低于低限时设置
	InputWarning_H	当反馈值高于高限报警时设置
	InputWarning_L	当反馈值低于低限报警时设置
	State	控制器状态

注：EN、ENO 前文已讲述。

学习小结

根据 PID 的输出曲线，调整 P、I、D 3 个参数的大小是 PID 调节的常用方法，应重点掌握。

习题

一．简答题

1. S7-1200 PLC 的高速计数器有哪些工作模式？
2. 测量光电编码器的脉冲个数为什么要用高速计数器，而不能用普通计数器？
3. PID 3 个参数的含义是什么？
4. 闭环控制有什么特点？
5. 简述调整 PID 3 个参数的方法。

二．编程题

1. 用一台 CPU1221C 和一只电感式接近开关测量一台电动机的转速，要求设计接线图，并编写梯形图程序。

2. 某流量计用于测量流体的流量和累计体积，已知每流过流量计 1L 流体，发出 60 个脉冲。要求当按下启动按钮打开阀门，开始测量实时流量和累计体积；当按下停止按钮关闭阀门，结束累计体积和流量测量。

3. 某水箱的出水口的流量是变化的，注水口的流量可通过调节水泵的转速控制，水位的检测可以通过水位传感器完成。水箱最大盛水高度为 2m，要求对水箱进行水位控制，保证水位高度为 1.6m。用 PLC 作为控制器，SM1231 为模拟量输入模块，用于测量水位信号，用 SM1232 产生输出信号，控制变频器，从而控制水泵的输出流量。水箱的水位控制的原理如图 5-53 所示。

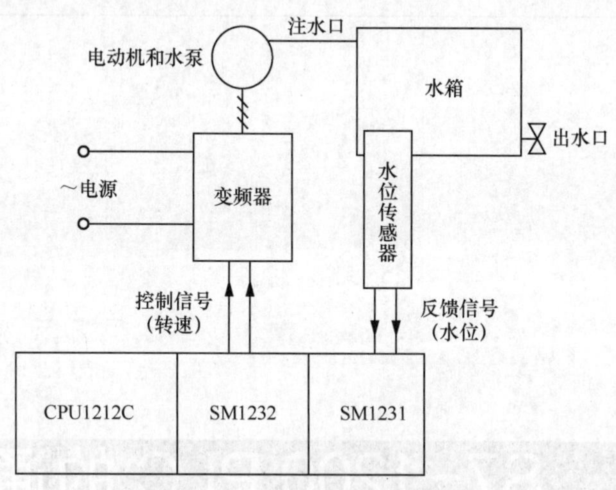

图 5-53　水箱的水位控制的原理

项目6 S7-1200 PLC 的通信应用

本项目有 3 个工作任务，通过学习掌握 S7-1200 PLC 的 S7 通信、PROFINET IO 通信和 Modbus 通信。本项目是 PLC 学习中的重点和难点内容。

学习提纲

知识目标	了解通信的基本概念，了解 OSI 参考模型，了解现场总线，了解工业以太网通信的概念，了解 PROFINET IO 通信的概念，了解 Modbus 通信的概念
技能目标	掌握 S7-1200 PLC 的 S7 通信，掌握 S7-1200 PLC 的 PROFINET IO 通信，掌握 S7-1200 PLC 的 Modbus 通信
素质目标	通过小组内合作培养团队合作精神；通过优化接线、实训设备整理和环境清扫，培养绿色环保和节能意识；通过项目中安全环节强调和训练，树立安全意识，并逐步形成工程思维
学习方法	通过完成前 3 个任务，掌握 S7-1200 PLC 的 S7 通信、S7-1200 PLC 的 PROFINET IO 通信和 S7-1200 PLC 的 Modbus 通信。完成任务前（如任务 6-1），应先学习必备知识（如 6.1 节）
建议课时	8 课时

任务 6-1 两台 S7-1200 PLC 之间的 S7 通信

1. 目的与要求

用两台 S7-1200 PLC 实现 S7 通信。有一台设备，由两台 CPU1211C 控制，一台做客户端，另一台做服务器端，要求当按下客户端上的按钮 SB1，启动服务器端上的采集指示灯，同时采集服务器端的模拟量，并传送到客户端，按下停止按钮 SB2，关闭服务器端上的采集指示灯，停止采集服务器端的模拟量。

两台 S7-1200 PLC 之间的 S7 通信

通过完成该任务，掌握 S7-1200 PLC 之间的 S7 通信。

2. 设计电气原理图

电气原理图如图 6-1 所示。以太网口 X1P1 由网线连接。

3. 编写控制程序

（1）软硬件配置

S7-1200 PLC 与 S7-1200 PLC 间的以太网通信用到的软硬件如下。

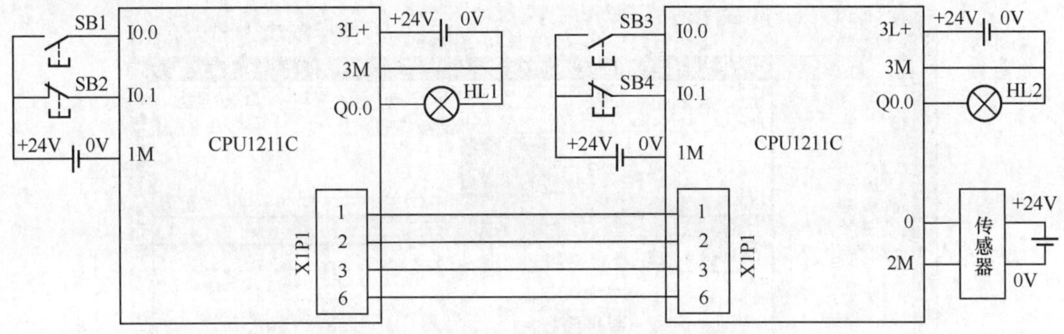

图 6-1　电气原理图

① 2 台 CPU1211C。

② 1 台个人计算机（含网卡）。

③ 2 根带 RJ45 接头的屏蔽双绞线（正线）。

④ 1 套 TIA Portal V16。

（2）硬件配置（组态）和网络配置过程

① 新建项目。打开 TIA Portal V16，新建项目，本例命名为“S7_1200”，单击“项目视图”按钮，切换到项目视图。

② 硬件配置。在 TIA Portal 软件项目视图的项目树中，双击“添加新设备”按钮，添加 CPU 模块“CPU1211C”两次，并启用时钟存储器字节，如图 6-2 所示。

图 6-2　硬件配置

③ IP 地址设置。选中 PLC_1 的“设备视图”选项卡（标号 1 处）→CPU1211C 模块绿色的 PN 接口（标号 2 处）→“属性”（标号 3 处）→“常规”选项卡（标号 4 处）→“以太网地址”（标号 5 处）选项，再设置 IP 地址（标号 6 处），如图 6-3 所示。

用同样的方法设置 PLC_2 的 IP 地址为 192.168.0.2。

④ 调用函数块 PUT 和 GET。在 TIA Portal 软件项目视图的项目树中，打开“PLC_1”的主程序块，选中“指令”→“S7 通信”，将“PUT”和“GET”拖拽到主程序块，如图 6-4 所示。

⑤ 配置客户端连接参数。选中“属性”→“组态”→“连接参数”，如图 6-5 所示。先选择伙伴为“未知”，其余参数选择默认生成的参数。

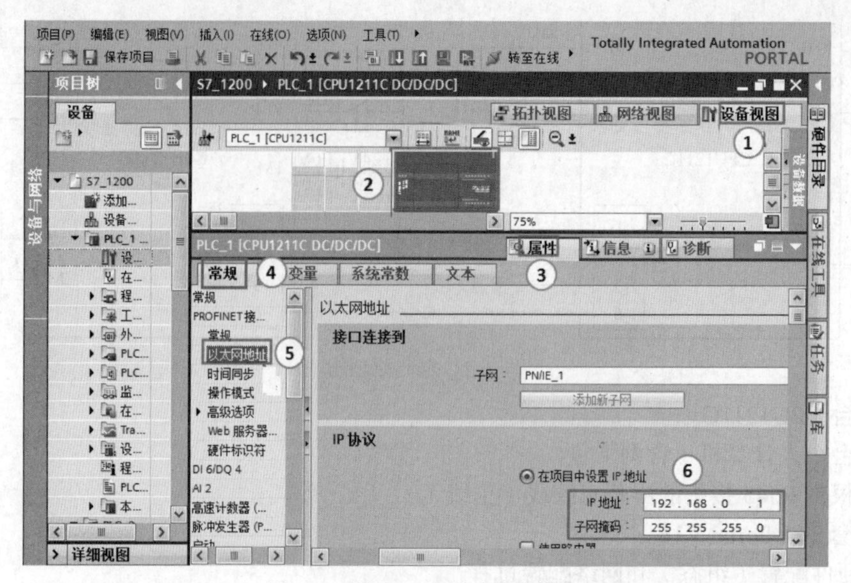

图 6-3　配置 IP 地址（客户端）

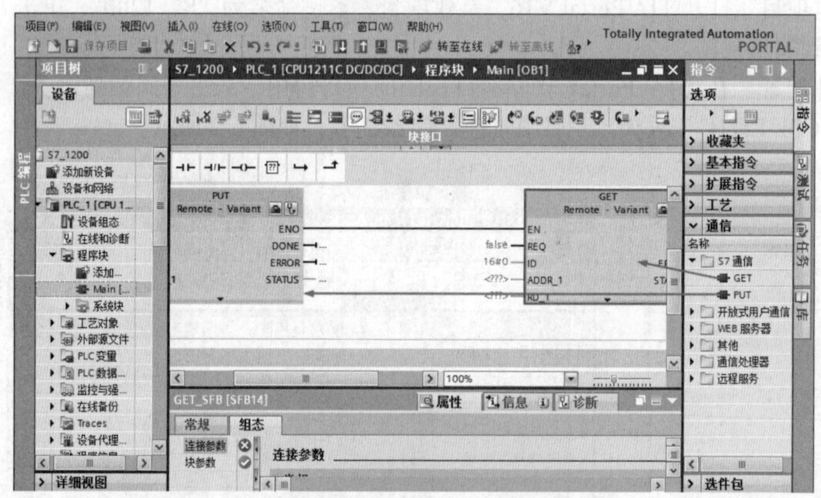

图 6-4　调用函数块 PUT 和 GET

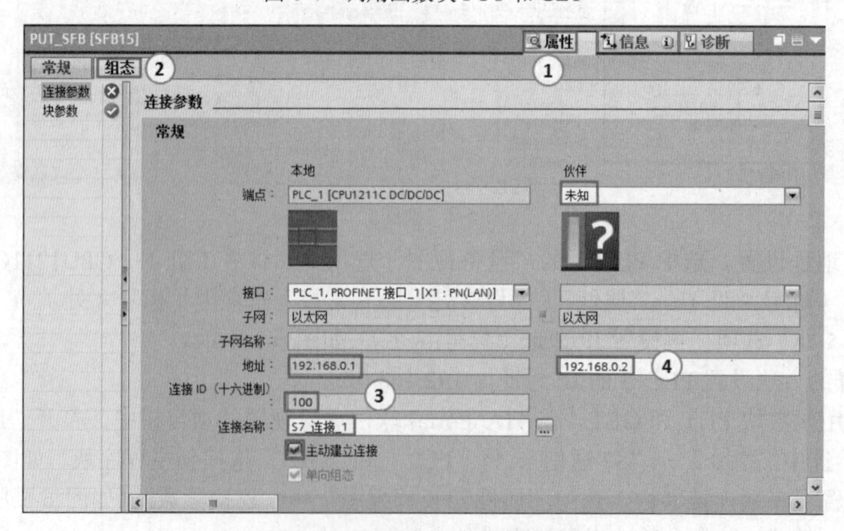

图 6-5　配置客户端连接参数

⑥ 配置客户端块参数。发送函数块 PUT 按照图 6-6 所示配置参数。每一秒激活一次发送操作，每次将客户端 MB10 数据发送到伙伴站 MB10 中。接收函数块 GET 按照图 6-7 所示配置参数。每一秒激活 10 次接收操作，每次将伙伴站 MW20 发送来的数据存储在客户端 MW20 中。

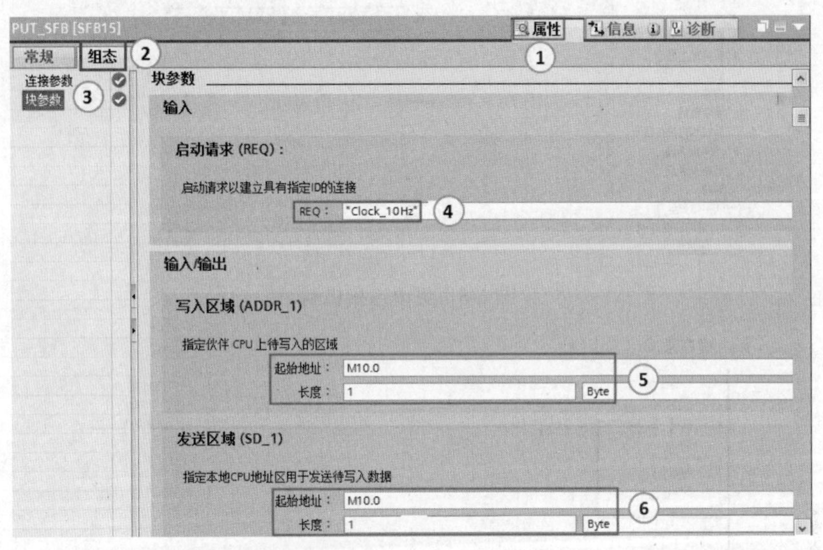

图 6-6　配置客户端块参数（1）

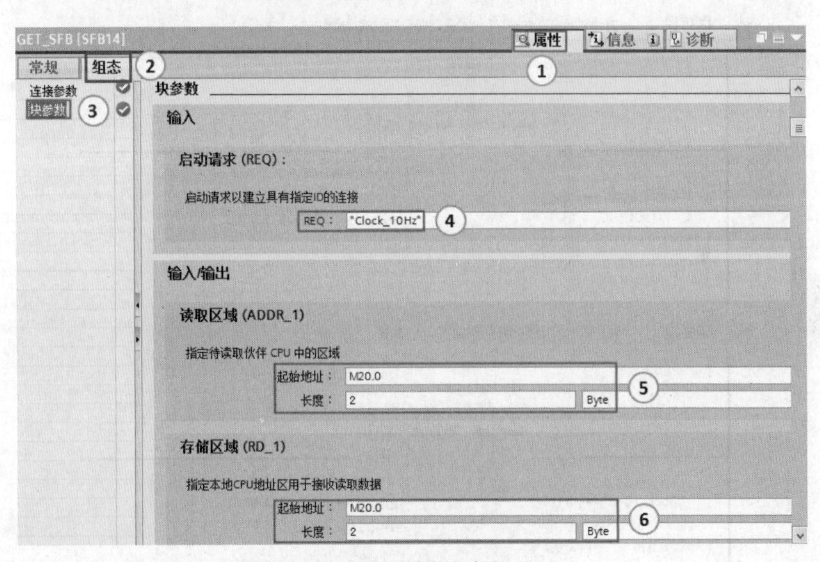

图 6-7　配置客户端块参数（2）

⑦ 更改连接机制。选中“属性”→“常规”→“防护与安全”→“连接机制”，如图 6-8 所示，勾选“允许来自远程对象的 PUT/GET 通信访问”选项，服务器和客户端都要进行这样的更改。

注意

这一步很容易遗漏，如遗漏则不能建立有效的通信。

⑧ 编写程序。客户端的梯形图如图 6-9 所示，服务器端的梯形图如图 6-10 所示，由于通信指令都在客户端，服务器端没有编写通信程序，所以这种通信方式称为单边通信。

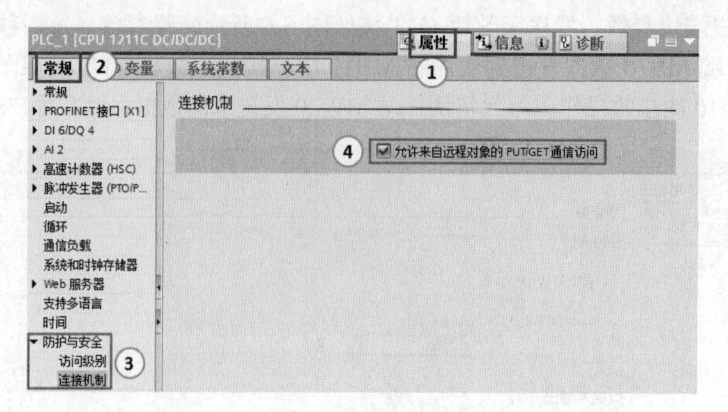

图 6-8　更改连接机制

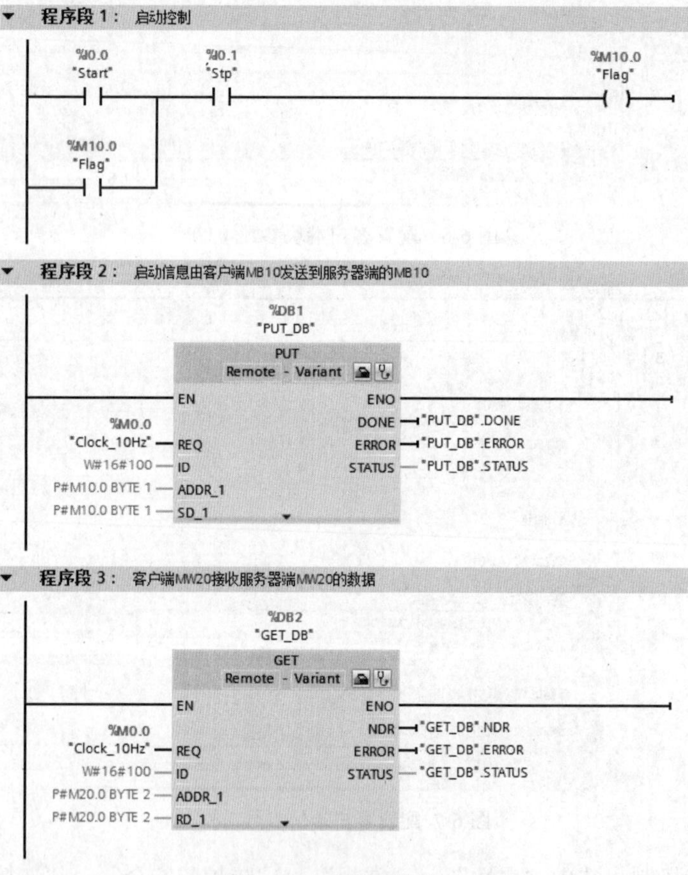

图 6-9　客户端的梯形图

程序段 1：服务器端AD转换值由MW20传送到客户端的MW20

%M10.0
"ReceiveData"
%Q0.0
"Lamp"
MOVE
EN　ENO
%IW64:P
"Analog_In":P　IN　OUT1　%MW20
"SendData"

图 6-10　服务器端的梯形图

（1）S7 通信是西门子公司产品的专用保密协议，不与第三方产品（如三菱 PLC）通信。

（2）S7 通信是非实时通信，当西门子产品非实时以太网通信时，S7 通信很常用。

（3）S7 通信组态时，在“连接机制”，中勾选“允许来自远程对象的 PUT/GET 通信访问”选项，特别重要，初学者很容易忽略。

（4）在 S7 通信中，客服端是主控制，服务器端是被控端。

6.1 通信基础知识

PLC 通信包括 PLC 与 PLC 之间的通信、PLC 与上位计算机之间的通信以及和其他智能设备之间的通信。PLC 与 PLC 之间通信的实质就是计算机的通信，使众多独立的控制任务构成一个控制工程整体，形成模块控制体系。PLC 与计算机连接组成网络，将 PLC 用于控制工业现场，计算机用于编程、显示和管理等任务，构成“集中管理、分散控制”的分布式控制系统（DCS）。

通信的基本概念

6.1.1 通信的基本概念

1. 串行通信与并行通信

串行通信和并行通信是两种不同的数据传输方式。

串行通信就是通过一对导线将发送方与接收方进行连接，传输数据的每个二进制位，按照规定顺序在同一导线上依次发送与接收，如图 6-11 所示。例如，常用的 USB 接口就是串行通信接口。串行通信的特点是通信控制复杂，通信电缆少，与并行通信相比，成本低。

并行通信就是将一个 8 位数据（或 16 位、32 位）的每一个二进制位采用单独的导线进行传输，并将传送方和接收方进行并行连接，一个数据的各二进制位可以在同一时间内一次传送，如图 6-12 所示。例如，老式打印机的打印口和计算机的通信就是并行通信。并行通信的特点是一个周期里可以一次传输多位数据，但是其连线的电缆多，长距离传送时成本高。

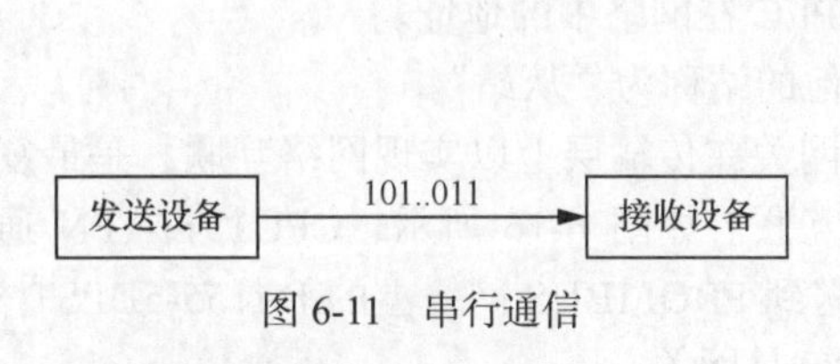

图 6-11　串行通信

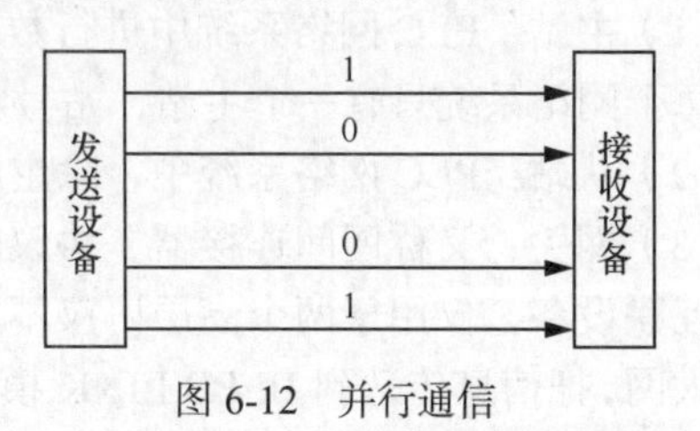

图 6-12　并行通信

2. 异步通信与同步通信

异步通信与同步通信也称为异步传送与同步传送，这是串行通信的两种基本信息传送方式。从用户的角度上说，两者最主要的区别在于通信方式的“帧”不同。

异步通信方式又称为起止方式。它在发送字符时，要先发送起始位，然后是字符本身，最后是停止位，字符之后还可以加入奇偶校验位。异步通信方式具有硬件简单、成本低的特点，主要用于传输速率低于 19.2kbit/s 以下的数据通信。

同步通信方式在传递数据的同时，也传输时钟同步信号，并始终按照给定的时刻采集数据。

其传输数据的效率高，硬件复杂，成本高，一般用于传输速率高于 20kbit/s 以上的数据通信。

3. 单工、全双工与半双工

单工、双工与半双工是通信中描述数据传送方向的专用术语。

（1）单工：指数据只能实现单向传送的通信方式，一般用于数据的输出，不可以进行数据交换，如图 6-13 所示。

（2）全双工：也称双工，指数据可以进行双向数据传送，同一时刻既能发送数据，也能接收数据，如图 6-14 所示。通常需要两对双绞线连接，通信线路成本高。例如，RS-422、RS-232 是全双工通信方式。

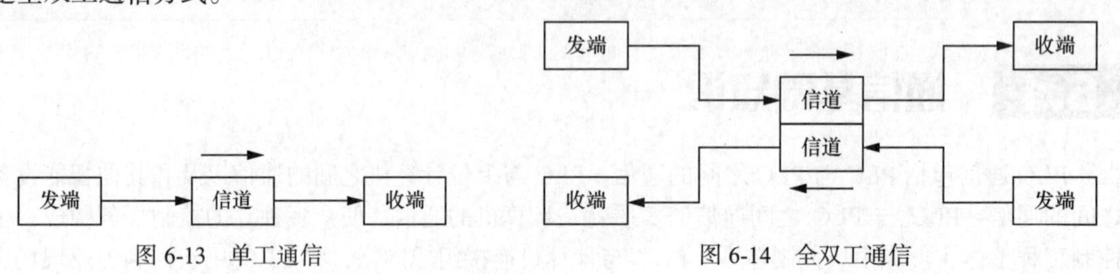

图 6-13　单工通信　　图 6-14　全双工通信

（3）半双工：指数据可以进行双向数据传送，同一时刻，只能发送数据或者接收数据，如图 6-15 所示。半双工通常需要一对双绞线连接，与全双工相比，通信线路成本低。例如，USB、RS-485 只用一对双绞线时就是半双工通信方式。

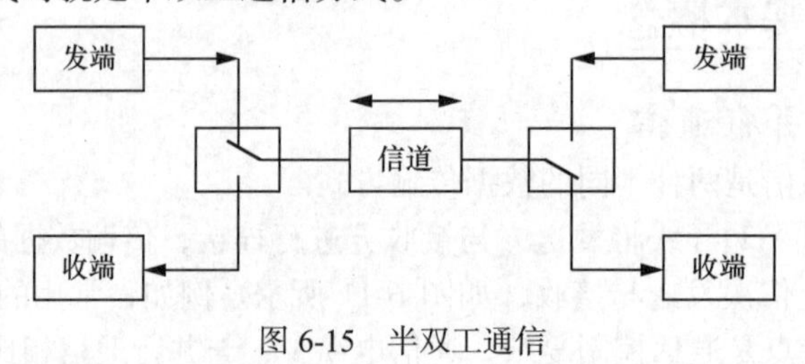

图 6-15　半双工通信

6.1.2 PLC 网络的术语解释

PLC 网络中的名词、术语很多，现将常用的予以介绍。

（1）主站：PLC 网络系统中进行数据连接的系统控制站，主站上设置了控制整个网络的参数，每个网络系统只有一个主站，站号实际就是 PLC 在网络中的地址。

（2）从站：PLC 网络系统中，除主站外，其他的站称为“从站”。

（3）网关：又称网间连接器、协议转换器。网关在传输层上以实现网络互联，是最复杂的网络互联设备，仅用于两个高层协议不同的网络互联。如图 6-16 所示，CPU1511-1PN 通过工业以太网，把信息传送到 IE/PB LINK 模块，再传送到 PROFIBUS 网络上的 IM155-5DPST 模块，IE/PB LINK 模块用于不同协议的互联，它实际上就是网关。

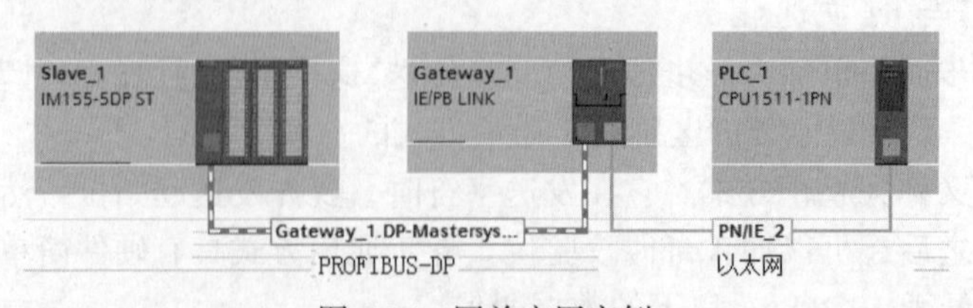

图 6-16　网关应用实例

（4）中继器：用于网络信号放大、调整的网络互联设备，能有效延长网络的连接长度。例

如，PPI 的正常传输距离是不大于 50m，经过中继器放大后，传输距离超过 1km，应用实例如图 6-17 所示，PLC 通过 MPI 或者 PPI 通信时，传送距离可达 1 100m。

图 6-17　中继器应用实例

（5）交换机：交换机是为了解决通信阻塞而设计的，它是一种基于 MAC 地址识别，能完成封装转发数据包功能的网络设备。交换机可以通过在数据帧的始发者和目标接收者之间建立临时的交换路径，使数据帧直接由源地址到达目的地址。如图 6-18 所示，交换机将触摸屏、PLC 和 PC（个人计算机）连接在工业以太网的一个网段中。

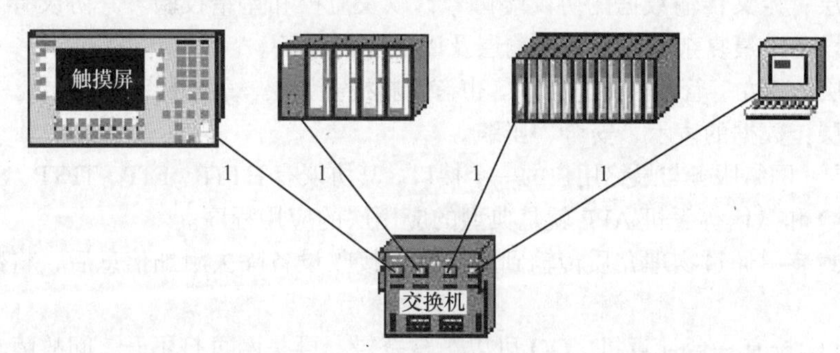

图 6-18　交换机应用实例

6.1.3　OSI 参考模型

通信网络的核心是 OSI（Open System Interconnection，开放式系统互联）参考模型。1984 年，国际标准化组织（ISO）提出了开放式系统互联的 7 层模型，即 OSI 参考模型。该参考模型自下而上分为物理层、数据链路层、网络层、传输层、会话层、表示层和应用层。

OSI 的上 3 层通常称为应用层，用来处理用户接口、数据格式和应用程序的访问。下 4 层负责定义数据的物理传输介质和网络设备。OSI 参考模型定义了大多数协议栈共有的基本框架，如图 6-19 所示。

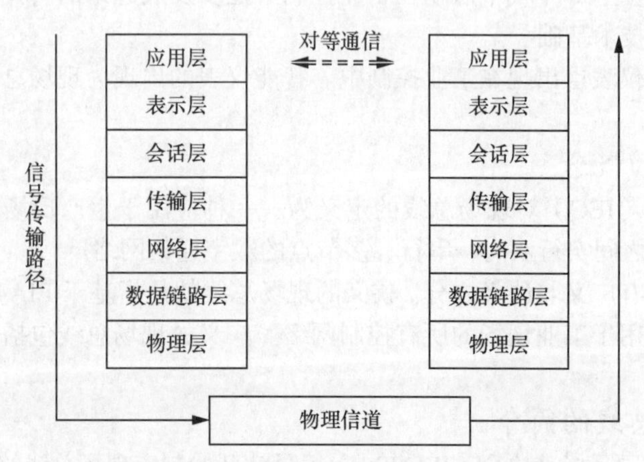

图 6-19　信息在 OSI 参考模型中的流动形式

（1）物理层：定义了传输介质、连接器和信号发生器的类型，规定了物理连接的电气、机械功能特性，如电压、传输速率、传输距离等特性，建立、维护、断开物理连接。典型的物理层设备有集线器（HUB）和中继器等。

（2）数据链路层：确定传输站点物理地址以及将消息传送到协议栈，提供顺序控制和数据流向控制，建立逻辑连接，进行硬件地址寻址、差错校验等功能（由底层网络定义协议）。以太网中的 MAC 地址属于数据链路层，相当于人的身份证，不可修改，MAC 地址一般印刷在网口附近。典型的数据链路层的设备有交换机和网桥等。

（3）网络层：进行逻辑地址寻址，实现不同网络之间的路径选择。其协议有 ICMP、IGMP、IP（IPv4，IPv6）、ARP、RARP。典型的网络层设备是路由器。

IP 地址在这一层，IP 地址分成两个部分，前三个字节代表网络，后一个字节代表主机。如 192.168.0.1 中，192.168.0 代表网络（有的资料称网段），1 代表主机。

（4）传输层：定义传输数据的协议端口号，以及流控和差错校验。其协议有 TCP、UDP。网关是互联网设备中最复杂的，它是传输层及以上层的设备。

（5）会话层：建立、管理、终止会话。也有资料把会话层、表示层和应用层统一称为应用层。

（6）表示层：数据的表示、安全、压缩。

（7）应用层：网络服务与最终用户的一个接口。其协议有 HTTP、FTP、TFTP、SMTP、SNMP 和 DNS 等。QQ 和微信等手机 APP 就是典型的应用层的应用程序。

数据经过封装后通过物理介质传输到网络上，接收设备除去附加信息后，将数据上传到上层堆栈层。

【例 6-1】 学校有一台计算机，QQ 可以正常登录，可是网页打不开，问故障在物理层还是其他层？是否可以通过插拔交换机上的网线解决问题？

解：

（1）故障不在物理层，如在物理层，则 QQ 也不能登录。

（2）不能通过插拔网线解决问题，因为网线是物理连接，属于物理层，故障应在其他层。

现场总线介绍

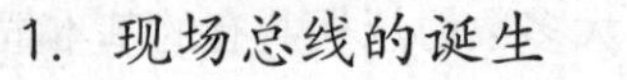
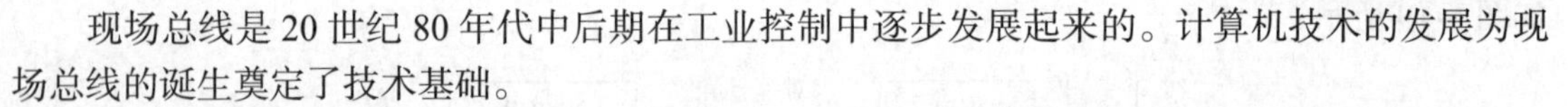

6.1.4 现场总线简介

1．现场总线的诞生

现场总线是 20 世纪 80 年代中后期在工业控制中逐步发展起来的。计算机技术的发展为现场总线的诞生奠定了技术基础。

另一方面，智能仪表也出现在工业控制中。智能仪表的出现为现场总线的诞生奠定了应用基础。

2．现场总线的概念

国际电工委员会（IEC）对现场总线的定义为：一种应用于生产现场，在现场设备之间、现场设备和控制装置之间实行双向、串行、多节点的数字通信网络。

现场总线的概念有广义与狭义之分。狭义的现场总线就是指基于 EIA485 的串行通信网络。广义的现场总线泛指用于工业现场的所有控制网络。广义的现场总线包括狭义现场总线和工业以太网。

3．主流现场总线的简介

国际电工委员会/国际标准协会（IEC/ISA）很早就开始制定现场总线的标准，然而统一的标准至今仍未完成。很多公司推出其各自的现场总线技术，但彼此的开放性和互操作性难以统一。

经过几年的讨论，终于通过了 IEC61158 现场总线标准，这个标准容纳了 8 种互不兼容的总

线协议。后来又经过不断讨论和协商，IEC61158 Ed.3 现场总线标准第 3 版正式成为国际标准，确定了 10 种不同类型的现场总线为 IEC61158 现场总线，第 4 版现场总线增加到 20 种，见表 6-1。

表 6-1　　IEC61158 的现场总线（第 4 版）

类型编号	名　称
Type 1	TS61158 现场总线
Type 2	ControlNet 和 Ethernet/IP 现场总线
Type 3	PROFIBUS 现场总线
Type 4	P-NET 现场总线
Type 5	FF HSE 现场总线
Type 6	SwiftNet 现场总线
Type 7	World FIP 现场总线
Type 8	INTERBUS 现场总线
Type 9	FF H1 现场总线
Type 10	PROFINET 现场总线
Type 11	TC net 实时以太网
Type 12	Ether CAT 实时以太网
Type 13	Ethernet Powerlink 实时以太网
Type 14	EPA 实时以太网
Type 15	Modbus RTPS 实时以太网
Type 16	SERCOS I、II 现场总线
Type 17	VNET/IP 实时以太网
Type 18	CC-Llink 现场总线
Type 19	SERCOS III 现场总线
Type 20	HART 现场总线

6.1.5　S7 通信

1. S7 通信简介

S7 通信集成在每一个 SIMATIC S7/M7 和 C7 的系统中，属于 OSI 参考模型应用层的协议，它独立于各个网络，可以应用于多种网络（MPI、PROFIBUS、工业以太网）。S7 通信通过不断地重复接收数据来保证网络报文的正确。在 SIMATIC S7 中，通过组态建立 S7 连接来实现 S7 通信。在 PC 上，S7 通信需要通过 SAPI-S7 接口函数或 OPC（过程控制用对象链接与嵌入）来实现。

2. 指令说明

使用 PUT 和 GET 指令，通过 PROFINET 和 PROFIBUS 连接，创建 S7 CPU 通信。

（1）PUT 指令

PUT 指令可将数据写入一个远程 S7 CPU 中。写入数据时，远程 CPU 可处于 RUN 或 STOP 模式下。PUT 指令的参数见表 6-2。

表 6-2　　PUT 指令的参数

LAD	输入/输出参数	说　明
	EN	使能
	REQ	在上升沿启动发送作业
	ID	S7 连接号

续表

LAD	输入/输出参数	说　　明
PUT Remote - Variant EN　ENO REQ　DONE ID　ERROR ADDR_1　STATUS SD_1	ADDR_1	指向接收方的地址的指针。该指针可指向任何存储区，需要 8 字节的结构
	SD_1	指向远程 CPU 中待发送数据的存储区
	ENO	使能输出，可用于驱动其他指令，后续不再介绍
	DONE	上一请求已完成且没有出错后，DONE 位将保持为 TRUE 一个扫描周期时间
	ERROR	是否出错；0 表示无错误，1 表示有错误
	STATUS	故障代码

（2）GET 指令

使用 GET 指令从远程 S7 CPU 中读取数据。读取数据时，远程 CPU 可处于 RUN 或 STOP 模式下。GET 指令的参数见表 6-3。

表 6-3　　GET 指令的参数

LAD	输入/输出	说　　明
GET Remote - Variant EN　ENO REQ　NDR ID　ERROR ADDR_1　STATUS RD_1	EN	使能
	REQ	通过由低到高的（上升沿）信号启动操作
	ID	S7 连接号
	ADDR_1	指向远程 CPU 中存储待读取数据的存储区
	RD_1	指向本地 CPU 中存储待读取数据的存储区
	NDR	新数据就绪： ● 0：请求尚未启动或仍在运行 ● 1：已成功完成任务
	ERROR	是否出错；0 表示无错误，1 表示有错误
	STATUS	故障代码

学习小结

（1）S7 通信是西门子公司产品的专用保密协议，不与第三方产品（如三菱 PLC）通信，是非实时通信。

（2）与第三方 PLC 进行以太网通信常用 OUC（即开放用户通信，包括 TCP/IP、ISO、UDP 和 ISO_on_TCP 等），是非实时通信。

任务 6-2　S7-1200 PLC 与分布式模块 ET200MP 之间的 PROFINET IO 通信

S7-1200 PLC 与分布式模块 ET200MP 之间的 PROFINET 通信

1. 目的与要求

用 S7-1200 PLC 与分布式模块 ET200MP，实现 PROFINET IO 通信。某系统的控制器由 CPU1211C、IM155-5PN 和 SM522 组成，要用 CPU1211C 上的 2 个按钮控制远程站上的一台电动机的启停。

通过完成该任务，掌握 S7-1200 PLC 与分布式模块 ET200MP 之间的 PROFINET IO 通信。

2. 设计电气原理图

本例用到的软硬件如下。

① 1 台 CPU1211C。

② 1 台 IM155-5PN。

③ 1 台 SM522。

④ 1 台个人计算机（含网卡）。

⑤ 1 套 TIA Portal V16。

⑥ 1 根带 RJ45 接头的屏蔽双绞线（正线）。

电气原理图如图 6-20 所示。以太网口 X1P1 由网线连接。

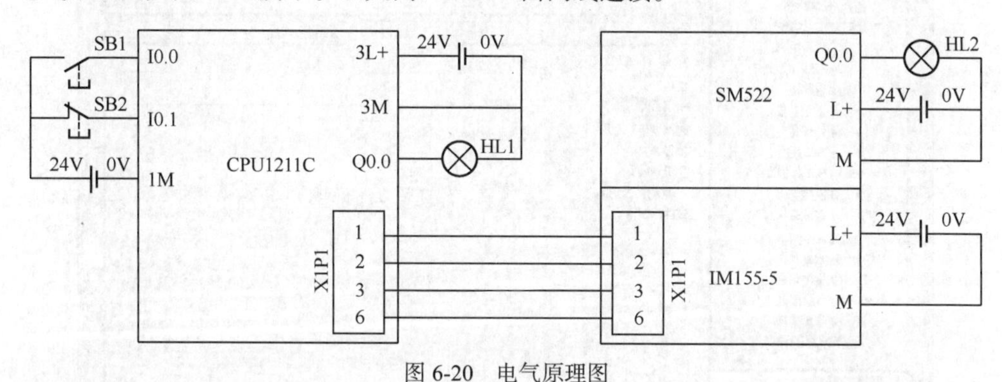

图 6-20　电气原理图

3. 编写控制程序

（1）新建项目。打开 TIA Portal V16，新建项目，本例命名为“IM155_5PN”，单击“项目视图”按钮，切换到项目视图。

（2）硬件配置。在 TIA Portal 软件项目视图的项目树中，双击“添加新设备”按钮，添加 CPU 模块“CPU1211C”，如图 6-21 所示。

图 6-21　硬件配置

（3）IP 地址设置。选中 PLC_1 的“设备视图”选项卡（标号 1 处）→CPU1211C 模块绿色的 PN 接口（标号 2 处）→“属性”（标号 3 处）选项卡→“常规”（标号 4 处）选项卡→“以太网地址”（标号 5 处）选项，最后设置 IP 地址（标号 6 处），如图 6-22 所示。

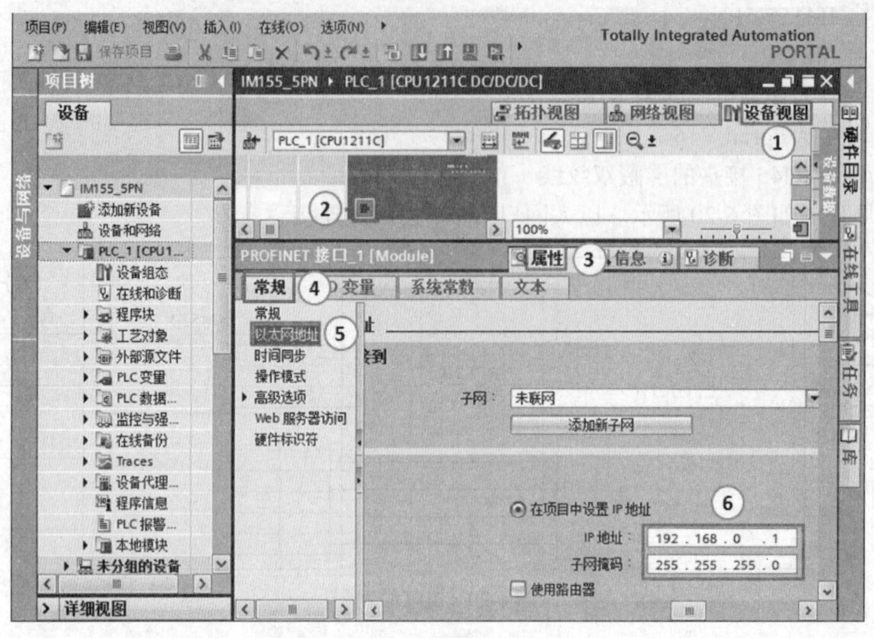

图 6-22　配置 IP 地址（客户端）

（4）插入 IM155-5PN 模块。在 TIA Portal 软件项目视图的项目树中，选中“网络视图”选项卡，再把“硬件目录”→“分布式 I/O”→“ET200MP”→“接口模块”→“PROFINET”→“IM155-5PN ST”→“6ES7 155-5AA00-0AB0”模块拖拽到图 6-23 所示的空白处（双击选中的模块也可以）。

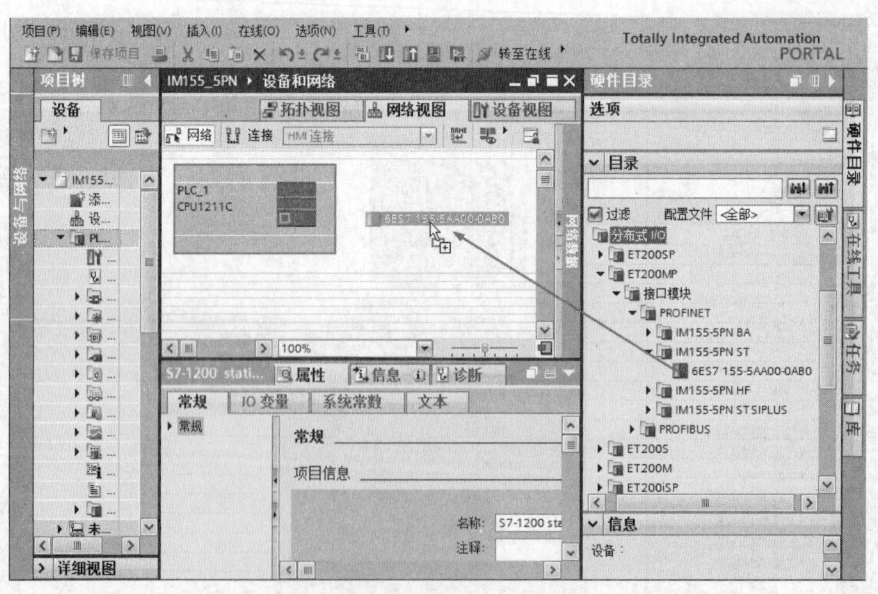

图 6-23　插入 IM155-5PN 模块

（5）插入数字量输出模块。选中 IM155-5PN 模块，再选中“设备视图”选项卡，再把“硬

件目录”→“DQ”→“DQ 16x24VDC/0.5A ST”→“6ES7 522-1BH00-0AB0”模块拖拽到IM155-5PN模块右侧的2号槽位中，如图6-24所示。

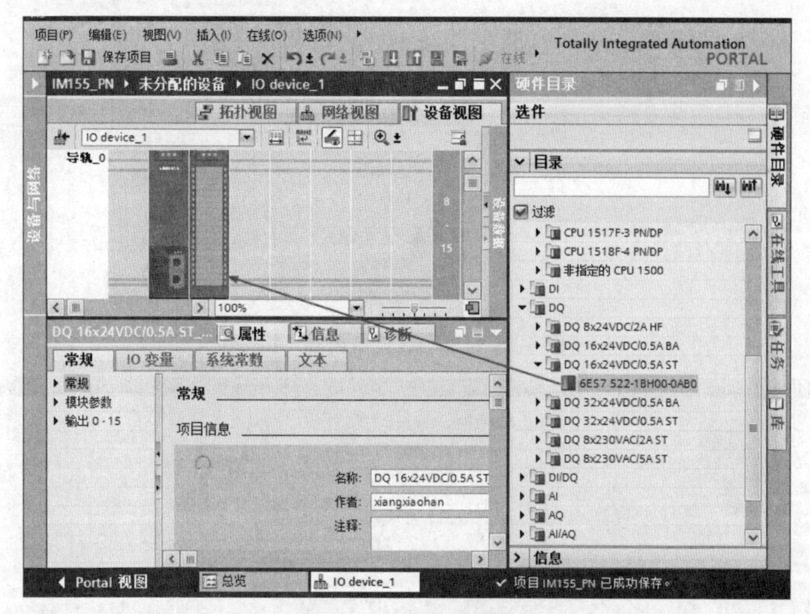

图6-24　配置连接参数

（6）建立IO控制器（本例为CPU模块）与IO设备的连接。选中“网络视图”（1处）选项卡，再用鼠标把PLC_1的PN口（2处）选中并按住不放，拖拽到IO device_1的PN口（3处）释放鼠标，如图6-25所示。

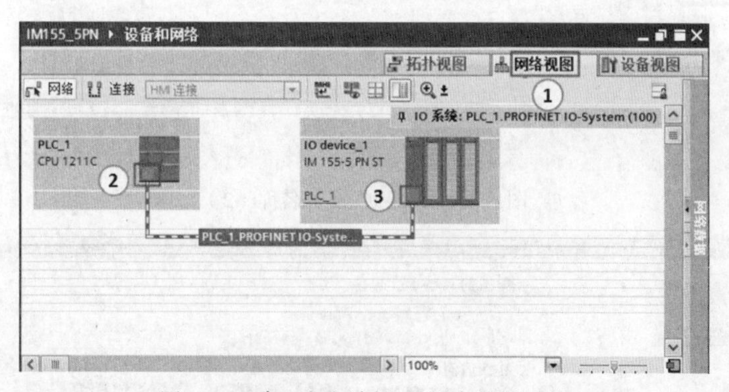

图6-25　建立客户端与IO设备站的连接

（7）分配IO设备名称。本例的IO设备（IO device_1）在硬件组态，系统自动分配一个IP地址192.168.0.2，这个IP地址仅在初始化时起作用，一旦分配完设备名称后，这个IP地址失效。

选中“网络视图”选项卡，再用鼠标选中PROFINET网络（2处），右击鼠标，弹出快捷菜单，如图6-26所示，单击非“分配设备名称”命令。

选择PROFINET设备名称为“iO device_1”，选择PG/PC接口的类型为“PN/IE”，选择PG/PC接口为“Intel(R) Ethernet Connection 1218-V”，此处实际就是安装TIA Portal软件计算机的网卡型号，根据读者使用的计算机不同而不同，如图6-27所示。单击“更新列表”按钮，系统自动搜索IO设备，当搜索到IO设备后，再单击“分配名称”按钮，弹出图6-28所示的界面，此界面显示状态为“确定”，表明IO设备名称分配完成。

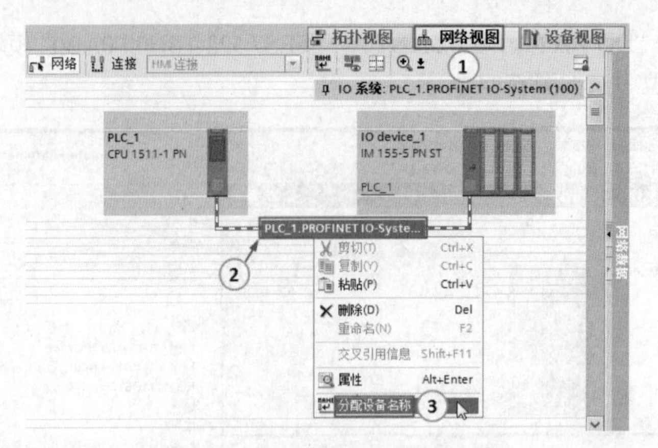

图 6-26　分配 IO 设备名称（1）

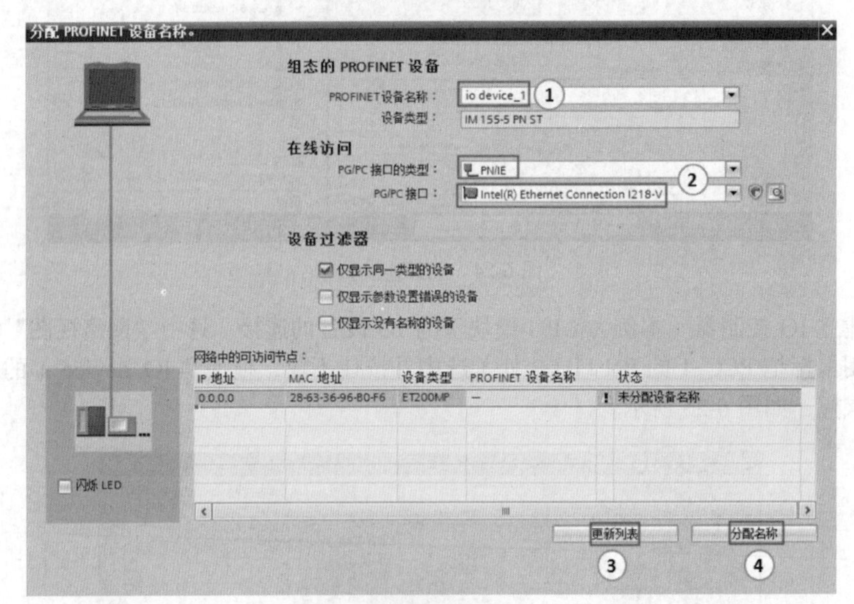

图 6-27　分配 IO 设备名称（2）

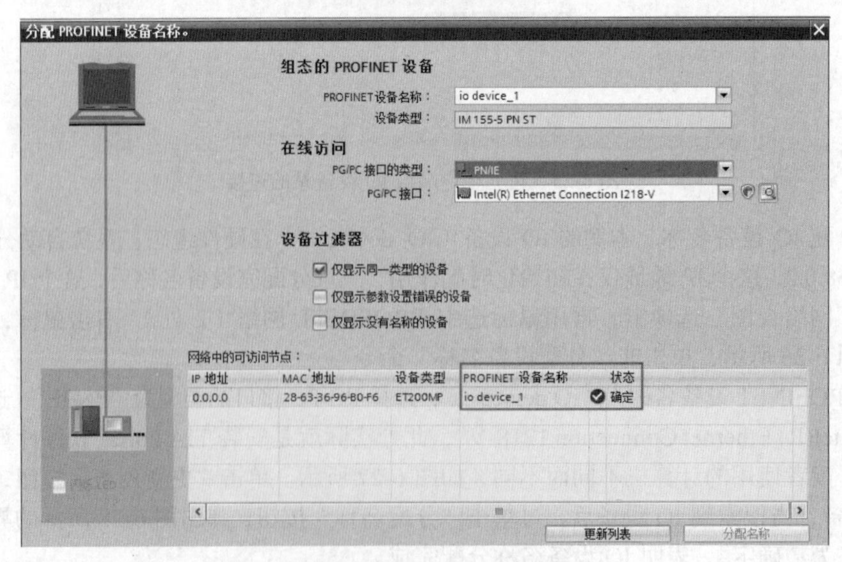

图 6-28　完成分配 IO 设备名称

（8）编写程序。只需要在 IO 控制器（CPU 模块）中编写程序，如图 6-29 所示，而 IO 设备中并不需要编写程序。

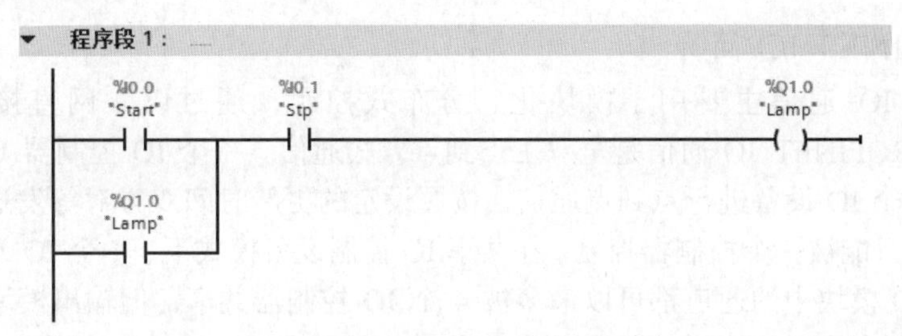

图 6-29　IO 控制器中的程序

任务小结

（1）用 TIA Portal 软件进行硬件组态时，使用拖拽功能，能大幅提高工程效率，必须掌握该方法。

（2）在下载程序后，如发现总线故障（BF 灯红色），一般情况是组态时，IO 设备的设备名或 IP 地址与实际设备的 IO 设备的设备名或 IP 地址不一致。此时，需要重新分配 IP 地址或设备名。

（3）分配 IO 设备的设备名和 IP 地址，应在线完成，也就是说必须有在线的硬件设备。

6.2　PROFINET IO 通信

以太网通信基础知识

6.2.1　工业以太网简介

1. Ethernet 存在的问题

Ethernet 采用随机争用型介质访问方法，即载波监听多路访问及冲突检测技术（CSMA/CD），如果网络负载过高，无法预测网络延迟时间，即存在不确定性。如图 6-30 所示，只要有通信需求，各以太网节点（A-F）均可向网络发送数据，因此报文可能在主干网中被缓冲，实时性不佳。

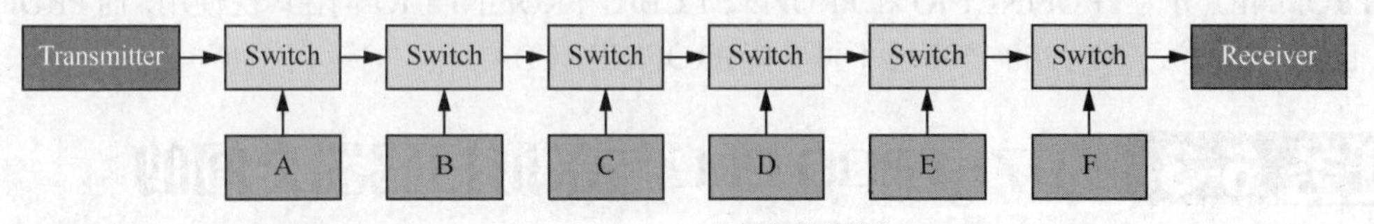

图 6-30　Ethernet 存在的问题

2. 工业以太网的概念

对于实时性和确定性要求高的场合（如运动控制），商用 Ethernet 存在的问题是不可接受的。因此工业以太网应运而生。

工业以态网是指应用于工业控制领域的以太网技术，在技术上与普通以太网技术相兼容。由于产品要在工业现场使用，对产品的材料、强度、适用性、可互操作性、可靠性、抗干扰性等有较高的要求；而且工业以太网是面向工业生产控制的，对数据的实时性、确定性、可靠性等有很高的要求。

常见的工业以太网标准有 PROFINET、Modbus-TCP、Ethernet/IP 和我国的 EPA 等。我国的 EPA 具有完全自主知识产权，能进入 20 大现在总线行列，说明我们的我国的工控技术得到了广泛的认可。

6.2.2 PROFINET IO 通信基础

1. PROFINET IO 简介

PROFINET IO 通信主要用于模块化、分布式控制，通过以太网直接连接现场设备（IO-Device）。PROFINET IO 通信是全双工点到点方式通信。一个 IO 控制器（IO-Controller）最多可以和 512 个 IO 设备进行点到点通信，按照设定的更新时间双方对等发送数据。一个 IO 设备的被控对象只能被一个控制器控制。在共享 IO 控制设备模式下，一个 IO 站点上不同的 IO 模块、同一个 IO 模块中的通道都可以最多被 4 个 IO 控制器共享，但输出模块只能被一个 IO 控制器控制，其他控制器可以共享信号状态信息。

由于访问机制是点到点的方式，S7-1200 PLC 的以太网接口可以作为 IO 控制器连接 IO 设备，又可以作为 IO 设备连接到上一级控制器。

2. PROFINET IO 的特点

（1）现场设备（IO-Devices）通过 GSD 文件的方式集成在 TIA Portal 软件中，其 GSD 文件以 XML 格式形式保存。

（2）PROFINET IO 控制器可以通过 IE/PB LINK（网关）连接到 PROFIBUS-DP 从站。

3. PROFINET IO 的 3 种执行水平

（1）非实时数据通信（NRT）

PROFINET 是工业以太网，采用 TCP/IP 标准通信，响应时间为 100ms，用于工厂级通信，组态和诊断信息、上位机通信时可以采用。

（2）实时（RT）通信

对于现场传感器和执行设备的数据交换，响应时间约为 5～10ms 的时间（DP 满足）。PROFINET 提供了一个优化的、基于第二层的实时通道，解决了实时性问题。

PROFINET 的实时数据优先级传递，标准的交换机可保证实时性。

（3）等时同步实时（IRT）通信

在通信中，对实时性要求最高的是运动控制。100 个节点以下要求响应时间是 1ms，抖动误差不大于 1μs。等时数据传输需要特殊交换机（如 SCALANCE X-200 IRT）。

4. PROFINET 的分类

PROFINET 分为 PROFINET IO 和 PROFINET CBA。PROFINET IO 仍在广泛使用，而 PROFINET CBA 已趋于被淘汰，S7-1200/1500 已不再支持 PROFINET CBA。

任务 6-3 S7-1200 PLC 与条形扫码器之间的 Modbus-RTU 通信

1. 目的与要求

要求用 S7-1200 PLC 和条形扫码器，采用 Modbus-RTU 通信，用串行通信模块采集条形扫码器的数据，当扫描到图 6-31 所示的条形码（一本图书）时，点亮一盏灯，并将其单价 108 元送入寄存器 MW30。

图 6-31 图书《PLC 编程从入门到精通》的条形码

S7-1200 PLC 与条形扫码器之间的 Modbus-RTU 通信

通过完成该任务，掌握 S7-1200 PLC 的

Modbus-RTU 通信。

2. 设计电气原理图

本任务用到的软硬件如下。

① 1 台 CPU1211C。

② 1 台 CM1241（RS-485/422 端口）。

③ 1 台条形扫码器（配 RS-485 端口，支持 Modbus-RTU 协议）。

④ 1 根带 PROFIBUS 接头的屏蔽双绞线。

⑤ 1 套 TIA Portal V16。

电气原理图如图 6-32 所示，采用 RS-485 的接线方式，通信电缆需要两根屏蔽线揽，CM1241 模块侧需配置 PROFIBUS 接头，CM1241 模块不需接电源。条形扫码器需要接+24V 电源。

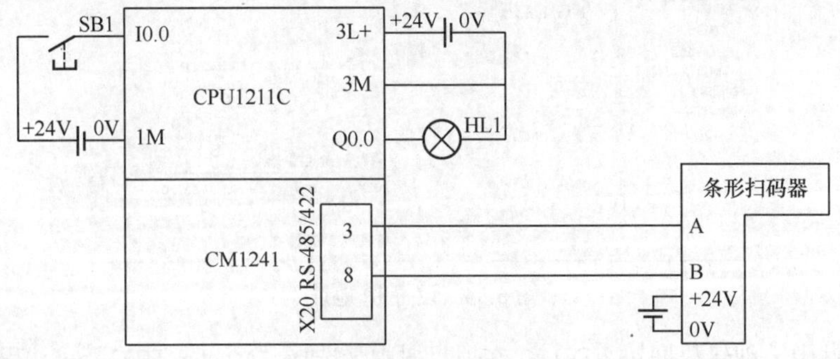

图 6-32　电气原理图

3. 编写控制程序

（1）新建项目。打开 TIA Portal 软件，新建项目，本例命名为“Modbus_RTU”，接着单击“项目视图”按钮，切换到项目视图。

（2）硬件配置。在 TIA Portal 软件项目视图的项目树中，双击“添加新设备”按钮，先添加 CPU 模块“CPU1211C”，并启用时钟存储器字节和系统存储器字节；添加 CPU 模块“CPU1211C”，并启用时钟存储器字节和系统存储器字节，如图 6-33 所示。

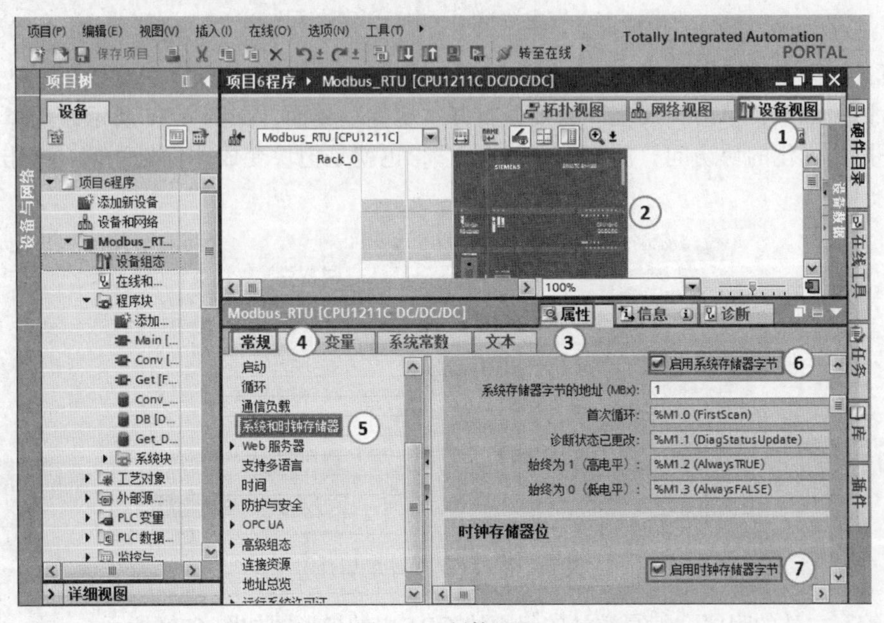

图 6-33　硬件配置

（3）IP 地址设置。先选中 Master 的“设备视图”选项卡（标号 1 处）→CPU1211C 模块绿色的 PN 接口（标号 2 处），→“属性”（标号 3 处）选项卡，→“常规”（标号 4 处）选项卡，→“以太网地址”（标号 5 处）选项，再设置 IP 地址（标号 6 处）为 192.168.0.1，如图 6-34 所示。

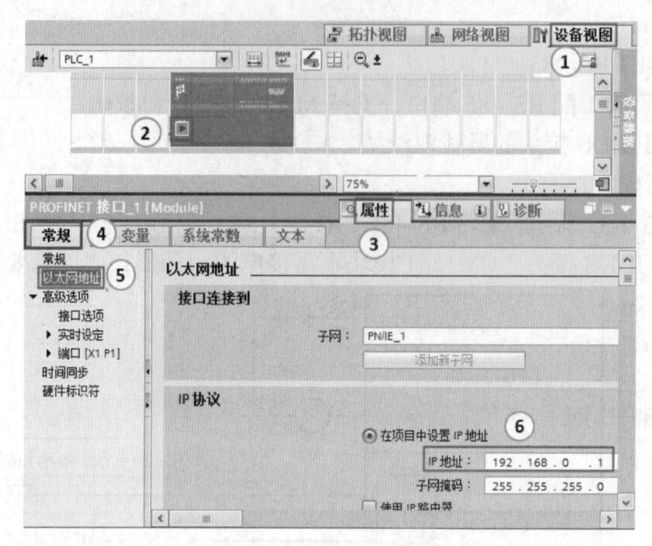

图 6-34 设置 IP 地址

（4）在主站中，创建数据块（DB）。在项目树中，选择“Master_RTU”→“程序块”→“添加新块”，选中“DB”，单击“确定”按钮，新建连接 DB，再在 DB 中创建数组 GetData，如图 6-35 所示。

DB

	名称	数据类型	偏移量	起始值	保持
1	▼ Static				
2	▶ GetData	Array[0..12] of Word	...		
3	<新增>				
4	<新增>				

图 6-35 在主站 Master 中，创建数据块 DB1

在项目树中，如图 6-36 所示，选择“Master_RTU”→“程序块”→“DB”，单击鼠标右键，弹出快捷菜单，单击“属性”选项，打开“属性”界面，如图 6-37 所示，选择“属性”选项，去掉“优化的块访问”前面的对号“√”，也就是把块变成非优化访问，单击“确定”按钮。

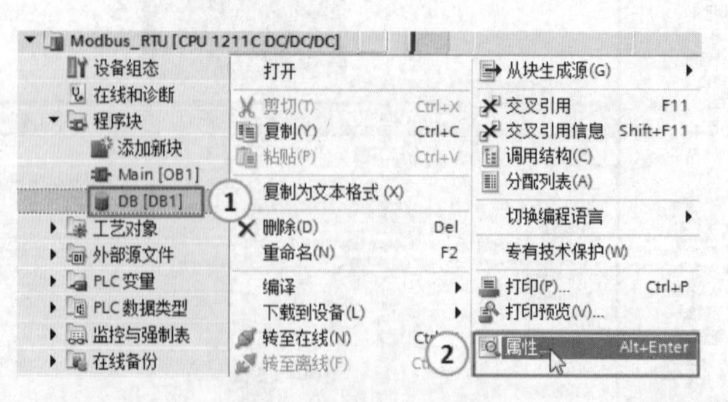

图 6-36 打开 DB1 的属性

（5）编写主站的程序。编写主站的组织块 OB1 中的梯形图如图 6-38 所示。

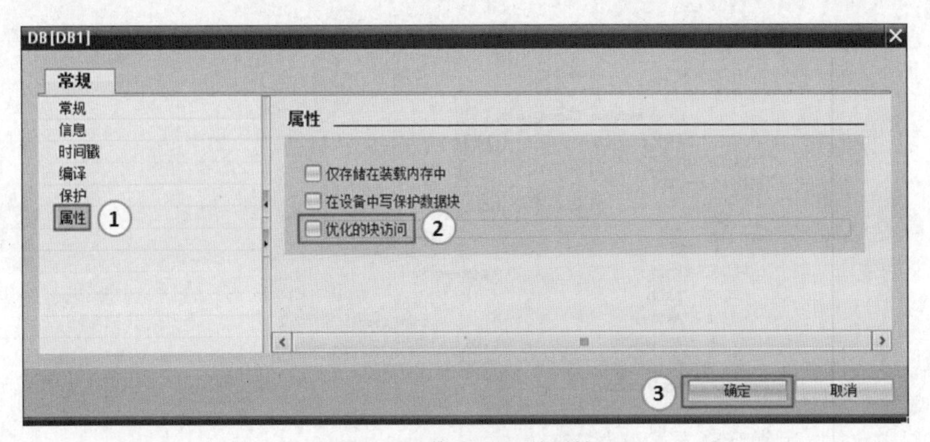

图 6-37　修改 DB1 的属性

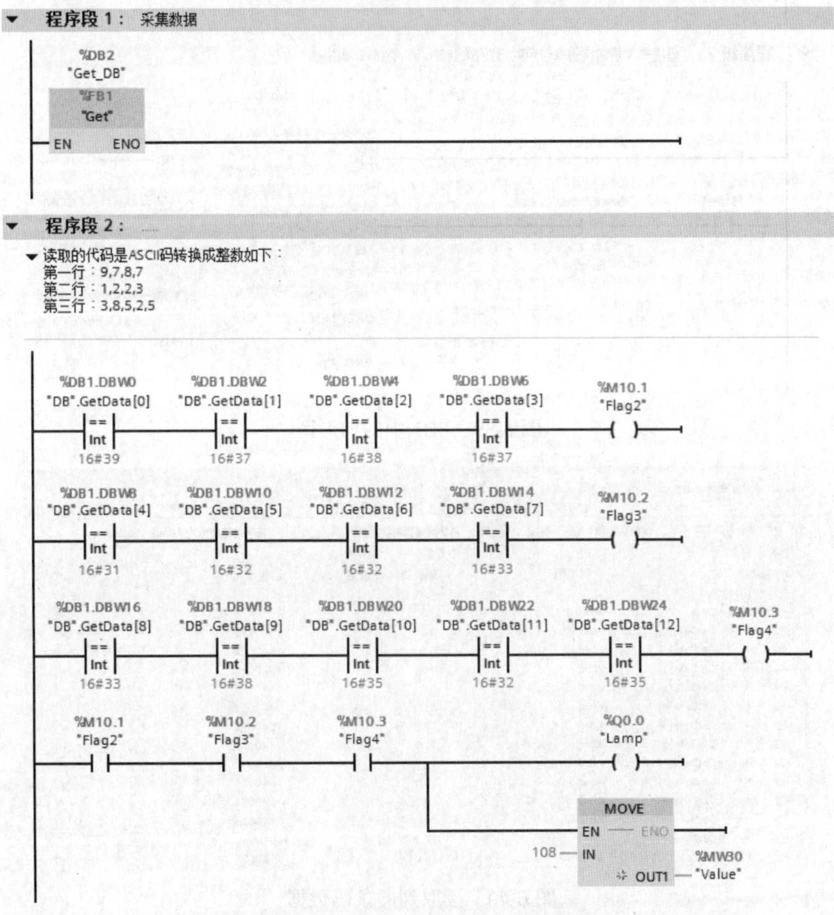

图 6-38　组织块 OB1 中的梯形图

编写 FB1 的程序，FB1 中的梯形图如图 6-39 所示，程序段 1 的主要作用是端口初始化，只要条形码扫描仪的通信参数不修改，则此程序只需要运行一次。此外要注意，波特率和奇偶校验与 CM1241 模块的硬件组态和条形码扫描仪的应一致，否则通信不能建立。

程序段 2 主要是读取数据，任务中的条形码是 13 个数字，按一次按钮即可读入到数组 GetData 中，条形码扫描仪的站地址必须与程序中一致，默认为 1，可以用厂商提供的小程序修改。

当按下 SB1 按钮，条码扫描仪采集到条码数据，如图 6-40 所示。但注意这个数据是 ASCII 码。

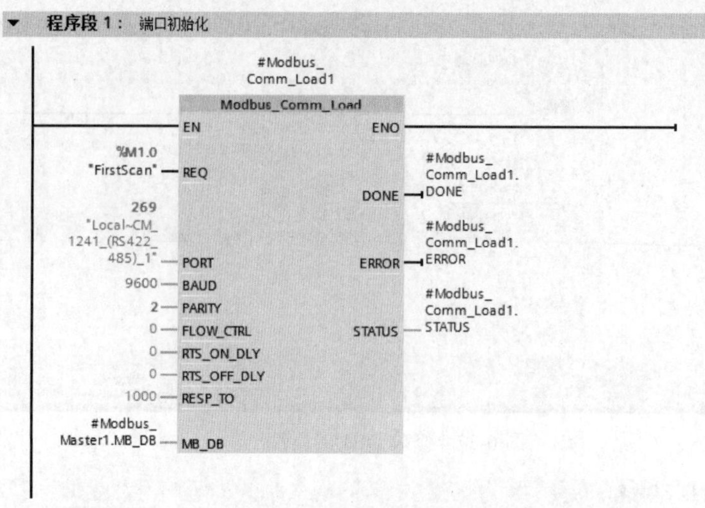

图 6-39　FB1 中的梯形图

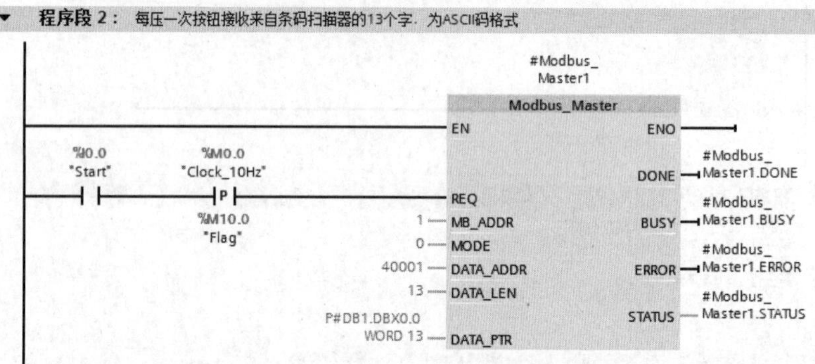

项目6程序 ▸ Modbus_RTU [CPU 1211C DC/DC/DC] ▸ 程序块 ▸ DB [DB1]

保持实际值　快照　将快照值复制到起始值中　将起始值加载为实际值

DB

	名称	数据类型	偏移量	起始值	监视值	保持	从 HMI/OPC...
1	▼ Static						
2	▪ ▼ GetData	Array[0..12] of Word	0.0				☑
3	▪ GetData[0]	Word	0.0	16#0	16#0039		☑
4	▪ GetData[1]	Word	2.0	16#0	16#0037		☑
5	▪ GetData[2]	Word	4.0	16#0	16#0038		☑
6	▪ GetData[3]	Word	6.0	16#0	16#0037		☑
7	▪ GetData[4]	Word	8.0	16#0	16#0031		☑
8	▪ GetData[5]	Word	10.0	16#0	16#0032		☑
9	▪ GetData[6]	Word	12.0	16#0	16#0032		☑
10	▪ GetData[7]	Word	14.0	16#0	16#0033		☑
11	▪ GetData[8]	Word	16.0	16#0	16#0033		☑
12	▪ GetData[9]	Word	18.0	16#0	16#0038		☑
13	▪ GetData[10]	Word	20.0	16#0	16#0035		☑
14	▪ GetData[11]	Word	22.0	16#0	16#0032		☑
15	▪ GetData[12]	Word	24.0	16#0	16#0035		☑

图 6-40　读取到的条码数据

（1）特别注意：图 6-41 所示的硬件组态应为“半双工”，因为条码扫描仪的信号线是 2 根（RS-485）；波特率为 9.6kbit/s，偶校验与图 6-39 的梯形图要一致，扫描仪的波特率也应设置为 9.6kbit/s。所以硬件组态、程序和扫描仪都要一致（三者统一），这一点是非常重要的。

（2）采用多重实例，可节省背景数据块。

图 6-41　CM1241 的组态

6.3 Modbus 通信

S7-1200 PLC 的 Modbus 通信基础

6.3.1 Modbus 通信简介

1. Modbus 通信协议简介

Modbus 是 MODICON 公司（莫迪康公司，后被施耐德公司收购）于 1979 年开发的一种通信协议，是一种工业现场总线协议标准。1996 年施耐德电气有限公司推出了基于以太网 TCP/IP 的 Modbus 协议，即 Modbus-TCP。

Modbus 协议是一项应用层报文传输协议，包括 Modbus-ASCII、Modbus-RTU、Modbus-TCP 3 种报文类型，协议本身并没有定义物理层，只是定义了控制器能够认识和使用的消息结构，而不管它们是经过何种网络进行通信的。

标准的 Modbus 协议物理层接口有 RS-232、RS-422、RS-485 和以太网口，采用 Master/Slave（主/从）方式通信。

Modbus 在 2004 年成为我国国家标准。

Modbus-RTU 协议的帧规格如图 6-42 所示。

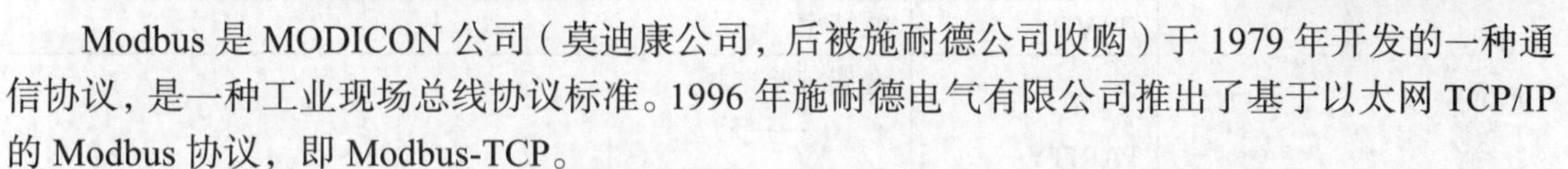

地址字段	功能代码	数据	出错检查（CRC）
1个字节	1个字节	0～252个字节	2个字节

图 6-42　Modbus-RTU 协议的帧规格

2. S7-1200 PLC 支持的协议

（1）S7-1200/1500 CPU 模块的 PN/IE 接口（以太网口，如图 6-43 所示）支持用户开放通信

（含 Modbus-TCP、TCP、UDP、ISO、ISO_on_TCP 等）、PROFINET 和 S7 通信协议等。

（2）CM1241 模块的串口如图 6-43 所示，支持 Modbus-RTU、自由口通信和 USS 通信协议等。

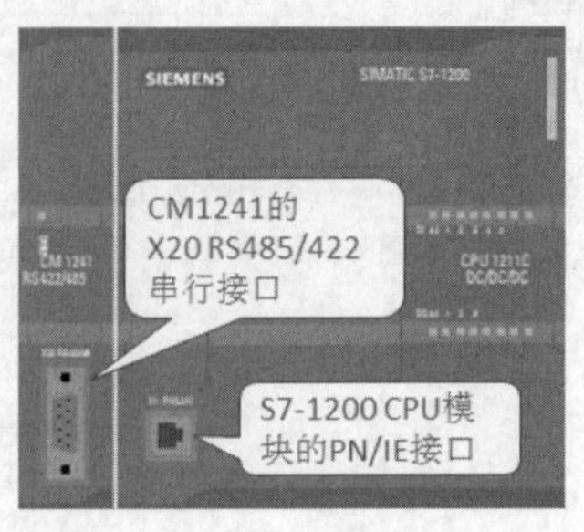

图 6-43　CM1241 模块的串口

6.3.2　Modbus 通信指令

1. Modbus_Comm_Load 指令

Modbus_Comm_Load 指令通过 Modbus RTU 协议，对用于通信的通信模块进行组态，即通信端口的初始化（如设置波特率、奇偶校验）。Modbus RTU 端口硬件选项最多安装 3 个 CM（RS-485 或 RS-232）及一个 CB（RS-485）。主站和从站都要调用此指令，Modbus_Comm_Load 指令的参数见表 6-4。

表 6-4　Modbus_Comm_Load 指令的参数

LAD	输入/输出参数	说　明
EN REQ PORT BAUD PARITY FLOW_CTRL RTS_ON_DLY RTS_OFF_DLY RESP_TO MB_DB ENO DONE ERROR STATUS	EN	使能
	REQ	上升沿时信号启动操作
	PORT	硬件标识符
	BAVD	波特率
	PARITY	奇偶校验选择： • 0——无 • 1——奇校验 • 2——偶校验
	MB_DB	对 Modbus_Master 或 Modbus_Slave 指令所使用的背景数据块的引用
	ENO	使能输出
	DONE	上一请求已完成且没有出错后，DONE 位将保持为 TRUE 一个扫描周期时间
	ERROR	是否出错；0 表示无错误，1 表示有错误
	STATUS	故障代码

2. Modbus_Master 指令

Modbus_Master 指令是 Modbus 主站指令，用于向从站读/写数据，在执行此指令之前，要执行 Modbus_Comm_Load 指令组态端口。将 Modbus_Master 指令放入程序时，自动分配背景数据块。指定 Modbus_Comm_Load 指令的 MB_DB 参数时将使用该 Modbus_Master 背景数据块。Modbus_Master 指令的参数见表 6-5。

表 6-5 Modbus_Master 指令的参数表

LAD	输入/输出参数	说 明
EN ENO REQ DONE MB_ADDR BUSY MODE ERROR DATA_ADDR STATUS DATA_LEN DATA_PTR	EN	使能
	RZQ	上升沿时信号启动操作
	MB_ADDR	从站站地址，有效值为 0～247
	MODE	模式选择：0——读，1——写
	DATA_ADDR	从站中的起始地址，详见表 6-7
	DATA_LEN	数据长度
	DATA_PTR	数据指针：指向要写入或读取的数据的 M 或 DB 地址（未经优化的 DB 类型），详见表 6-8
	ENO	使能输出
	DONE	上一请求已完成且没有出错后，DONE 位将保持为 TRUE 一个扫描周期时间
	BUSY	• 0 ——无 Modbus_Master 操作正在进行 • 1 ——Modbus_Master 操作正在进行
	ERROR	是否出错；0 表示无错误，1 表示有错误
	STATUS	故障代码

3. MB_SLAVE 指令

MB_SLAVE 指令的功能是将串口作为 Modbus 从站，响应 Modbus 主站的请求。使用 MB_SLAVE 指令，要求每个端口独占一个背景数据块，背景数据块不能与其他的端口共用。在执行此指令之前，要执行 Modbus_Comm_Load 指令组态端口。MB_SLAVE 指令的参数见表 6-6。

表 6-6 MB_SLAVE 指令的参数

LAD	输入/输出参数	说 明
MB_SLAVE EN ENO MB_ADDR NDR MB_HOLD_REG DR ERROR STATUS	EN	使能
	MB_ADDR	从站站地址，有效值为 0～247
	MB_HOLD_REG	保持存储器数据块的地址
	ENO	使能输出
	NDR	新数据是否准备好，0——无数据，1——主站有新数据写入
	DR	读数据标志，0——未读数据，1——主站读取数据完成
	ERROR	是否出错；0 表示无错误，1 表示有错误
	STATUS	故障代码

前述的 Modbus_Master 指令和 MB_SLAVE 指令用到了参数 MODE 与 DATA_ADDR，这两个参数在 Modbus 通信中，对应的功能码及地址见表 6-7。

表 6-7 Modbus 通信中，参数 MODE 与 DATA_ADDR 对应的功能码及地址

MODE	DATA_ADDR	Modbus 功能	功能和数据类型
0	起始地址：1～9999	01	读取输出位
0	起始地址：10001～19999	02	读取输入位
0	起始地址： 40001～49999 400001～465535	03	读取保持存储器
0	起始地址：30001～39999	04	读取输入字

续表

MODE	DATA_ADDR	Modbus 功能	功能和数据类型
1	起始地址：1～9999	05	写入输出位
1	起始地址： 40001～49999 400001～46553	06	写入保持存储器
1	起始地址：1～9999	15	写入多个输出位
1	起始地址： 40001～49999 400001～46553	16	写入多个保持存储器
2	起始地址：1～9999	15	写入一个或多个输出位
2	起始地址： 40001～49999 400001～46553	16	写入一个或多个保持存储器

（1）得益于免费和开放的优势，Modbus 通信协议在我国比较常用，尤其在仪表中，Modbus-RTU 通信协议很常用，此外多数国产的 PLC 支持 Modbus-RTU 通信协议。

（2）在工业以太网通信中，Modbus-TCP 的占有率也名列前茅。

习题

S7-1200 PLC 之间的 TCP 通信

一、问答题

1. OSI 模型分为哪几个层？各层的作用是什么？

2. 何为现场总线？列举 5 种常见的现场总线。

3. 西门子 PLC 的常见通信方式有哪几种？

4. 何谓串行通信和并行通信？

5. 何谓全双工、单工和半双工？请举例说明。

6. 商用以太网和工业以太网有何异同？

7. S7-1200 PLC 进行 Modbus-RTU 通信，Modbus-RTU 地址 40001-40015，对应数据块 DB1 的数据区是多少？对应 M 的数据区是多少？提示：答案不唯一。

二、单选题

1. 在通信中下列选项中说法错误的是（　　）。

A. 单工是指只能实现单向传送数据的通信方式

B. 全双工是指数据可以双向传送，同一时刻既能发送数据也能接收数据，RS-485 就是全双工通信模式

C. 全双工通信方式通常需要两对双绞线连接，通信成本较高

D. 半双工指数据可以进行双向传送，同一时刻只能发送数据或接收数据

2. 以太网双绞线的最大通信距离是（　　）。

A. 1 200m　　B. 15m　　C. 2 000m　　D. 100m

3. Modbus-RTU 总线的物理层是（　　）。

A. RS-485　　B. RS-232C　　C. TCP　　D. A 或 B

4. S7-1200 的 PN 口内置的通信协议不包含（　　）。

A. PROFINET　　B. Modbus-TCP　　C. Modbus-RTU　　D. S7

5. CSMA/CD 的通信原理可总结为 4 句话，下列哪个选项正确？（　　）

A. 发前先侦听、边发边检测、空闲即发送、冲突时退避

B. 发前先侦听、边发边检测、冲突时退避、空闲即发送

C. 发前先侦听、空闲即发送、边发边检测、冲突时退避

D. 发前先侦听、冲突时退避、空闲即发送、边发边检测

6. 以下几种通信协议不属于以太网范畴的是（　　）。

A. PROFINET　　B. Modbus-TCP　　C. EhterNet/IP　　D. PROFIBUS

7. 以下通信属于实时通信的是（　　）。

A. PROFINET IO　　B. TCP　　C. S7　　D. USS

8. 以下通信属于主从通信的是（　　）。

A. Modbus-RTU　　B. TCP　　C. S7　　D. UDP

9. RS-485 双绞线的最大通信距离是（　　）。

A. 1 200m　　B. 15m　　C. 2 000m　　D. 100m

10. 某网络出现故障，但可以接收到 QQ 信息，问最先排除 OSI 的哪层故障（　　）。

A. 物理层　　B. 应用层　　C. 数据链路层　　D. 网络层

三、编程题

1. 有 2 台 CPU1221C，1 台为客户端，1 台为服务器端，要求采用 S7 通信，每秒 10 次从客户端向服务器端发送 10 个字，组态硬件，并编写控制程序。

2. 有 2 台 CPU1221C，1 台为主站，1 台为从站，要求采用 Modbus-RTU 通信，每秒 10 次从主站向从站发送 10 个字，组态硬件，并编写控制程序。

3. DCS 与 CPU1214C 采用 PROFINET 通信，DCS 作为控制器站，CPU1214C 作为设备站，要求 DCS 实时采集 CPU1214C 的数据，已知 CPU1214C 的数据保存在 MB100～MB109 中，要求编写相关程序。

本项目有 1 个工作任务，通过学习掌握 S7-1200 PLC 运动控制，本项目是 PLC 学习中的重点和难点内容。通过完成定长剪切机的控制系统设计任务，掌握回参考点的原理、西门子 S7-1200 PLC 运动控制相关指令和 S7-1200 PLC 的运动控制程序的编写。

学习提纲

知识目标	了解伺服系统的工作原理，掌握回参考点的原理，掌握西门子 S7-1200 PLC 运动控制相关指令
技能目标	能查询伺服驱动系统相关资料，并会设置伺服系统的参数； 能根据伺服驱动器的接线图，将 PLC、伺服驱动器和伺服电动机正确接线； 能用运动指令编写简单的运动控制程序
素质目标	通过小组内合作培养团队合作精神；通过优化接线、优化伺服的参数设置、实训设备整理和清扫环境，培养绿色环保和节能意识；通过项目中安全环节强调和训练，树立安全意识，并逐步形成工程思维；通过完成任务定长剪切机的控制系统设计，掌握 S7-1200 PLC 运动控制
学习方法	先学习必备知识，通过完成定长剪切机的控制系统设计，掌握 S7-1200 PLC 运动控制
建议课时	8 课时

任务 7-1 定长剪切机的控制系统设计

1. 提出任务

S7-1200 PLC 配合伺服系统进行运动控制在工程中十分常用，伺服系统一般包括 3 种控制模式：速度控制模式、位置控制模式和转矩控制模式（也称为扭矩控制模式），特别是位置控制模式用得最多。本任务基于位置控制模式。

有一台定长剪切机，要求每次剪切的长度是 200mm，每次剪切完成后进行下一次送料。控制系统有手动送料控制和手动剪切功能，按下停止按钮后完成一次工作循环停止工作。要求设计电气原理图，并编写控制程序。

2. 任务分析

由于定长剪切机每次剪切的长度是 200mm，所以涉及位置控制，初步选择控制器为 S7-1200 PLC，送料的驱动器为西门子的 SINAMICS V90。SINAMICS V90 有两个版本，即脉冲版本和 PN 版本，前者比较简单，所以选用脉冲版本。

3. 设计电气原理图

电气原理图如图 7-1 所示。

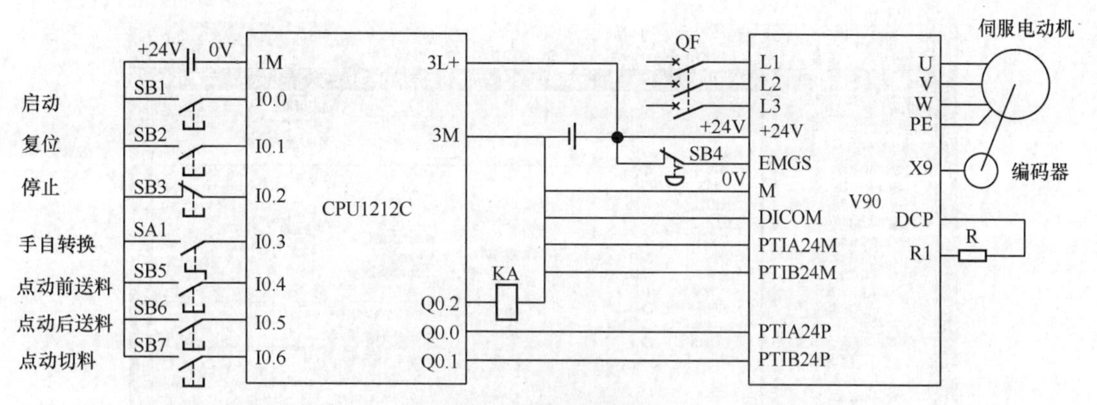

图 7-1　电气原理图

（1）PTIA24M、PTIB24M 是脉冲信号和方向信号，要与 SINAMICS V90 的直流电源和 CPU1212C 输出端直流电源的 0V 短接，否则不能形成回路。

（2）急停 EMGC 要与直流电源的+24V 短接。

4. 硬件和工艺组态

（1）新建项目，添加 CPU。打开 TIA Portal 软件，新建项目“定长剪切机”，单击项目树中的“添加新设备”选项，添加“CPU1212C”，勾选“启用该脉冲发生器”，如图 7-2 所示，脉冲选项和硬件输入按照图 7-2 中设置。

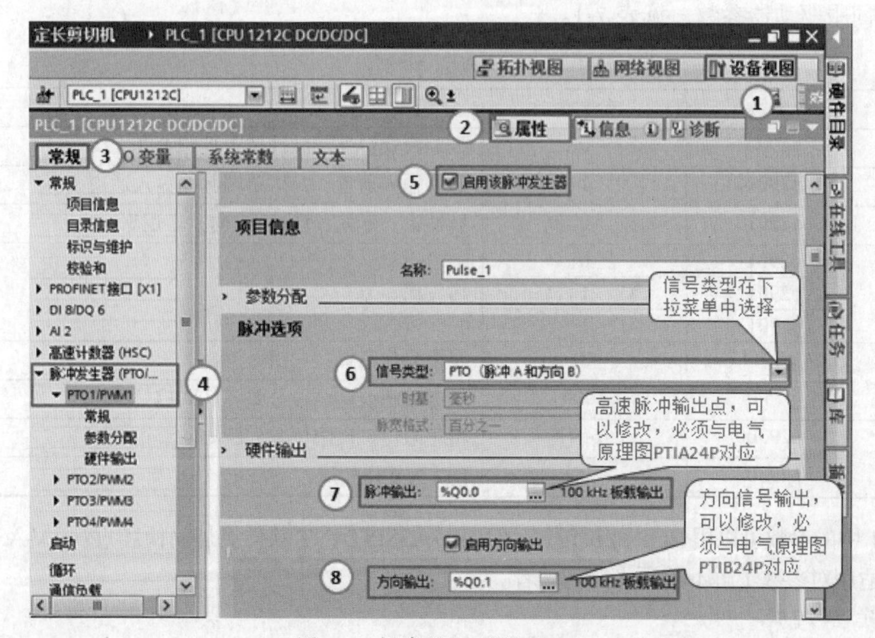

图 7-2　新建项目，添加 CPU

（2）添加工艺对象，命名为“Ax1”，工艺对象中组态的参数对保存在数据块中，本例将使用相对定位指令，不需要回参考点，所以组态相对容易。工艺组态-机械如图 7-3 所示，这里参

数的设置与机械结构有关，本例的含义是伺服电动机接收到 10 000 个脉冲转 1 圈，电动机每转一圈，送料 200mm。

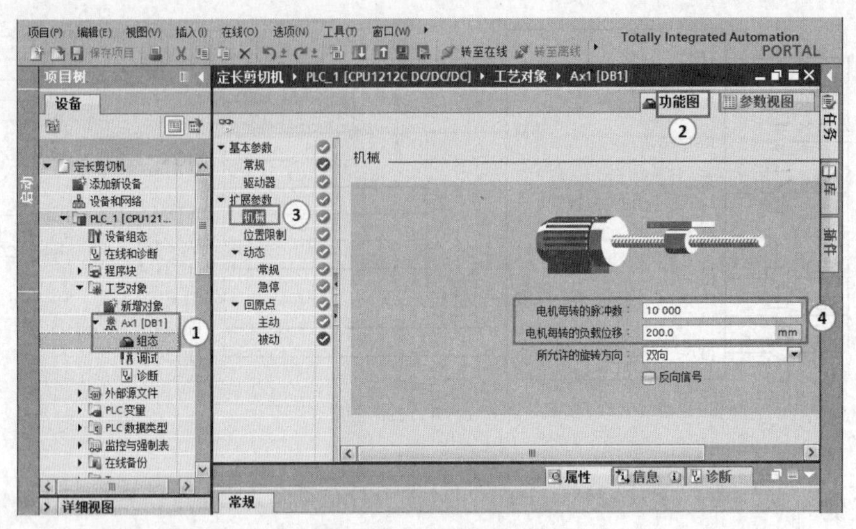

图 7-3　工艺组态-机械

5. 设置伺服驱动器的参数

伺服电动机的分辨率为 2 500p/s（4 倍分频），设定每转一圈需要 10 000 个脉冲（这个数值可以根据实际调整），所以齿轮比为

$$\frac{p29011}{p29012}=\frac{2\,500\times4}{10\,000}=\frac{1}{1}$$

设置伺服驱动器参数，见表 7-1。

表 7-1　伺服驱动器参数

序号	参数	参数值	说明
1	p29003	0	控制模式：外部脉冲位置控制 PTI
2	p29014	1	脉冲输入通道：24V 单端脉冲输入通道
3	p29010	0	脉冲输入形式：脉冲+方向，正逻辑
4	p29011	0	齿轮比
	p29012	1	
	p29013	1	
5	p2544	40	定位完成窗口：40LU
	p2546	1000	动态跟随误差监控公差：1000LU
6	p29300	16#47	将正限位、反限位和伺服 ON 禁止
	p29302	2	DI2 为复位故障

表 7-1 中的参数可以用 BOP 面板设置，但用 V-ASSISTANT 软件更加简便和直观。V-ASSISTANT 软件特别适用对参数了解不够深入的初学者。

6. 编写程序

主程序 OB1 中的梯形图如图 7-4 所示。

运动控制程序块 FB1 中的梯形图如图 7-5 所示。程序的详细说明如下。

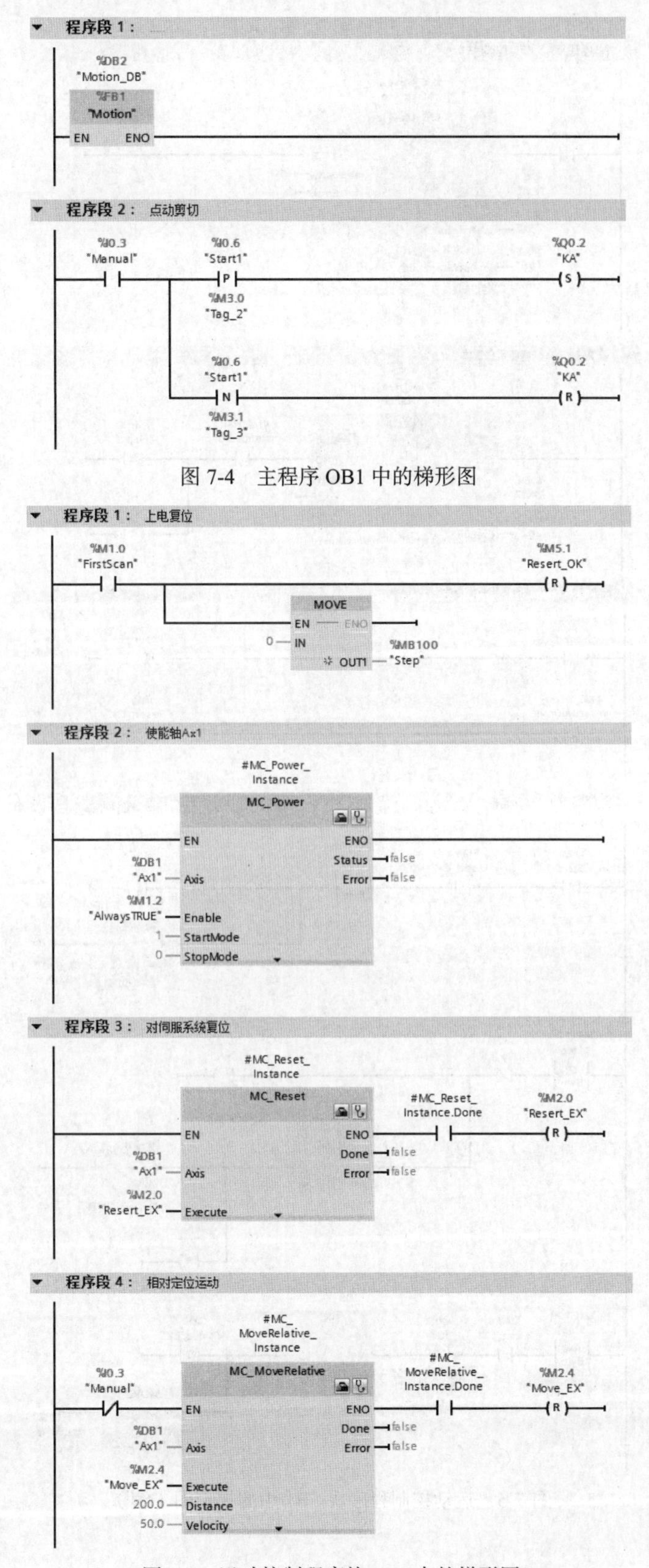

图 7-4　主程序 OB1 中的梯形图

图 7-5　运动控制程序块 FB1 中的梯形图

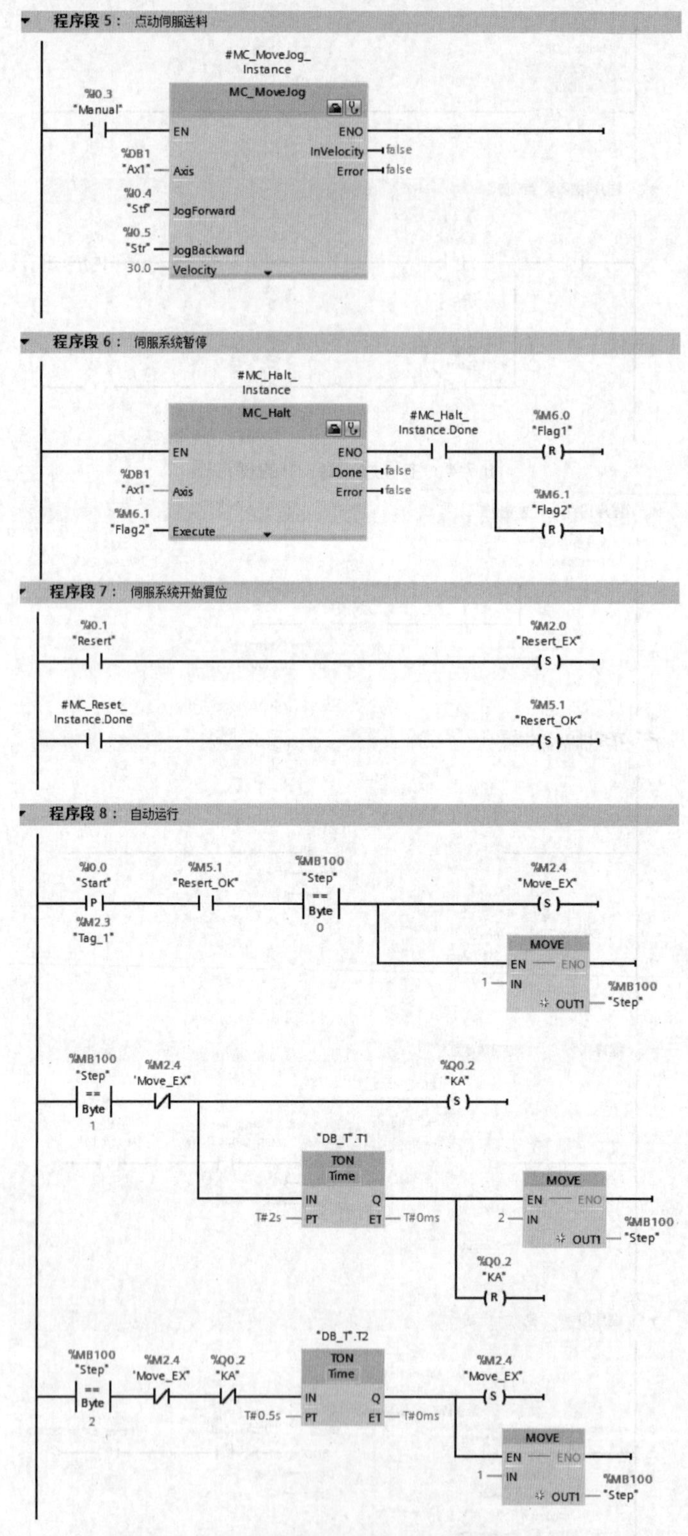

图 7-5 运动控制程序块 FB1 中的梯形图（续）

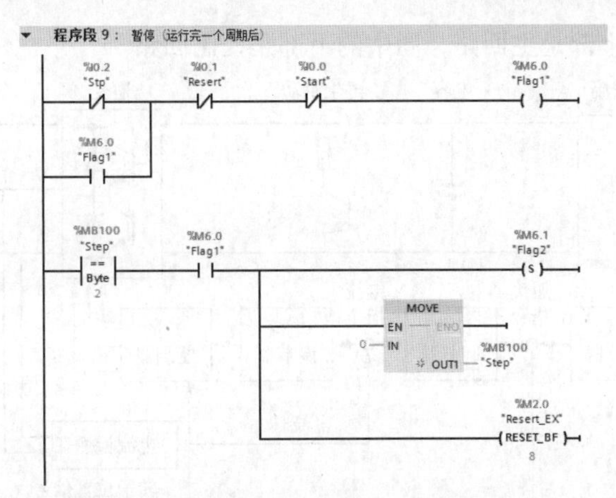

图7-5　运动控制程序块FB1中的梯形图（续）

程序段1：CPU上电，首次扫描将步号MB100清零，复位标志M5.1复位。

程序段2：CPU处于正常运行时，一直使能轴，这是伺服系统运行的必要条件。

程序段3：当按下复位按钮SB2，M2.0置位，伺服系统开始复位（确定错误）。当伺服系统复位完成后，M2.0复位，产生一个复位完成标志，即M5.1置位。

程序段4和程序段8：当处于自动模式时，按下启动按钮SB1，M2.4置位，伺服系统开始运行，MB100=1，到达200mm距离后，M2.4复位。由于M2.4复位和MB100=1同时满足，Q0.2置位切刀下切，延时2s后，MB100=2，切刀复位上升。由于M2.4复位、Q0.2和MB100=2同时满足，延时0.5s后，MB100=1，M2.4置位，重新送料200毫米，如此周而复始循环。

程序段5：当处于手动模式时，点动向前送料和向后送料。

程序段6：对伺服系统进行暂停操作。

程序段7：开始复位，即寻找参考点（原点），为参考点成功，置位一个标志位。

程序段9：当按下暂停按钮SB3，M6.0得电自锁，当程序运行到MB100=2时，M6.1置位，停止伺服系统运行，当伺服系统完全停止后，M6.0和M6.1复位，MB100=0，确保运行一个周期后停机。

（1）根据SINAMICS V90和S7-1200的用户手册设计正确的电气原理图，这一点至关重要。

（2）硬件组态要与电气原理图匹配，例如设计电气原理图时Q0.0与SINAMICS V90的PTIA24P连接，硬件组态时应把Q0.0组态为高速脉冲信号输出点。

（3）计算齿轮比和正确设置SINAMICS V90的参数十分重要。

应用拓展说明：本任务如使用步进驱动系统或者其他脉冲型伺服系统（如三菱MR-JE/MR-J4），控制程序基本不变。

7.1 伺服驱动系统介绍

7.1.1　伺服驱动系统概述

1. 伺服系统的组成

伺服系统主要包括伺服驱动器（也称伺服放大器）和伺服电动机。伺服驱动器的控制框图

如图 7-6 所示，图中的上部是主回路，图中的下部是控制回路。

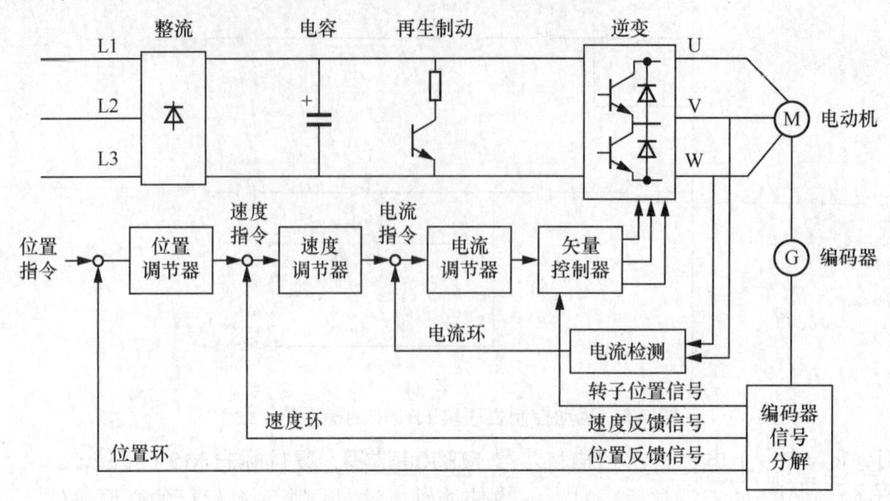

图 7-6　伺服驱动器的控制框图

2. 国内伺服系统的现状

（1）应用领域。工业应用主要包括高精度数控机床、机器人和其他广义的数控机械，比如纺织机械、印刷机械、包装机械、医疗设备、半导体设备、邮政机械、冶金机械、自动化流水线、各种专用备等。其中伺服用量最大的行业依次是机床、食品包装、纺织、电子半导体、塑料、印刷和橡胶机械。

（2）主要品牌。主要的伺服系统生产国家和地区有中国、日本、欧洲和美国。目前国内市场上覆盖面最广的品牌有西门子、三菱、安川、兰电、松下、发那科、华中数控、ABB、和利时电机和 AB，可喜的是国内品牌有 3 席，这是很了不起的成绩。

由于国产品牌伺服系统具有较高的性价比，供货周期短，符合中国人的使用习惯等优点，因此被用户广泛认可，市场占用率逐年提高，这是值得国人骄傲的。

3. 伺服系统的模式

伺服系统有三种基本模式：位置模式、速度模式和转矩模式。以下分别简要介绍。

伺服系统的位置模式最为常见，本项目主要介绍此模式。

伺服系统的速度模式类似于变频器的速度给定，主要用于速度控制要求高和节能要求高的场合。

伺服系统的转矩模式不如位置模式常用，但在纺织行业和钢丝绳制造等行业应用比较常见。

7.1.2 伺服驱动器

伺服驱动器的主电路为将电源为 50Hz 的交流电转变为电压、频率可变的交流电的装置，它由整流、电容（滤波和储能）、再生制动和逆变四部分组成。伺服驱动器的控制电路主要包括三部分：位置环、速度环和电流环（也称力矩环），即常说的“三环控制”。

7.1.3 伺服电动机

伺服电动机有直流电动机、交流电动机。此外，直线电动机和混合式伺服电动机也都是闭环控制系统，属于伺服电动机。目前的主流是交流伺服系统。

常用的交流伺服同步电动机是永磁同步伺服电动机，其结构如图 7-7 所示。现在交流伺服同步电动机的永磁材料都采用稀土材料钕铁硼，它具有磁能积高、矫顽力高、价格低等优点。

典型的交流伺服同步电动机有西门子的 1FK、1FT 和 1FW 等。

永磁同步伺服电动机的工作原理与直流电动机非常类似，永磁同步伺服电动机的永磁体在转子上，而绕组在定子上，这正好和传统的直流电动机相反。伺服驱动器给伺服电动机提供三相交流电，同时检测电动机转子的位置以及电动机的速度和位置信息，使得电动机在运行过程中，转子永磁体和定子绕组产生的磁场在空间上始终垂直，从而获得最大的转矩。永磁同步伺服电动机的定子绕组通入的是正弦电，因此产生的磁通也是正弦型的。而转矩与磁通是成正比的关系。在转子的旋转磁场中，三相绕组在正弦磁场中，正弦电输入电动机定子的三相绕组，每相电产生相应的转矩，每相转矩叠加后形成恒定的电动机转矩输出。

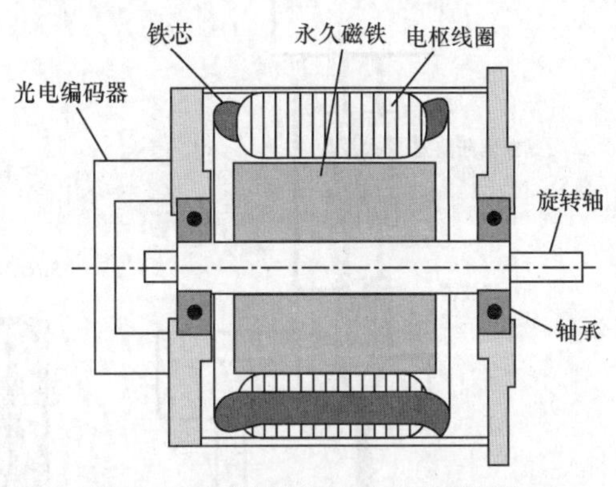

图 7-7　交流伺服同步电动机的结构

7.2 SINAMICS V90 伺服系统的接线与参数设置

7.2.1 SINAMICS V90 伺服系统的接线

SINAMICS V90 伺服驱动系统是西门子近年推出的精简型伺服系统，SINAMICS V90 伺服驱动系统包括伺服驱动器和伺服电动机两部分，伺服驱动器和其对应的功率的伺服电动机配套使用。实际上交流伺服驱动器是变频器，因此西门子也将 SINAMICS V90 称为伺服变频器。SINAMICS V90 伺服驱动器有两大类。一类是通过脉冲输入接口直接接收上位控制器发来的脉冲系列（PTI），进行速度和位置控制，通过数字量接口信号完成驱动器运行和实时状态输出。这类 SINAMICS V90 伺服系统还集成了 USS 和 Modbus 现场总线。另一类是通过现场总线 PROFINET 进行速度和位置控制。这类 SINAMICS V90 伺服系统没有集成 USS 和 Modbus 现场总线。西门子的主流伺服驱动系统一般为现场总线控制。

SINAMICS V90 伺服系统的强电回路的接线

SINAMICS V90 伺服系统的控制回路的接线

1. SINAMICS V90 伺服系统的硬件功能图

SINAMICS V90 伺服系统的硬件功能图如图 7-8 所示，图中断路器是通用器件，只要符合要求的产品即可，电抗器和制动电阻可以根据需要选用。

2. SINAMICS V90 伺服系统主电路的接线

SINAMICS V90 伺服驱动器与伺服电动机的连线如图 7-9 所示，只要将伺服驱动器和电动机动力线 U、V、W 连接在一起即可，伺服驱动器和伺服电动机的动力线应对应连接，即伺服驱动器的 U 与伺服电动机的 U 连接在一起，不要交叉。

3. 24V 电源/STO 端子的接线

24V 电源/STO 端子的接线如图 7-10 所示，+24V 和 M 端子是外部向伺服电动机提供+24V 电源的端子。对于 SINAMICS V90 伺服驱动器，+24V 的电源不可缺少。有了+24V 的电源，即使不连接交流电源，也可以进行参数设置和通信等操作。

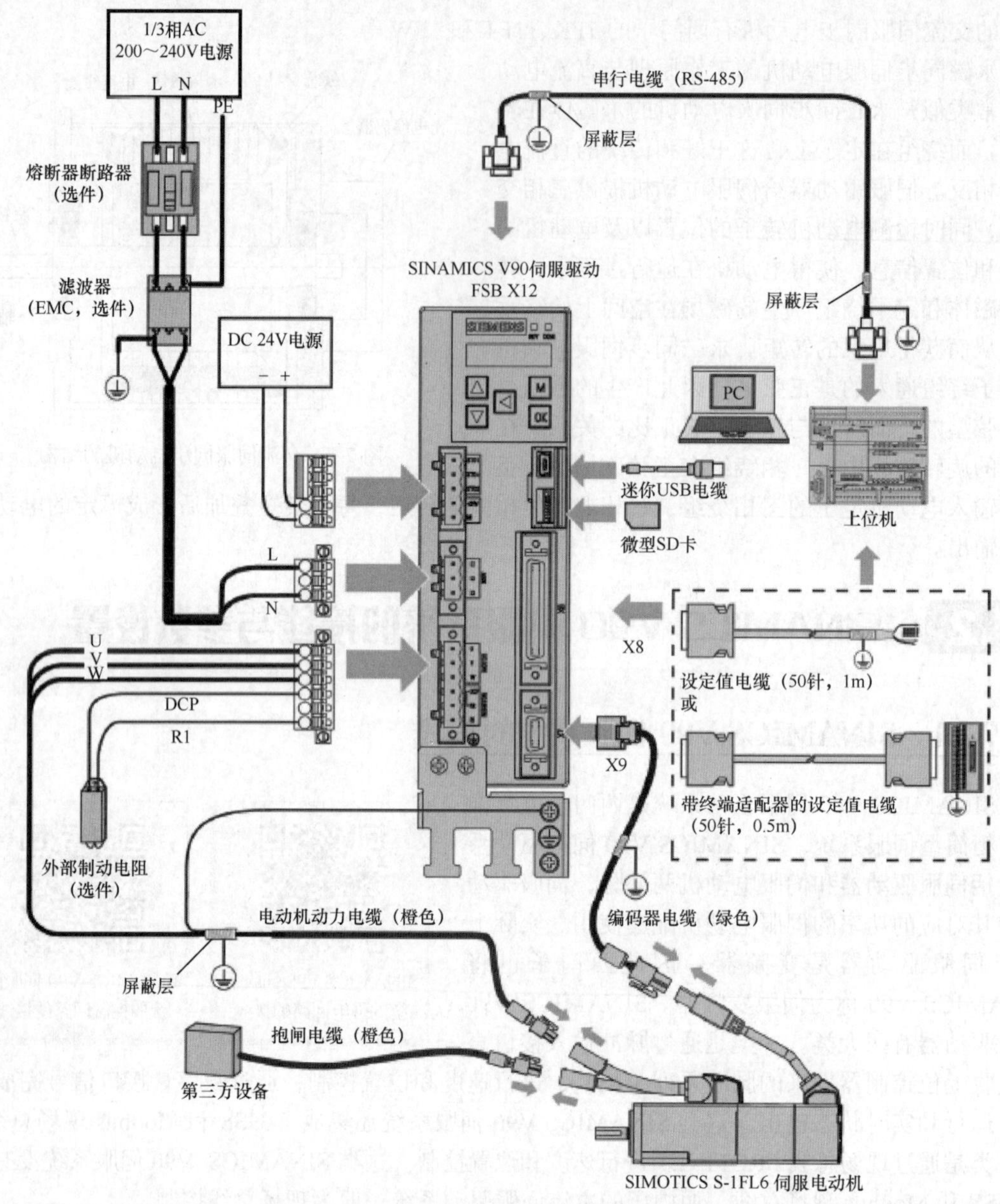

图 7-8　SINAMICS V90 伺服系统的硬件功能图

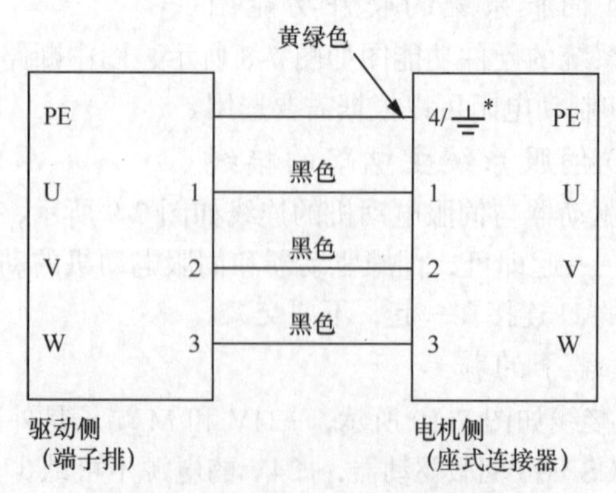

图 7-9　SINAMICS V90 伺服驱动器和伺服电动机的连线

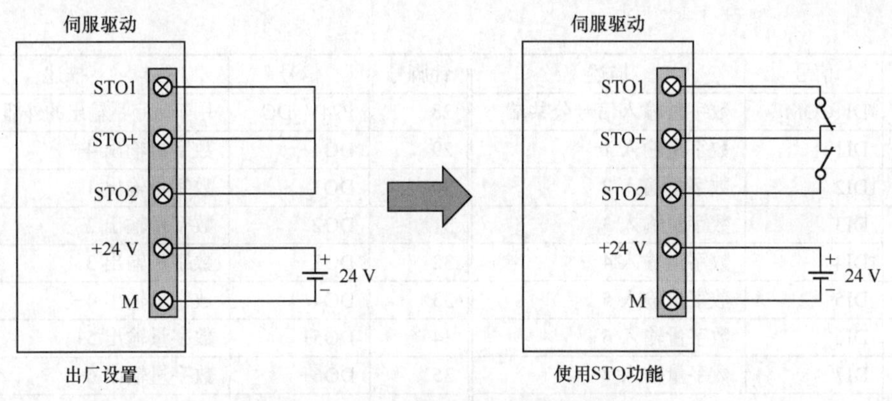

图 7-10　24V 电源/STO 端子的接线

4. 控制/状态接口 X8 的接线

控制/状态接口 X8 的定义见表 7-2，只有理解了 X8 接口的针脚定义，才能设计类似如图 7-1 所示的电气原理图。

表 7-2　控制/状态接口 X8 的定义

针脚号	信号	描述	针脚号	信号	描述
脉冲输入（PTI）/编码器脉冲输出（PTO）					
1、2、26、27	通过脉冲输入实现位置设定值。 5V 高速差分脉冲输入（RS485）。 最大频率：1MHz。 此通道的信号传输具有更好的抗扰性		36、37、38、39	通过脉冲输入实现位置设定值。 24V 单端脉冲输入。 最大频率：200kHz	
15、16、40、41	带 5V 高速差分信号的编码器仿真脉冲输出（A+/A−、B+/B−）		42、43	带 5V 高速差分信号的编码器零相脉冲输出	
17	带集电极开路的编码器零相脉冲输出				
1	PTIA_D+	A 相 5V 高速差分脉冲输入（+）	15	PTOA+	A 相 5V 高速差分编码器脉冲输出（+）
2	PTIA_D−	A 相 5V 高速差分脉冲输入（−）	16	PTOA−	A 相 5V 高速差分编码器脉冲输出（−）
26	PTIB_D+	B 相 5V 高速差分脉冲输入（+）	17	PTOZ(OC)	Z 相编码器脉冲输出信号（集电极开路输出）
27	PTIB_D−	B 相 5V 高速差分脉冲输入（−）	24	M	PTI 和 PTI_D 参考地
36	PTIA_24P	A 相 24V 脉冲输入，正向	25	PTOZ(OC)	Z 相脉冲输出信号参考地（集电极开路输出）
37	PTIA_24M	A 相 24V 脉冲输入，接地	40	PTOB+	B 相 5V 高速差分编码器脉冲输出（+）
38	PTIB_24P	B 相 24V 脉冲输入，正向	41	PTOB−	B 相 5V 高速差分编码器脉冲输出（−）
39	PTIB_24M	B 相 24V 脉冲输入，接地	42	PTOZ+	Z 相 5V 高速差分编码器脉冲输出（+）
		.	43	PTOZ-	Z 相 5V 高速差分编码器脉冲输出（−）
数字量输入/输出					
3	DI_COM	数字量输入信号公共端	23	Brake	电动机抱闸控制信号（仅用于 SINAMICS V90 200V 系列）

续表

针脚号	信号	描述	针脚号	信号	描述
4	DI_COM	数字量输入信号公共端	28	P24V_DO	用于数字量输出的外部 24V 电源
5	DI1	数字量输入 1	29	DO4+	数字量输出 4+
6	DI2	数字量输入 2	30	DO1	数字量输出 1
7	DI3	数字量输入 3	31	DO2	数字量输出 2
8	DI4	数字量输入 4	32	DO3	数字量输出 3
9	DI5	数字量输入 5	33	DO4−	数字量输出 4−
10	DI6	数字量输入 6	34	DO5+	数字量输出 5+
11	DI7	数字量输入 7	35	DO6+	数字量输出 6+
12	DI8	数字量输入 8	44	DO5−	数字量输出 5−
13	DI9	数字量输入 9	49	DO6−	数字量输出 6−
14	DI10	数字量输入 10	50	MEXT_DO	用于数字量输出的外部 24V 接地

针脚号	信号	描述
29	P24V_DO	用于数字量输出的外部 24V 电源
33	DO4	数字量输出 4
34	DO5	数字量输出 5
35	DO6	数字量输出 6
44	—	保留
49	MEXT_DO	用于数字量输出的外部 24V 电源接地

（1）数字量输入/输出（DI/DO）

数字量输入端子是 DI1～DI10（5～14 号管脚），输出端子是 DO1～DO6，每一个端子对应一个参数，每个参数都有一个默认值，对应一个特殊的功能，此功能可以通过修改参数而改变。比如 5 号管脚 DI1，对应的参数是 P29301，参数的默认值是 1，对应的功能是 SON，如果将此参数修改为 3，对应的功能是 CCW（顺时针超行程限位）。

数字量输入/输出端子的详细定义见表 7-3。

表 7-3　数字量输入/输出端子的详细定义

针脚号	数字量输入/输出	参数	默认信号/值			
			下标 0(PTI)	下标 1(IPos)	下标 2(s)	下标 3(T)
5	DI1	p29301	1 (SON)	1 (SON)	1(SON)	1(SON)
6	DI2	p29302	2(RESET)	2(RESET)	2(RESET)	2(RESET)
7	DI3	p29303	3(CWL)	3(CWL)	3(CWL)	3(CWL)
8	DI4	p29304	4(CCWL)	4(CCWL)	4(CCWL)	4(CCWL)
9	DI5	p29305	5(G-CHANGE)	5(G-CHANGE)	12(CWE)	12(CWE)
10	DI6	p29306	6(P-TRG)	6(P-TRG)	13(CCWE)	13(CCWE)
11	DI7	p29307	7(CLR)	21(POSI)	15(SPD1)	18(TSET)
12	DI8	p29308	10(TLIM1)	22(POS2)	16(SPD2)	19(SLIM1)
30	DO1	P29330	1(RDY)			
31	DO2	P29331	2(FAULT)			
32	DO3	P29332	3(INP)			
29/33	DO4	P29333	5(SPDR)			
34/44	DO5	P29334	6(TLR)			
35/49	DO6	P29335	8(MBR)			

常用数字量输入功能的含义见表 7-4。

表 7-4　常用数字量输入功能的含义

编号	名称	描述	控制模式			
			PTI	IPos	S	T
1	SON	伺服开启，0→1：接通电源电路，使伺服驱动准备就绪	√	√	√	√
2	RESET	0→1：复位报警	√	√	√	√
3	CCL	1→0：顺时针超行程限制（正限位）	√	√	√	√
4	CCWL	1→0：逆时针超行程限制（负限位）	√	√	√	√
6	P-TRG	在 PTI 模式下：脉冲允许/禁止 ● 0：允许通过脉冲设定值运行 ● 1：禁止脉冲设定值 在 IPos 模式下：位置触发器 ● 0→1：根据已选的内部位置设定值开始定位	√	√	×	×
7	CLR	清除位置控制剩余脉冲 ● 0：不清除 ● 1：按照 p29242 选中的模式清除脉冲	√	×	×	×
8	EGEAR1	电子齿轮 EGEAR2：EGEAR1 ● 0 :0：电子齿轮比 1 ● 0 :1：电子齿轮比 2	√	×	×	×
9	EGEAR2	● 1 : 0：电子齿轮比 3 ● 1 : 1：电子齿轮比 4	√	×	×	×
12	CWE	使能顺时针旋转	×	×	√	√
13	CCWE	使能逆时针旋转	×	×	√	√

数字量输入支持 PNP 型和 NPN 型两种接线方式，如图 7-11 所示。

常用数字量输出功能的含义见表 7-5。

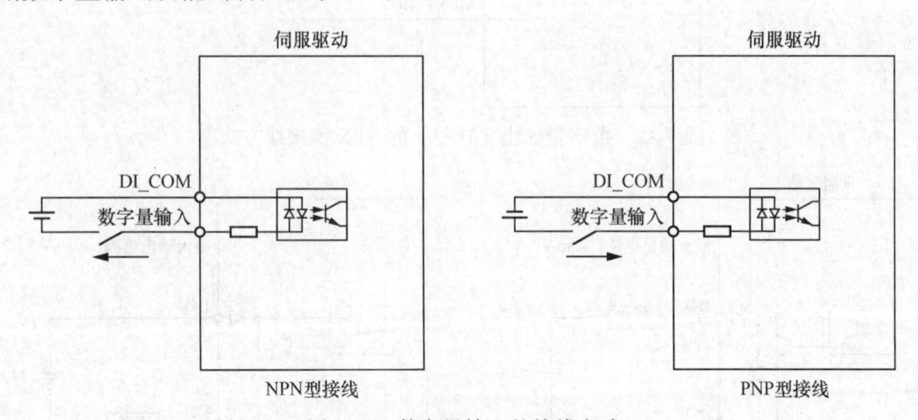

图 7-11　数字量输入的接线方式

表 7-5　常用数字量输出功能的含义

编号	名称	描　述	控制模式			
			PTI	IPos	S	T
1	RDY	伺服准备就绪 ● 1：驱动已就绪 ● 0：驱动未就绪（存在故障或使能信号丢失）	√	√	√	√

续表

编号	名称	描　述	控制模式			
			PTI	IPos	S	T
2	FAULT	故障 ● 1：处于故障状态 ● 0：无故障	√	√	√	√
3	INP	位置到达信号 ● 1：剩余脉冲数在预设的就位取值范围内（参数 p2544） ● 0：剩余脉冲数超出预设的位置到达范围	√	√	×	×
4	ZSP	零速检测	√	√	√	√
5	SPDR	速度达到	×	×	√	×
14	RDY_ON	准备伺服开启就绪 ● 1：驱动准备伺服开启就绪 ● 0：驱动准备伺服开启未就绪	√	√	√	√
15	STO_EP	STO 激活	√	√	√	√

数字量输出 1～3 支持 NPN 型的一种接线方式，如图 7-12 所示。数字量输出 4～6 支持 PNP 型和 NPN 型两种接线方式，如图 7-13 所示。

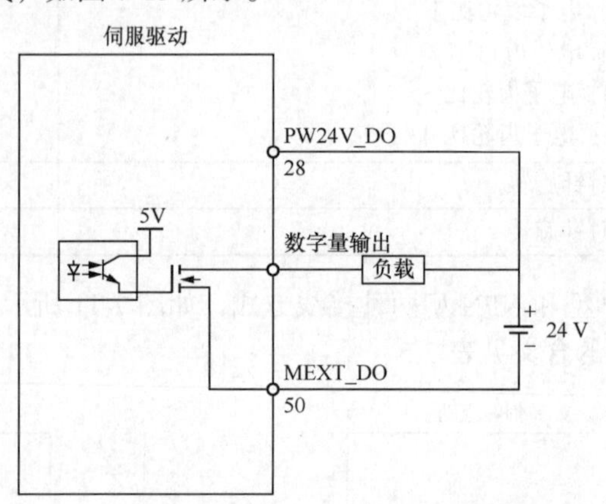

图 7-12　数字量输出（1～3）的 NPN 型接线方式

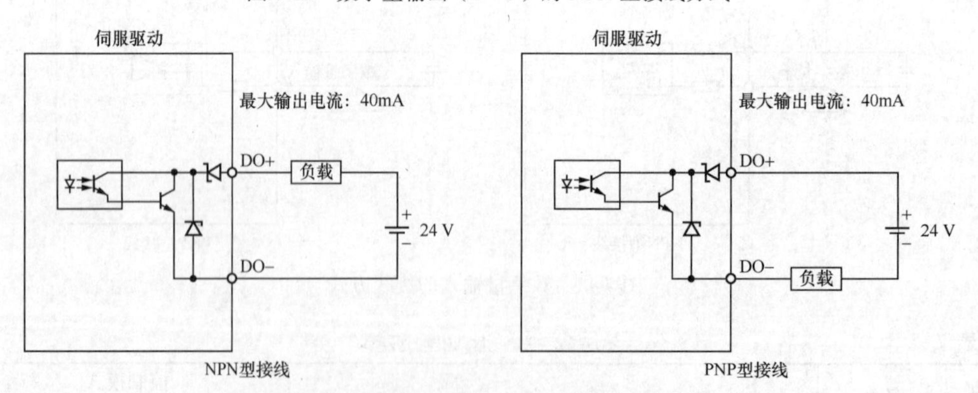

图 7-13　数字量输出（4～6）的接线方式

（2）脉冲输入（PTI）

SINAMICS V90 伺服驱动支持两个脉冲输入通道，即 24V 单端脉冲输入和 5V 高速差分脉冲输入（RS-485）。脉冲输入接线如图 7-14 所示。差分输入的抗干扰能力强，传输距离比单端输入远。但 S7-12000 CPU 模块仅支持 24V 单端脉冲。

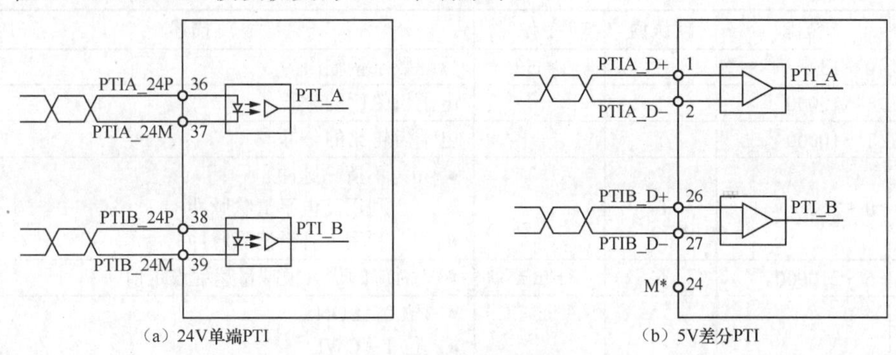

图 7-14　脉冲输入接线

7.2.2　SINAMICS V90 伺服系统的参数设置

1. SINAMICS V90 伺服系统的参数介绍

理解 SINAMICS V90 伺服系统的参数至关重要，表 7-6 中介绍了 SINAMICS V90 伺服系统的部分常用参数。

SINAMICS V90 伺服系统的参数基础

SINAMICS V90 伺服系统的常用基本参数介绍

表 7-6　SINAMICS V90 伺服系统的部分常用参数

参数	范围	默认值	单位	描述
p29003	0～8	0	—	基本控制模式： ● 0：外部脉冲位置控制模式 ● 1：内部设定值位置控制模式 ● 2：速度控制模式 ● 3：扭矩控制模式 复合控制模式： ● 4：控制切换模式：PTI/S ● 5：控制切换模式：IPos/S ● 6：控制切换模式：PTI/T ● 7：控制切换模式：IPos/T ● 8：控制切换模式：S/T
p29301	0～28	1	—	信号 SON（编号：1）分配至数字量输入 1（DI1）
p29001	0～1	0	—	● 0：CW（顺时针）为正向 ● 1：CCW（逆时针）为正向
p29303		3	—	信号 CWL（编号：3）分配至 DI3
p29304		4	—	信号 CCWL（编号：4）分配至 DI4
p29014	0～1	1	—	● 0：5V 高速差分脉冲输入（RS-485） ● 1：24V 单端脉冲输入
p29010	0～3	0	—	● 0：脉冲+方向，正逻辑 ● 1：AB 相，正逻辑 ● 2：脉冲+方向，负逻辑 ● 3：AB 相，负逻辑

续表

参数	范围	默认值	单位	描述
p29332	0～13	3	—	分配数字量输出为 3
p29012	1～10000	1	—	电子齿轮比的分子
p29013	1～10000	1	—	电子齿轮比的分母
p29242	0～2	0	—	● 0：不清除脉冲 ● 1：利用高电平清除脉冲 ● 2：利用上升沿清除脉冲
p29060	6～210000	6	r/min	10V 对应的最大模拟量速度设定值
p29300	0～127	0	—	● 位 0：SON ● 位 1：CWL ● 位 2：CCWL ● 位 3：TLIM1 ● 位 4：SPD1 ● 位 5：TSET ● 位 6：EMGS 当一位或多位设为 1 时，相应输入信号强制为高电平

2. 设置 SINAMICS V90 伺服系统的参数方法

设置 SINAMICS V90 伺服系统参数方法有两种：一是用基本操作面板（BOP）设置，二是用 V-ASSISTANT 软件设置参数。

用基本操作面板（BOP）设置 V90 伺服系统的参数

（1）基本操作面板介绍

基本操作面板外观如图 7-15 所示。

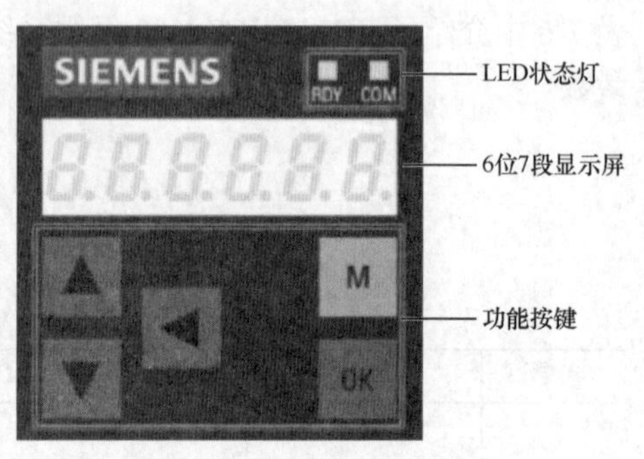

图 7-15　基本操作面板外观

基本操作面板的右上角有两盏指示灯“RDY”和“COM”，根据指示灯的颜色可以显示 SINAMICS V90 伺服系统的状态，“RDY”和“COM”的状态描述见表 7-7。

表 7-7　“RDY”和“COM”的状态描述

状态指示灯	颜色	状态	描述
RDY	—	Off	控制板无 24V 直流输入
	绿色	常亮	驱动处于“S ON”状态
	红色	常亮	驱动处于“S OFF”状态或启动状态
		以 1Hz 频率闪烁	存在报警或故障
COM	—	Off	未启动与 PC 的通信
	绿色	以 0.5Hz 频率闪烁	启动与 PC 的通信
		以 2 Hz 频率闪烁	微型 SD 卡/SD 卡正在工作（读取或写入）
	红色	常亮	与 PC 通信发生错误

（2）参数的设置方法

以下用一个例子介绍设置斜坡上升时间参数 p1121=2.000 的过程，具体见表 7-8。

表 7-8　斜坡上升时间参数 p1121=2.000 的设置过程

序号	操 作 步 骤	BOP-2 显示
1	伺服驱动器上电	S oFF
2	按M按钮，显示可编辑的参数	PArA
3	按OK按钮，显示参数组，共 6 个参数组	P 0A
4	按▲按钮，显示所有参数	P ALL
5	按OK按钮，显示参数 p0847	P 0847
6	按▲按钮，直到显示参数 p1121	P 1121
7	按OK按钮，显示所有参数 p1121 数值 1.000	1.000
8	按▲按钮，直到显示参数 p1121 数值 2.000	2.000
9	按OK按钮，设置完成	

限于篇幅，本书中“用 V-ASSISTANT 软件设置参数”，不进行文字说明，仅用视频演示。

用 V-ASSISTANT 软件设置 V90 伺服系统的参数与调试

7.3 S7-1200 PLC 运动控制的指令及其应用

7.3.1 回参考点（原点）

S7-1200 PLC 回参考点及其应用

伺服系统如配置增量式编码器，则断电后参考点丢失，如执行绝对运动指令需要回参考点，而相对运行指令不需要回参考点。回参考点的目的就是建立电气原点与机械原点的关系，一般使得两者重合。

1. MC_Home 回参考点指令介绍

参考点在系统中有时作为坐标原点，这对于运动控制系统是非常重要的，绝对定位需要参考点，一般要用此指令。MC_Home 回参考点指令的参数说明见表 7-9。

表 7-9　MC_Home 回参考点指令的参数说明

LAD	输入/输出参数	参数的含义
"MC_Home_DB" MC_Home EN　ENO Axis　Done Execute　Busy Position　CommandAborted Mode　Error ErrorID ErrorInfo ReferenceMarkPosition	EN	使能
	Axis	已配置好的工艺对象名称，是一个数据块
	Execute	上升沿使能
	Position	Mode = 1 时：对当前轴位置的修正值 Mode = 0，2，3 时：轴的绝对位置值
	Mode	回原点的模式，共 4 种
	ENO	使能输出
	Done	1：任务完成
	Error	是否出错；0 表示无错误，1 表示有错误
	ReferenceMarkPosition	显示工艺对象回原点位置

注：表 7-9 中有一些参数不重要或前面已经介绍过，不用说明。

2. 回参考点的几个重要的概念

回参考点的方向示意图如图 7-16 所示，其包含正方向和负方向，实际运行时，运行方向与机械结构有关系，如果实际运行的正方向与设计所需的正方向相反，则可以在工艺组态时进行修改。

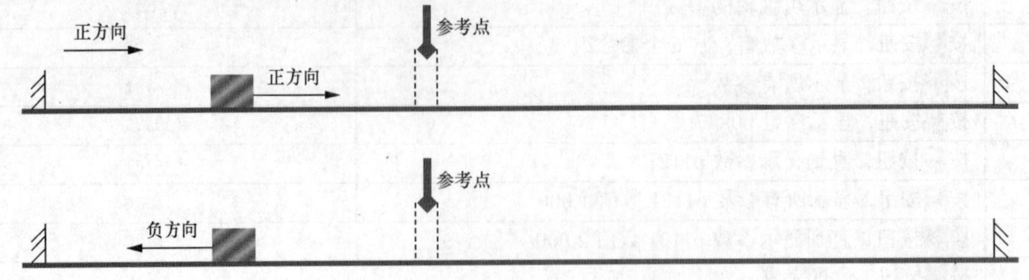

图 7-16　回参考点的方向示意图

（1）“上侧”指的是：轴完成回原点指令后，使轴的左边沿停在参考点开关右侧边沿。

（2）“下侧”指的是：轴完成回原点指令后，使轴的右边沿停在参考点开关左侧边沿。

无论用户设置寻找原点的起始方向为正方向还是负方向，轴最终停止的位置取决于“上侧”或“下侧”。“上侧”和“下侧”的示意图如图 7-17 所示。

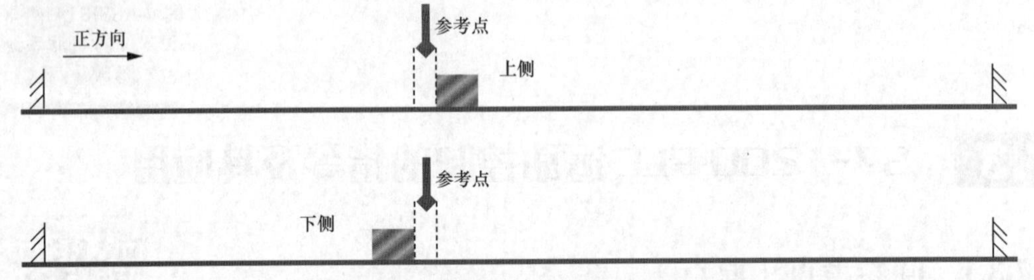

图 7-17　“上侧”和“下侧”的示意图

MC_Home 回参考点指令的回原点模式 Mode 有 0～3 共 4 种模式，具体介绍如下。

（1）Mode = 0 绝对式直接回原点。该模式下的 MC_Home 指令触发后轴并不运行，也不会去寻找原点开关。指令执行后的结果是：轴的坐标值直接更新成新的坐标，新的坐标值就是 MC_Home 指令的“Position”管脚的数值。如图 7-18 所示的例子中，“Position”=0.0mm，则轴的当前坐标值也就更新为 0.0mm。该坐标值属于“绝对”坐标值，也就是相当于轴已经建立了绝对坐标系，可以进行绝对运动。

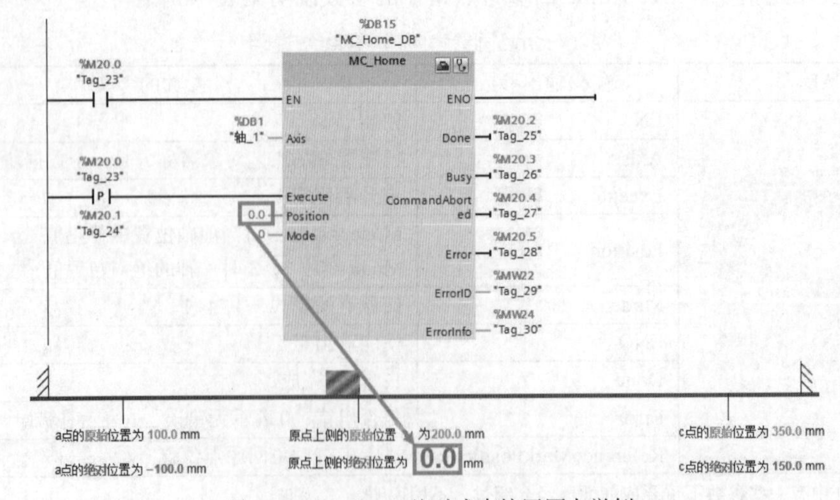

图 7-18　Mode = 0 绝对式直接回原点举例

（2）Mode = 1 相对式直接回原点。与 Mode = 0 相同，以该模式触发 MC_Home 指令后轴并不运行，只是更新轴的当前位置值。更新的方式与 Mode = 0 不同，而是在轴原来坐标值的基础上加上“Position”数值后得到的坐标值作为轴当前位置的新值。如图 7-19 所示，执行 MC_Home 指令后，轴的位置值变成了 210mm，相应的 a 点和 c 点的坐标位置值也相应更新为新值。

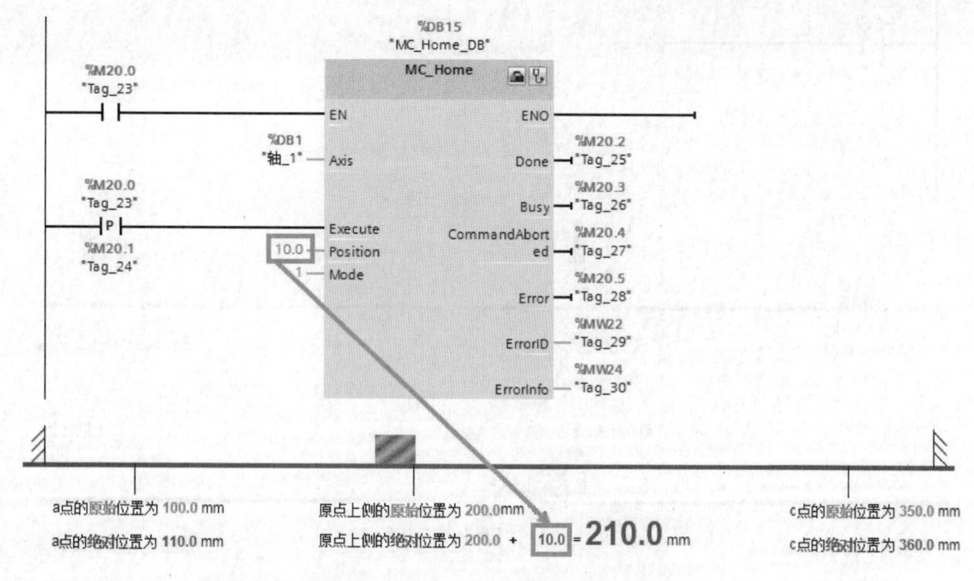

图 7-19　Mode = 1 相对式直接回原点

（3）Mode = 2：被动回零点，轴的位置值为参数“Position”的值。

被动回原点指的是轴在运行过程中碰到原点开关，轴的当前位置将设置为回原点位置值。以下详细介绍被动回原点的过程。

① 在图 7-17 中选则“参考点开关一侧”为“上侧”。

② 先让轴执行一个相对运动指令，该指令设定的路径能让轴经过原点开关。

③ 在该指令执行的过程中，触发 MC_Home 指令，设置模式为 Mode=2。

④ 再触发 MC_MoveRelative 指令，要保证触发该指令的方向能够经过原点开关，也可以用 MC_MoveAbsolute 指令、MC_MoveVelocity 指令或 MC_MoveJog 指令取代 MC_MoveRelative 指令。

当轴以 MC_MoveRelative 指令指定的速度运行的过程中碰到原点开关的有效边沿时，轴立即更新坐标位置为 MC_Home 指令上的“Position”值，如图 7-20 所示。在这个过程中轴并不停止运行，也不会更改运行速度，直到达到 MC_MoveRelative 指令的距离值，轴停止运行。

（4）Mode = 3：主动回零点，轴的位置值为参数“Position”的值。有多种回参考点的情形，即“上侧”有效和轴在原点开关负方向侧运行、“上侧”有效和轴在原点开关的正方向侧运行、“上侧”有效和轴刚执行过回原点、“上侧”有效和轴在原点开关的正下方、“下侧”有效和轴在原点开关负方向侧运行、“下侧”有效和轴在原点开关的正方向侧运行、“下侧”有效和轴刚执行过回原点、“下侧”有效和轴在原点开关的正下方。以下仅介绍常用的两种。

① 轴在原点开关负方向侧。实际上是“上侧”有效和轴在原点开关负方向侧，其运行示意图如图 7-21 所示。说明如下。

- 当程序以 Mode=3 触发 MC_Home 指令时，轴立即以“逼近速度 10.0mm/s”向右（正方向）运行寻找原点开关。
- 当轴碰到参考点的有效边沿，切换运行速度为“参考速度 2.0mm/s”继续运行。
- 当轴的左边沿与原点开关有效边沿重合时，轴完成回原点动作。

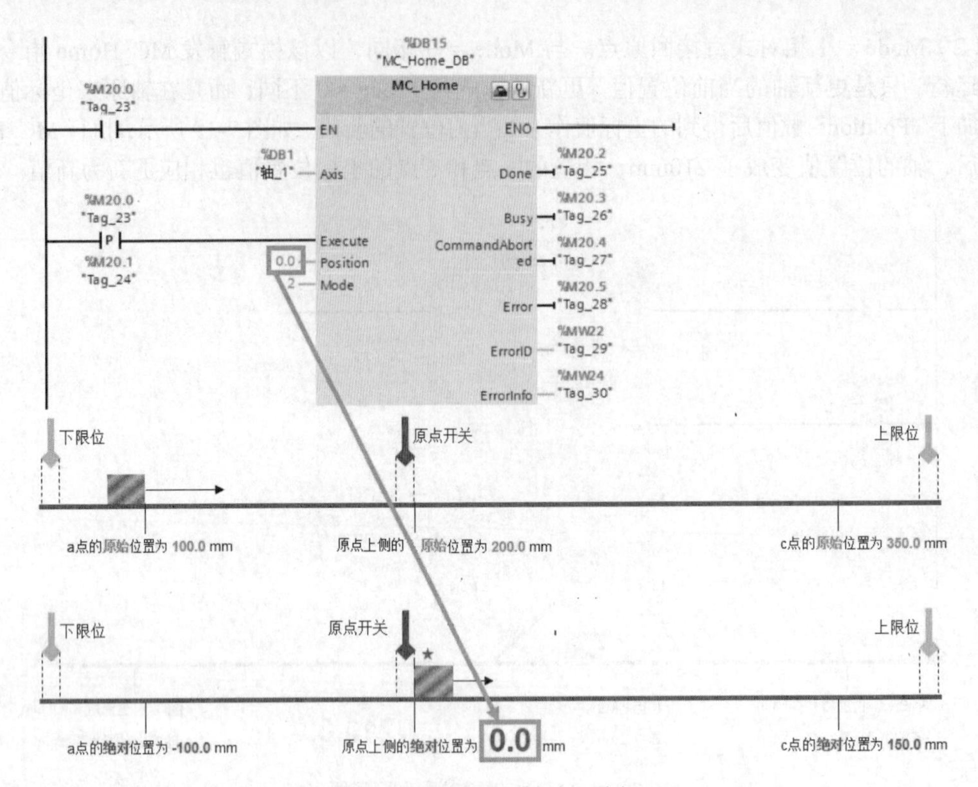

图 7-20　Mode = 2 被动回零点

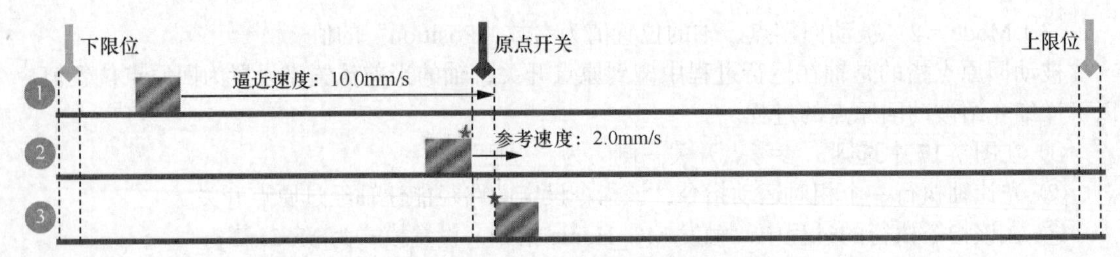

图 7-21 “上侧”有效和轴在原点开关负方向侧运行的示意图

② 轴在原点开关负方向侧。实际上是“下侧”有效和轴在原点开关负方向侧运行，其运行示意图如图 7-22 所示。

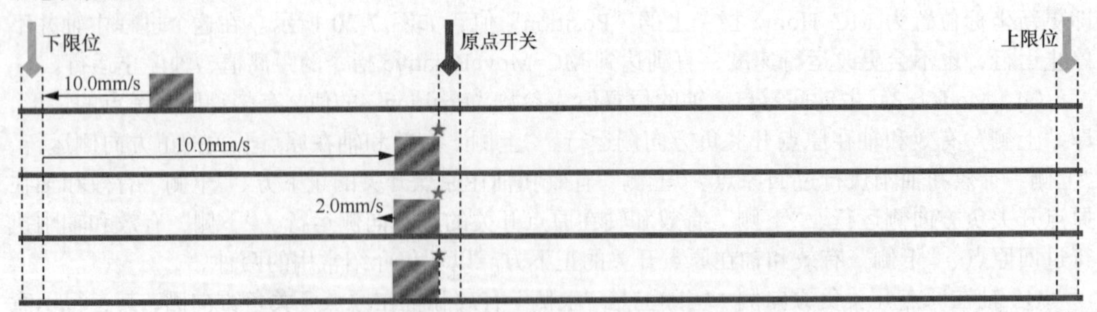

图 7-22 “下侧”有效和轴在原点开关负方向侧运行的示意图

7.3.2　S7-1200 PLC 运动控制的指令介绍

以下介绍 S7-1200 PLC 运动控制常用的几条指令。

1. MC_Power 使能指令介绍

轴在运动之前，必须运行使能指令，且一直处于激活状态，此指令是运动控制时必须要使用的指令。MC_Power 使能指令的部分参数说明见表 7-10。

表 7-10　　MC_Power 使能指令的部分参数说明

LAD	输入/输出	参数的含义
MC_Power EN　ENO Axis　Status Enable　Busy StopMode　Error ErrorID ErrorInfo	EN	使能
	Axis	已配置好的工艺对象名称
	StopMode	轴停止模式，有 3 种模式
	Enable	为 1 时，轴使能；为 0 时，轴停止（不是上升沿）
	Busy	标记 MC_Powe 指令是否处于活动状态
	Error	标记 MC_Power 指令是否产生错误
	ErrorID	错误 ID 码
	ErrorInfo	错误信息

2. MC_MoveAbsolute 绝对定位轴指令

绝对定位轴指令 MC_MoveAbsolute 的应用

绝对定位就是以原点（参考点）为基准指定位置（绝对地址）进行定位动作。绝对目标位置与起点在哪个位置无关。绝对定位示意图如图 7-23 所示。

MC_MoveAbsolute 绝对定位轴块的执行需要建立参考点，通过定义距离、速度和方向即可。当上升沿使能 Execute 后，轴按照设定的速度和绝对位置运行。MC_MoveAbsolute 绝对定位轴指令的部分参数说明见表 7-11。这个指令非常常用，是必须要重点掌握的。

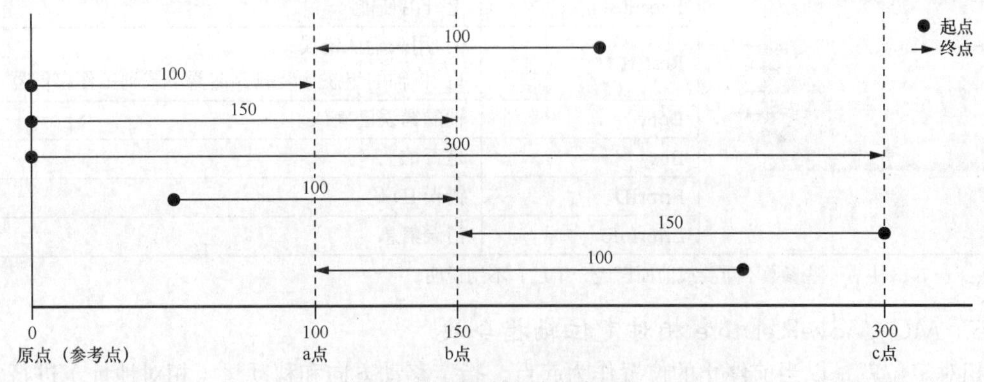

图 7-23　绝对定位示意图

表 7-11　　MC_MoveAbsolute 绝对定位轴指令的部分参数说明

LAD	输入/输出	参数的含义
MC_MoveAbsolute EN　ENO Axis　Done Execute　Busy Position　CommandAborted Velocity　Error ErrorID ErrorInfo	EN	使能
	Axis	已配置好的工艺对象名称，是一个数据块
	Execute	上升沿使能
	Position	绝对目标位置
	Velocity	定义的速度 要求为启动/停止速度≤Velocity≤最大速度
	Done	1：已达到目标位置
	Busy	1：正在执行任务
	CommandAborted	1：任务在执行期间被另一任务中止

注：表 7-11 中有一些参数不重要或前面已经介绍过，不用说明。

3. MC_Halt 停止轴指令介绍

MC_Halt 停止轴指令用于停止轴的运动，当上升沿使能 Execute 后，轴会按照已配置的减速曲线停车。MC_Halt 停止轴指令的部分参数说明见表 7-12。

表 7-12　　MC_Halt 停止轴指令的部分参数说明

LAD	各输入/输出	参数的含义
	EN	使能
	Axis	已配置好的工艺对象名称，是一个数据块
	Execute	上升沿使能
	Done	1：速度达到零
	Busy	1：正在执行任务
	CommandAborted	1：任务在执行期间被另一任务中止

注：表 7-12 中有一些参数不重要或前面已经介绍过，不用说明。

4. MC_Reset 错误确认指令介绍

如果存在一个错误需要确认，必须调用错误确认指令进行复位，例如轴硬件超程，处理完成后必须复位，伺服系统才能运行。MC_Reset 错误确认指令的部分参数说明见表 7-13。

表 7-13　　MC_Reset 错误确认指令的部分参数说明

LAD	输入/输出	参数的含义
	EN	使能
	Axis	已配置好的工艺对象名称，是一个数据块
	Execute	上升沿使能
	Restart	0：用来确认错误 1：将轴的组态从装载存储器下载到工作存储器
	Done	轴的错误已确认
	Busy	是否忙
	ErrorID	错误 ID 码
	ErrorInfo	错误信息

注：表 7-13 中有一些参数不重要或前面已经介绍过，不用说明。

5. MC_MoveRelative 相对定位轴指令块

相对定位就是以当前停止的位置作为起点，指定移动方向和移动量（相对地址）进行定位动作，其与参考点（参考点）无关。相对定位示意图如图 7-24 所示。

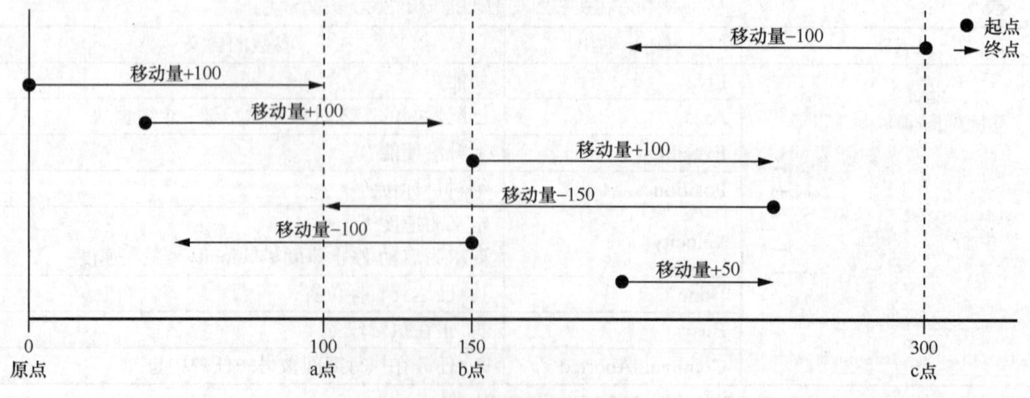

图 7-24　相对定位示意图

MC_MoveRelative 相对定位轴指令块的执行不需要建立参考点，只需要定义距离、速度和方向即可。当上升沿使能 Execute 后，轴按照设定的速度和距离运行，其方向由距离中的正负号（+/–）决定。MC_MoveRelative 相对定位轴指令块的部分参数说明见表 7-14。

表 7-14　　MC_MoveRelative 相对定位轴指令块的部分参数说明

LAD	输入/输出	参数的含义
MC_MoveRelative EN　ENO Axis　Done Execute　Busy Distance　CommandAborted Velocity　Error ErrorID ErrorInfo	EN	使能
	Axis	已配置好的工艺对象名称
	Execute	上升沿使能
	Distance	运行距离（正或者负）
	Velocity	定义的速度 限制：启动/停止速度≤Velocity≤最大速度
	Done	1：已达到目标位置
	Busy	1：正在执行任务
	CommandAborted	1：任务在执行期间被另一任务中止

注：表 7-14 中有一些参数不重要或前面已经介绍过，不用说明。

7.3.3　S7-1200 PLC 运动控制的指令应用

【例 7-1】 电气原理图如图 7-25 所示，当按下按钮 SB2，伺服系统开始主动回原点，回原点成功后，将标志一个位置位。

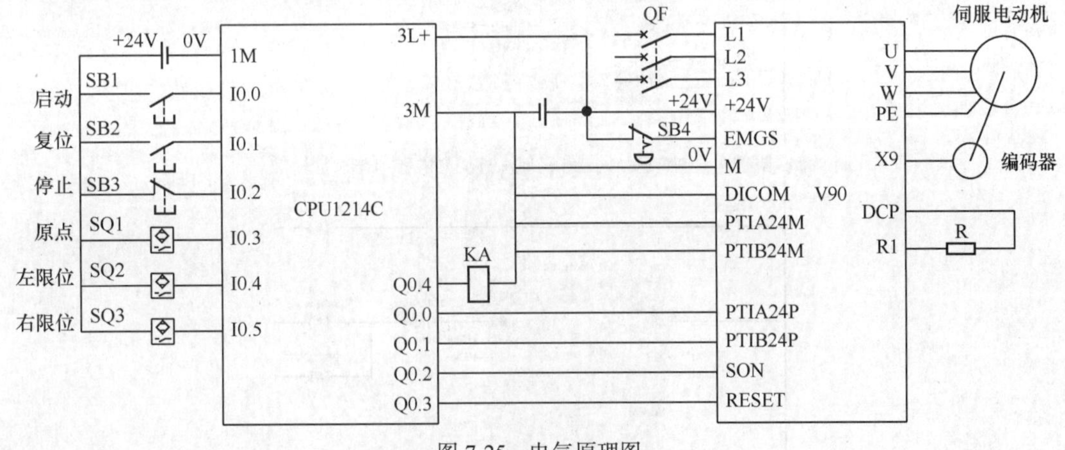

图 7-25　电气原理图

解：

梯形图如图 7-26 所示。

上电后，M1.2 一直置位，启用轴 AX1。当按下按钮 SB2，DB4.Excute 置位，伺服系统开始主动寻找参考点（增量式编码器常采用主动回原点）。当寻找到参考点后，DB4.Done 为 1，从而使 DB4.Excute 复位，而 DB4.OK 置位。此时，伺服系统的绝对位移为 0。

【例 7-2】 电气原理图如图 7-25 所示，要求使用绝对位移指令 MC_MoveAbsolute，当按下按钮 SB1 后，正向移动 100mm。要求编写相关程序。

解：

梯形图如图 7-27 所示。

运行绝对位移指令之前，必须要先回原点，这是必须要注意的。

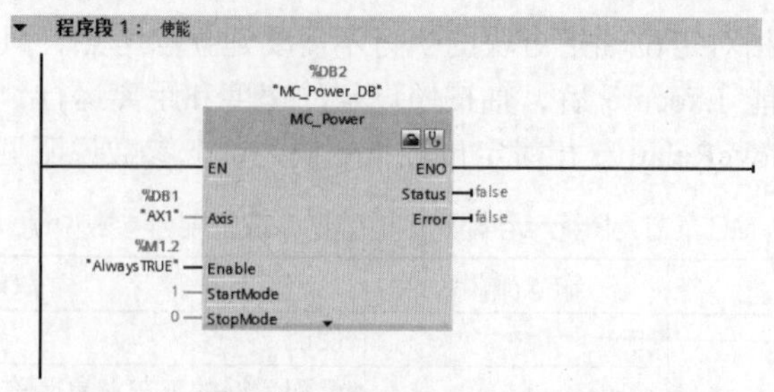

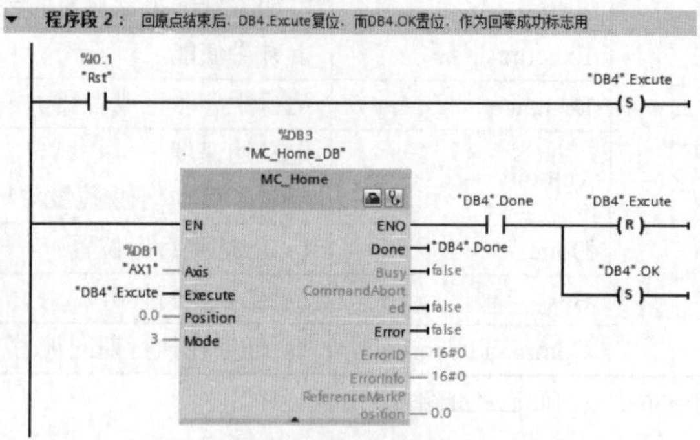

图 7-26　梯形图（1）

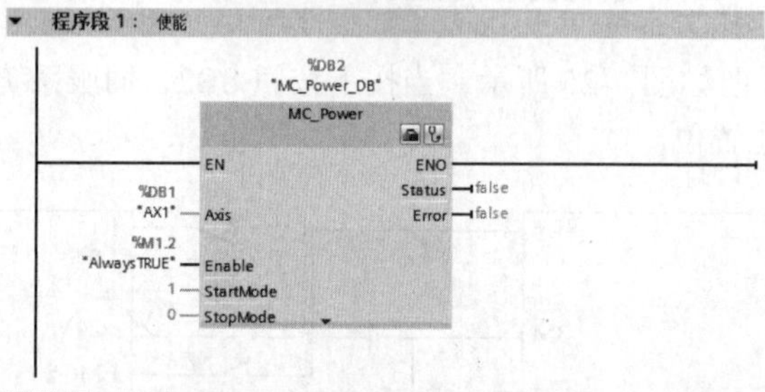

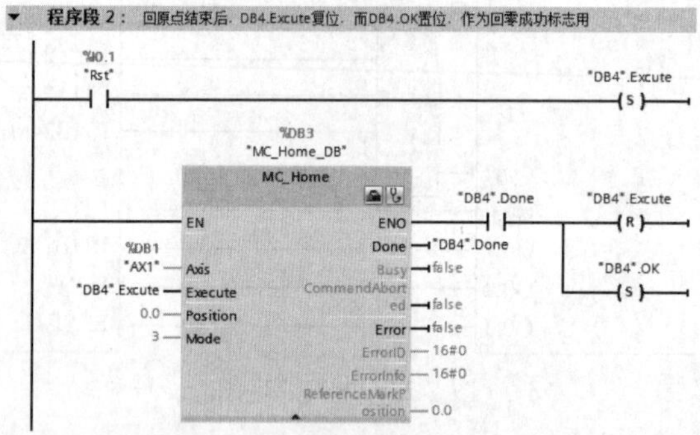

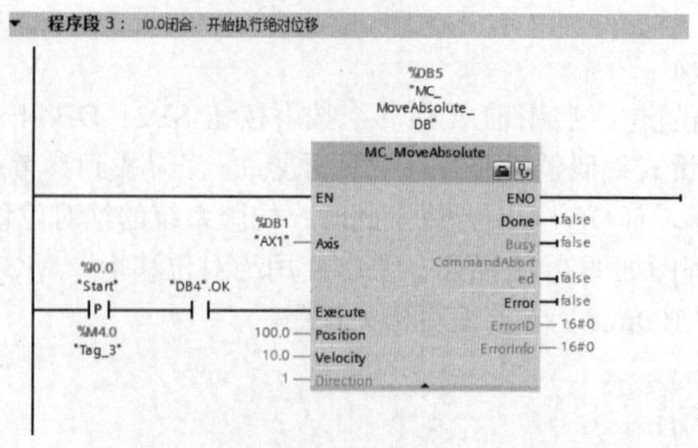

图 7-27　梯形图（2）

学习小结

（1）理解回参考点中的术语和概念（如上侧、下侧、主动回参考点、被动回参考点）。

（2）理解运动控制指令使用方法和应用场合，注意区分相对位移和绝对位移指令。注意运动控制指令的触发条件，例如使能指令需要高电平触发使能，低电平断开。而其他指令如位移指令则是上升沿触发。

习题

一、问答题

1. 伺服驱动器上的U、V、W和电动机上的U、V、W不对应连接，是否可以？

2. 试分析绝对位置指令与相对位置指令的区别。

3. 伺服系统的工作模式有哪些？

4. 伺服电动机不通电时用手可以拨动转轴（不带制动），那么通电后，不加信号时，用手能否拨动转轴？解释这个现象。

5. 西门子的伺服驱动系统报F7900，可能是哪些原因引起的故障？

6. S7-1200 PLC有哪几种回参考点的方式，分别应用在哪些场合？

7、绝对定位和相对定位的区别是什么？

二、综合题

1. 有一台SINAMICS V90伺服系统（脉冲版本），问此伺服电动机转速为250r/min时，转10圈，若用CPU1211C控制，请设计电气原理图，并编写梯形图。

2. 有一台SINAMICS V90伺服系统（脉冲版本），与丝杠相连接，丝杠的螺距是10mm，丝杠上有滑台。要求按下复位按钮，伺服系统回参考点，按下启动按钮控制滑台正向行走100mm，停1s，再正向行走100mm，停1s，返回初始位置，停1s，如此周而复始运行，当按下停止按钮，运行一个循环后停机。若用CPU1211C控制，请设计电气原理图，并编写梯形图。

3. 伺服电动机通过变速机构和丝杠相连，伺服编码器分辨率为131072，结构如图7-28所示。丝杠的螺距是5mm，脉冲当量是1μm，求电子齿轮比。

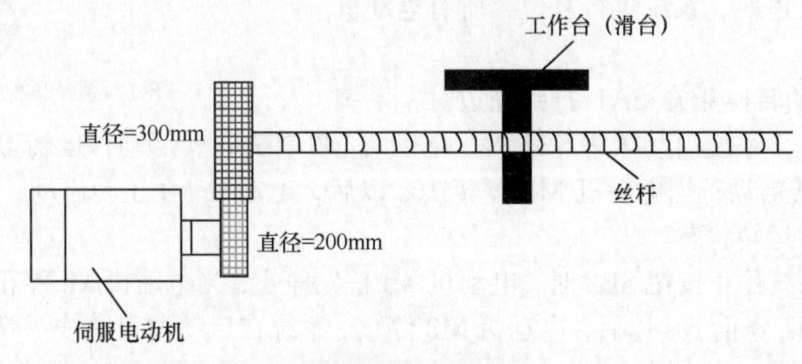

图7-28　结构示意图

项目8 S7-1200 PLC 的工程应用

本项目有 3 个工作任务。本项目的 3 个任务都是工程实例。其中，第 1 个任务是逻辑控制，S7-1200 PLC 入门难度。第 2 个任务也是逻辑控制，逻辑不复杂，中等难度。第 3 个任务涉及逻辑控制、通信和运动控制，任务相对复杂，难度较大。完成这 3 个工作任务既是对读者学习成果的验证，也是进一步培养读者实际的工程能力。

完成本项目需要 8 课时。

任务 8-1 三级皮带机控制系统的设计

1. 提出任务

有一套三级输送机，用于实现货料的传输，每一级输送机由一台交流电动机进行控制，电动机为 M1、M2 和 M3，分别由接触器 KM1、KM2、KM3、KM4、KM5 和 KM6 控制电动机的正反转运行。系统的结构示意图如图 8-1 所示。

M1

M2

M3

图 8-1 系统的结构示意图

控制任务描述如下。

（1）当装置上电时，系统进行复位，所有电动机停止运行。

（2）当手/自动转换开关 SA1 打到左边时，系统进入自动状态。按下系统启动按钮 SB1 时，电动机 M3 首先正转启动，运转 10s 以后（手自转换开关），M2 正转启动，当电动机 M2 运转 10s 以后，电动机 M1 正转启动，此时系统完成启动过程，进入正常运转状态。

（3）当按下系统停止按钮 SB2 时，电动机 M1 首先停止，当电动机 M1 停止 10s 以后，电动机 M2 停止，当 M2 停止 10s 以后，电动机 M3 停止。系统在启动过程中按下停止按钮 SB2，电动机按启动的顺序反向停止运行。

（4）当系统按下急停按钮 SB9 时 3 台电动机要求停止工作，直到急停按钮取消时，系统恢复到当前状态。

（5）当手/自动转换开关 SA1 打到右边时系统进入手动状态，系统只能由手动开关控制电动机的运行。通过手动开关（SB3～SB8），操作者能控制 3 台电动机的正反转运行，实现货物的手动运行。

2. 任务分析

这个任务的逻辑过程看似简单，但任务中有自动运行模式和手动运行模式，停机又分为 3 种情况。如果程序的架构不合理，很容易使程序变得混乱。

本任务输入 10 点，输出 6 点，仅涉及逻辑控制，因此常见的 PLC 都适用本任务。因为控制对象是电动机，所以 PLC 选择继电器输出更好，最后选型为 CPU1214C（AC/DC/继电器）。

3. 设计原理图

（1）I/O 分配

先进行 I/O 分配，见表 8-1。

表 8-1　I/O 分配表

输入			输出		
名　称	符　号	输入点	名　称	符　号	输出点
开始按钮	SB1	I0.0	M1 正转	KM1	Q0.0
停止按钮	SB2	I0.1	M1 反转	KM2	Q0.1
M1 手动正转按钮	SB3	I0.2	M2 正转	KM3	Q0.2
M1 手动反转按钮	SB4	I0.3	M2 反转	KM4	Q0.3
M2 手动正转按钮	SB5	I0.4	M3 正转	KM5	Q0.4
M2 手动反转按钮	SB6	I0.5	M3 反转	KM6	Q0.5
M3 手动正转按钮	SB7	I0.6			
M3 手动反转按钮	SB8	I0.7			
手自转换开关	SA1	I1.0			
急停按钮	SB9	I1.1			

（2）设计电气原理图

电气原理如图 8-2 所示。

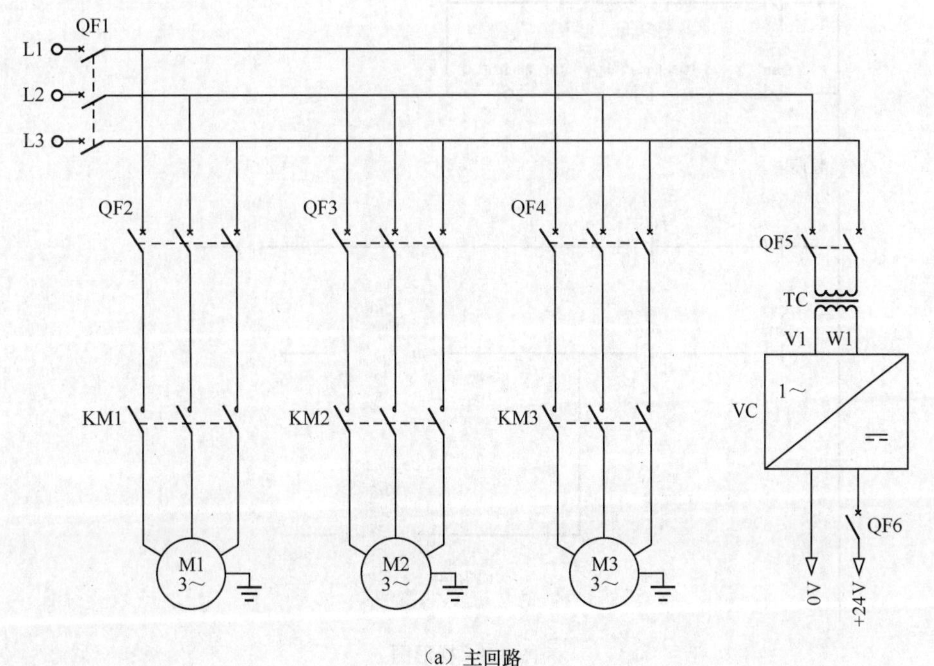

（a）主回路

图 8-2　电气原理图

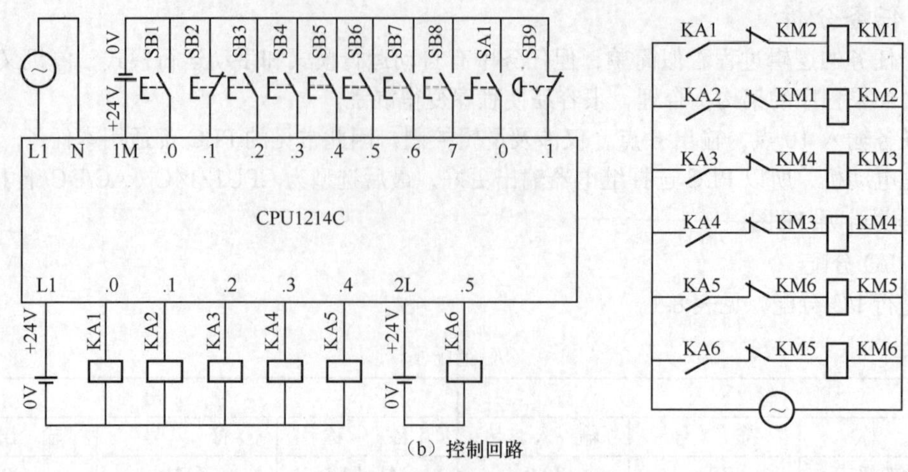

（b）控制回路

图 8-2　电气原理图（续）

4. 编写控制程序

根据系统的功能要求，编写控制程序，梯形图如图 8-3 所示。以下对该程序进行说明。

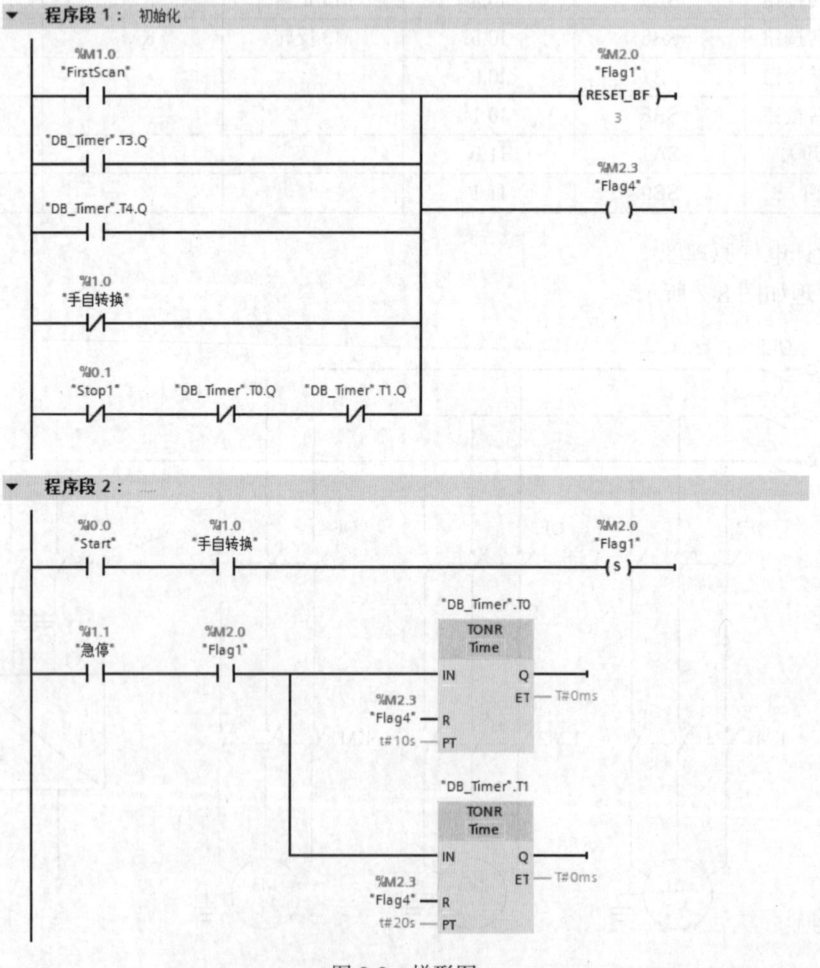

图 8-3　梯形图

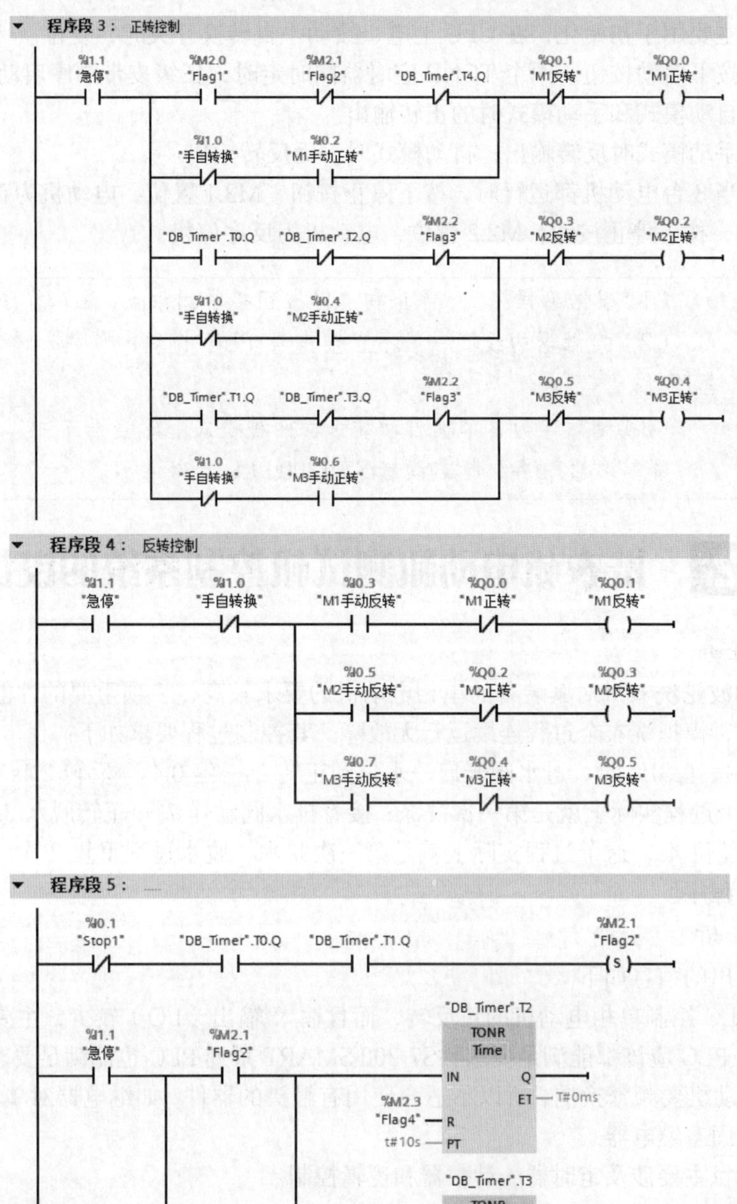
程序段 3： 正转控制
%I1.1 "急停"
%M2.0 "Flag1"
%M2.1 "Flag2"
"DB_Timer".T4.Q
%Q0.1 "M1反转"
%Q0.0 "M1正转"
%I1.0 "手自转换"
%I0.2 "M1手动正转"
"DB_Timer".T0.Q
"DB_Timer".T2.Q
%M2.2 "Flag3"
%Q0.3 "M2反转"
%Q0.2 "M2正转"
%I1.0 "手自转换"
%I0.4 "M2手动正转"
"DB_Timer".T1.Q
"DB_Timer".T3.Q
%M2.2 "Flag3"
%Q0.5 "M3反转"
%Q0.4 "M3正转"
%I1.0 "手自转换"
%I0.6 "M3手动正转"
程序段 4： 反转控制
%I1.1 "急停"
%I1.0 "手自转换"
%I0.3 "M1手动反转"
%Q0.0 "M1正转"
%Q0.1 "M1反转"
%I0.5 "M2手动反转"
%Q0.2 "M2正转"
%Q0.3 "M2反转"
%I0.7 "M3手动反转"
%Q0.4 "M3正转"
%Q0.5 "M3反转"
程序段 5：
%I0.1 "Stop1"
"DB_Timer".T0.Q
"DB_Timer".T1.Q
%M2.1 "Flag2"
S
"DB_Timer".T2
TONR Time
%I1.1 "急停"
%M2.1 "Flag2"
IN Q
ET T#0ms
%M2.3 "Flag4" R
t#10s PT
"DB_Timer".T3
TONR Time
IN Q
ET T#0ms
%M2.3 "Flag4" R
t#20s PT
"DB_Timer".T4
TONR Time
%M2.2 "Flag3"
IN Q
ET T#0ms
%M2.3 "Flag4" R
t#10s PT
%I0.1 "Stop1"
"DB_Timer".T0.Q
"DB_Timer".T1.Q
%M2.2 "Flag3"
S

图 8-3 梯形图（续）

程序段 1：主要用于初始化，在 CPU 上电、拨动手自转换开关时，复位。

程序段 2：按下启动按钮，两个 TONR 定时器同时定时，三级皮带顺序启动。

程序段 3：自动模式和手动模式时的正转输出。

程序段 4：手动模式时反转输出；自动模式时，无反转输出。

程序段 5：当 3 台电动机都运行时，按下停止按钮，M2.1 置位，电动机为正序停机。当电动机启动过程中，按下停止按钮，M2.2 置位，电动机为反序停机。

（1）根据工程规范，停止和急停按钮接常闭触点，注意程序应与之对应。

（2）接触器的线圈一般不直接作为 PLC 模块的负载，通常由中间继电器驱动。

（3）通过学习，掌握自动和手动两种模式下的编程方法。

能完成此任务，标志读者 S7-1200 PLC 已经入门。

任务 8-2 洗衣机电动机测试机控制系统的设计

1．提出任务

家用全自动波轮洗衣机对其装备的单相电动机的要求较高，一项重要的性能就是电动机在带荷载的工况下，模拟洗衣全过程连续运行无故障。其控制过程要求如下。

当按下启停按钮 SB1 时，进水阀开启→水位到正转 2s→停 0.4s→反转 2.4s→停 0.4s，如此循环 12min，这个过程实际上就是第一次洗涤；接着排水阀动作 7s→正转脱水 3min→脱水停等待 10s→排水阀复位 4s，这个过程实际上就是第一次脱水，脱水过程重复 2 次。请设计控制系统，并编写控制程序。

2．任务分析

分析项目得出的信息如下。

（1）要求 PLC 控制单相电动机的正反转，而且输入/输出（I/O）较少，主要是逻辑控制，所以常见的小型 PLC 应该都能满足要求，S7-200 SMART 系列 PLC 也能满足要求。

（2）由于电动机要频繁换向，所以不适合使用有触头的器件，如继电器对单相电动机换向，应采用无触头的固态继电器。

（3）这个项目主要涉及定时器、计数器和逻辑控制。

3．设计电气原理图

（1）I/O 分配

本系统的控制器选用 CPU1211C（DC/DC/DC），由于单相电动机的换向频繁，所以采用固态继电器换向，同理，对应的 PLC 的输出采用晶体管输出，而不采用继电器输出形式的 PLC。I/O 分配见表 8-2。

表 8-2　　I/O 分配表

输入			输出		
名称	符号	输入点	名称	符号	输出点
开始按钮	SB1	I0.0	进水阀	YV1	Q0.0
停止按钮	SB2	I0.1	排水阀	YV2	Q0.1
水位开关	SQ1	I0.2	正转	SSR1	Q0.2
			反转	SSR2	Q0.3

（2）设计电气原理图

根据 I/O 分配和本任务控制过程的要求，设计电气原理图，如图 8-4 所示。固态继电器的作用类似于接触器，因其为无触点开关器件，所以本任务的单相电动机换向时噪音小，适合用于频繁换向。SSR1 输出时，控制单相电动机正转，SSR2 输出时，控制单相电动机反转。

注意　单相电动机有 2 个绕组和电容（通常称为启动电容），没有启动电容和副绕组单相电动机不能自动启动。

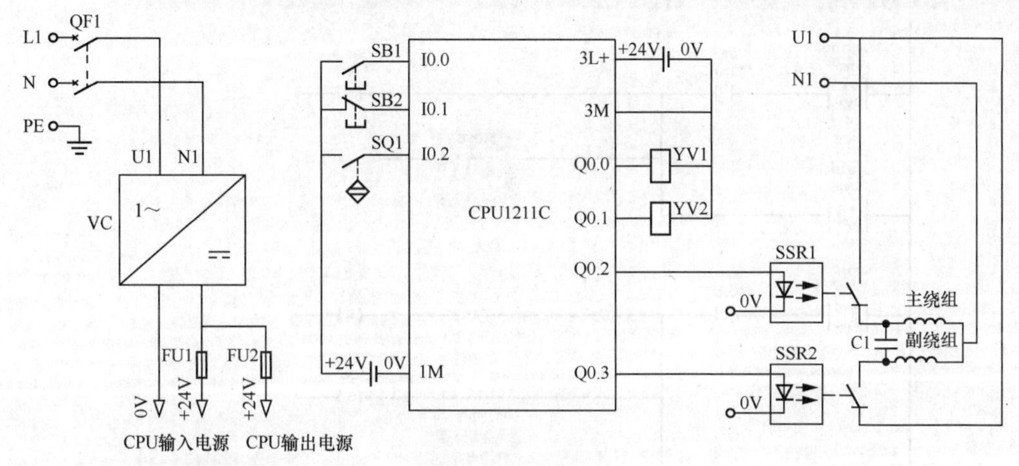

图 8-4　电气原理图

4. 编写控制程序

先根据控制要求画出功能图，功能图如图 8-5 所示。

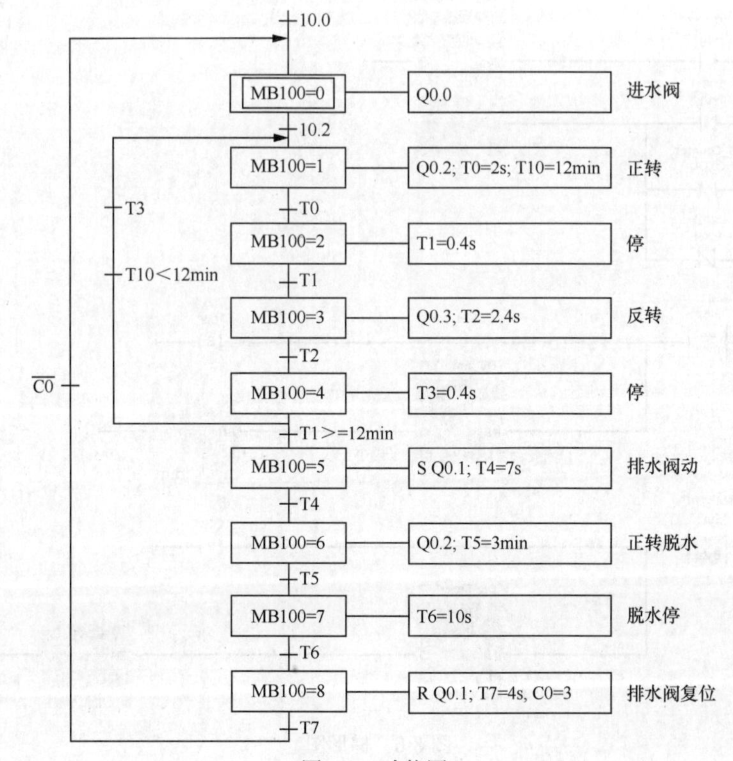

图 8-5　功能图

根据功能图编写程序，如图 8-6 所示，以下详细介绍程序。

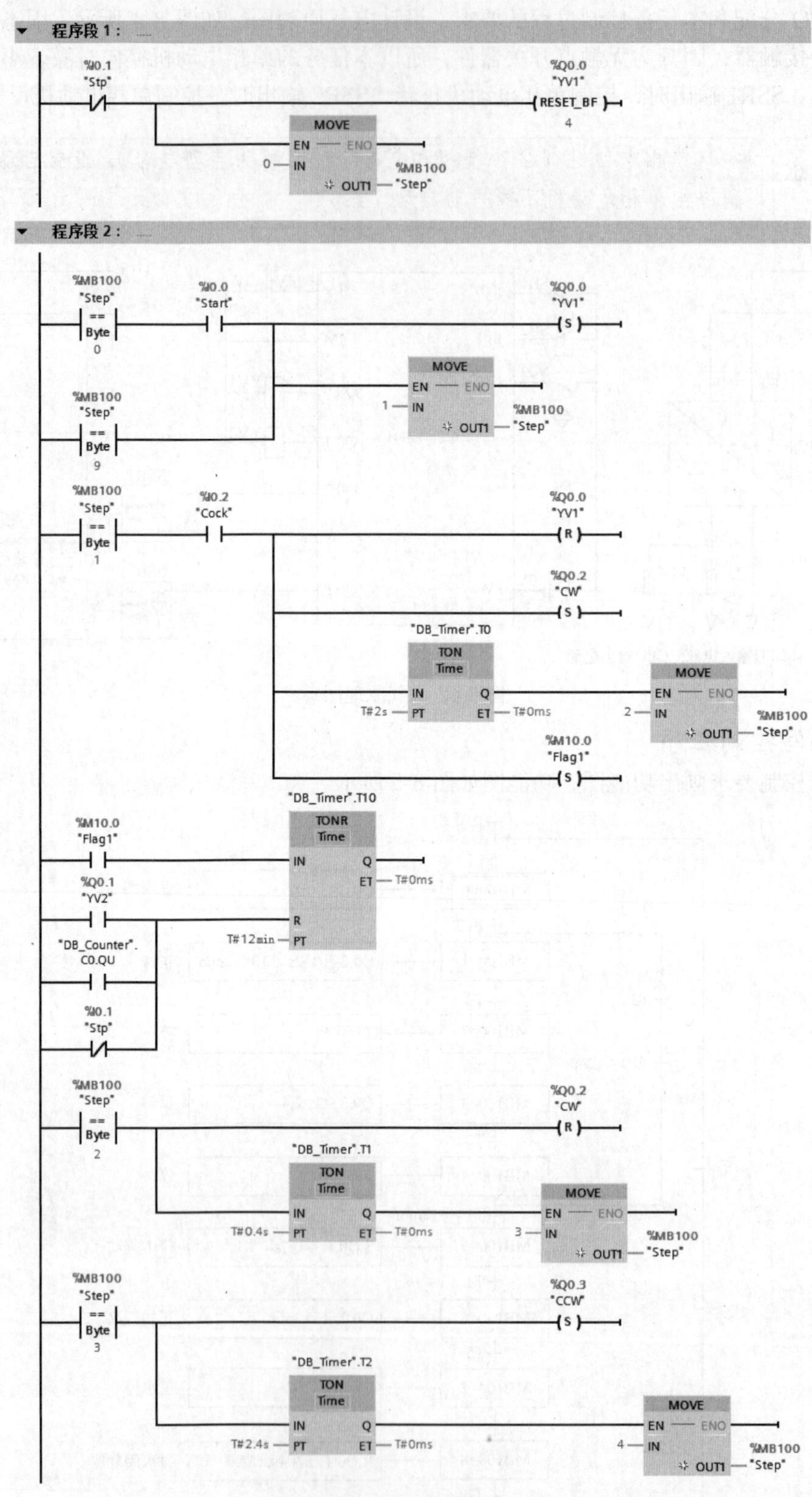

图 8-6　梯形图

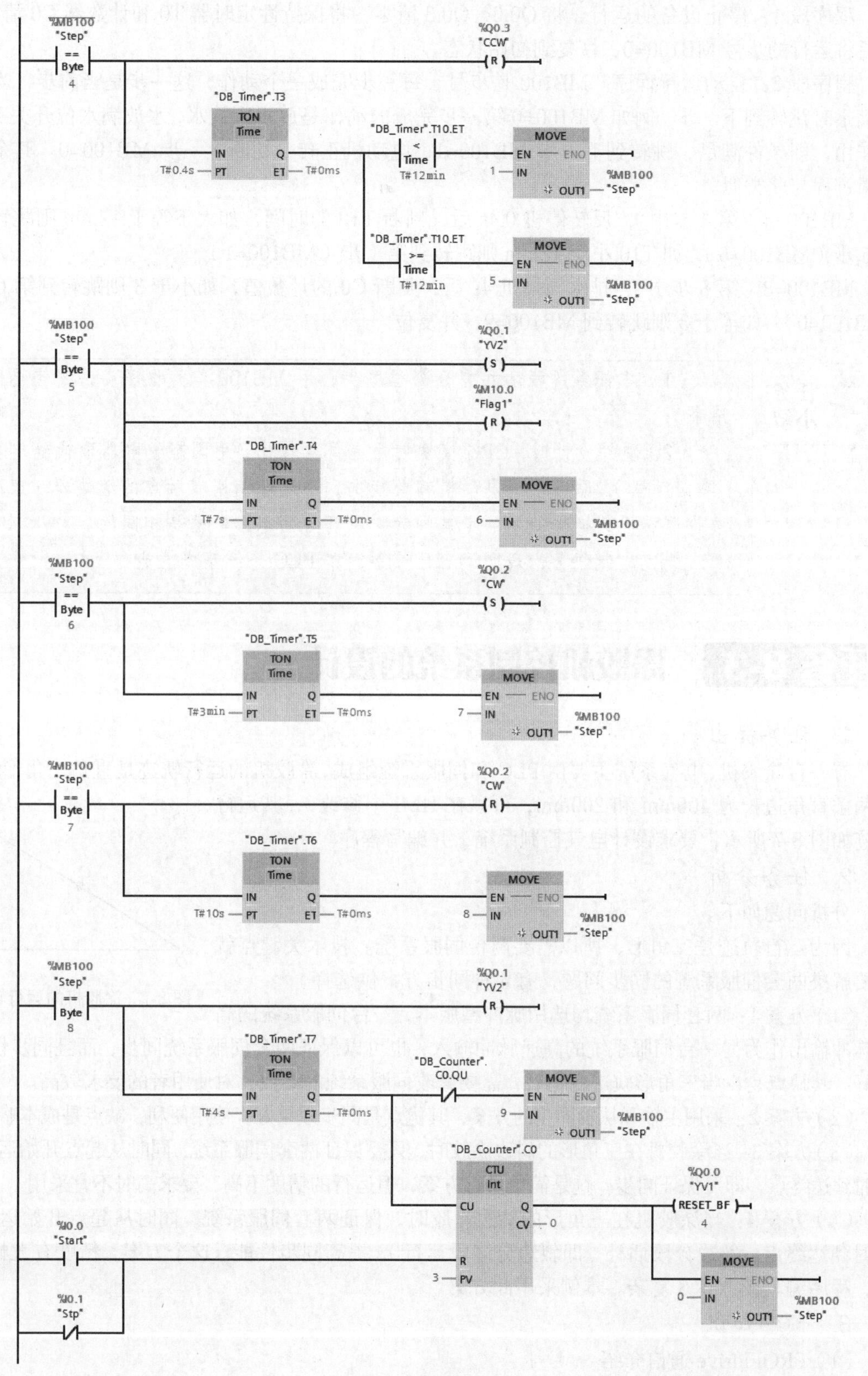
%MB100
"Step"
==
Byte
4
%Q0.3
"CCW"
R
"DB_Timer".T3
TON
Time
IN
Q
T#0.4s
PT
ET
T#0ms
"DB_Timer".T10.ET
<
Time
T#12min
MOVE
EN
ENO
1
IN
%MB100
OUT1
"Step"
"DB_Timer".T10.ET
>=
Time
T#12min
MOVE
EN
ENO
5
IN
%MB100
OUT1
"Step"
%MB100
"Step"
==
Byte
5
%Q0.1
"YV2"
S
%M10.0
"Flag1"
R
"DB_Timer".T4
TON
Time
T#7s
T#0ms
MOVE
6
%MB100
"Step"
%MB100
"Step"
==
Byte
6
%Q0.2
"CW"
S
"DB_Timer".T5
TON
Time
T#3min
T#0ms
MOVE
7
%MB100
"Step"
%MB100
"Step"
==
Byte
7
%Q0.2
"CW"
R
"DB_Timer".T6
TON
Time
T#10s
T#0ms
MOVE
8
%MB100
"Step"
%MB100
"Step"
==
Byte
8
%Q0.1
"YV2"
R
"DB_Timer".T7
TON
Time
T#4s
T#0ms
"DB_Counter".
C0.QU
MOVE
9
%MB100
"Step"
"DB_Counter".C0
CTU
Int
CU
Q
CV
0
R
3
PV
%Q0.0
"YV1"
RESET_BF
4
%I0.0
"Start"
%I0.1
"Stp"
MOVE
EN
ENO
0
IN
%MB100
OUT1
"Step"

图 8-6　梯形图（续）

程序段 1：停止设备的运行，将 Q0.0～Q0.3 清零，将保持性定时器 T0 和计数器 C0 清零，然后将运行的步号 MB100=0，恢复到初始状态。

程序段 2：自动运行程序。MB100 是步号，每一步完成一个动作，这一步是当前步，当条件满足时跳转到下一步。例如 MB100=0 第一步完成的动作是放水阀放水，水放满水位开关 I0.2 起作用，即条件满足，跳转到下一步 MB100=1，电动机正转，切断上一步 MB100=0。其余的逻辑过程与此类似。

MB100=4（第 4 步中），反转停机 0.4s 后，判断 T10 的时间，如大于等于 12min 则跳转到第 5 步（MB100=5），如 T10 小于 12min 则跳转到第 1 步（MB100=1）。

MB100=8（第 8 步中），排水阀停机 4s 后，判断 C0 的计数值，如小于 3 则跳转到第 0 步（MB100=0），如等于 3 则跳转到 MB100=9，并复位。

（1）本任务的程序共有 9 个程序步，用 MB100 作为程序步，逻辑思路清晰。

（2）硬件设计时，CPU 模块使用晶体管输出，用固态继电器取代继电器（或接触器），原因在于电动机频繁换向，不适合使用有触点的继电器。家用波轮洗衣机的换向使用的是晶闸管，原理与固态继电器是相同的。

能完成此任务，表明读者已具备简单 PLC 系统集成的能力。

任务 8-3 涂胶机控制系统的设计

1. 任务提出

有一台涂胶机，电气系统主要由 PLC 和伺服系统组成，涂胶机的运行轨迹是直角三角形（默认两条直角边长为 400mm 和 200mm，可以在 HMI 中修改），其运行轨迹如图 8-7 所示，要求设计电气控制系统，并编写程序。

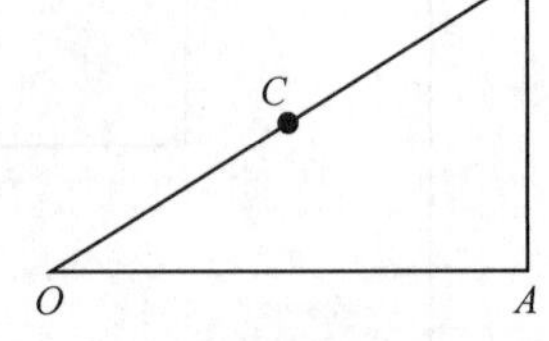

图 8-7 涂胶机的运行轨迹

2. 任务分析

分析问题如下。

因为运行轨迹是三角形，所以需要两台伺服系统。技术关键点就是要解决两套伺服系统的同步问题，有 4 种同步方案供选择。

（1）方案 1：两套伺服系统均选用脉冲型版本，一台伺服系统的高速脉冲输出作为另一台伺服系统的高速脉冲输入，也可以保证两套伺服系统同步，而且同步性能较好。其缺点是，当三角形轨迹变化后，需要修改伺服系统的参数，对使用者的要求较高。

（2）方案 2：采用主轴和从轴同步的方案，其优点是同步效果好，使用便利，缺点是成本略高。

（3）方案 3：当涂胶机在三角形的斜边涂胶时，只要保证两套伺服系统，同时从起点开始运行，同时到达终点，即可保证同步。这是简单易行方案，但运行的精度不高，要求高时不宜采用。

（4）方案 4：当涂胶机在三角形的斜边涂胶时，保证两套伺服系统，同时从起点开始运行，同时到达终点，斜边分段插补（即斜边分多段运行），提高同步性能。这个方案，精度有大幅提高，程序编写较方案 3 复杂。本例采用此方案。

3. 预备知识

（1）PROFIdrive 通信介绍

PROFIdrive 是西门子 PROFIBUS 与 PROFINET 两种通信方式，针对驱动与自动化控制应

用的一种协议框架，也可以称作“行规”，PROFIdrive 使用户更快捷、方便地实现对驱动的控制。其主要由 3 部分组成。

① 控制器，包括一类 PROFIBUS 主站与 PROFINET I/O 控制器。

② 监控器，包括二类 PROFIBUS 主站与 PROFINET I/O 管理器。

③ 执行器，包括 PROFIBUS 从站与 PROFINET I/O 装置。

PROFIdrive 定义了基于 PROFIBUS 与 PROFINET 的驱动器功能。

① 周期数据交换。

② 非周期数据交换。

③ 报警机制。

④ 时钟同步操作。

（2）SINAMICS 通信报文类型

在 SINAMICS 系列产品报文中，取消了 PKW 数据区，参数的访问通过非周期性通信来实现。

PROFIdrive 根据具体产品的功能特点，制定了特殊的报文结构，每一个报文结构都与驱动器的功能一一对应，因此在进行硬件配置的过程中，要根据所要实现的控制功能来选择相应的报文结构。

对于 SIMOTION 与 SINAMICS 系列产品，其报文有标准报文和制造商报文。标准报文根据 PROFIdrive 协议构建。过程数据的驱动内部互联根据设置的报文编号在 Starter 中自动进行。制造商专用报文根据公司内部定义创建。过程数据的驱动内部互联根据设置的报文编号在 Starter 中自动进行。部分标准报文和制造商报文见表 8-3。

表 8-3 部分标准报文和制造商报文

报文名称	描述	应用范围
标准报文 1	16 位转速设定值	基本速度控制
标准报文 2	32 位转速设定值	基本速度控制
标准报文 3	32 位转速设定值，一个位置编码器	支持等时模式的速度或位置控制
标准报文 5	32 位转速设定值，一个位置编码器和 DSC	支持等时模式的位置控制
制造商报文 105	32 位转速设定值，一个位置编码器、转矩降低和 DSC	S120 用于轴控制标准报文（SIMOTION 和 T CPU）
制造商报文 111	MDI 运行方式中的基本定位器	S120 EPOS 基本定位器功能的标准报文
自由报文 999	自由报文	原有报文连接不变，并可以对它进行修改

（3）SINAMICS 通信报文解析

① 报文的结构

常用的标准报文的结构见表 8-4。

表 8-4 常用的标准报文的结构

报文		PZD1	PZD2	PZD3	PZD4	PZD5	PZD6	PZD7	PZD8	PZD9
1	16 位转速设定值	STW1	NSOLL	→ 把报文发送到总线上						
		ZSW1	NIST	← 接收来自总线上的报文						
2	32 位转速设定值	STW1	NSOLL		STW2					
		ZSW1	NIST		ZSW2					
3	32 位转速设定值，一个位置编码器	STW1	NSOLL		STW2	G1_STW				
		ZSW1	NIST		ZSW2	G1_ZSW	G1_XIST1		G1_XIST2	

续表

报文		PZD1	PZD2	PZD3	PZD4	PZD5	PZD6	PZD7	PZD8	PZD9
5	32 位转速设定值，一个位置编码器和 DSC	STW1	NSOLL		STW2	G1_STW	XERR		KPC	
		ZSW1	NIST		ZSW2	G1_ZSW	G1_XIST1		G1_XIST2	

表格中关键字的含义：

STW1：控制字 1　　STW2：控制字 2　　G1_STW：编码器控制字

NSOLL：速度设定值　　ZSW2：状态字 2　　G1_ZSW：编码器状态字

ZSW1：状态字 1　　XERR：位置差　　G1_XIST1：编码器实际值 1

NIST：实际速度　　KPC：位置闭环增益　　G1_XIST2：编码器实际值 2

② 标准报文 1 的解析

标准报文适用于 SINAMICS、MICROMASTER 和 SIMODRIVE 611 变频器的速度控制。标准报文 1 只有 2 个字，写报文时，第一个字是控制字（STW1），第二个字是主设定值；读报文时，第一个字是状态字（ZSW1），第二个字是主监控值。

a. 控制字

当 p2038=0 时，STW1 的内容符合 SINAMICS 和 MICROMASTER 系列变频器；当 p2038=1 时，STW1 的内容符合 SIMODRIVE 611 系列变频器的标准。

当 p2038=0 时，标准报文 1 的控制字（STW1）的各位的含义见表 8-5。

表 8-5　　标准报文 1 的控制字（STW1）的各位的含义

信号	含　义	关联参数	说　明
STW1.0	上升沿：ON（使能） 0：OFF1（停机）	p840[0]=r2090.0	设置指令“ON/OFF（OFF1）”的信号
STW1.1	0：OFF2 1：NO OFF2	P844[0]=r2090.1	缓慢停转/无缓慢停转
STW1.2	0：OFF3（快速停止） 1：NO OFF3（无快速停止）	P848[0]=r2090.2	快速停止/无快速停止
STW1.3	0：禁止运行 1：使能运行	P852[0]=r2090.3	使能运行/禁止运行
STW1.4	0：禁止斜坡函数发生器 1：使能斜坡函数发生器	p1140[0]=r2090.4	使能斜坡函数发生器/禁止斜坡函数发生器
STW1.5	0：禁止继续斜坡函数发生器 1：使能继续斜坡函数发生器	p1141[0]=r2090.5	继续斜坡函数发生器/冻结斜坡函数发生器
STW1.6	0：使能设定值 1：禁止设定值	p1142[0]=r2090.6	使能设定值/禁止设定值
STW1.7	上升沿确认故障	p2103[0]=r2090.7	应答故障
STW1.8	保留	—	—
STW1.9	保留	—	—
STW1.10	1：通过 PLC 控制	P854[0]=r2090.10	通过 PLC 控制/不通 PLC 控制
STW1.11	1：设定值取反	p1113[0]=r2090.11	设置设定值取反的信号源
STW1.12	保留	—	—
STW1.13	1：设置使能零脉冲	p1035[0]=r2090.13	设置使能零脉冲的信号源
STW1.14	1：设置持续降低电动电位器设定值	p1036[0]=r2090.14	设置持续降低电动电位器设定值的信号源
STW1.15	保留	—	—

读懂表 8-5 是非常重要的，控制字的第 0 位 STW1.0 与启停参数 p840 关联，且为上升沿有效，这点要特别注意。当控制字 STW1 由 16#47E 变成 16#47F（第 0 位是上升沿信号）时，向变频器发出正转启动信号；当控制字 STW1 由 16#47E 变成 16#C7F 时，向变频器发出反转启动信号；当控制字 STW1 为 16#47E 时，向变频器发出停止信号；当控制字 STW1 为 16#4FE 时，向变频器发出故障确认信号（也可以在面板上确认）。以上几个特殊的数据读者应该记住。

b. 主设定值

主设定值是一个字，用十六进制格式表示，最大数值是 16#4000，对应变频器的额定频率或者转速。例如 SINAMICS V90 伺服驱动器的同步转速一般是 3 000r/min。以下用一个例题介绍主设定值的计算。

【例 8-1】 变频器通信时，需要对转速进行标准化，计算 2 400r/min 对应的标准化数值。

解：

因为 3 000r/min 对应的 16#4000，而 16#4000 对应的十进制是 16 384，所以 3 000r/min 对应的十进制是：

$$n=\frac{2\,400}{3\,000}\times 16\,384=13\,107.2$$

而 13 107 对应的 16 进制是 16#3333，所以设置时，应设置数值是 16#3333。初学者容易用 16#4000×0.8=16#3200，这是不对的。

4. 任务实施

（1）设计电气原理图

电气原理图如图 8-8 所示。

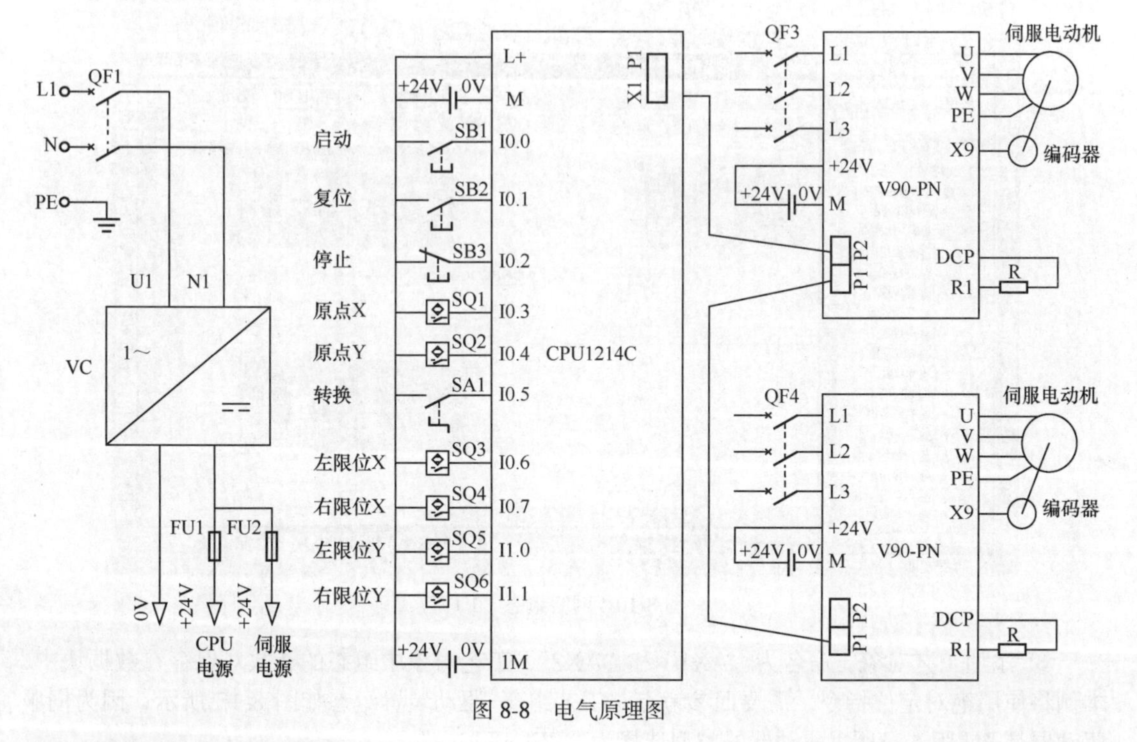

图 8-8　电气原理图

（2）硬件和工艺组态

① 新建项目，添加 CPU。打开 TIA Portal 软件，新建项目“涂胶机 1”，单击项目树中的“添加新设备”选项，添加“CPU1214C”，勾选“启用系统存储器字节”和“启用时钟存储器

字节”，如图 8-9 所示。

图 8-9　新建项目，添加 CPU

② 网络组态。网络组态如图 8-10 所示，通信报文采用报文 3，配置方法如图 8-11 所示，注意此处的报文必须与伺服驱动器中设置的报文一致，否则通信不能建立。

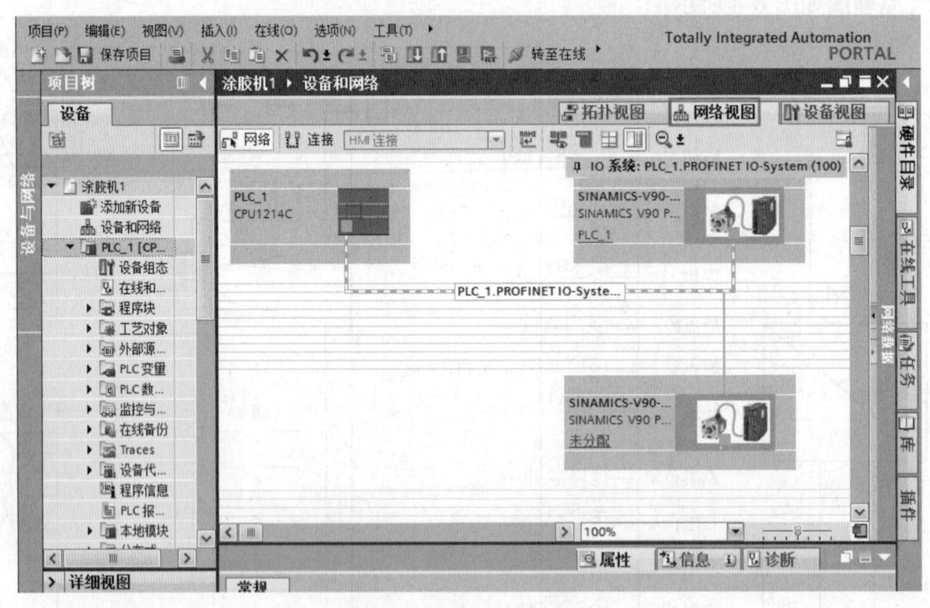

图 8-10　网络组态（1）

③ 添加工艺对象，命名为“AX1”和“AX2”，工艺对象中组态的参数对保存在数据块中，本例将使用绝对定位指令，需要回参考点。工艺组态-驱动装置组态如图 8-12 所示，因为伺服驱动器是 PN 版本，所以驱动器的类型选择为“PROFIdrive”。

工艺组态-位置限制组态如图 8-13 所示，因为电气原理图中限位开关为常开触点，故标记“3”处为高电平，如电气原理图中的限位开关常闭触点，则标记“3”处为低电平，工程实践中，

限位开关选用常闭触点的更加常见。顺便指出，虽然实际工程中，位置限位可以起到保护作用，有时还能参与寻找参考点（不是一定），但在实验和调试时，并非一定需要组态位置限位。

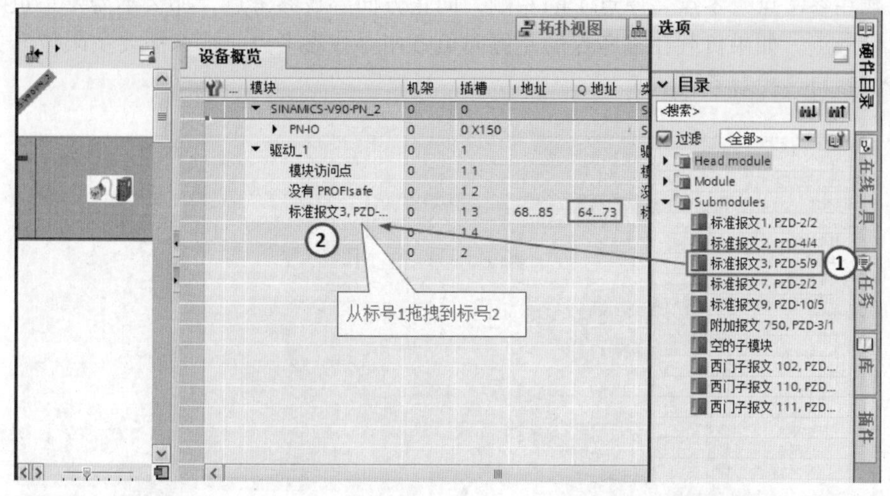

图 8-11　网络组态（2）——配置方法

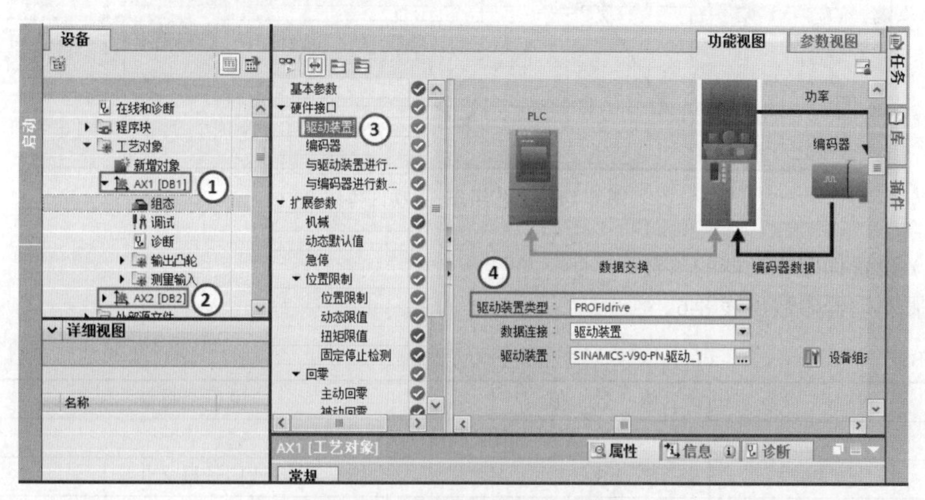

图 8-12　工艺组态-驱动装置组态

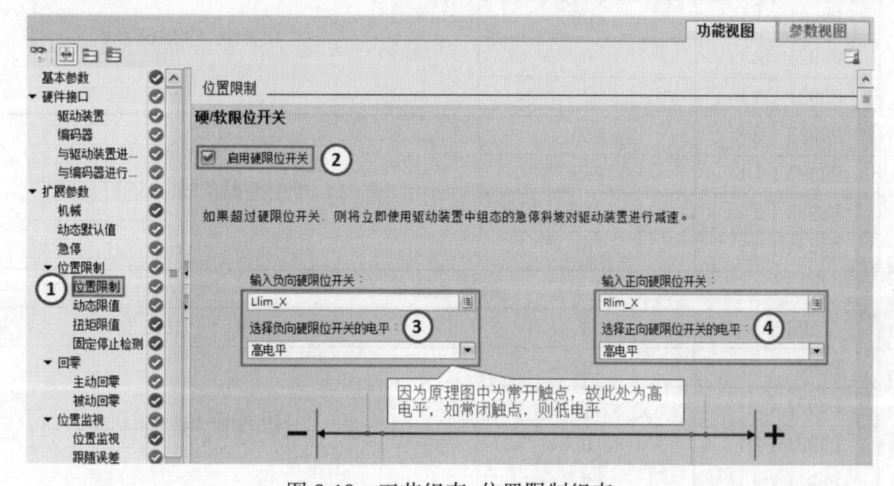

图 8-13　工艺组态-位置限制组态

工艺组态-主动回零组态如图 8-14 所示，因为电气原理图中限位开关为常开触点，故标记“3”处为高电平，如电气原理图中的限位开关常闭触点，则标记“3”处为低电平。在图 8-14 中，如负载在参考点（零点、原点）的左侧，向正方向寻找参考点，那么不需要正负限位开关参与寻找参考点。如果负载在参考点的左侧向负方向寻找参考点，那么需要负限位开关（左侧限位开关）参与寻找参考点。

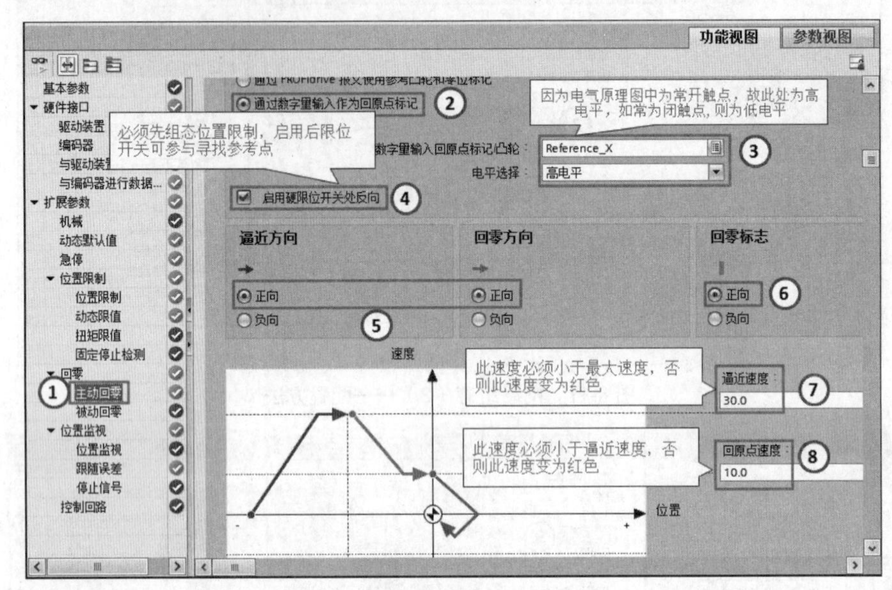

图 8-14　工艺组态-主动回零组态

（3）设置伺服驱动器的参数

伺服驱动器参数见表 8-6。

表 8-6　伺服驱动器参数

序号	参　数	参 数 值	说　明
伺服系统 1			
1	P922	3	西门子报文 3
2	P8921（0）	192	IP 地址 192.168.0.2
	P8921（1）	168	
	P8921（2）	0	
	P8921（3）	2	
3	P8923（0）	255	子网掩码：255.255.255.0
	P8923（1）	255	
	P8923（2）	255	
	P8923（3）	0	
伺服系统 2			
4	P922	3	西门子报文 3
5	P8921（0）	192	IP 地址 192.168.0.3
	P8921（1）	168	
	P8921（2）	0	
	P8921（3）	3	

续表

序号	参　　数	参 数 值	说　　明
6	P8923（0）	255	子网掩码：255.255.255.0
	P8923（1）	255	
	P8923（2）	255	
	P8923（3）	0	

表 8-6 中的参数可以用 BOP 面板设置，但用 V-ASSISTANT 软件更加简便和直观，特别适用对参数了解不够深入的初学者。

（4）编写程序

创建数据块（DB），如图 8-15 所示。运动控制程序中需要用到的重要的变量都在此数据块中。

DB

	名称	数据类型	起始值
1	▼ Static		
2	Home_X_OK	Bool	false
3	Home_Y_OK	Bool	false
4	▶ Flag	Array[0..10] ...	
5	Speed_X	LReal	40.0
6	Speed_Y	LReal	20.0
7	Position_X	LReal	400.0
8	Position_Y	LReal	200.0
9	Resert_EX	Bool	false
10	Home_EX	Bool	false
11	Move_X_EX	Bool	false
12	Move_Y_EX	Bool	false
13	Length_X	LReal	0.0
14	Length_Y	LReal	0.0

图 8-15　创建数据块

启动程序块 OB100 如图 8-16 所示，主要用于初始化。主程序块 OB1 如图 8-17 所示。

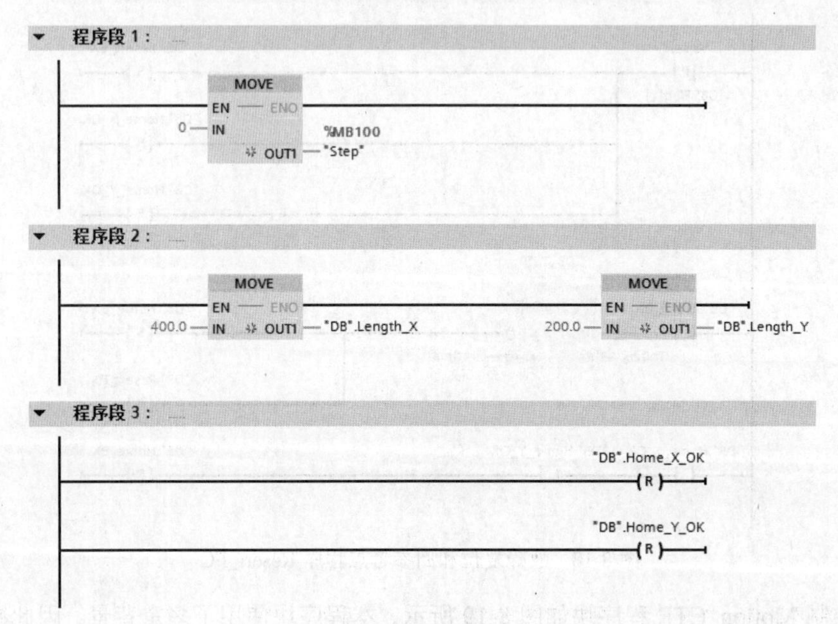

图 8-16　启动程序块 OB100

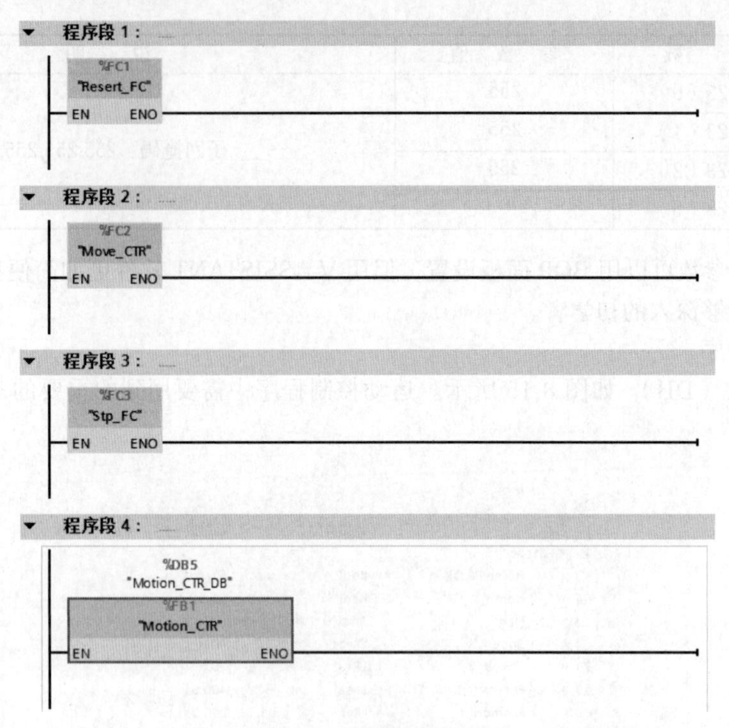

图 8-17 主程序块 OB1

故障复位和回参考点程序 Resert_FC，如图 8-18 所示。当按下复位按钮，首先对伺服系统的故障复位，延时 0.5s 后，开始对两套伺服系统回参考点，当回参考点完成后，将回参考点的命令 DB.Home_EX 复位，并将回参考点完成的标志 DB.Home_X_OK 和 DB.Home_Y_OK 置位，作为后续自动模式程序运行的必要条件。

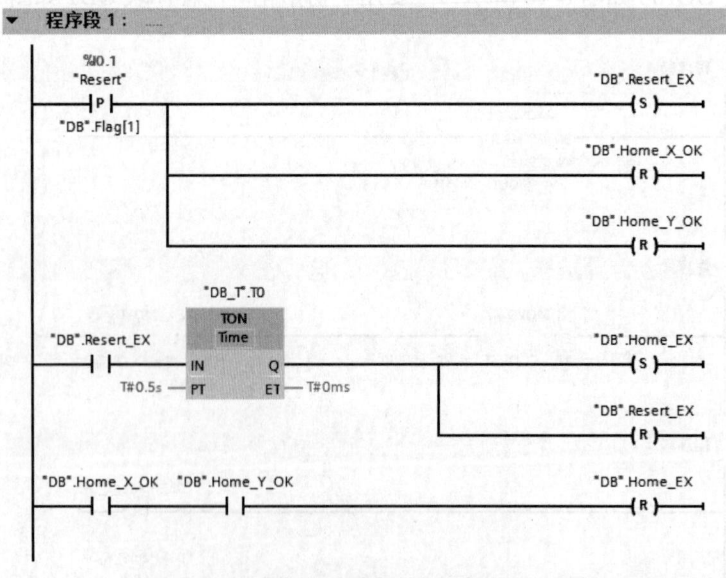

图 8-18 故障复位和回参考点程序 Resert_FC

运动控制 Motion_CTR 程序块如图 8-19 所示，本程序块使用了多重背景，因此减少了数据块的数量。

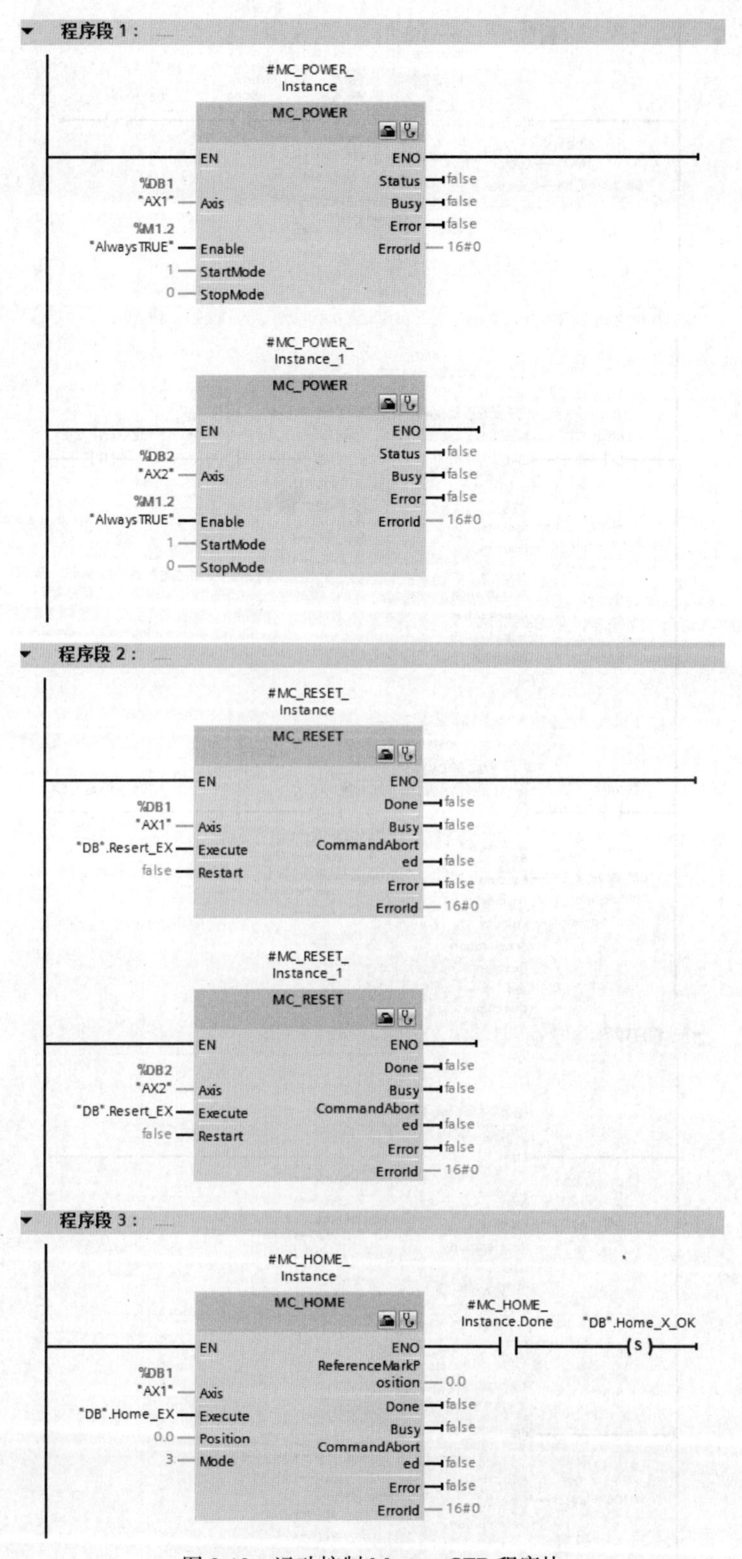

图 8-19 运动控制 Motion_CTR 程序块

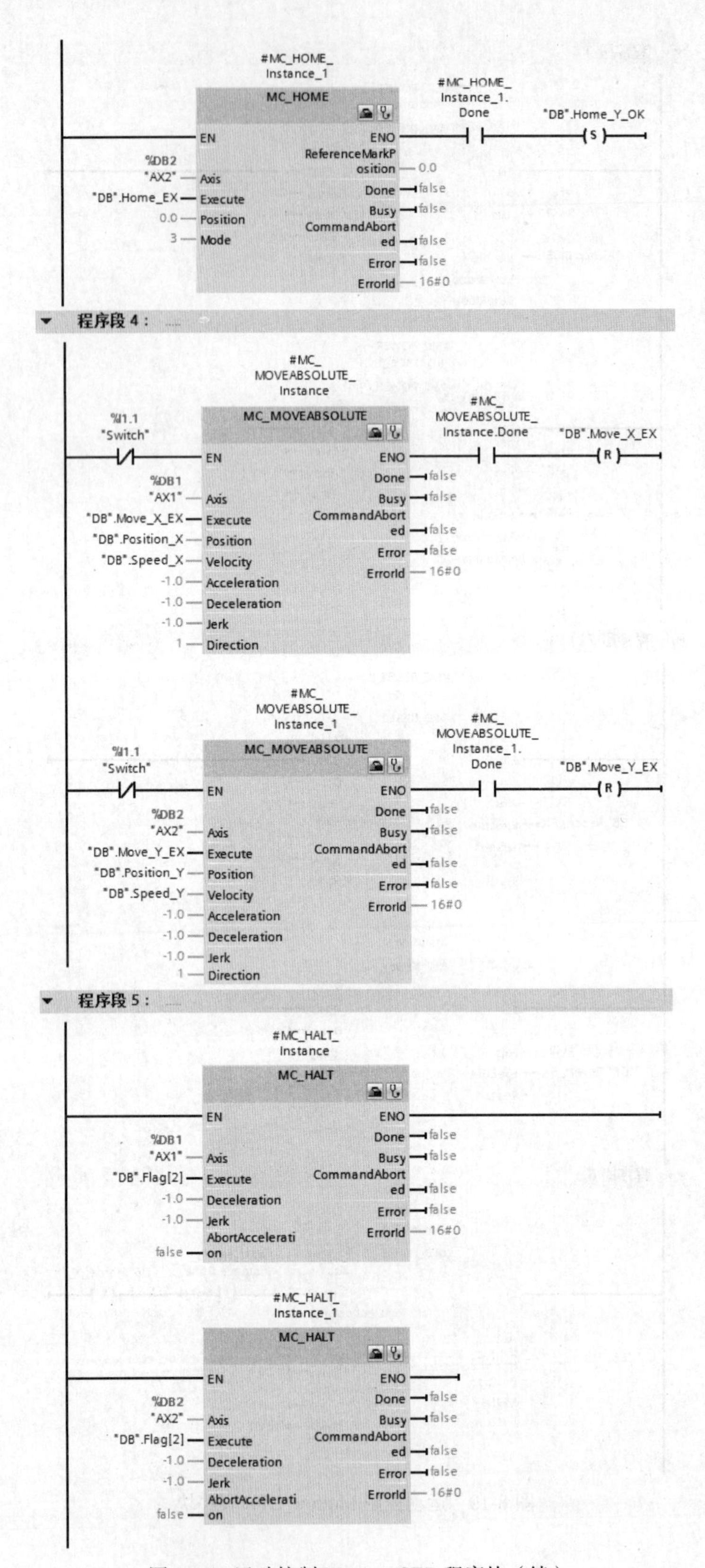

图 8-19　运动控制 Motion_CTR 程序块（续）

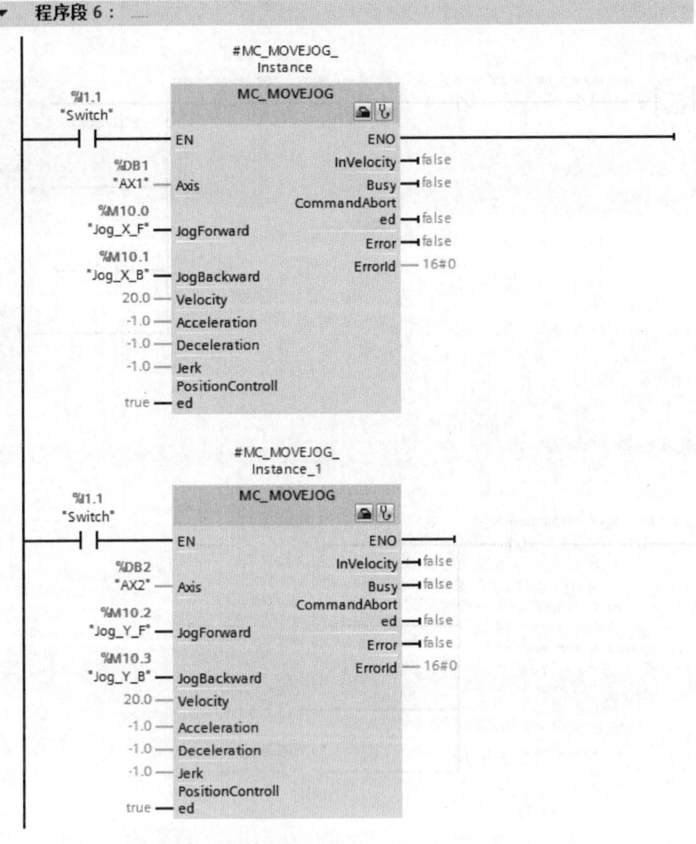

图 8-19　运动控制 Motion_CTR 程序块（续）

停止运行程序块 Stp_FC 如图 8-20 所示。

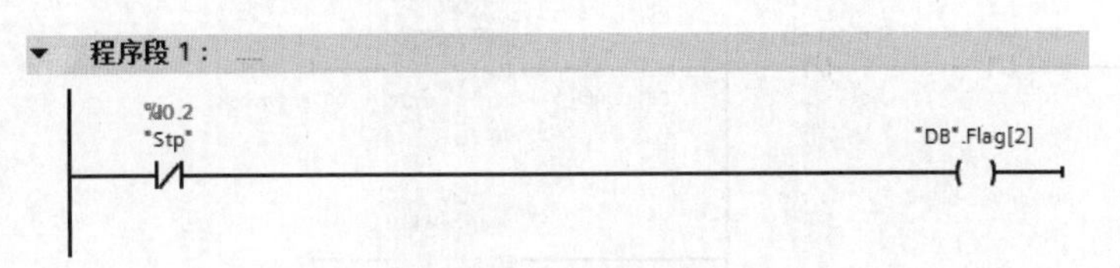

图 8-20　停止运行程序块 Stp_FC

伺服系统逻辑控制运行程序块 Move_CTR 如图 8-21 所示。当按下启动按钮时，“Step” =0，伺服系统向 *X* 方向运行。“Step” =1，且伺服系统到达 A 点后，伺服系统向 *Y* 方向运行。“Step” =2，且伺服系统到达 B 点后，*X* 和 *Y* 向伺服系统同时向 C 点运行，*X* 方向的速度是给定的，而 *Y* 方向速度是计算出来的，不能随意给定。“Step” =3，且伺服系统到达 C 点后，*X* 和 *Y* 向伺服系统同时向 O 点运行，*X* 方向的速度是给定的，而 *Y* 方向速度是计算出来的，不能随意给定。到达 O 点后，系统完成一个工作循环，处于暂停状态。

任务小结

（1）理解通信报文非常关键。

（2）组态要与实际电气原理图匹配，例如电气原理图中 I0.3 是参考点（原点），那么工艺组态时，必须将 I0.3 组态成参考点。

（3）程序采用了多重背景，节省背景数据块，使得程序变得简洁。

能完成此任务，标志读者具备常规 PLC 系统集成的能力。

▼ **程序段 1：** X单方向运行到A点

%I0.0 "Start" —|P|— "DB".Flag[0]
%MB100 "Step" == Byte 0
"DB".Move_X_EX —|/|—
"DB".Move_Y_EX —|/|—
"DB".Home_X_OK —| |—
"DB".Home_Y_OK —| |—

MOVE: EN — ENO; "DB".Length_X — IN; OUT1 — "DB".Position_X
MOVE: EN — ENO; 40.0 — IN; OUT1 — "DB".Speed_X
"DB".Move_X_EX —(S)—
MOVE: EN — ENO; 1 — IN; OUT1 — %MB100 "Step"

▼ **程序段 2：** Y单方向运行到B点

%MB100 "Step" == Byte 1
"DB".Move_X_EX —|/|—
"DB".Move_Y_EX —|/|—

MOVE: EN — ENO; "DB".Length_Y — IN; OUT1 — "DB".Position_Y
MOVE: EN — ENO; 40.0 — IN; OUT1 — "DB".Speed_Y
"DB".Move_Y_EX —(S)—
MOVE: EN — ENO; 2 — IN; OUT1 — %MB100 "Step"

▼ **程序段 3：** X、Y两个方向运行到C点

%MB100 "Step" == Byte 2
"DB".Move_X_EX —|/|—
"DB".Move_Y_EX —|/|—

DIV Auto (LReal): EN — ENO; "DB".Length_X — IN1; 2.0 — IN2; OUT — "DB".Position_X
DIV Auto (LReal): EN — ENO; "DB".Length_Y — IN1; 2.0 — IN2; OUT — "DB".Position_Y
CALCULATE LReal: EN — ENO; OUT := IN1*IN2/IN3; "DB".Length_Y — IN1; "DB".Speed_X — IN2; "DB".Length_X — IN3; OUT — "DB".Speed_Y
"DB".Move_X_EX —(S)—
"DB".Move_Y_EX —(S)—
MOVE: EN — ENO; 3 — IN; OUT1 — %MB100 "Step"

图 8-21　伺服系统逻辑控制运行程序块 Move_CTR

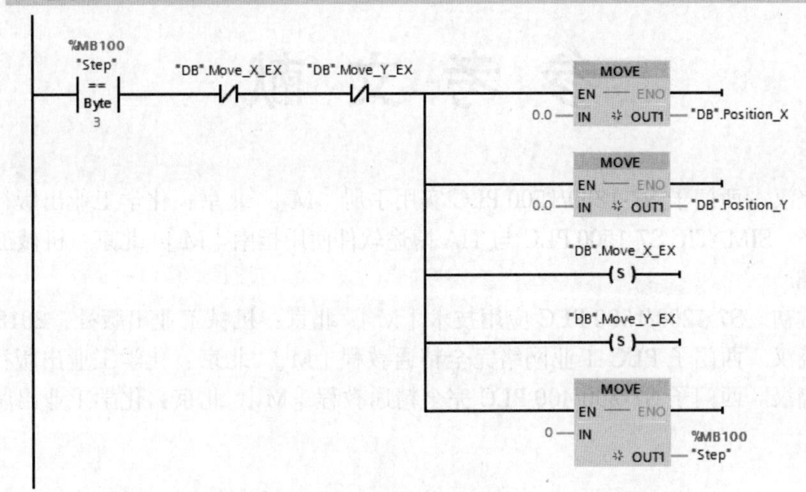

图 8-21　伺服系统逻辑控制运行程序块 Move_CTR（续）

参考文献

[1] 向晓汉. 西门子 S7-1200/1500 PLC 实用手册 [M]. 北京：化学工业出版社，2018.
[2] 崔坚. SIMATIC S7-1500 PLC 与 TIA 博途软件使用指南 [M]. 北京：机械工业出版社，2016.
[3] 廖常初. S7-1200/1500 PLC 应用技术 [M]. 北京：机械工业出版社，2018.
[4] 向晓汉. 西门子 PLC 工业网络完全精通教程 [M]. 北京：化学工业出版社，2013.
[5] 向晓汉. 西门子 S7-300/400 PLC 完全精通教程 [M]. 北京：化学工业出版社，2015.